21世纪应用型本科院校规划教材

线性代数与空间解析几何

主　编　张国印　伍　鸣
副主编　魏广华　杨　琳
葛　婷

南京大学出版社

图书在版编目(CIP)数据

线性代数与空间解析几何 / 张国印，伍鸣主编. --
南京 ：南京大学出版社，2011.8(2023.7 重印)
21 世纪应用型本科院校规划教材
ISBN 978-7-305-08674-8

Ⅰ. ①线… Ⅱ. ①张… ②伍… Ⅲ. ①线性代数—高等学校—教材②立体几何：解析几何—高等学校—教材
Ⅳ. ①O151.2②O182.2

中国版本图书馆 CIP 数据核字(2011)第 159024 号

出版发行 南京大学出版社
社　　址 南京市汉口路 22 号　　　邮　编 210093
出 版 人 金鑫荣

丛 书 名 21 世纪应用型本科院校规划教材
书　　名 线性代数与空间解析几何
主　　编 张国印　伍　鸣
责任编辑 王渭雅　　　编辑热线 025-83592409

照　　排 南京南琳图文制作有限公司
印　　刷 江苏凤凰通达印刷有限公司
开　　本 787×1092 1/16 印张 15 字数 365 千
版　　次 2011 年 8 月第 1 版　2023 年 7 月第 10 次印刷
ISBN 978-7-305-08674-8
定　　价 30.00 元

网址：http://www.njupco.com
官方微博：http://weibo.com/njupco
官方微信号：njupress
销售咨询热线：(025) 83594756

前　言

从数学发展史来看，数学是研究现实生活中数量关系和空间形式的科学.线性代数与几何学始终密切相关，几何学的研究与发展给代数学提出一些问题，推动代数学的研究与发展，并且用一些重要概念和类比把线性代数内容丰富起来；反过来，代数研究的结果又应用到几何学中去，推动几何学的发展，总之，它们相互依赖、相互促进、共同发展.而以往，线性代数与空间解析几何在数学教学中是两门课程（空间解析几何安排在高等数学中，线性代数是独立的一门课程），各部分内容自成体系，缺乏应有的相互联系、相互渗透.

线性代数抽象难懂，枯燥无趣，没有背景材料与实际应用的支持，学生对这些概念及其基本思想的理解比较困难.如“矩阵的秩”、“向量组的秩”、“4 维以上空间向量的内积”和“线性变换”等概念，学生学起来总感到太抽象；又如“4 维以上向量的线性相关、线性无关”、“二次型的正交标准化”等问题，如果没有 2 维、3 维的直观几何应用背景就显得难以理解，而这些在解析几何中却有着广泛的应用，它使几何问题的讨论变得简捷明了.为此，我们将高等数学中“向量代数与空间解析几何”的内容与“线性代数”的内容进行整合优化，借助解析几何的直观形象，理解线性代数的抽象概念，这样使学生既有数的概念又有形的思维.特别是由于计算机及其图形显示的强大功能，几何问题的代数化处理，代数问题的可视化处理，把代数与几何更加紧密地结合在一起，代数与几何综合的方法在科学技术中的应用越来越广泛，这些都对线性代数的教学提出了新的要求.

为了适应这一变化，我们结合教育部数学与统计学教学指导委员会制定的《工科类本科数学基础课程教学基本要求》，在多年来“线性代数”和“高等数学”的教学改革及实践经验总结基础上，针对应用型本科学生的学习特点，分析了原有教材存在的不足之处，并结合国内外同类优秀教材，撰写了这本教材.

《线性代数与空间解析几何》将线性代数与空间解析几何这两部分内容按其自身的内在联系合理地结合起来，使它们相互支持，前后呼应.其内容包括行列式、矩阵、几何向量、空间中的平面与直线、n 维向量、线性方程组、特征值与特征向量、二次型、空间中的曲面与曲线、线性空间与线性变换.

本书具有如下几个方面的特点：

1. 整合线性代数与空间解析几何，不仅可以借助几何直观使一些抽象的代数概念和理论比较容易接受，而且也可以借助矩阵方法处理解析几何中一些原本比较困难的问题，例如直线问题、直线与平面间的位置关系、二次曲面方程或平面二次曲线方程的化简问题等.

2. 本书在内容编排上，遵循“循序渐进”的原则，先学的内容为后续内容做基础和铺垫，注重理论与实际问题的结合，例题的选取与习题的配备注意典型与难易的结合，题型丰富，选取了一些实际应用中的鲜活、有趣的例子，让学生在兴趣中学会概念在实际中的转化，理论在实际中的应用等.

3. 注意化解理论难点，强化概念和定理的几何背景和实际应用，理论推导力求简单明了，通过习题加强计算能力的培养，使学生正确理解和掌握有关基本概念和基本方法；使学生学会和掌握基本解题技巧.

4. 本书安排“线性代数实验”一节作为附录，介绍了数学软件MATLAB的基本功能与编程方法，使学生通过上机练习，解决线性代数与几何中的基本计算问题；培养学生建立数学模型、利用数学软件解决实际问题的能力.

本书的基本教学时数不得低于48学时，讲解加“*”号的内容需要另外安排课时. 本书适合作为普通高等院校理工科非数学类各专业相应课程的教材或教学参考书，亦可作为硕士研究生入学考试的参考书.

本书共8章，其中第1章由葛婷编写；第2章与第3章由伍鸣编写；第4章与第7章由张国印编写；第5章与第6章由杨琳编写；第8章与附录由魏广华编写. 全书由张国印和伍鸣负责统稿. 裴青洲和宋丁全教授对本教材的建设给予了热情支持和帮助，并给予了不少具体的有益的建议，南京大学出版社对此书出版给予了极大的支持，编者在此一并表示衷心的感谢.

由于编者水平有限，错漏之处在所难免，诚恳专家及使用本书的老师与学生批评指正.

编者

2011年6月于南京

目　录

第1章　行列式

在生产实践和科学研究中，许多实际问题都可归结为求解线性方程组的问题. 行列式是由求解线性方程组的需要而建立的一个重要工具，它在其他数学分支及一些实际问题中也常常用到. 本章主要介绍行列式的定义、性质、计算方法以及求解 n 元 n 式线性方程组的公式——克莱姆(Cramer)法则.

1.1　n 阶行列式

1.1.1　二阶和三阶行列式

现通过二元、三元线性方程组解的表示来探究二阶、三阶行列式的定义. 对于一个二元二式的线性方程组

$$\begin{cases} a_{11}x_1+a_{12}x_2=b_1, \\ a_{21}x_1+a_{22}x_2=b_2, \end{cases} \quad (a_{11}a_{22}-a_{12}a_{21}\neq 0)$$

利用消元法，即在上述方程组第一式两边同乘 a_{22}，第二式两边同乘 a_{12} 后，将所得的两式作差，可得解

$$x_1=\frac{b_1a_{22}-b_2a_{12}}{a_{11}a_{22}-a_{12}a_{21}},\text{同理可得 } x_2=\frac{b_2a_{11}-b_1a_{21}}{a_{11}a_{22}-a_{12}a_{21}}.$$

上式中 x_1,x_2 的表示式在一定条件下有其普遍性，但是上述公式不方便记忆. 为了克服这一缺点，可以引进如下二阶行列式的概念.

定义 1.1.1　用符号 $\begin{vmatrix} a & b \\ c & d \end{vmatrix}$ 表示算式 $ad-bc$，称之为**二阶行列式**，记作

$$D=\begin{vmatrix} a & b \\ c & d \end{vmatrix}=ad-bc.$$

对上述二元二式线性方程组，记 $D=\begin{vmatrix} a_{11} & a_{12} \\ a_{21} & a_{22} \end{vmatrix}$，称为**系数行列式**. 则当系数行列式 $D\neq 0$ 时，其解可写成

$$x_1=\frac{\begin{vmatrix} b_1 & a_{12} \\ b_2 & a_{22} \end{vmatrix}}{\begin{vmatrix} a_{11} & a_{12} \\ a_{21} & a_{22} \end{vmatrix}},x_2=\frac{\begin{vmatrix} a_{11} & b_1 \\ a_{21} & b_2 \end{vmatrix}}{\begin{vmatrix} a_{11} & a_{12} \\ a_{21} & a_{22} \end{vmatrix}}.$$

显然以这种形式给出的解呈现出明显的规律，它可以作为一般二元二式线性方程组的公式解.

例 1 解线性方程组$\begin{cases}2x_1+4x_2=7,\\3x_1+5x_2=1.\end{cases}$

解 方程组的系数行列式

$$D=\begin{vmatrix}2 & 4\\3 & 5\end{vmatrix}=2\times5-4\times3=-2\neq0,$$

又

$$D_1=\begin{vmatrix}7 & 4\\1 & 5\end{vmatrix}=31,D_2=\begin{vmatrix}2 & 7\\3 & 1\end{vmatrix}=-19,$$

则方程组的解为 $x_1=\dfrac{D_1}{D}=-\dfrac{31}{2},x_2=\dfrac{D_2}{D}=\dfrac{19}{2}$.

类似地，可给出如下三阶行列式定义.

定义 1.1.2 用符号$\begin{vmatrix}a_{11} & a_{12} & a_{13}\\a_{21} & a_{22} & a_{23}\\a_{31} & a_{32} & a_{33}\end{vmatrix}$来表示算式 $a_{11}a_{22}a_{33}+a_{12}a_{23}a_{31}+a_{13}a_{21}a_{32}-a_{11}a_{23}a_{32}-a_{12}a_{21}a_{33}-a_{13}a_{22}a_{31}$，称之为**三阶行列式**.

三阶行列式的计算，可以由下面的**对角线法则**得到

$$\begin{vmatrix}a_{11} & a_{12} & a_{13}\\a_{21} & a_{22} & a_{23}\\a_{31} & a_{32} & a_{33}\end{vmatrix}$$

$$=a_{11}a_{22}a_{33}+a_{12}a_{23}a_{31}+a_{13}a_{21}a_{32}-a_{11}a_{23}a_{32}-a_{12}a_{21}a_{33}-a_{13}a_{22}a_{31}.$$

在上面的行列式中，每一条实线经过的三个元素的乘积冠以正号，每一条虚线经过的三个元素的乘积冠以负号，所得的六项的代数和就是三阶行列式的值. 需要指出的是对角线法则只适用于二阶及三阶行列式.

对于三元三式的线性方程组

$$\begin{cases}a_{11}x_1+a_{12}x_2+a_{13}x_3=b_1,\\a_{21}x_1+a_{22}x_2+a_{23}x_3=b_2,\\a_{31}x_1+a_{32}x_2+a_{33}x_3=b_3,\end{cases}$$

记系数行列式为 $D=\begin{vmatrix}a_{11} & a_{12} & a_{13}\\a_{21} & a_{22} & a_{23}\\a_{31} & a_{32} & a_{33}\end{vmatrix}$. 当 $D\neq0$ 时，用类似于二元情形的消元法求解这个方程组，可得其公式解

$$x_1=\frac{D_1}{D},x_2=\frac{D_2}{D},x_3=\frac{D_3}{D}.$$

其中 $D_1=\begin{vmatrix}b_1 & a_{12} & a_{13}\\b_2 & a_{22} & a_{23}\\b_3 & a_{32} & a_{33}\end{vmatrix},D_2=\begin{vmatrix}a_{11} & b_1 & a_{13}\\a_{21} & b_2 & a_{23}\\a_{31} & b_3 & a_{33}\end{vmatrix},D_3=\begin{vmatrix}a_{11} & a_{12} & b_1\\a_{21} & a_{22} & b_2\\a_{31} & a_{32} & b_3\end{vmatrix}$.

例 2　求解线性方程组

$$\begin{cases}2x_1+3x_2+4x_3=1,\\ x_1+2x_2+x_3=3,\\ 3x_1+x_2+2x_3=4.\end{cases}$$

解　由对角线法则容易得到方程组的系数行列式

$$D=\begin{vmatrix}2&3&4\\1&2&1\\3&1&2\end{vmatrix}=2\times2\times2+3\times1\times3+4\times1\times1-2\times1\times1-3\times1\times2-4\times2\times3=-11.$$

同理可得

$$D_1=\begin{vmatrix}1&3&4\\3&2&1\\4&1&2\end{vmatrix}=-23,D_2=\begin{vmatrix}2&1&4\\1&3&1\\3&4&2\end{vmatrix}=-15,D_3=\begin{vmatrix}2&3&1\\1&2&3\\3&1&4\end{vmatrix}=20,$$

$$x_1=\frac{D_1}{D}=\frac{23}{11},x_2=\frac{D_2}{D}=\frac{15}{11},x_3=\frac{D_3}{D}=-\frac{20}{11}.$$

一个自然的问题是，对 n 元 n 式的线性方程组是否有类似的结果？为了回答此问题，我们有必要将三阶行列式推广到一般情形的 n 阶行列式.

1.1.2　n 阶行列式

由二阶、三阶行列式定义，可得

$$\begin{vmatrix}a_{11}&a_{12}&a_{13}\\a_{21}&a_{22}&a_{23}\\a_{31}&a_{32}&a_{33}\end{vmatrix}=a_{11}\begin{vmatrix}a_{22}&a_{23}\\a_{32}&a_{33}\end{vmatrix}-a_{12}\begin{vmatrix}a_{21}&a_{23}\\a_{31}&a_{33}\end{vmatrix}+a_{13}\begin{vmatrix}a_{21}&a_{22}\\a_{31}&a_{32}\end{vmatrix},$$

因此三阶行列式可用二阶行列式来表示.

若定义一阶行列式 $|a|=a$，则二阶行列式也可用一阶行列式表示：

$$\begin{vmatrix}a_{11}&a_{12}\\a_{21}&a_{22}\end{vmatrix}=a_{11}|a_{22}|-a_{12}|a_{21}|,$$

即可由较低阶的行列式计算较高阶的行列式，下面采用递归的方法来定义 n 阶行列式.

定义 1.1.3　用 n^2 个元素 $a_{ij}\ (i,j=1,2,\cdots,n)$ 排成的 n 行 n 列的符号

$$\begin{vmatrix}a_{11}&a_{12}&\cdots&a_{1n}\\a_{21}&a_{22}&\cdots&a_{2n}\\\vdots&\vdots&&\vdots\\a_{n1}&a_{n2}&\cdots&a_{nn}\end{vmatrix}$$

表示 **n 阶行列式**，记作 $D=\begin{vmatrix}a_{11}&a_{12}&\cdots&a_{1n}\\a_{21}&a_{22}&\cdots&a_{2n}\\\vdots&\vdots&&\vdots\\a_{n1}&a_{n2}&\cdots&a_{nn}\end{vmatrix}$.　　(1.1)

为方便起见，行列式 D 也可简记为 $|a_{ij}|$，$|a_{ij}|_{n\times n}$ 或 $\det(a_{ij})_{n\times n}$. n 阶行列式 D 表示一数

值，其值规定如下：

当 $n=1$ 时，$D=|a_{11}|=a_{11}$；

当 $n\geqslant 2$ 时，$D=a_{11}A_{11}+a_{12}A_{12}+\cdots+a_{1n}A_{1n}=\sum\limits_{j=1}^{n}a_{1j}A_{1j}$. (1.2)

其中 $A_{1j}=(-1)^{1+j}M_{1j}$，M_{1j} 为在原行列式 D 中划去第 1 行、第 j 列元素后，余下的元素按原来的相对位置不变构成的 $n-1$ 阶行列式，即

$$M_{1j}=\begin{vmatrix} a_{21} & \cdots & a_{2,j-1} & a_{2,j+1} & \cdots & a_{2n} \\ a_{31} & \cdots & a_{3,j-1} & a_{3,j+1} & \cdots & a_{3n} \\ \vdots & & \vdots & \vdots & & \vdots \\ a_{n1} & \cdots & a_{n,j-1} & a_{n,j+1} & \cdots & a_{nn} \end{vmatrix},$$

并称 M_{1j} 为**元素 a_{1j} 的余子式**，A_{1j} 为 **a_{1j} 的代数余子式**，$j=1,2,\cdots,n$. 即行列式 D 等于它的第一行各元素与其对应的代数余子式的乘积之和.

一般地，可用 M_{ij} 来记在 n 阶行列式 D 中划去元素 a_{ij} 所在的第 i 行、第 j 列元素后，余下的元素按原来的相对位置不变构成的 $n-1$ 阶行列式，称之为**元素 a_{ij} 的余子式**，并称 $A_{ij}=(-1)^{i+j}M_{ij}$ 为**元素 a_{ij} 的代数余子式**.

例如，对行列式 $D=\begin{vmatrix} 1 & 0 & 2 \\ 1 & 1 & 3 \\ -2 & 3 & 1 \end{vmatrix}$，

$M_{12}=\begin{vmatrix} 1 & 3 \\ -2 & 1 \end{vmatrix}=7$，$A_{12}=(-1)^{1+2}M_{12}=-7$；

$M_{31}=\begin{vmatrix} 0 & 2 \\ 1 & 3 \end{vmatrix}=-2$，$A_{31}=(-1)^{3+1}M_{31}=-2$.

例 3 计算行列式 $D=\begin{vmatrix} 1 & 0 & 2 & 4 \\ 0 & -1 & 0 & 1 \\ 3 & 2 & 0 & 7 \\ 1 & 0 & 5 & 2 \end{vmatrix}$.

解 $D=1\times A_{11}+0\times A_{12}+2\times A_{13}+4\times A_{14}$

$$=1\times(-1)^{1+1}\times\begin{vmatrix} -1 & 0 & 1 \\ 2 & 0 & 7 \\ 0 & 5 & 2 \end{vmatrix}+2\times(-1)^{1+3}\times\begin{vmatrix} 0 & -1 & 1 \\ 3 & 2 & 7 \\ 1 & 0 & 2 \end{vmatrix}+4\times(-1)^{1+4}\times\begin{vmatrix} 0 & -1 & 0 \\ 3 & 2 & 0 \\ 1 & 0 & 5 \end{vmatrix}$$

$$=1\times 45+2\times(-3)-4\times 15=-21.$$

定理 1.1.1 $n(n\geqslant 2)$ 阶行列式 $D=\begin{vmatrix} a_{11} & a_{12} & \cdots & a_{1n} \\ a_{21} & a_{22} & \cdots & a_{2n} \\ \vdots & \vdots & & \vdots \\ a_{n1} & a_{n2} & \cdots & a_{nn} \end{vmatrix}$ 等于它的第一列各元素与其对

应的代数余子式的乘积之和，即

$$D=a_{11}A_{11}+a_{21}A_{21}+\cdots+a_{n1}A_{n1}=\sum_{i=1}^{n}a_{i1}A_{i1}. \tag{1.3}$$

证　对 n 用数学归纳法.

当 $n=2$ 时，结论显然成立. 假设对 $n-1$ 阶行列式结论成立，下面考虑 n 阶行列式. 由(1.2)式知

$$\begin{aligned}D&=a_{11}A_{11}+a_{12}A_{12}+\cdots+a_{1n}A_{1n}\\&=a_{11}A_{11}+\sum_{j=2}^{n}a_{1j}(-1)^{1+j}M_{1j},\end{aligned}$$

其中 $M_{1j}=\begin{vmatrix}a_{21}&\cdots&a_{2,j-1}&a_{2,j+1}&\cdots&a_{2n}\\a_{31}&\cdots&a_{3,j-1}&a_{3,j+1}&\cdots&a_{3n}\\\vdots&&\vdots&\vdots&&\vdots\\a_{n1}&\cdots&a_{n,j-1}&a_{n,j+1}&\cdots&a_{nn}\end{vmatrix}$ $(j=2,3,\cdots,n)$ 为 $(n-1)$ 阶行列式. 由假设，M_{1j} 可按第一列展开计算，若用记号 $(M_{1j})_{i1}$ 表示行列式 M_{1j} 中元素 $a_{i1}(i=2,3,\cdots,n)$ 的余子式，则有

$$M_{1j}=\sum_{i=2}^{n}a_{i1}(-1)^{(i-1)+1}(M_{1j})_{i1}=\sum_{i=2}^{n}a_{i1}(-1)^{i}(M_{1j})_{i1},(j=2,3,\cdots,n).$$

由于 $(M_{1j})_{i1}$ 是在 D 中先划去第1行，第 j 列，再划去第 i 行，第1列所得的行列式，它与先划去第 i 行，第1列，再划去第1行，第 j 列所得的行列式相同，即 $(M_{1j})_{i1}=(M_{i1})_{1j}$，所以

$$\begin{aligned}D&=a_{11}A_{11}+\sum_{j=2}^{n}a_{1j}(-1)^{1+j}\left[\sum_{i=2}^{n}a_{i1}(-1)^{i}(M_{1j})_{i1}\right]\\&=a_{11}A_{11}+\sum_{j=2}^{n}a_{1j}(-1)^{1+j}\left[\sum_{i=2}^{n}a_{i1}(-1)^{i}(M_{i1})_{1j}\right]\\&=a_{11}A_{11}+\sum_{j=2}^{n}\sum_{i=2}^{n}(-1)^{1+j+i}a_{1j}a_{i1}(M_{i1})_{1j}\\&=a_{11}A_{11}+\sum_{i=2}^{n}a_{i1}(-1)^{i+1}\left[\sum_{j=2}^{n}a_{1j}(-1)^{1+(j-1)}(M_{i1})_{1j}\right]\\&=a_{11}A_{11}+\sum_{i=2}^{n}a_{i1}(-1)^{i+1}M_{i1}\\&=a_{11}A_{11}+\sum_{i=2}^{n}a_{i1}A_{i1}=\sum_{i=1}^{n}a_{i1}A_{i1}.\end{aligned}$$

此式恰好是 D 按第一列的展开式. 证毕.

定理1.1.2　$n(n\geqslant 2)$ 阶行列式 $D=\begin{vmatrix}a_{11}&a_{12}&\cdots&a_{1n}\\a_{21}&a_{22}&\cdots&a_{2n}\\\vdots&\vdots&&\vdots\\a_{n1}&a_{n2}&\cdots&a_{nn}\end{vmatrix}$ 等于它的任意一行(列)各元素与其对应的代数余子式的乘积之和. 即

$$D=a_{i1}A_{i1}+a_{i2}A_{i2}+\cdots+a_{in}A_{in}\quad(i=1,2,\cdots,n) \tag{1.4}$$

$$\quad=a_{1j}A_{1j}+a_{2j}A_{2j}+\cdots+a_{nj}A_{nj}\quad(j=1,2,\cdots,n). \tag{1.5}$$

该定理可类似于定理1.1.1用数学归纳法给出证明，此处从略.

例如，对例 3 的四阶行列式，也可按第二行展开求值，即

$$\begin{aligned} D &= 0\times A_{21}+(-1)\times A_{22}+0\times A_{23}+1\times A_{24} \\ &= (-1)\times(-1)^{2+2}\times\begin{vmatrix}1&2&4\\3&0&7\\1&5&2\end{vmatrix}+1\times(-1)^{2+4}\times\begin{vmatrix}1&0&2\\3&2&0\\1&0&5\end{vmatrix} \\ &= -27+6=-21. \end{aligned}$$

n 阶行列式 $D=|a_{ij}|$ 中，元素 $a_{11},a_{22},\cdots,a_{nn}$ 所在的对角线称为 D 的**主对角线**，相应地，元素 $a_{11},a_{22},\cdots,a_{nn}$ 称为**主对角元**. 元素 $a_{n1},a_{n-1,2},\cdots,a_{1n}$ 所在的对角线则称为 D 的**副对角线**.

主对角线以上元素全为零的行列式（即当 $i<j$ 时，$a_{ij}=0$）

$$\begin{vmatrix}a_{11}&0&0&\cdots&0\\a_{21}&a_{22}&0&\cdots&0\\a_{31}&a_{32}&a_{33}&\cdots&0\\\vdots&\vdots&\vdots&&\vdots\\a_{n1}&a_{n2}&a_{n3}&\cdots&a_{nn}\end{vmatrix}\left(\text{或简记为}\begin{vmatrix}a_{11}&&&&\\a_{21}&a_{22}&&&\\a_{31}&a_{32}&a_{33}&&\\\vdots&\vdots&\vdots&\ddots&\\a_{n1}&a_{n2}&a_{n3}&\cdots&a_{nn}\end{vmatrix}\right)$$

称为**下三角行列式**.

例 4 计算 n 阶下三角行列式

$$D_n=\begin{vmatrix}a_{11}&0&0&\cdots&0\\a_{21}&a_{22}&0&\cdots&0\\a_{31}&a_{32}&a_{33}&\cdots&0\\\vdots&\vdots&\vdots&&\vdots\\a_{n1}&a_{n2}&a_{n3}&\cdots&a_{nn}\end{vmatrix}.$$

解

$$\begin{aligned} D_n &= a_{11}A_{11}+0\times A_{12}+\cdots+0\times A_{1n} \\ &= a_{11}\begin{vmatrix}a_{22}&0&\cdots&0\\a_{32}&a_{33}&\cdots&0\\\vdots&\vdots&&\vdots\\a_{n2}&a_{n3}&\cdots&a_{nn}\end{vmatrix}=a_{11}a_{22}\begin{vmatrix}a_{33}&0&\cdots&0\\a_{43}&a_{44}&\cdots&0\\\vdots&\vdots&&\vdots\\a_{n3}&a_{n4}&\cdots&a_{nn}\end{vmatrix} \\ &= \cdots \\ &= a_{11}a_{22}\cdots a_{nn}. \end{aligned}$$

类似地，主对角线以下元素全为零的行列式（即当 $i>j$ 时，$a_{ij}=0$）称为**上三角行列式**，此时对其可按第一列展开，有

$$\begin{vmatrix}a_{11}&a_{12}&a_{13}&\cdots&a_{1n}\\0&a_{22}&a_{23}&\cdots&a_{2n}\\0&0&a_{33}&\cdots&a_{3n}\\\vdots&\vdots&\vdots&&\vdots\\0&0&0&\cdots&a_{nn}\end{vmatrix}=a_{11}a_{22}\cdots a_{nn}.$$

主对角线以外元素都为零的行列式（即当 $i\neq j$ 时，$a_{ij}=0$），称为**对角行列式**，它既是下

三角行列式也是上三角行列式,故有

$$\begin{vmatrix} a_{11} & 0 & 0 & \cdots & 0 \\ 0 & a_{22} & 0 & \cdots & 0 \\ 0 & 0 & a_{33} & \cdots & 0 \\ \vdots & \vdots & \vdots & & \vdots \\ 0 & 0 & 0 & \cdots & a_{nn} \end{vmatrix} = a_{11}a_{22}\cdots a_{nn}.$$

因此上、下三角行列式,对角行列式的值都等于主对角线上元素连乘积.

例 5　计算 $D_n = \begin{vmatrix} 0 & \cdots & 0 & 0 & a_{1n} \\ 0 & \cdots & 0 & a_{2,n-1} & a_{2n} \\ 0 & \cdots & a_{3,n-2} & a_{3,n-1} & a_{3n} \\ \vdots & & \vdots & \vdots & \vdots \\ a_{n1} & \cdots & a_{n,n-2} & a_{n,n-1} & a_{nn} \end{vmatrix}$.

解　$D_n = a_{1n} \cdot A_{1n} = (-1)^{1+n} a_{1n} \begin{vmatrix} 0 & \cdots & 0 & a_{2,n-1} \\ 0 & \cdots & a_{3,n-2} & a_{3,n-1} \\ \vdots & & \vdots & \vdots \\ a_{n1} & \cdots & a_{n,n-2} & a_{n,n-1} \end{vmatrix}$

$= (-1)^{1+n} a_{1n} a_{2,n-1} \widetilde{A}_{1,n-1}$(注:$\widetilde{A}_{1,n-1}$ 是 $n-2$ 阶行列式)

$= (-1)^{1+n+1+(n-1)} a_{1n} a_{2,n-1} \begin{vmatrix} 0 & \cdots & 0 & a_{3,n-2} \\ 0 & \cdots & a_{4,n-3} & a_{4,n-2} \\ \vdots & & \vdots & \vdots \\ a_{n1} & \cdots & a_{n,n-3} & a_{n,n-2} \end{vmatrix}$

$= (-1)^{1+n+1+(n-1)} a_{1n} a_{2,n-1} a_{3,n-2} \widetilde{\widetilde{A}}_{1,n-2}$

$= \cdots$

$= (-1)^{1+n+1+(n-1)+\cdots+1+2+1+1} a_{1n} a_{2,n-1} \cdots a_{n-1,2} a_{n1}$

$= (-1)^{\frac{n(n-1)}{2}} a_{1n} a_{2,n-1} \cdots a_{n1}$.

1.2　行列式的性质

直接用行列式的定义计算行列式一般比较繁琐,为此本节介绍了行列式的一些常用性质,不仅可以简化计算,而且对行列式的理论研究也有重要意义.

定义 1.2.1　将行列式 D 的行与列互换后得到的行列式,称为 D 的**转置行列式**,记为 D^{T} 或 D'. 即如果

$$D = \begin{vmatrix} a_{11} & a_{12} & \cdots & a_{1n} \\ a_{21} & a_{22} & \cdots & a_{2n} \\ \vdots & \vdots & & \vdots \\ a_{n1} & a_{n2} & \cdots & a_{nn} \end{vmatrix},$$

则

$$D^{\mathrm{T}}=\begin{vmatrix} a_{11} & a_{21} & \cdots & a_{n1} \\ a_{12} & a_{22} & \cdots & a_{n2} \\ \vdots & \vdots & & \vdots \\ a_{1n} & a_{2n} & \cdots & a_{nn} \end{vmatrix}.$$

性质 1.2.1　行列式转置后，其值不变，即 $D^{\mathrm{T}}=D$.

证　对行列式的阶数 n 用数学归纳法证明.

当 $n=1$ 时，结论显然成立. 假设对 $n-1$ 阶行列式结论成立，对 n 阶行列式 D^{T}，由定理 1.1.1 按第一列展开，有

$$D^{\mathrm{T}}=\begin{vmatrix} a_{11} & a_{21} & \cdots & a_{n1} \\ a_{12} & a_{22} & \cdots & a_{n2} \\ \vdots & \vdots & & \vdots \\ a_{1n} & a_{2n} & \cdots & a_{nn} \end{vmatrix}=\sum_{j=1}^{n} a_{1j}(-1)^{1+j} M_{1j}^{\mathrm{T}},$$

其中 M_{1j} 为 D 的元素 a_{1j} 的余子式.

因 M_{1j}^{T} 是 $n-1$ 阶行列式，则由假设有 $M_{1j}^{\mathrm{T}}=M_{1j}$. 从而

$$D^{\mathrm{T}}=\sum_{j=1}^{n} a_{1j}(-1)^{1+j} M_{1j}^{\mathrm{T}}=\sum_{j=1}^{n} a_{1j} A_{1j}=D,$$

证毕.

以上性质说明，行列式中对行成立的性质一般对列也相应成立. 以后讨论行列式行和列都具有的性质时，只对行(或只对列)给出说明.

性质 1.2.2　用数 k 乘行列式的一行(列)，等于数 k 乘此行列式. 即

$$\begin{vmatrix} a_{11} & a_{12} & \cdots & a_{1n} \\ \vdots & \vdots & & \vdots \\ ka_{i1} & ka_{i2} & \cdots & ka_{in} \\ \vdots & \vdots & & \vdots \\ a_{n1} & a_{n2} & \cdots & a_{nn} \end{vmatrix}=k\begin{vmatrix} a_{11} & a_{12} & \cdots & a_{1n} \\ \vdots & \vdots & & \vdots \\ a_{i1} & a_{i2} & \cdots & a_{in} \\ \vdots & \vdots & & \vdots \\ a_{n1} & a_{n2} & \cdots & a_{nn} \end{vmatrix}.$$

证　由定理 1.1.2，对左边行列式按第 i 行展开，有

$$\begin{vmatrix} a_{11} & a_{12} & \cdots & a_{1n} \\ \vdots & \vdots & & \vdots \\ ka_{i1} & ka_{i2} & \cdots & ka_{in} \\ \vdots & \vdots & & \vdots \\ a_{n1} & a_{n2} & \cdots & a_{nn} \end{vmatrix}=ka_{i1}A_{i1}+ka_{i2}A_{i2}+\cdots+ka_{in}A_{in}$$

$$=k(a_{i1}A_{i1}+a_{i2}A_{i2}+\cdots+a_{in}A_{in})=k\begin{vmatrix} a_{11} & a_{12} & \cdots & a_{1n} \\ \vdots & \vdots & & \vdots \\ a_{i1} & a_{i2} & \cdots & a_{in} \\ \vdots & \vdots & & \vdots \\ a_{n1} & a_{n2} & \cdots & a_{nn} \end{vmatrix}.$$

证毕.

推论 1　如果行列式某行(列)的所有元素都有公因子，则公因子可以提到行列式外面.

推论 2　如果行列式某行(列)的所有元素全为零,则行列式等于零.

性质 1.2.3　如果将行列式 D 中的某一行(列)的每一个元素都写成两个数的和,则此行列式可以改写成两个行列式的和,即

$$\begin{vmatrix} a_{11} & a_{12} & \cdots & a_{1n} \\ \vdots & \vdots & & \vdots \\ b_{i1}+c_{i1} & b_{i2}+c_{i2} & \cdots & b_{in}+c_{in} \\ \vdots & \vdots & & \vdots \\ a_{n1} & a_{n2} & \cdots & a_{nn} \end{vmatrix} = \begin{vmatrix} a_{11} & a_{12} & \cdots & a_{1n} \\ \vdots & \vdots & & \vdots \\ b_{i1} & b_{i2} & \cdots & b_{in} \\ \vdots & \vdots & & \vdots \\ a_{n1} & a_{n2} & \cdots & a_{nn} \end{vmatrix} + \begin{vmatrix} a_{11} & a_{12} & \cdots & a_{1n} \\ \vdots & \vdots & & \vdots \\ c_{i1} & c_{i2} & \cdots & c_{in} \\ \vdots & \vdots & & \vdots \\ a_{n1} & a_{n2} & \cdots & a_{nn} \end{vmatrix}.$$

证　由定理 1.1.2,对左边行列式按第 i 行展开即可得证,此处从略.

应该注意,将一个行列式改写成两个行列式的和时,只能按某一行(列)的元素拆开,而其余位置上的元素不变.

性质 1.2.4　如果行列式中有两行(列)的对应元素相同,则此行列式为零,即 $a_{ik}=a_{jk}$,$i\neq j,k=1,2,\cdots,n(n\geqslant 2)$时,有

$$D=\begin{vmatrix} a_{11} & a_{12} & \cdots & a_{1n} \\ \vdots & \vdots & & \vdots \\ a_{i1} & a_{i2} & \cdots & a_{in} \\ \vdots & \vdots & & \vdots \\ a_{j1} & a_{j2} & \cdots & a_{jn} \\ \vdots & \vdots & & \vdots \\ a_{n1} & a_{n2} & \cdots & a_{nn} \end{vmatrix}=0.$$

证　对行列式的阶数 n 用数学归纳法证明.

当 $n=2$ 时,结论显然成立.假设对 $n-1$ 阶行列式结论成立,对 n 阶行列式 D 按第 $s(s\neq i,j)$行展开,有

$$D=\sum_{k=1}^{n}a_{sk}A_{sk}=\sum_{k=1}^{n}a_{sk}(-1)^{s+k}M_{sk},$$

而 $M_{sk}(k=1,2,\cdots,n)$均为 $n-1$ 阶行列式,且其中都有两行元素对应相同,由归纳假设知 $M_{sk}=0(k=1,2,\cdots,n)$,故 $D=0$.证毕.

推论　如果行列式有两行(列)的对应元素成比例,则此行列式为零.

性质 1.2.5　将行列式某一行(列)的所有元素的 k 倍加到另一行(列)对应位置的元素上,行列式值不变,即

$$D=\begin{vmatrix} a_{11} & a_{12} & \cdots & a_{1n} \\ \vdots & \vdots & & \vdots \\ a_{i1} & a_{i2} & \cdots & a_{in} \\ \vdots & \vdots & & \vdots \\ a_{j1} & a_{j2} & \cdots & a_{jn} \\ \vdots & \vdots & & \vdots \\ a_{n1} & a_{n2} & \cdots & a_{nn} \end{vmatrix}=\begin{vmatrix} a_{11} & a_{12} & \cdots & a_{1n} \\ \vdots & \vdots & & \vdots \\ a_{i1} & a_{i2} & \cdots & a_{in} \\ \vdots & \vdots & & \vdots \\ a_{j1}+ka_{i1} & a_{j2}+ka_{i2} & \cdots & a_{jn}+ka_{in} \\ \vdots & \vdots & & \vdots \\ a_{n1} & a_{n2} & \cdots & a_{nn} \end{vmatrix}.$$

证 对右边行列式利用性质 1.2.3 和性质 1.2.4 的推论，有

$$\begin{vmatrix} a_{11} & a_{12} & \cdots & a_{1n} \\ \vdots & \vdots & & \vdots \\ a_{i1} & a_{i2} & \cdots & a_{in} \\ \vdots & \vdots & & \vdots \\ a_{j1}+ka_{i1} & a_{j2}+ka_{i2} & \cdots & a_{jn}+ka_{in} \\ \vdots & \vdots & & \vdots \\ a_{n1} & a_{n2} & \cdots & a_{nn} \end{vmatrix}$$

$$=\begin{vmatrix} a_{11} & a_{12} & \cdots & a_{1n} \\ \vdots & \vdots & & \vdots \\ a_{i1} & a_{i2} & \cdots & a_{in} \\ \vdots & \vdots & & \vdots \\ a_{j1} & a_{j2} & \cdots & a_{jn} \\ \vdots & \vdots & & \vdots \\ a_{n1} & a_{n2} & \cdots & a_{nn} \end{vmatrix}+\begin{vmatrix} a_{11} & a_{12} & \cdots & a_{1n} \\ \vdots & \vdots & & \vdots \\ a_{i1} & a_{i2} & \cdots & a_{in} \\ \vdots & \vdots & & \vdots \\ ka_{i1} & ka_{i2} & \cdots & ka_{in} \\ \vdots & \vdots & & \vdots \\ a_{n1} & a_{n2} & \cdots & a_{nn} \end{vmatrix}=\begin{vmatrix} a_{11} & a_{12} & \cdots & a_{1n} \\ \vdots & \vdots & & \vdots \\ a_{i1} & a_{i2} & \cdots & a_{in} \\ \vdots & \vdots & & \vdots \\ a_{j1} & a_{j2} & \cdots & a_{jn} \\ \vdots & \vdots & & \vdots \\ a_{n1} & a_{n2} & \cdots & a_{nn} \end{vmatrix}.$$

证毕.

一般用记号 $r_i+kr_j(c_i+kc_j)$ 表示将行列式的第 j 行(列)元素的 k 倍加到第 i 行(列)对应元素上去.

性质 1.2.6 互换行列式的两行(列)，行列式值反号.

$$\begin{vmatrix} a_{11} & a_{12} & \cdots & a_{1n} \\ \vdots & \vdots & & \vdots \\ a_{i1} & a_{i2} & \cdots & a_{in} \\ \vdots & \vdots & & \vdots \\ a_{j1} & a_{j2} & \cdots & a_{jn} \\ \vdots & \vdots & & \vdots \\ a_{n1} & a_{n2} & \cdots & a_{nn} \end{vmatrix} \begin{matrix} \\ \\ \text{第 } i \text{ 行} \\ \\ \text{第 } j \text{ 行} \\ \\ \\ \end{matrix} =-\begin{vmatrix} a_{11} & a_{12} & \cdots & a_{1n} \\ \vdots & \vdots & & \vdots \\ a_{j1} & a_{j2} & \cdots & a_{jn} \\ \vdots & \vdots & & \vdots \\ a_{i1} & a_{i2} & \cdots & a_{in} \\ \vdots & \vdots & & \vdots \\ a_{n1} & a_{n2} & \cdots & a_{nn} \end{vmatrix} \begin{matrix} \\ \\ \text{第 } i \text{ 行} \\ \\ \text{第 } j \text{ 行} \\ \\ \\ \end{matrix}.$$

证 重复利用性质 1.2.5 和性质 1.2.2，有

$$\begin{vmatrix} a_{11} & a_{12} & \cdots & a_{1n} \\ \vdots & \vdots & & \vdots \\ a_{i1} & a_{i2} & \cdots & a_{in} \\ \vdots & \vdots & & \vdots \\ a_{j1} & a_{j2} & \cdots & a_{jn} \\ \vdots & \vdots & & \vdots \\ a_{n1} & a_{n2} & \cdots & a_{nn} \end{vmatrix}$$

$$\xlongequal{r_i+r_j}\begin{vmatrix} a_{11} & a_{12} & \cdots & a_{1n} \\ \vdots & \vdots & & \vdots \\ a_{i1}+a_{j1} & a_{i2}+a_{j2} & \cdots & a_{in}+a_{jn} \\ \vdots & \vdots & & \vdots \\ a_{j1} & a_{j2} & \cdots & a_{jn} \\ \vdots & \vdots & & \vdots \\ a_{n1} & a_{n2} & \cdots & a_{nn} \end{vmatrix} \xlongequal{r_j-r_i} \begin{vmatrix} a_{11} & a_{12} & \cdots & a_{1n} \\ \vdots & \vdots & & \vdots \\ a_{i1}+a_{j1} & a_{i2}+a_{j2} & \cdots & a_{in}+a_{jn} \\ \vdots & \vdots & & \vdots \\ -a_{i1} & -a_{i2} & \cdots & -a_{in} \\ \vdots & \vdots & & \vdots \\ a_{n1} & a_{n2} & \cdots & a_{nn} \end{vmatrix}$$

$$\xlongequal{r_i+r_j}\begin{vmatrix} a_{11} & a_{12} & \cdots & a_{1n} \\ \vdots & \vdots & & \vdots \\ a_{j1} & a_{j2} & \cdots & a_{jn} \\ \vdots & \vdots & & \vdots \\ -a_{i1} & -a_{i2} & \cdots & -a_{in} \\ \vdots & \vdots & & \vdots \\ a_{n1} & a_{n2} & \cdots & a_{nn} \end{vmatrix} = -\begin{vmatrix} a_{11} & a_{12} & \cdots & a_{1n} \\ \vdots & \vdots & & \vdots \\ a_{j1} & a_{j2} & \cdots & a_{jn} \\ \vdots & \vdots & & \vdots \\ a_{i1} & a_{i2} & \cdots & a_{in} \\ \vdots & \vdots & & \vdots \\ a_{n1} & a_{n2} & \cdots & a_{nn} \end{vmatrix}.$$ 证毕.

一般用记号 $r_i \leftrightarrow r_j(c_i \leftrightarrow c_j)$表示将行列式的第 i 行(列)元素的与第 j 行(列)对应元素互换.

性质 1.2.7 $n(n \geqslant 2)$阶行列式 $D=|a_{ij}|$的某一行(列)元素与另一行(列)对应元素的代数余子式的乘积之和为零,即当 $i,j=1,2,\cdots,n$ 且 $i \neq j$ 时,有

$$\sum_{k=1}^{n} a_{ik}A_{jk} = a_{i1}A_{j1} + a_{i2}A_{j2} + \cdots + a_{in}A_{jn} = 0,$$

$$\sum_{k=1}^{n} a_{ki}A_{kj} = a_{1i}A_{1j} + a_{2i}A_{2j} + \cdots + a_{ni}A_{nj} = 0.$$

证 当 $i \neq j$ 时,将 D 中的第 j 行元素换为第 i 行元素,其他元素不变,得一新行列式,设其为 D_1,即

$$D_1 = \begin{vmatrix} a_{11} & a_{12} & \cdots & a_{1n} \\ \vdots & \vdots & & \vdots \\ a_{i1} & a_{i2} & \cdots & a_{in} \\ \vdots & \vdots & & \vdots \\ a_{i1} & a_{i2} & \cdots & a_{in} \\ \vdots & \vdots & & \vdots \\ a_{n1} & a_{n2} & \cdots & a_{nn} \end{vmatrix} \begin{matrix} \\ \\ 第\, i\, 行 \\ \\ 第\, j\, 行 \\ \\ \\ \end{matrix}.$$

由性质 1.2.4 知 $D_1=0$,再将 D_1 按第 j 行展开,同时注意到行列式 D 与 D_1 的第 j 行对应元素的代数余子式是相同的,则有

$$D_1 = \sum_{k=1}^{n} a_{ik}A_{jk} = a_{i1}A_{j1} + a_{i2}A_{j2} + \cdots + a_{in}A_{jn} = 0 \quad (i \neq j).$$

类似地,按列证明可得 $\sum\limits_{k=1}^{n} a_{ki}A_{kj} = a_{1i}A_{1j} + a_{2i}A_{2j} + \cdots + a_{ni}A_{nj} = 0 (i \neq j)$. 证毕.

可将定理 1.1.2 及性质 1.2.7 统一写成

$$\sum_{k=1}^{n} a_{ik}A_{jk} = \begin{cases} D, & (i=j) \\ 0, & (i \neq j) \end{cases} \tag{1.6}$$

$$\sum_{k=1}^{n} a_{ki}A_{kj} = \begin{cases} D, & (i=j) \\ 0. & (i \neq j) \end{cases} \tag{1.7}$$

(1.6)与(1.7)给出了代数余子式与行列式以及行列式中元素之间的关系，这是代数余子式的一个重要性质.

1.3 行列式的计算

在行列式计算中，除了零元素很多时，可以直接利用定义计算外，通常是先利用行列式的性质对行列式进行化简，然后再计算.

例 1 计算行列式 $D=\begin{vmatrix} 0 & -1 & -1 & 2 \\ 1 & -1 & 0 & 2 \\ -1 & 2 & -1 & 0 \\ 2 & 1 & 1 & 0 \end{vmatrix}$.

解法 1 利用行列式性质先将其等值转化为上三角行列式，再求值.

$$D=\begin{vmatrix} 0 & -1 & -1 & 2 \\ 1 & -1 & 0 & 2 \\ -1 & 2 & -1 & 0 \\ 2 & 1 & 1 & 0 \end{vmatrix} \xlongequal{r_1 \leftrightarrow r_2} -\begin{vmatrix} 1 & -1 & 0 & 2 \\ 0 & -1 & -1 & 2 \\ -1 & 2 & -1 & 0 \\ 2 & 1 & 1 & 0 \end{vmatrix}$$

$$\xlongequal[r_4+(-2)r_1]{r_3+r_1} -\begin{vmatrix} 1 & -1 & 0 & 2 \\ 0 & -1 & -1 & 2 \\ 0 & 1 & -1 & 2 \\ 0 & 3 & 1 & -4 \end{vmatrix} \xlongequal[r_4+3r_2]{r_3+r_2} -\begin{vmatrix} 1 & -1 & 0 & 2 \\ 0 & -1 & -1 & 2 \\ 0 & 0 & -2 & 4 \\ 0 & 0 & -2 & 2 \end{vmatrix}$$

$$\xlongequal{r_4+(-1)r_3} -\begin{vmatrix} 1 & -1 & 0 & 2 \\ 0 & -1 & -1 & 2 \\ 0 & 0 & -2 & 4 \\ 0 & 0 & 0 & -2 \end{vmatrix} = -1\times(-1)\times(-2)\times(-2)=4.$$

解法 2 利用性质先在行列式的某一行(列)制造出尽可能多的零元素，再按这一行(列)展开求值.

$$D=\begin{vmatrix} 0 & -1 & -1 & 2 \\ 1 & -1 & 0 & 2 \\ -1 & 2 & -1 & 0 \\ 2 & 1 & 1 & 0 \end{vmatrix} \xlongequal[r_3+r_4]{r_1+r_4} \begin{vmatrix} 2 & 0 & 0 & 2 \\ 1 & -1 & 0 & 2 \\ 1 & 3 & 0 & 0 \\ 2 & 1 & 1 & 0 \end{vmatrix}$$

$$=0\times A_{13}+0\times A_{23}+0\times A_{33}+1\times A_{43}=(-1)^{4+3}\begin{vmatrix} 2 & 0 & 2 \\ 1 & -1 & 2 \\ 1 & 3 & 0 \end{vmatrix}$$

$$\xlongequal{r_3+3r_2}-\begin{vmatrix}2&0&2\\1&-1&2\\4&0&6\end{vmatrix}=-1\times(-1)\times(-1)^{2+2}\begin{vmatrix}2&2\\4&6\end{vmatrix}=4.$$

例 2　计算 n 阶行列式 $D_n=\begin{vmatrix}a&b&b&\cdots&b&b\\b&a&b&\cdots&b&b\\b&b&a&\cdots&b&b\\\vdots&\vdots&\vdots&&\vdots&\vdots\\b&b&b&\cdots&a&b\\b&b&b&\cdots&b&a\end{vmatrix}$.

解　注意到各行元素之和均为 $a+(n-1)b$,可将第 $2,3,\cdots,n$ 列依次加到第1列上,再利用行列式的性质将其等值化成上三角行列式.

$$D_n\xlongequal[c_1+c_n]{\substack{c_1+c_2\\c_1+c_3\\\cdots}}\begin{vmatrix}a+(n-1)b&b&b&\cdots&b&b\\a+(n-1)b&a&b&\cdots&b&b\\a+(n-1)b&b&a&\cdots&b&b\\\vdots&\vdots&\vdots&&\vdots&\vdots\\a+(n-1)b&b&b&\cdots&a&b\\a+(n-1)b&b&b&\cdots&b&a\end{vmatrix}$$

$$\xlongequal[r_n-r_1]{\substack{r_2-r_1\\r_3-r_1\\\cdots}}\begin{vmatrix}a+(n-1)b&b&b&\cdots&b&b\\0&a-b&0&\cdots&0&b\\0&0&a-b&\cdots&0&b\\\vdots&\vdots&\vdots&&\vdots&\vdots\\0&0&0&\cdots&a-b&0\\0&0&0&\cdots&0&a-b\end{vmatrix}$$

$$=[a+(n-1)b](a-b)^{n-1}.$$

例 3　计算 n 阶行列式

$$D_n=\begin{vmatrix}1+x_1y_1&1+x_1y_2&\cdots&1+x_1y_n\\1+x_2y_1&1+x_2y_2&\cdots&1+x_2y_n\\\vdots&\vdots&&\vdots\\1+x_ny_1&1+x_ny_2&\cdots&1+x_ny_n\end{vmatrix}.$$

解　当 $n=1$ 时,$D_1=1+x_1y_1$.

当 $n=2$ 时,$D_2=\begin{vmatrix}1+x_1y_1&1+x_1y_2\\1+x_2y_1&1+x_2y_2\end{vmatrix}=(x_2-x_1)(y_2-y_1)$.

当 $n\geqslant 3$ 时,在行列式中从第2行到第 n 行,分别减去第1行对应元素,得

$$D_n=\begin{vmatrix}1+x_1y_1&1+x_1y_2&\cdots&1+x_1y_n\\y_1(x_2-x_1)&y_2(x_2-x_1)&\cdots&y_n(x_2-x_1)\\\vdots&\vdots&&\vdots\\y_1(x_n-x_1)&y_2(x_n-x_1)&\cdots&y_n(x_n-x_1)\end{vmatrix}$$

新得到的行列式中从第二行到最后一行各行对应元素成比例,所以 $D_n=0$.

例 4 证明 $n(n\geqslant 2)$ 阶范德蒙(Vandermonde)行列式

$$D_n=\begin{vmatrix}1 & 1 & 1 & \cdots & 1\\ a_1 & a_2 & a_3 & \cdots & a_n\\ a_1^2 & a_2^2 & a_3^2 & \cdots & a_n^3\\ \vdots & \vdots & \vdots & & \vdots\\ a_1^{n-1} & a_2^{n-1} & a_3^{n-1} & \cdots & a_n^{n-1}\end{vmatrix}$$

$$=(a_2-a_1)(a_3-a_1)(a_4-a_1)\cdots(a_n-a_1)$$

$$(a_3-a_2)(a_4-a_2)\cdots(a_n-a_2)$$

$$\cdots$$

$$(a_{n-1}-a_{n-2})(a_n-a_{n-2})(a_n-a_{n-1})$$

$$=\prod_{1\leqslant j<i\leqslant n}(a_i-a_j).$$

证 对阶数 n 用数学归纳法.

(1) 当 $n=2$ 时,$D_2=\begin{vmatrix}1 & 1\\ a_1 & a_2\end{vmatrix}=a_2-a_1$,结论成立.

(2) 假设对 $n-1$ 阶行列式结论成立,以下证明对 n 阶范德蒙行列式结论也成立.

将 D_n 从最后一行开始,自下而上每一行减去上一行的 a_1 倍,得

$$D_n=\begin{vmatrix}1 & 1 & 1 & \cdots & 1\\ 0 & a_2-a_1 & a_3-a_1 & \cdots & a_n-a_1\\ 0 & a_2(a_2-a_1) & a_3(a_3-a_1) & \cdots & a_n(a_n-a_1)\\ \vdots & \vdots & \vdots & & \vdots\\ 0 & a_2^{n-2}(a_2-a_1) & a_3^{n-2}(a_3-a_1) & \cdots & a_n^{n-2}(a_n-a_1)\end{vmatrix}.$$

将上面的行列式按第一列展开,然后把每列的公因子 (a_i-a_1) 提出去,就有

$$D_n=(a_2-a_1)(a_3-a_1)(a_4-a_1)\cdots(a_n-a_1)\begin{vmatrix}1 & 1 & \cdots & 1\\ a_2 & a_3 & \cdots & a_n\\ \vdots & \vdots & & \vdots\\ a_2^{n-2} & a_3^{n-2} & \cdots & a_n^{n-2}\end{vmatrix}.$$

上式右端的行列式是 $n-1$ 阶的范德蒙行列式. 由归纳假设,它等于 $\prod\limits_{2\leqslant j<i\leqslant n}(a_i-a_j)$,从而

$$D_n=(a_2-a_1)(a_3-a_1)(a_4-a_1)\cdots(a_n-a_1)\prod_{2\leqslant j<i\leqslant n}(a_i-a_j)$$

$$=\prod_{1\leqslant j<i\leqslant n}(a_i-a_j).$$

综上所述,结论成立. 证毕.

例 5 设 $D=\begin{vmatrix}1 & 2 & 3 & 4\\ 1 & 1 & 0 & -3\\ -1 & 2 & 1 & 2\\ 2 & -3 & -1 & -4\end{vmatrix}$,且 D 中第 i 行第 j 列元素的代数余子式记为 A_{ij}. 求:(1) $A_{11}+A_{12}+A_{13}+A_{14}$;(2) $3A_{12}+A_{32}-A_{42}$.

解　(1) $A_{11}+A_{12}+A_{13}+A_{14}=\begin{vmatrix} 1 & 1 & 1 & 1 \\ 1 & 1 & 0 & -3 \\ -1 & 2 & 1 & 2 \\ 2 & -3 & -1 & -4 \end{vmatrix}=-7.$

(2) $3A_{12}+A_{32}-A_{42}=\begin{vmatrix} 1 & 3 & 3 & 4 \\ 1 & 0 & 0 & -3 \\ -1 & 1 & 1 & 2 \\ 2 & -1 & -1 & -4 \end{vmatrix}=0.$

1.4　行列式应用

1.4.1　克莱姆(Cramer)法则

首先介绍线性方程组的概念.

定义 1.4.1　方程组

$$\begin{cases} a_{11}x_1+a_{12}x_2+\cdots+a_{1n}x_n=b_1, \\ a_{21}x_1+a_{22}x_2+\cdots+a_{2n}x_n=b_2, \\ \quad\vdots \\ a_{m1}x_1+a_{m2}x_2+\cdots+a_{mn}x_n=b_m, \end{cases} \tag{1.8}$$

称为 ***n* 元 *m* 式线性方程组**,其中 $a_{ij},b_i(i=1,2,\cdots,m;j=1,2,\cdots,n)$为已知常量,$x_i$ 为未知量(或未知数、未知元). $a_{ij}(i=1,2,\cdots,m;j=1,2,\cdots,n)$称为**方程组(1.8)的系数**,$b_1,\cdots,b_m$ 称为**常数项**. 若常数项 $b_1,\cdots,b_m$ 不全为零,则称(1.8)为**非齐次线性方程组**;若常数项 $b_1,\cdots,b_m$全为零,即

$$\begin{cases} a_{11}x_1+a_{12}x_2+\cdots+a_{1n}x_n=0, \\ a_{21}x_1+a_{22}x_2+\cdots+a_{2n}x_n=0, \\ \quad\vdots \\ a_{m1}x_1+a_{m2}x_2+\cdots+a_{mn}x_n=0, \end{cases} \tag{1.9}$$

则称(1.9)式为**齐次线性方程组**.

前面已经指出,行列式的引入是为了研究线性方程组的求解问题. 线性方程组的解是指这样一组常数 $c_1,c_2,\cdots,c_n$,当 x_i 取值为 $c_i(i=1,2,\cdots,n)$时,方程组中的每个方程左端都等于右端. 所谓线性方程组的求解就是指给定一个线性方程组,要解决以下几个方面的问题:其一,方程组是否有解,在什么条件下有解? 其二,解如果存在,是否唯一,在什么条件下有唯一解? 其三,如果有解,如何求其解?

本节仅讨论一类特殊的线性方程组的求解问题,即下面的 n 元 n 式线性方程组

$$\begin{cases} a_{11}x_1+a_{12}x_2+\cdots+a_{1n}x_n=b_1, \\ a_{21}x_1+a_{22}x_2+\cdots+a_{2n}x_n=b_2, \\ \quad\vdots \\ a_{n1}x_1+a_{n2}x_2+\cdots+a_{mn}x_n=b_n \end{cases} \tag{1.10}$$

的求解问题.

由线性方程组(1.10)各变量前系数所构成的行列式 $D=\begin{vmatrix} a_{11} & a_{12} & \cdots & a_{1n} \\ a_{21} & a_{22} & \cdots & a_{2n} \\ \vdots & \vdots & & \vdots \\ a_{n1} & a_{n2} & \cdots & a_{nn} \end{vmatrix}$,称为线性方程组的**系数行列式**. 又记

$$D_j=\begin{vmatrix} a_{11} & \cdots & a_{1,j-1} & b_1 & a_{1,j+1} & \cdots & a_{1n} \\ a_{21} & \cdots & a_{2,j-1} & b_2 & a_{2,j+1} & \cdots & a_{2n} \\ \vdots & & \vdots & \vdots & \vdots & & \vdots \\ a_{n1} & \cdots & a_{n,j-1} & b_n & a_{n,j+1} & \cdots & a_{nn} \end{vmatrix}, \quad (j=1,2,\cdots,n) \tag{1.11}$$

即 D_j 是用方程组(1.10)右端的常数项 $b_1,\cdots,b_n$ 来替换系数行列式 D 中第 j 列的元素而得到的行列式. 这样,就可以将二元二式以及三元三式线性方程组的公式解推广到 n 元 n 式线性方程组的情形.

定理 1.4.1(克莱姆法则) 如果线性方程组(1.10)的系数行列式 $D\neq 0$,则方程组有唯一解

$$x_1=\frac{D_1}{D},x_2=\frac{D_2}{D},\cdots,x_n=\frac{D_n}{D}. \tag{1.12}$$

证 首先验证(1.12)是方程组(1.10)的一组解. 将每个 $D_j(j=1,2\cdots,n)$ 按第 j 列展开

$$D_j=b_1A_{1j}+b_2A_{2j}+\cdots+b_nA_{nj}. \tag{1.13}$$

再将(1.12)(1.13)代入方程组(1.10)的左边,则有

$$\begin{aligned} & a_{i1}\frac{D_1}{D}+a_{i2}\frac{D_2}{D}+\cdots+a_{in}\frac{D_n}{D} \\ =& \frac{1}{D}[a_{i1}(b_1A_{11}+b_2A_{21}+\cdots+b_nA_{n1})+a_{i2}(b_1A_{12}+b_2A_{22}+\cdots+b_nA_{n2})+\cdots+a_{in} \\ & (b_1A_{1n}+b_2A_{2n}+\cdots+b_nA_{nn})] \\ =& \frac{1}{D}[b_1(a_{i1}A_{11}+a_{i2}A_{12}+\cdots+a_{in}A_{1n})+b_2(a_{i1}A_{21}+a_{i2}A_{22}+\cdots+a_{in}A_{2n})+\cdots+b_i \\ & (a_{i1}A_{i1}+a_{i2}A_{i2}+\cdots+a_{in}A_{in})+\cdots+b_n(a_{i1}A_{n1}+a_{i2}A_{n2}+\cdots+a_{in}A_{nn})] \\ =& \frac{1}{D}b_iD=b_i. \end{aligned}$$

其中最后一个等式用到了 1.2 节的性质 1.2.7.

下证解的唯一性:

设 $x_1=c_1,x_2=c_2,\cdots,x_n=c_n$ 为方程组(1.10)的任一组解,对 $c_j(j=1,2,\cdots,n)$,作 $c_j-\frac{D_j}{D}=\frac{1}{D}(c_jD-D_j)$,并记 $s_j=c_jD-D_j$,则可以将 s_j 写成如下形式

$$s_j=\begin{vmatrix} a_{11} & \cdots & a_{1,j-1} & c_ja_{1j}-b_1 & a_{1,j+1} & \cdots & a_{1n} \\ a_{21} & \cdots & a_{2,j-1} & c_ja_{2j}-b_2 & a_{2,j+1} & \cdots & a_{2n} \\ \vdots & & \vdots & \vdots & \vdots & & \vdots \\ a_{n1} & \cdots & a_{n,j-1} & c_ja_{nj}-b_n & a_{n,j+1} & \cdots & a_{nn} \end{vmatrix}, \tag{1.14}$$

将以上行列式的第 i 列元素的 c_i 倍($i=1,2,\cdots,j-1,j+1,\cdots,n$)都加到行列式的第 j 列的

对应元素上去,则有

$$s_j=\begin{vmatrix} a_{11} & \cdots & a_{1,j-1} & c_1a_{11}+c_2a_{12}+\cdots+c_na_{1n}-b_1 & a_{1,j+1} & \cdots & a_{1n} \\ a_{21} & \cdots & a_{2,j-1} & c_1a_{21}+c_2a_{22}+\cdots+c_na_{2n}-b_2 & a_{2,j+1} & \cdots & a_{2n} \\ \vdots & & \vdots & \vdots & \vdots & & \vdots \\ a_{n1} & \cdots & a_{n,j-1} & c_1a_{n1}+c_2a_{n2}+\cdots+c_na_{nn}-b_n & a_{n,j+1} & \cdots & a_{nn} \end{vmatrix}. \tag{1.15}$$

由 $c_1,c_2,\cdots,c_n$ 是方程组(1.10)的一组解知(1.15)式右端行列式中第 j 列元素全部是零,由性质1.2.2的推论2可知 $s_j=0$,即 $c_j=\frac{D_j}{D}(j=1,2,\cdots,n)$.

这就说明了方程组解的唯一性.证毕.

例1　求解线性方程组

$$\begin{cases} 3x_1-2x_2-4x_3+5x_4=10, \\ 2x_1-3x_2-5x_3+4x_4=3, \\ 4x_1-7x_2-x_3-2x_4=-17, \\ -10x_1+12x_2+10x_3-7x_4=3. \end{cases}$$

解　方程组的系数行列式

$$D=\begin{vmatrix} 3 & -2 & -4 & 5 \\ 2 & -3 & -5 & 4 \\ 4 & -7 & -1 & -2 \\ -10 & 12 & 10 & -7 \end{vmatrix}=-52,$$

又

$$D_1=\begin{vmatrix} 10 & -2 & -4 & 5 \\ 3 & -3 & -5 & 4 \\ -17 & -7 & -1 & -2 \\ 3 & 12 & 10 & -7 \end{vmatrix}=-52, D_2=\begin{vmatrix} 3 & 10 & -4 & 5 \\ 2 & 3 & -5 & 4 \\ 4 & -17 & -1 & -2 \\ -10 & 3 & 10 & -7 \end{vmatrix}=-104,$$

$$D_3=\begin{vmatrix} 3 & -2 & 10 & 5 \\ 2 & -3 & 3 & 4 \\ 4 & -7 & -17 & -2 \\ -10 & 12 & 3 & -7 \end{vmatrix}=-52, D_4=\begin{vmatrix} 3 & -2 & -4 & 10 \\ 2 & -3 & -5 & 3 \\ 4 & -7 & -1 & -17 \\ -10 & 12 & 10 & 3 \end{vmatrix}=-156.$$

由克莱姆法则

$$x_1=\frac{D_1}{D}=1, x_2=\frac{D_2}{D}=2, x_3=\frac{D_3}{D}=1, x_4=\frac{D_4}{D}=3.$$

对于齐次线性方程组(1.9),每个未知量的值都等于零的解称为**零解**.至少有一个未知数不等于零的解称为**非零解**.

任何齐次线性方程组总是有解的,因为它至少有零解.那么齐次线性方程组什么时候有非零解呢?由克莱姆法则可知,方程个数与未知量个数相等的 n 元 n 式齐次线性方程组,当它的系数行列式 $D\neq0$ 时,方程组有唯一零解,所以 n 元 n 式的齐次线性方程组有非零解的必要条件是系数行列式 $D=0$.以后可以证明这个条件也是充分的.

例 2 当 λ 取何值时，方程组

$$\begin{cases}\lambda x_1+x_2+x_3=0,\\ x_1+\lambda x_2+x_3=0,\\ x_1+x_2+\lambda x_3=0\end{cases}$$

有非零解.

解 已知方程组的系数行列式

$$D=\begin{vmatrix}\lambda & 1 & 1\\ 1 & \lambda & 1\\ 1 & 1 & \lambda\end{vmatrix}=(\lambda+2)(\lambda-1)^2,$$

所以当 $D=0$ 时，即 $\lambda=-2$ 或 $\lambda=1$ 时，原方程组有非零解.

克莱姆法则是线性方程组理论中的一个重要结果，它揭示了 n 元 n 式线性方程组解与系数以及常数项之间的关系. 在实际问题中，还会遇到系数行列式 $D=0$，以及方程个数与未知量个数不等的线性方程组. 这些问题将在后面章节继续讨论.

*1.4.2 面积的行列式表示

在中学，我们已经学习了二维向量. 现在我们可以用行列式来表示一个以两个二维向量为邻边的平行四边形的面积.

定理 1.4.2 以 $\mathbf{R}^2$ 中的两个非零向量 $\boldsymbol{\alpha}=\begin{bmatrix}a\\ b\end{bmatrix}$，$\boldsymbol{\beta}=\begin{bmatrix}c\\ d\end{bmatrix}$ 为邻边的平行四边形的面积是 $\begin{vmatrix}a & c\\ b & d\end{vmatrix}$ 的绝对值.

证 在直角坐标系上中，用 A 代表点 (a,b)，B 代表点 (c,d)，O 代表点 $(0,0)$. 取 $\boldsymbol{\alpha}=\overrightarrow{OA}$，$\boldsymbol{\beta}=\overrightarrow{OB}$. 当 $\boldsymbol{\alpha},\boldsymbol{\beta}$ 对应的分量成比例时，则平行四边形退化为面积为 0. 此时，行列式的值也为零，故结论成立. 下设 $\boldsymbol{\alpha},\boldsymbol{\beta}$ 对应的分量不成比例时，则所求的一个底边 OB 的长为 $\sqrt{c^2+d^2}$，该底边上的高 h 为点 A 到直线 OB 的距离. 由平面解析几何知识可得，直线 OB 的方程为 $y=\dfrac{d}{c}x$，即 $dx-cy=0$. 故 $h=\dfrac{|ad-bc|}{\sqrt{c^2+d^2}}$. 所以平行四边形面积为 $|ad-bc|$，即 $\begin{vmatrix}a & c\\ b & d\end{vmatrix}$ 的绝对值. 证毕.

本定理给出了二阶行列式的几何意义.

例 3 计算由点 $(-3,-1)$，$(0,2)$，$(2,1)$，$(5,4)$ 所确定的平行四边形面积.

解 平行四边形的两邻边对应的向量分别为 $\boldsymbol{\alpha}=\begin{bmatrix}3\\ 3\end{bmatrix}$，$\boldsymbol{\beta}=\begin{bmatrix}5\\ 2\end{bmatrix}$，$\begin{vmatrix}3 & 5\\ 3 & 2\end{vmatrix}=-9$，故所求平行四边形面积为 9.

习题 1

1. 计算行列式

(1) $\begin{vmatrix}5 & -2\\ 3 & 4\end{vmatrix}$；　　(2) $\begin{vmatrix}\cos\theta & -\sin\theta\\ \sin\theta & \cos\theta\end{vmatrix}$；

(3) $\begin{vmatrix} 1 & 2 & 3 \\ 4 & 0 & 5 \\ -1 & 0 & 6 \end{vmatrix}$； (4) $\begin{vmatrix} a^2 & ab & ac \\ ba & b^2 & bc \\ ca & cb & c^2 \end{vmatrix}$.

2. λ 取何值时，行列式 $\begin{vmatrix} 3 & 1 & \lambda \\ 4 & \lambda & 0 \\ 1 & 0 & \lambda \end{vmatrix} \neq 0$?

3. 计算行列式

(1) $\begin{vmatrix} 0 & 0 & 1 & 0 \\ 0 & 1 & 0 & 0 \\ 0 & 0 & 0 & 1 \\ 1 & 0 & 0 & 0 \end{vmatrix}$； (2) $\begin{vmatrix} 0 & 0 & 0 & 1 \\ 0 & 0 & 2 & x \\ 0 & 1 & y & a \\ 1 & z & b & c \end{vmatrix}$；

(3) $\begin{vmatrix} 0 & 1 & 0 & \cdots & 0 \\ 0 & 0 & 2 & \cdots & 0 \\ \vdots & \vdots & \vdots & & \vdots \\ 0 & 0 & 0 & \cdots & n-1 \\ n & 0 & 0 & \cdots & 0 \end{vmatrix}$ $(n \geqslant 2)$；(4) $\begin{vmatrix} x & y & 0 & \cdots & 0 & 0 \\ 0 & x & y & \cdots & 0 & 0 \\ \vdots & \vdots & \vdots & & \vdots & \vdots \\ 0 & 0 & 0 & \cdots & x & y \\ y & 0 & 0 & \cdots & 0 & x \end{vmatrix}_{n \times n}$ $(n \geqslant 2)$.

4. 用行列式的性质计算下列行列式

(1) $\begin{vmatrix} a & a^2 \\ b & b^2 \end{vmatrix}$； (2) $\begin{vmatrix} 1 & 2 & 3 \\ 0 & 1 & 2 \\ 1 & 1 & 1 \end{vmatrix}$； (3) $\begin{vmatrix} 1 & 1 & 1 & 1 \\ -1 & 1 & 1 & 1 \\ -1 & -1 & 1 & 1 \\ -1 & -1 & -1 & 1 \end{vmatrix}$；

(4) $\begin{vmatrix} 2 & -2 & 4 & 6 \\ 1 & 1 & 3 & 2 \\ -1 & 3 & 0 & 4 \\ 2 & 2 & 4 & 1 \end{vmatrix}$； (5) $\begin{vmatrix} 1 & -2 & 1 & 0 \\ 0 & 3 & -2 & -1 \\ 4 & -1 & 0 & -3 \\ 1 & 2 & -6 & 3 \end{vmatrix}$； (6) $\begin{vmatrix} 1 & 2 & 3 & 4 \\ 2 & 3 & 4 & 1 \\ 3 & 4 & 1 & 2 \\ 4 & 3 & 2 & 1 \end{vmatrix}$；

(7) $\begin{vmatrix} 1+a & 1 & 1 & 1 \\ 1 & 1+a & 1 & 1 \\ 1 & 1 & 1+a & 1 \\ 1 & 1 & 1 & 1+a \end{vmatrix}$； (8) $\begin{vmatrix} a^2 & (a+1)^2 & (a+2)^2 & (a+3)^2 \\ b^2 & (b+1)^2 & (b+2)^2 & (b+3)^2 \\ c^2 & (c+1)^2 & (c+2)^2 & (c+3)^2 \\ d^2 & (d+1)^2 & (d+2)^2 & (d+3)^2 \end{vmatrix}$.

5. 计算下列 n 阶行列式

(1) $\begin{vmatrix} 1 & 2 & 2 & \cdots & 2 \\ 2 & 2 & 2 & \cdots & 2 \\ 2 & 2 & 3 & \cdots & 2 \\ \vdots & \vdots & \vdots & & \vdots \\ 2 & 2 & 2 & \cdots & n \end{vmatrix}$ $(n \geqslant 2)$；

(2) $\begin{vmatrix} a_0 & 1 & 1 & \cdots & 1 \\ 1 & a_1 & 0 & \cdots & 0 \\ 1 & 0 & a_2 & \cdots & 0 \\ \vdots & \vdots & \vdots & & \vdots \\ 1 & 0 & 0 & \cdots & a_{n-1} \end{vmatrix}$ $(n\geqslant 2)$，其中 $a_1\cdots a_{n-1}\neq 0$；

(3) $\begin{vmatrix} \cos\theta & 1 & 0 & \cdots & 0 & 0 \\ 1 & 2\cos\theta & 1 & \cdots & 0 & 0 \\ 0 & 1 & 2\cos\theta & \cdots & 0 & 0 \\ \vdots & \vdots & \vdots & & \vdots & \vdots \\ 0 & 0 & 0 & \cdots & 2\cos\theta & 1 \\ 0 & 0 & 0 & \cdots & 1 & 2\cos\theta \end{vmatrix}_{n\times n}$；

(4) $\begin{vmatrix} a_1-b_1 & a_1-b_2 & \cdots & a_1-b_n \\ a_2-b_1 & a_2-b_2 & \cdots & a_2-b_n \\ \vdots & \vdots & & \vdots \\ a_n-b_1 & a_n-b_2 & \cdots & a_n-b_n \end{vmatrix}$；

(5) $\begin{vmatrix} \alpha+\beta & \alpha & 0 & \cdots & 0 & 0 \\ \beta & \alpha+\beta & \alpha & \cdots & 0 & 0 \\ 0 & \beta & \alpha+\beta & \cdots & 0 & 0 \\ \vdots & \vdots & \vdots & & \vdots & \vdots \\ 0 & 0 & 0 & \cdots & \alpha+\beta & \alpha \\ 0 & 0 & 0 & \cdots & \beta & \alpha+\beta \end{vmatrix}_{n\times n}$.

6. 证明

(1) $\begin{vmatrix} ax+by & ay+bz & az+bx \\ ay+bz & az+bx & ax+by \\ az+bx & ax+by & ay+bz \end{vmatrix}=(a^3+b^3)\begin{vmatrix} x & y & z \\ y & z & x \\ z & x & y \end{vmatrix}$；

(2) $\begin{vmatrix} x & -1 & 0 & \cdots & 0 & 0 \\ 0 & x & -1 & \cdots & 0 & 0 \\ \vdots & \vdots & \vdots & & \vdots & \vdots \\ 0 & 0 & 0 & \cdots & x & -1 \\ a_n & a_{n-1} & a_{n-2} & \cdots & a_2 & x+a_1 \end{vmatrix}=x^n+a_1x^{n-1}+\cdots+a_{n-1}x+a_n$；

(3) 假定所有的 $a_{ij}(t)(i,j=1,2,\cdots,n)$ 均可微，则

$$\frac{\mathrm{d}}{\mathrm{d}t}\begin{vmatrix} a_{11}(t) & a_{12}(t) & \cdots & a_{1n}(t) \\ a_{21}(t) & a_{22}(t) & \cdots & a_{2n}(t) \\ \vdots & \vdots & & \vdots \\ a_{n1}(t) & a_{n2}(t) & \cdots & a_{nn}(t) \end{vmatrix}=\sum_{i=1}^{n}\begin{vmatrix} a_{11}(t) & a_{12}(t) & \cdots & a_{1n}(t) \\ \vdots & \vdots & & \vdots \\ \frac{\mathrm{d}}{\mathrm{d}t}a_{i1}(t) & \frac{\mathrm{d}}{\mathrm{d}t}a_{i2}(t) & \cdots & \frac{\mathrm{d}}{\mathrm{d}t}a_{in}(t) \\ \vdots & \vdots & & \vdots \\ a_{n1}(t) & a_{n2}(t) & \cdots & a_{nn}(t) \end{vmatrix}；$$

(4) $\begin{vmatrix} \frac{1}{a_1+b_1} & \cdots & \frac{1}{a_1+b_n} \\ \vdots & & \vdots \\ \frac{1}{a_n+b_1} & \cdots & \frac{1}{a_n+b_n} \end{vmatrix} = \prod_{1\leqslant k<i\leqslant n}(a_i-a_k)(b_i-b_k)\prod_{s,t=1}^{n}\frac{1}{a_s+b_t}$.

7. 计算

(1) $\begin{vmatrix} 1 & a & a^2 & a^3 \\ 1 & b & b^2 & b^3 \\ 1 & c & c^2 & c^3 \\ 1 & d & d^2 & d^3 \end{vmatrix}$；　(2) $\begin{vmatrix} 1 & 1 & 1 & 1 \\ \cos\theta_1 & \cos\theta_2 & \cos\theta_3 & \cos\theta_4 \\ \cos2\theta_1 & \cos2\theta_2 & \cos2\theta_3 & \cos2\theta_4 \\ \cos3\theta_1 & \cos3\theta_2 & \cos3\theta_3 & \cos3\theta_4 \end{vmatrix}$；

(3) $\begin{vmatrix} 1 & a_1 & a_1^2 & a_1^4 \\ 1 & a_2 & a_2^2 & a_2^4 \\ 1 & a_3 & a_3^2 & a_3^4 \\ 1 & a_4 & a_4^2 & a_4^4 \end{vmatrix}$.

8. 已知行列式 $\begin{vmatrix} 1 & x & y & z \\ 2 & 1 & 1 & 1 \\ a & b & c & d \\ a+1 & b+1 & c+1 & d+1 \end{vmatrix}$，计算 $A_{11}+A_{12}+A_{13}+A_{14}$，其中 A_{1j} 为该行列式中第一行第 j 列元素的代数余子式.

9. 用克莱姆法则求解下列方程组

(1) $\begin{cases} 2x_1+x_2-5x_3+x_4=8, \\ 3x_1-2x_2-5x_3-5x_4=17, \\ x_1-x_2-x_3-4x_4=4, \\ x_1+4x_2-7x_3+6x_4=0; \end{cases}$

(2) $\begin{cases} x+y+z=1, \\ x+2y+z-w=8, \\ 2x-y-3w=3, \\ 3x+3y+5z-6w=5. \end{cases}$

10. (1) 求 k 的值，使以下线性方程组有非零解

$$\begin{cases} kx+y=0, \\ x+ky=0; \end{cases}$$

(2) 讨论 λ 为何值时，线性方程组

$$\begin{cases} \lambda x_1+x_2+x_3=1, \\ x_1+\lambda x_2+x_3=\lambda, \\ x_1+x_2+\lambda x_3=\lambda^2 \end{cases}$$

有唯一解，并求出其解.

11. (1) 设 $f(x)=\begin{vmatrix} 1 & 1 & 1 \\ 3-x & 5-3x^2 & 3x^2-1 \\ 2x^2-1 & 3x^2-1 & 7x^8-1 \end{vmatrix}$，证明：可以找到 $x_0\in(0,1)$，

使 $f'(x_0)=0$.

(2) 设 $F(x)=\begin{vmatrix} x & x^2 & x^3 \\ 1 & 2x & 3x^2 \\ 0 & 2 & 6x \end{vmatrix}$,求 $F'(x)$.

第2章　矩阵及其运算

矩阵是线性代数中的主要内容，它既是研究线性方程组、线性变换、二次型等代数问题的重要工具，也是多元函数微分学、微分方程、解析几何等数学其他分支中的重要工具.自然科学、工程技术和国民经济等许多领域中的实际问题都可以用矩阵概念来描述，并且用相关的矩阵理论与方法去解决.

本章介绍矩阵的有关概念、矩阵的基本运算、可逆矩阵、分块矩阵与分块矩阵的运算以及矩阵的初等变换等.

2.1　矩阵的概念

2.1.1　矩阵的定义

方程组

$$\begin{cases} y_1 = a_{11}x_1 + a_{12}x_2 + \cdots + a_{1n}x_n, \\ y_2 = a_{21}x_1 + a_{22}x_2 + \cdots + a_{2n}x_n, \\ \qquad \vdots \\ y_m = a_{m1}x_1 + a_{m2}x_2 + \cdots + a_{mn}x_n, \end{cases} \tag{2.1}$$

称为由变量 $x_1, x_2, \cdots, x_n$ 到变量 $y_1, y_2, \cdots, y_m$ 的**线性变换**，将各系数提取出来且相对位置保持不变，得到一个数表

$$\begin{bmatrix} a_{11} & a_{12} & \cdots & a_{1n} \\ a_{21} & a_{22} & \cdots & a_{2n} \\ \vdots & \vdots & & \vdots \\ a_{m1} & a_{m2} & \cdots & a_{mn} \end{bmatrix}. \tag{2.2}$$

显然，形如(2.1)的方程组与形如(2.2)的数表是一一对应的.

定义 2.1.1　由 $m\times n$ 个数 $a_{ij}(i=1,2\cdots m; j=1,2\cdots n)$ 按一定顺序排成的 m 行 n 列的数表

$$\begin{bmatrix} a_{11} & a_{12} & \cdots & a_{1n} \\ a_{21} & a_{22} & \cdots & a_{2n} \\ \vdots & \vdots & & \vdots \\ a_{m1} & a_{m2} & \cdots & a_{mn} \end{bmatrix},$$

称为 ***m* 行 *n* 列矩阵**，简称为 ***m*×*n* 矩阵**，通常用大写英文字母表示，记作 $\mathbf{A}_{m\times n}$ 或 $\mathbf{A}$. 这 $m\times n$ 个数称为矩阵 $\mathbf{A}$ 的**元素**，简称为**元**，数 a_{ij} 位于矩阵 $\mathbf{A}$ 的第 i 行第 j 列，称为矩阵 $\mathbf{A}$ 的 (i,j) **元**.因此以数 a_{ij} 为 (i,j) 元的矩阵还可记作 $(a_{ij})_{m\times n}$ 或 (a_{ij}).

上述数表(2.2)称为线性变换(2.1)的**矩阵**.

给定线性变换(2.1),它的矩阵(2.2)也就确定了.反之,如果给定矩阵(2.2),则对应的线性变换(2.1)也就确定了.在此意义上,线性变换和矩阵之间存在着一一对应关系.

n 元线性方程组

$$\begin{cases}a_{11}x_1+a_{12}x_2+\cdots+a_{1n}x_n=b_1,\\a_{21}x_1+a_{22}x_2+\cdots+a_{2n}x_n=b_2,\\\qquad\vdots\\a_{m1}x_1+a_{m2}x_2+\cdots+a_{mn}x_n=b_m\end{cases}\tag{2.3}$$

的系数按原来的位置构成的 $m\times n$ 矩阵

$$\boldsymbol{A}=\begin{bmatrix}a_{11}&a_{12}&\cdots&a_{1n}\\a_{21}&a_{22}&\cdots&a_{2n}\\\vdots&\vdots&&\vdots\\a_{m1}&a_{m2}&\cdots&a_{mn}\end{bmatrix},$$

称为线性方程组(2.3)的**系数矩阵**.

由(2.3)的系数与常数项构成的矩阵

$$\overline{\boldsymbol{A}}=(\boldsymbol{A}\mid\boldsymbol{b})=\begin{bmatrix}a_{11}&a_{12}&\cdots&a_{1n}&b_1\\a_{21}&a_{22}&\cdots&a_{2n}&b_2\\\vdots&\vdots&&\vdots&\vdots\\a_{m1}&a_{m2}&\cdots&a_{mn}&b_m\end{bmatrix},$$

称为线性方程组(2.3)的**增广矩阵**.

元素是实数的矩阵称为**实矩阵**,元素是复数的矩阵称为**复矩阵**.除特别说明以外,本书中的矩阵都指实矩阵.

例如:$\boldsymbol{A}=\begin{bmatrix}1&0&3&5\\-9&6&4&3\end{bmatrix}$是一个 2×4 实矩阵,$\boldsymbol{B}=\begin{bmatrix}13&6&2\mathrm{i}\\2&2&2\\2&2&2\end{bmatrix}$是一个 3×3 复矩阵,$\boldsymbol{C}=[4]$是一个 1×1 矩阵.

显然,矩阵与行列式有本质的区别,行列式是一个算式,一个数字行列式经过计算可求得其值,而矩阵仅仅是一个数表,它的行数和列数可以不同.

定义 2.1.2 两个矩阵 $\boldsymbol{A},\boldsymbol{B}$ 行数相等、列数也相等时,称 $\boldsymbol{A},\boldsymbol{B}$ 为**同型矩阵**.

例如:矩阵 $\boldsymbol{A}=\begin{bmatrix}1&2&3\\-1&5&3\end{bmatrix}$与 $\boldsymbol{B}=\begin{bmatrix}0&1&-3\\2&1&-1\end{bmatrix}$是同型矩阵.

定义 2.1.3 对同型矩阵 $\boldsymbol{A}=(a_{ij})_{m\times n},\boldsymbol{B}=(b_{ij})_{m\times n}$,如果它们的对应元素相等,即

$$a_{ij}=b_{ij}\ (i=1,2,\cdots,m;j=1,2,\cdots,n),$$

那么称矩阵 $\boldsymbol{A}$ 与矩阵 $\boldsymbol{B}$ **相等**,记作 $\boldsymbol{A}=\boldsymbol{B}$.

2.1.2 几种特殊形式的矩阵

(1) 元素全为零的矩阵称为**零矩阵**,$m\times n$ 的零矩阵记作

$$\boldsymbol{O}_{m\times n}=\begin{bmatrix}0&0&\cdots&0\\0&0&\cdots&0\\\vdots&\vdots&&\vdots\\0&0&\cdots&0\end{bmatrix}\text{或 }\boldsymbol{O}.$$

值得注意的是,不同型的零矩阵是不相等的.
例如:

$$\begin{bmatrix} 0 & 0 & 0 & 0 \\ 0 & 0 & 0 & 0 \\ 0 & 0 & 0 & 0 \\ 0 & 0 & 0 & 0 \end{bmatrix} \neq (0,0,0,0).$$

(2) 只有一行的矩阵称为**行矩阵**,又称为**行向量**,记作

$$\boldsymbol{A}=(a_1,a_2,\cdots,a_n)\text{或}\ \boldsymbol{\alpha}=(a_1,a_2,\cdots,a_n).$$

(3) 只有一列的矩阵称为**列矩阵**,又称为**列向量**,记作

$$\boldsymbol{A}=\begin{bmatrix} a_1 \\ a_2 \\ \vdots \\ a_m \end{bmatrix}\text{或}\ \boldsymbol{\alpha}=\begin{bmatrix} a_1 \\ a_2 \\ \vdots \\ a_m \end{bmatrix}.$$

(4) 行数和列数都等于 n 的矩阵称为 **n 阶矩阵**或 **n 阶方阵**,记作

$$\boldsymbol{A}=\boldsymbol{A}_n=\begin{bmatrix} a_{11} & a_{12} & \cdots & a_{1n} \\ a_{21} & a_{22} & \cdots & a_{2n} \\ \vdots & \vdots & & \vdots \\ a_{n1} & a_{n2} & \cdots & a_{nn} \end{bmatrix}.$$

此时,从左上角元素到右下角元素 $a_{11},a_{22},\cdots,a_{nn}$ 所形成的直线称为**主对角线**.

(5) 主对角线下方的元素都为零的方阵称为**上三角矩阵**,即 $a_{ij}=0(i>j;i,j=1,2,\cdots,n)$,记作

$$\boldsymbol{A}_n=\begin{bmatrix} a_{11} & a_{12} & \cdots & a_{1n} \\ 0 & a_{22} & \cdots & a_{2n} \\ \vdots & \vdots & & \vdots \\ 0 & 0 & \cdots & a_{nn} \end{bmatrix}\text{或}\ \boldsymbol{A}_n=\begin{bmatrix} a_{11} & a_{12} & \cdots & a_{1n} \\ & a_{22} & \cdots & a_{2n} \\ & & \ddots & \vdots \\ & & & a_{nn} \end{bmatrix},$$

其中未标出的元素均为0.

(6) 主对角线上方的元素都为零的方阵称为**下三角矩阵**,即 $a_{ij}=0(i<j;i,j=1,2,\cdots,n)$,记作

$$\boldsymbol{A}_n=\begin{bmatrix} a_{11} & 0 & \cdots & 0 \\ a_{21} & a_{22} & \cdots & 0 \\ \vdots & \vdots & & \vdots \\ a_{n1} & a_{n2} & \cdots & a_{nn} \end{bmatrix}\text{或}\ \boldsymbol{A}_n=\begin{bmatrix} a_{11} & & & \\ a_{21} & a_{22} & & \\ \vdots & \vdots & \ddots & \\ a_{n1} & a_{n2} & \cdots & a_{nn} \end{bmatrix}.$$

(7) 主对角线以外的元素都为零的方阵称为**对角矩阵**,即 $a_{ij}=0(i\neq j;i,j=1,2,\cdots,n)$,记作

$$\boldsymbol{\Lambda}_n=\begin{bmatrix} a_{11} & 0 & \cdots & 0 \\ 0 & a_{22} & \cdots & 0 \\ \vdots & \vdots & & \vdots \\ 0 & 0 & \cdots & a_{nn} \end{bmatrix}\text{或}\ \boldsymbol{\Lambda}_n=\begin{bmatrix} a_{11} & & & \\ & a_{22} & & \\ & & \ddots & \\ & & & a_{nn} \end{bmatrix}.$$

对角矩阵也常记作 $\boldsymbol{A}_n=\mathrm{diag}(a_{11},a_{22},\cdots,a_{nn})$.

(8) 主对角线上元素都相等的对角矩阵称为**数量矩阵**,记作

$$\boldsymbol{A}_n=\begin{bmatrix}\lambda & 0 & \cdots & 0\\ 0 & \lambda & \cdots & 0\\ \vdots & \vdots & & \vdots\\ 0 & 0 & \cdots & \lambda\end{bmatrix} \text{或 } \boldsymbol{A}_n=\begin{bmatrix}\lambda & & & \\ & \lambda & & \\ & & \ddots & \\ & & & \lambda\end{bmatrix}.$$

(9) 主对角线上元素都等于 1 的对角矩阵称为**单位矩阵**,记作

$$\boldsymbol{E}_n=\begin{bmatrix}1 & 0 & \cdots & 0\\ 0 & 1 & \cdots & 0\\ \vdots & \vdots & & \vdots\\ 0 & 0 & \cdots & 1\end{bmatrix} \text{或 } \boldsymbol{E}_n=\begin{bmatrix}1 & & & \\ & 1 & & \\ & & \ddots & \\ & & & 1\end{bmatrix}.$$

(10) 在方阵 $\boldsymbol{A}=(a_{ij})_n$ 中,如果 $a_{ij}=a_{ji}(i,j=1,2,\cdots,n)$,则称 $\boldsymbol{A}$ 为**对称矩阵**;如果 $a_{ij}=-a_{ji}(i,j=1,2,\cdots,n)$,则称 $\boldsymbol{A}$ 为**反对称矩阵**.

例如:$\boldsymbol{A}=\begin{bmatrix}1 & 6 & 3\\ 6 & 2 & 1\\ 3 & 1 & 2\end{bmatrix}$是对称矩阵,$\boldsymbol{B}=\begin{bmatrix}0 & 2 & 3\\ -2 & 0 & -1\\ -3 & 1 & 0\end{bmatrix}$是反对称矩阵.

2.2 矩阵的基本运算

本节主要介绍矩阵的加法、减法、数乘以及乘法等基本运算及其运算规律.

2.2.1 矩阵的加法

定义 2.2.1 设两个矩阵 $\boldsymbol{A}=(a_{ij})_{m\times n}$ 和 $\boldsymbol{B}=(b_{ij})_{m\times n}$,那么**矩阵 $\boldsymbol{A}$ 与 $\boldsymbol{B}$ 的和**记作 $\boldsymbol{A}+\boldsymbol{B}$,规定为

$$\boldsymbol{A}+\boldsymbol{B}=(a_{ij}+b_{ij})_{m\times n}=\begin{bmatrix}a_{11}+b_{11} & a_{12}+b_{12} & \cdots & a_{1n}+b_{1n}\\ a_{21}+b_{21} & a_{22}+b_{22} & \cdots & a_{2n}+b_{2n}\\ \vdots & \vdots & & \vdots\\ a_{m1}+b_{m1} & a_{m2}+b_{m2} & \cdots & a_{mn}+b_{mn}\end{bmatrix}.$$

注意 只有当两个矩阵是同型矩阵时,才能进行矩阵的加法运算,且其和仍然是与原矩阵同型的矩阵.

例 1 设 $\boldsymbol{A}=\begin{bmatrix}12 & 3 & -5\\ 1 & -9 & 0\\ 3 & 6 & 8\end{bmatrix}$,$\boldsymbol{B}=\begin{bmatrix}1 & 8 & 9\\ 6 & 5 & 4\\ 3 & 2 & 1\end{bmatrix}$,求 $\boldsymbol{A}+\boldsymbol{B}$.

解

$$\begin{aligned}\boldsymbol{A}+\boldsymbol{B}&=\begin{bmatrix}12 & 3 & -5\\ 1 & -9 & 0\\ 3 & 6 & 8\end{bmatrix}+\begin{bmatrix}1 & 8 & 9\\ 6 & 5 & 4\\ 3 & 2 & 1\end{bmatrix}\\ &=\begin{bmatrix}12+1 & 3+8 & -5+9\\ 1+6 & -9+5 & 0+4\\ 3+3 & 6+2 & 8+1\end{bmatrix}=\begin{bmatrix}13 & 11 & 4\\ 7 & -4 & 4\\ 6 & 8 & 9\end{bmatrix}.\end{aligned}$$

矩阵加法满足下列运算规律:

性质 2.2.1　设 $\boldsymbol{A},\boldsymbol{B},\boldsymbol{C}$ 是同型矩阵，$\boldsymbol{O}$ 是同型的零矩阵，则有

(1) 交换律　$\boldsymbol{A}+\boldsymbol{B}=\boldsymbol{B}+\boldsymbol{A}$；

(2) 结合律　$(\boldsymbol{A}+\boldsymbol{B})+\boldsymbol{C}=\boldsymbol{A}+(\boldsymbol{B}+\boldsymbol{C})$；

(3) $\boldsymbol{A}+\boldsymbol{O}=\boldsymbol{A}$.

很明显，零矩阵 $\boldsymbol{O}$ 在矩阵加法中的作用类似于数 0 在数的加法中的作用.

2.2.2　数乘矩阵

定义 2.2.2　数 λ 与矩阵 $\boldsymbol{A}=(a_{ij})_{m\times n}$ 的乘积称为**数量乘矩阵**，简称为**数乘矩阵**，记作 $\lambda\boldsymbol{A}$ 或 $\boldsymbol{A}\lambda$，即

$$\lambda\boldsymbol{A}=\boldsymbol{A}\lambda=(\lambda a_{ij})_{m\times n}=\begin{bmatrix}\lambda a_{11} & \lambda a_{12} & \cdots & \lambda a_{1n}\\ \lambda a_{21} & \lambda a_{22} & \cdots & \lambda a_{2n}\\ \vdots & \vdots & & \vdots\\ \lambda a_{m1} & \lambda a_{m2} & \cdots & \lambda a_{mn}\end{bmatrix}.$$

由定义可知，数乘矩阵 $\lambda\boldsymbol{A}$ 是用数 λ 乘以矩阵 $\boldsymbol{A}$ 的每一个元素得到的，它是与原矩阵同型的矩阵. 在矩阵的数乘运算中，我们可以发现：数乘矩阵 $\lambda\boldsymbol{A}=\boldsymbol{O}$ 当且仅当 $\lambda=0$ 或 $\boldsymbol{A}=\boldsymbol{O}$.

当 $\lambda=-1$，$\boldsymbol{A}=(a_{ij})_{m\times n}$ 时，数乘矩阵

$$(-1)\boldsymbol{A}=\begin{bmatrix}-a_{11} & -a_{12} & \cdots & -a_{1n}\\ -a_{21} & -a_{22} & \cdots & -a_{2n}\\ \vdots & \vdots & & \vdots\\ -a_{m1} & -a_{m2} & \cdots & -a_{mn}\end{bmatrix},$$

称为矩阵 $\boldsymbol{A}$ 的**负矩阵**，记作 $-\boldsymbol{A}$. 显然有

$$\boldsymbol{A}+(-\boldsymbol{A})=\boldsymbol{O}.$$

由此，矩阵的减法可以记作

$$\boldsymbol{A}-\boldsymbol{B}=\boldsymbol{A}+(-\boldsymbol{B}).$$

例 2　设 $\boldsymbol{A}=\begin{bmatrix}1 & 1\\ 3 & 0\\ 0 & 1\end{bmatrix}$，$\boldsymbol{B}=\begin{bmatrix}1 & 3\\ 5 & 2\\ -1 & 0\end{bmatrix}$，求 $\boldsymbol{A}-\boldsymbol{B}$.

解

$$-\boldsymbol{B}=\begin{bmatrix}-1 & -3\\ -5 & -2\\ 1 & 0\end{bmatrix},$$

于是

$$\boldsymbol{A}-\boldsymbol{B}=\boldsymbol{A}+(-\boldsymbol{B})=\begin{bmatrix}1 & 1\\ 3 & 0\\ 0 & 1\end{bmatrix}+\begin{bmatrix}-1 & -3\\ -5 & -2\\ 1 & 0\end{bmatrix}=\begin{bmatrix}0 & -2\\ -2 & -2\\ 1 & 1\end{bmatrix}.$$

矩阵的数乘满足下列运算规律：

性质 2.2.2　设 $\boldsymbol{A},\boldsymbol{B}$ 是同型矩阵，λ,μ 是常数，则有

(1) $1\boldsymbol{A}=\boldsymbol{A}$；

(2) $(\lambda\mu)\boldsymbol{A}=\lambda(\mu\boldsymbol{A})$；

(3) $(\lambda+\mu)\boldsymbol{A}=\lambda\boldsymbol{A}+\mu\boldsymbol{A}$；

(4) $\lambda(\boldsymbol{A}+\boldsymbol{B})=\lambda\boldsymbol{A}+\lambda\boldsymbol{B}$.

矩阵的加法、减法与数乘统称为矩阵的**线性运算**.

矩阵的线性运算实际上可以完全归结为矩阵元素的数的加法、减法、数与数相乘的运算. 因此,上述性质 2.2.1、性质 2.2.2 的证明就很容易了.

例 3 设矩阵 $\boldsymbol{A}=\begin{bmatrix}1 & -2 & 0\\ 4 & 3 & 5\end{bmatrix}$,$\boldsymbol{B}=\begin{bmatrix}8 & 2 & 6\\ 5 & 3 & 4\end{bmatrix}$满足 $2\boldsymbol{A}+\boldsymbol{X}=\boldsymbol{B}-2\boldsymbol{X}$,求 $\boldsymbol{X}$.

解 由 $2\boldsymbol{A}+\boldsymbol{X}=\boldsymbol{B}-2\boldsymbol{X}$,解得 $\boldsymbol{X}=\frac{1}{3}(\boldsymbol{B}-2\boldsymbol{A})$.

因为 $\boldsymbol{B}-2\boldsymbol{A}=\begin{bmatrix}8 & 2 & 6\\ 5 & 3 & 4\end{bmatrix}-\begin{bmatrix}2 & -4 & 0\\ 8 & 6 & 10\end{bmatrix}=\begin{bmatrix}6 & 6 & 6\\ -3 & -3 & -6\end{bmatrix}$,所以

$$\boldsymbol{X}=\frac{1}{3}(\boldsymbol{B}-2\boldsymbol{A})=\frac{1}{3}\begin{bmatrix}6 & 6 & 6\\ -3 & -3 & -6\end{bmatrix}=\begin{bmatrix}2 & 2 & 2\\ -1 & -1 & -2\end{bmatrix}.$$

2.2.3 矩阵乘法

向量的线性变换在实际问题中应用非常广泛,矩阵的乘法运算恰好是为解决这类问题而引入的.

设有从变量 y_1,y_2,y_3 到变量 z_1,z_2 的线性变换

$$\begin{cases}z_1=a_{11}y_1+a_{12}y_2+a_{13}y_3,\\ z_2=a_{21}y_1+a_{22}y_2+a_{23}y_3\end{cases}\tag{2.4}$$

及从变量 x_1,x_2 到变量 y_1,y_2,y_3 的线性变换

$$\begin{cases}y_1=b_{11}x_1+b_{12}x_2,\\ y_2=b_{21}x_1+b_{22}x_2,\\ y_3=b_{31}x_1+b_{32}x_2,\end{cases}\tag{2.5}$$

它们的矩阵分别为

$$\boldsymbol{A}=\begin{bmatrix}a_{11} & a_{12} & a_{13}\\ a_{21} & a_{22} & a_{23}\end{bmatrix},\boldsymbol{B}=\begin{bmatrix}b_{11} & b_{12}\\ b_{21} & b_{22}\\ b_{31} & b_{32}\end{bmatrix}.$$

若想求出从变量 x_1,x_2 到变量 z_1,z_2 的线性变换的矩阵,可以将(2.5)代入(2.4),整理得到

$$\begin{cases}z_1=(a_{11}b_{11}+a_{12}b_{21}+a_{13}b_{31})x_1+(a_{11}b_{12}+a_{12}b_{22}+a_{13}b_{32})x_2,\\ z_2=(a_{21}b_{11}+a_{22}b_{21}+a_{23}b_{31})x_1+(a_{21}b_{12}+a_{22}b_{22}+a_{23}b_{32})x_2.\end{cases}\tag{2.6}$$

因此它的矩阵为

$$\boldsymbol{C}=\begin{bmatrix}a_{11}b_{11}+a_{12}b_{21}+a_{13}b_{31} & a_{11}b_{12}+a_{12}b_{22}+a_{13}b_{32}\\ a_{21}b_{11}+a_{22}b_{21}+a_{23}b_{31} & a_{21}b_{12}+a_{22}b_{22}+a_{23}b_{32}\end{bmatrix}.$$

线性变换(2.6)是先作线性变换(2.5),再作线性变换(2.4),而得到的结果,称线性变换(2.6)为线性变换(2.4)与线性变换(2.5)的乘积. 对应地,称矩阵 $\boldsymbol{C}$ 为矩阵 $\boldsymbol{A}$ 与 $\boldsymbol{B}$ 的乘积,即

$$\begin{bmatrix}a_{11} & a_{12} & a_{13}\\ a_{21} & a_{22} & a_{23}\end{bmatrix}\begin{bmatrix}b_{11} & b_{12}\\ b_{21} & b_{22}\\ b_{31} & b_{32}\end{bmatrix}$$

$$=\begin{bmatrix}a_{11}b_{11}+a_{12}b_{21}+a_{13}b_{31} & a_{11}b_{12}+a_{12}b_{22}+a_{13}b_{32}\\ a_{21}b_{11}+a_{22}b_{21}+a_{23}b_{31} & a_{21}b_{12}+a_{22}b_{22}+a_{23}b_{32}\end{bmatrix}.$$

由2.1节可知，线性变换与矩阵是一一对应关系，所以线性变换的乘积就可以表示为矩阵的乘积，因此我们很自然地引入矩阵乘法概念.

定义 2.2.3　设$\boldsymbol{A}=(a_{ij})$是一个$m\times s$矩阵，$\boldsymbol{B}=(b_{ij})$是一个$s\times n$矩阵，那么**矩阵$\boldsymbol{A}$与$\boldsymbol{B}$的乘积**是一个$m\times n$矩阵$\boldsymbol{C}=(c_{ij})$，记作$\boldsymbol{C}=\boldsymbol{AB}$，其中

$$c_{ij}=a_{i1}b_{1j}+a_{i2}b_{2j}+\cdots+a_{is}b_{sj}=\sum_{k=1}^{s}a_{ik}b_{kj}\ (i=1,2,\cdots m;j=1,2,\cdots,n).$$

定义表明，只有当左乘矩阵$\boldsymbol{A}$的列数等于右乘矩阵$\boldsymbol{B}$的行数时，两个矩阵才能相乘. 此时，乘积矩阵$\boldsymbol{C}=\boldsymbol{AB}$的行数等于左乘矩阵$\boldsymbol{A}$的行数，而列数等于右乘矩阵$\boldsymbol{B}$的列数，且$\boldsymbol{C}=\boldsymbol{AB}$的$(i,j)$元$c_{ij}$就是左乘矩阵$\boldsymbol{A}$的第$i$行与右乘矩阵$\boldsymbol{B}$的第$j$列对应元素乘积之和.

例4　设$\boldsymbol{A}=\begin{bmatrix}3&-1\\0&3\\1&0\end{bmatrix}$，$\boldsymbol{B}=\begin{bmatrix}1&0&1&-1\\0&2&1&0\end{bmatrix}$，求$\boldsymbol{AB}$.

解　因为$\boldsymbol{A}$是3×2矩阵，$\boldsymbol{B}$是2×4矩阵，$\boldsymbol{A}$的列数等于$\boldsymbol{B}$的行数，所以$\boldsymbol{A}$与$\boldsymbol{B}$可以相乘，且乘积$\boldsymbol{AB}$是一个3×4矩阵，计算如下：

$$\begin{aligned}\boldsymbol{AB}&=\begin{bmatrix}3&-1\\0&3\\1&0\end{bmatrix}\begin{bmatrix}1&0&1&-1\\0&2&1&0\end{bmatrix}\\&=\begin{bmatrix}3\times1+(-1)\times0&3\times0+(-1)\times2&3\times1+(-1)\times1&3\times(-1)+(-1)\times0\\0\times1+3\times0&0\times0+3\times2&0\times1+3\times1&0\times(-1)+3\times0\\1\times1+0\times0&1\times0+0\times2&1\times1+0\times1&1\times(-1)+0\times0\end{bmatrix}\\&=\begin{bmatrix}3&-2&2&-3\\0&6&3&0\\1&0&1&-1\end{bmatrix}.\end{aligned}$$

我们可以发现$\boldsymbol{B}$的列数不等于$\boldsymbol{A}$的行数，因而$\boldsymbol{BA}$无意义.

例5　设$\boldsymbol{A}=(1,-1,4)$，$\boldsymbol{B}=\begin{bmatrix}1\\1\\2\end{bmatrix}$，求$\boldsymbol{AB}$与$\boldsymbol{BA}$.

解　$\boldsymbol{A}_{1\times3}\boldsymbol{B}_{3\times1}=(1,-1,4)\begin{bmatrix}1\\1\\2\end{bmatrix}=[1\times1+(-1)\times1+4\times2]=[8]_{1\times1}$，实际上，这是一个一阶数量矩阵，即$[8]_{1\times1}=8\boldsymbol{E}_1$，可以简记为8.

$$\boldsymbol{B}_{3\times1}\boldsymbol{A}_{1\times3}=\begin{bmatrix}1\\1\\2\end{bmatrix}(1,-1,4)=\begin{bmatrix}1&-1&4\\1&-1&4\\2&-2&8\end{bmatrix}_{3\times3}.$$

例6　设$\boldsymbol{A}=\begin{bmatrix}2&4\\-3&-6\end{bmatrix}$，$\boldsymbol{B}=\begin{bmatrix}-2&4\\1&-2\end{bmatrix}$，求$\boldsymbol{AB}$与$\boldsymbol{BA}$.

解　$\boldsymbol{AB}=\begin{bmatrix}2&4\\-3&-6\end{bmatrix}\begin{bmatrix}-2&4\\1&-2\end{bmatrix}=\begin{bmatrix}0&0\\0&0\end{bmatrix}$，

$$\boldsymbol{BA}=\begin{bmatrix}-2 & 4\\1 & -2\end{bmatrix}\begin{bmatrix}2 & 4\\-3 & -6\end{bmatrix}=\begin{bmatrix}-16 & -32\\8 & 16\end{bmatrix}.$$

在2.1节的线性方程组(2.3)中,若将系数矩阵记作 $\boldsymbol{A}=\begin{bmatrix}a_{11} & a_{12} & \cdots & a_{1n}\\a_{21} & a_{22} & \cdots & a_{2n}\\\vdots & \vdots & & \vdots\\a_{m1} & a_{m2} & \cdots & a_{mn}\end{bmatrix}$,未知数矩阵记作 $\boldsymbol{X}=\begin{bmatrix}x_1\\x_2\\\vdots\\x_n\end{bmatrix}$,常数项矩阵记作 $\boldsymbol{b}=\begin{bmatrix}b_1\\b_2\\\vdots\\b_m\end{bmatrix}$,则方程组(2.3)可以用矩阵乘积表示为$\boldsymbol{AX}=\boldsymbol{b}$.

矩阵乘法运算的特殊性决定了它具有一些特殊性质.

注1 矩阵乘法不满足交换律,即在一般情况下,$\boldsymbol{AB}\neq\boldsymbol{BA}$. 比如在例4中,$\boldsymbol{AB}$有意义时,$\boldsymbol{BA}$却没有意义;在例5中,虽然$\boldsymbol{AB}$与$\boldsymbol{BA}$都有意义,但$\boldsymbol{AB}$是1阶方阵,$\boldsymbol{BA}$是3阶方阵,它们不同阶;在例6中,$\boldsymbol{AB}$与$\boldsymbol{BA}$都有意义,且是同阶方阵,但仍然有$\boldsymbol{AB}\neq\boldsymbol{BA}$. 由此可见,在矩阵乘法中必须注意矩阵相乘的顺序.

定义2.2.4 设有两个同阶方阵$\boldsymbol{A}$与$\boldsymbol{B}$,若$\boldsymbol{AB}=\boldsymbol{BA}$,则称方阵$\boldsymbol{A}$与$\boldsymbol{B}$是**可交换的**.

例7 设 $\boldsymbol{A}=\begin{bmatrix}1 & 1\\0 & 1\end{bmatrix}$,求与$\boldsymbol{A}$可交换的一切矩阵.

解 设与$\boldsymbol{A}$可交换的矩阵为 $\boldsymbol{B}=\begin{bmatrix}a & b\\c & d\end{bmatrix}$,

于是

$$\boldsymbol{AB}=\begin{bmatrix}1 & 1\\0 & 1\end{bmatrix}\begin{bmatrix}a & b\\c & d\end{bmatrix}=\begin{bmatrix}a+c & b+d\\c & d\end{bmatrix},$$

$$\boldsymbol{BA}=\begin{bmatrix}a & b\\c & d\end{bmatrix}\begin{bmatrix}1 & 1\\0 & 1\end{bmatrix}=\begin{bmatrix}a & a+b\\c & c+d\end{bmatrix},$$

根据$\boldsymbol{AB}=\boldsymbol{BA}$,即对应元素相等有

$$\begin{cases}a+c=a,\\b+d=a+b,\\c=c,\\d=c+d.\end{cases}$$

解得$c=0$,$a=d$. 因而与$\boldsymbol{A}$可交换的一切矩阵为

$$\boldsymbol{B}=\begin{bmatrix}a & b\\0 & a\end{bmatrix},$$

其中a,b为任意数.

尽管矩阵乘法不满足交换律,但满足如下运算规律:

性质2.2.3 设矩阵$\boldsymbol{A}$,$\boldsymbol{B}$,$\boldsymbol{C}$及单位矩阵$\boldsymbol{E}$的行数与列数使下列相应的运算有意义,λ为数,则

(1) $(\boldsymbol{AB})\boldsymbol{C}=\boldsymbol{A}(\boldsymbol{BC})$;

(2) $\lambda(\boldsymbol{AB})=(\lambda\boldsymbol{A})\boldsymbol{B}=\boldsymbol{A}(\lambda\boldsymbol{B})$;

(3) $\boldsymbol{A}(\boldsymbol{B}+\boldsymbol{C})=\boldsymbol{AB}+\boldsymbol{AC}$; $(\boldsymbol{B}+\boldsymbol{C})\boldsymbol{A}=\boldsymbol{BA}+\boldsymbol{CA}$;

(4) $\boldsymbol{E}_m\boldsymbol{A}_{m\times n}=\boldsymbol{A}_{m\times n}\boldsymbol{E}_n=\boldsymbol{A}_{m\times n}$或简写为 $\boldsymbol{AE}=\boldsymbol{EA}=\boldsymbol{A}$.

可见,单位矩阵 $\boldsymbol{E}$ 在矩阵乘法中的作用类似于数 1 在数的乘法中的作用.

证　这里仅证明(1),其余的可以类似证明.

设 $\boldsymbol{A}=(a_{ij})_{m\times s}$,$\boldsymbol{B}=(b_{ij})_{s\times n}$,$\boldsymbol{C}=(c_{ij})_{n\times l}$,则乘积$(\boldsymbol{AB})\boldsymbol{C}$ 与 $\boldsymbol{A}(\boldsymbol{BC})$都是 $m\times l$ 矩阵,而且任给 $i,j(i=1,2,\cdots,m;j=1,2,\cdots,l)$,$(\boldsymbol{AB})\boldsymbol{C}$ 的(i,j)元为

$$\left(\sum_{k=1}^{s}a_{ik}b_{k1},\cdots,\sum_{k=1}^{s}a_{ik}b_{kn}\right)\begin{bmatrix}c_{1j}\\ \vdots\\ c_{nj}\end{bmatrix}=\sum_{t=1}^{n}\left(\sum_{k=1}^{s}a_{ik}b_{kt}\right)c_{tj},$$

$\boldsymbol{A}(\boldsymbol{BC})$的$(i,j)$元为

$$(a_{i1},\cdots,a_{is})\begin{bmatrix}\sum_{t=1}^{n}b_{1t}c_{tj}\\ \vdots\\ \sum_{t=1}^{n}b_{st}c_{tj}\end{bmatrix}=\sum_{k=1}^{s}a_{ik}\left(\sum_{t=1}^{n}b_{kt}c_{tj}\right)=\sum_{t=1}^{n}\left(\sum_{k=1}^{s}a_{ik}b_{kt}\right)c_{tj}.$$

显然,同型矩阵$(\boldsymbol{AB})\boldsymbol{C}$ 与 $\boldsymbol{A}(\boldsymbol{BC})$的对应元素相等,故矩阵相等.证毕.

注 2　矩阵乘法不满足消去律,即 $\boldsymbol{AX}=\boldsymbol{AY}$ 且 $\boldsymbol{A}\neq\boldsymbol{O}$,一般推不出 $\boldsymbol{X}=\boldsymbol{Y}$. 在例 6 中,矩阵 $\boldsymbol{A}\neq\boldsymbol{O}$ 且 $\boldsymbol{B}\neq\boldsymbol{O}$,但却有 $\boldsymbol{AB}=\boldsymbol{O}$. 这就表明:即使满足 $\boldsymbol{AX}-\boldsymbol{AY}=\boldsymbol{A}(\boldsymbol{X}-\boldsymbol{Y})=\boldsymbol{O}$ 且 $\boldsymbol{A}\neq\boldsymbol{O}$,也不能推出 $\boldsymbol{X}-\boldsymbol{Y}=\boldsymbol{O}$(即 $\boldsymbol{X}=\boldsymbol{Y}$).

例 8　证明:数量矩阵 $\begin{bmatrix}\lambda & & & \\ & \lambda & & \\ & & \ddots & \\ & & & \lambda\end{bmatrix}$ 与任何同阶方阵 $\boldsymbol{A}$ 都是可交换的.

证　记 $\begin{bmatrix}\lambda & & & \\ & \lambda & & \\ & & \ddots & \\ & & & \lambda\end{bmatrix}$ 为 $\lambda\boldsymbol{E}$,则根据**性质 2.2.3** 的(2)和(4),有

$$(\lambda\boldsymbol{E})\boldsymbol{A}=\lambda(\boldsymbol{EA})=\lambda\boldsymbol{A}\text{ 和 }\boldsymbol{A}(\lambda\boldsymbol{E})=\lambda(\boldsymbol{AE})=\lambda\boldsymbol{A},$$

即$(\lambda\boldsymbol{E})\boldsymbol{A}=\boldsymbol{A}(\lambda\boldsymbol{E})$,因此结论成立.证毕.

2.2.4　方阵的幂

定义 2.2.5　设 $\boldsymbol{A}$ 是 n 阶方阵,记 $\boldsymbol{A}^1=\boldsymbol{A}$,$\boldsymbol{A}^2=\boldsymbol{AA}$,$\cdots$,$\boldsymbol{A}^k=\boldsymbol{A}^{k-1}\boldsymbol{A}$,其中 k 为正整数,那么 k 个矩阵 $\boldsymbol{A}$ 的连乘积称为 $\boldsymbol{A}$ 的 **k 次幂**,记作 $\boldsymbol{A}^k$,
即

$$\boldsymbol{A}^k=\underbrace{\boldsymbol{AA}\cdots\boldsymbol{A}}_{k\text{个}}.$$

根据矩阵乘法适合结合律,可知方阵的幂满足下列运算规律:

性质 2.2.4　设 $\boldsymbol{A}$ 是 n 阶方阵,k,l 为正整数,则

(1) $\boldsymbol{A}^k\boldsymbol{A}^l=\boldsymbol{A}^{k+l}$;

(2) $(\boldsymbol{A}^k)^l=\boldsymbol{A}^{kl}$.

证 (1) $\boldsymbol{A}^k\boldsymbol{A}^l=\underbrace{\boldsymbol{AA}\cdots\boldsymbol{A}}_{k个}\underbrace{\boldsymbol{AA}\cdots\boldsymbol{A}}_{l个}=\boldsymbol{A}^{k+l}$;

(2) $(\boldsymbol{A}^k)^l=\underbrace{\underbrace{\boldsymbol{AA}\cdots\boldsymbol{A}}_{k个}\cdots\underbrace{\boldsymbol{AA}\cdots\boldsymbol{A}}_{k个}}_{l个}=\boldsymbol{A}^{kl}$. 证毕.

例 9 设对角矩阵 $\boldsymbol{\Lambda}=\begin{bmatrix}\lambda_1&&&\\&\lambda_2&&\\&&\ddots&\\&&&\lambda_n\end{bmatrix}$,证明

$$\boldsymbol{\Lambda}^k=\begin{bmatrix}\lambda_1&&&\\&\lambda_2&&\\&&\ddots&\\&&&\lambda_n\end{bmatrix}^k=\begin{bmatrix}\lambda_1^k&&&\\&\lambda_2^k&&\\&&\ddots&\\&&&\lambda_n^k\end{bmatrix}.$$

证 用数学归纳法. 当 $k=2$ 时,

$$\boldsymbol{\Lambda}^2=\begin{bmatrix}\lambda_1&&&\\&\lambda_2&&\\&&\ddots&\\&&&\lambda_n\end{bmatrix}^2=\begin{bmatrix}\lambda_1&&&\\&\lambda_2&&\\&&\ddots&\\&&&\lambda_n\end{bmatrix}\begin{bmatrix}\lambda_1&&&\\&\lambda_2&&\\&&\ddots&\\&&&\lambda_n\end{bmatrix}=\begin{bmatrix}\lambda_1^2&&&\\&\lambda_2^2&&\\&&\ddots&\\&&&\lambda_n^2\end{bmatrix},$$

等式显然成立. 假设等式当 k 时成立,即

$$\boldsymbol{\Lambda}^k=\begin{bmatrix}\lambda_1&&&\\&\lambda_2&&\\&&\ddots&\\&&&\lambda_n\end{bmatrix}^k=\begin{bmatrix}\lambda_1^k&&&\\&\lambda_2^k&&\\&&\ddots&\\&&&\lambda_n^k\end{bmatrix}.$$

要证等式当 $k+1$ 时也成立,此时有

$$\boldsymbol{\Lambda}^{k+1}=\begin{bmatrix}\lambda_1&&&\\&\lambda_2&&\\&&\ddots&\\&&&\lambda_n\end{bmatrix}^{k+1}=\begin{bmatrix}\lambda_1&&&\\&\lambda_2&&\\&&\ddots&\\&&&\lambda_n\end{bmatrix}^k\begin{bmatrix}\lambda_1&&&\\&\lambda_2&&\\&&\ddots&\\&&&\lambda_n\end{bmatrix}$$

$$=\begin{bmatrix}\lambda_1^k&&&\\&\lambda_2^k&&\\&&\ddots&\\&&&\lambda_n^k\end{bmatrix}\begin{bmatrix}\lambda_1&&&\\&\lambda_2&&\\&&\ddots&\\&&&\lambda_n\end{bmatrix}=\begin{bmatrix}\lambda_1^{k+1}&&&\\&\lambda_2^{k+1}&&\\&&\ddots&\\&&&\lambda_n^{k+1}\end{bmatrix}.$$

于是等式得证. 证毕.

显然,对角矩阵的 k 次幂还是对角矩阵.

例 10 设 $\boldsymbol{A}=\begin{bmatrix}1&0&1\\&2&0\\&&1\end{bmatrix}$,求 $\boldsymbol{A}^k(k=1,2,\cdots)$.

解法 1　$A^2=\begin{bmatrix}1&0&1\\&2&0\\&&1\end{bmatrix}\begin{bmatrix}1&0&1\\&2&0\\&&1\end{bmatrix}=\begin{bmatrix}1&0&2\\&2^2&0\\&&1\end{bmatrix}$,

$$A^3=A^2A=\begin{bmatrix}1&0&2\\&2^2&0\\&&1\end{bmatrix}\begin{bmatrix}1&0&1\\&2&0\\&&1\end{bmatrix}=\begin{bmatrix}1&0&3\\&2^3&0\\&&1\end{bmatrix},$$

根据数学归纳法,可以验证:$A^k=\begin{bmatrix}1&0&k\\&2^k&0\\&&1\end{bmatrix}(k=1,2,\cdots)$.

解法 2　$A=\begin{bmatrix}1&0&1\\&2&0\\&&1\end{bmatrix}=\begin{bmatrix}1&&\\&2&\\&&1\end{bmatrix}+\begin{bmatrix}0&0&1\\0&0&0\\0&0&0\end{bmatrix}=B+C$,

其中 $B=\begin{bmatrix}1&&\\&2&\\&&1\end{bmatrix}$,$C=\begin{bmatrix}0&0&1\\0&0&0\\0&0&0\end{bmatrix}$.

由于 $BC=CB$,故和代数中的二项式展开一样有:

$$A^k=(B+C)^k=B^k+C_k^1B^{k-1}C+C_k^2B^{k-2}C^2+\cdots+C^k,$$

又因为 $C^2=C^3=\cdots=C^k=O$ 及 $BC=C$,所以

$$A^k=(B+C)^k=B^k+kB^{k-1}C=B^k+kC$$

$$=\begin{bmatrix}1&&\\&2^k&\\&&1\end{bmatrix}+k\begin{bmatrix}0&0&1\\0&0&0\\0&0&0\end{bmatrix}=\begin{bmatrix}1&0&k\\&2^k&0\\&&1\end{bmatrix}(k=1,2,\cdots).$$

我们熟知数的乘法满足交换律,因而给定数 a,b,总有 $(ab)^k=a^kb^k$,$(a\pm b)^2=a^2\pm 2ab+b^2$,$(a+b)(a-b)=a^2-b^2$ 等重要公式. 但因为矩阵乘法不满足交换律,所以 $(AB)^k\neq A^kB^k$,$(A+B)^2\neq A^2+2AB+B^2$,$(A+B)(A-B)\neq A^2-B^2$. 然而当 A 与 B 可交换时,$(AB)^k=A^kB^k$,$(A+B)^2=A^2+2AB+B^2$,$(A+B)(A-B)=A^2-B^2$ 等公式必然成立.

2.2.5　矩阵的转置

定义 2.2.6　把矩阵 A 的行换成同序数的列得到的新矩阵,称为 A 的**转置矩阵**,记作 A^{T} 或 A'.

例如:矩阵 $A=(a_{ij})_{m\times n}=\begin{bmatrix}a_{11}&a_{12}&\cdots&a_{1n}\\a_{21}&a_{22}&\cdots&a_{2n}\\\vdots&\vdots&&\vdots\\a_{m1}&a_{m2}&\cdots&a_{mn}\end{bmatrix}_{m\times n}$ 的转置矩阵为

$$A^{\mathrm{T}}=(a_{ji})_{n\times m}=\begin{bmatrix}a_{11}&a_{21}&\cdots&a_{m1}\\a_{12}&a_{22}&\cdots&a_{m2}\\\vdots&\vdots&&\vdots\\a_{1n}&a_{2n}&\cdots&a_{mn}\end{bmatrix}_{n\times m};$$

列矩阵 $\boldsymbol{B}=\begin{bmatrix}1\\-2\\0\\3\end{bmatrix}$ 的转置矩阵为行矩阵 $\boldsymbol{B}^{\mathrm{T}}=(1,-2,0,3)$.

矩阵的转置满足下列运算规律：

性质 2.2.5 设矩阵 $\boldsymbol{A},\boldsymbol{B}$ 的行数与列数使相应的运算有意义，λ 为数，则有

(1) $(\boldsymbol{A}^{\mathrm{T}})^{\mathrm{T}}=\boldsymbol{A}$；

(2) $(\boldsymbol{A}+\boldsymbol{B})^{\mathrm{T}}=\boldsymbol{A}^{\mathrm{T}}+\boldsymbol{B}^{\mathrm{T}}$；

(3) $(\lambda\boldsymbol{A})^{\mathrm{T}}=\lambda\boldsymbol{A}^{\mathrm{T}}$；

(4) $(\boldsymbol{AB})^{\mathrm{T}}=\boldsymbol{B}^{\mathrm{T}}\boldsymbol{A}^{\mathrm{T}}$；

(5) $\boldsymbol{A}$ 为对称矩阵的充要条件是 $\boldsymbol{A}^{\mathrm{T}}=\boldsymbol{A}$，$\boldsymbol{A}$ 为反对称矩阵的充要条件是 $\boldsymbol{A}^{\mathrm{T}}=-\boldsymbol{A}$.

证 我们仅验证(4)，其余留给读者自己证明.

设 $\boldsymbol{A}=(a_{ij})_{m\times s}$，$\boldsymbol{B}=(b_{ij})_{s\times n}$，记

$$\boldsymbol{AB}=\boldsymbol{C}=(c_{ij})_{m\times n},\boldsymbol{B}^{\mathrm{T}}\boldsymbol{A}^{\mathrm{T}}=\boldsymbol{D}=(d_{ij})_{n\times m},$$

则 $(\boldsymbol{AB})^{\mathrm{T}}$ 与 $\boldsymbol{B}^{\mathrm{T}}\boldsymbol{A}^{\mathrm{T}}$ 为同型矩阵，均为 $(n\times m)$ 型.

又根据矩阵乘法的定义，$\boldsymbol{AB}$ 的 (j,i) 元为

$$c_{ji}=(a_{j1},\cdots,a_{js})\begin{bmatrix}b_{1i}\\\vdots\\b_{si}\end{bmatrix}=a_{j1}b_{1i}+\cdots+a_{js}b_{si}=\sum_{k=1}^{s}a_{jk}b_{ki},$$

$\boldsymbol{B}^{\mathrm{T}}\boldsymbol{A}^{\mathrm{T}}$ 的 (i,j) 元为

$$d_{ij}=(b_{1i},\cdots,b_{si})\begin{bmatrix}a_{j1}\\\vdots\\a_{js}\end{bmatrix}=b_{1i}a_{j1}+\cdots+b_{si}a_{js}=\sum_{k=1}^{s}b_{ki}a_{jk}.$$

故 $c_{ji}=d_{ij}(i=1,2,\cdots,n;j=1,2,\cdots,m)$，即 $\boldsymbol{C}^{\mathrm{T}}=\boldsymbol{D}$，也就是 $(\boldsymbol{AB})^{\mathrm{T}}=\boldsymbol{B}^{\mathrm{T}}\boldsymbol{A}^{\mathrm{T}}$. 证毕.

例 11 设 $\boldsymbol{A}=\begin{bmatrix}1&0\\2&3\\4&5\end{bmatrix}$，$\boldsymbol{B}=\begin{bmatrix}2&1\\4&3\end{bmatrix}$，求 $\boldsymbol{B}^{\mathrm{T}}\boldsymbol{A}^{\mathrm{T}}$.

解法 1 因为 $\boldsymbol{A}^{\mathrm{T}}=\begin{bmatrix}1&2&4\\0&3&5\end{bmatrix}$，$\boldsymbol{B}^{\mathrm{T}}=\begin{bmatrix}2&4\\1&3\end{bmatrix}$，

所以 $\boldsymbol{B}^{\mathrm{T}}\boldsymbol{A}^{\mathrm{T}}=\begin{bmatrix}2&4\\1&3\end{bmatrix}\begin{bmatrix}1&2&4\\0&3&5\end{bmatrix}=\begin{bmatrix}2&16&28\\1&11&19\end{bmatrix}$.

解法 2 因为 $\boldsymbol{AB}=\begin{bmatrix}1&0\\2&3\\4&5\end{bmatrix}\begin{bmatrix}2&1\\4&3\end{bmatrix}=\begin{bmatrix}2&1\\16&11\\28&19\end{bmatrix}$，

所以 $\boldsymbol{B}^{\mathrm{T}}\boldsymbol{A}^{\mathrm{T}}=(\boldsymbol{AB})^{\mathrm{T}}=\begin{bmatrix}2&16&28\\1&11&19\end{bmatrix}$.

例 12 设 $\boldsymbol{A}$ 是对称矩阵，求证：$\boldsymbol{B}^{\mathrm{T}}\boldsymbol{AB}$ 也是对称矩阵.

证 已知 $\boldsymbol{A}$ 是对称矩阵，则 $\boldsymbol{A}^{\mathrm{T}}=\boldsymbol{A}$，因而

$$(\boldsymbol{B}^{\mathrm{T}}\boldsymbol{AB})^{\mathrm{T}}=[\boldsymbol{B}^{\mathrm{T}}(\boldsymbol{AB})]^{\mathrm{T}}=(\boldsymbol{AB})^{\mathrm{T}}(\boldsymbol{B}^{\mathrm{T}})^{\mathrm{T}}=\boldsymbol{B}^{\mathrm{T}}\boldsymbol{A}^{\mathrm{T}}\boldsymbol{B}=\boldsymbol{B}^{\mathrm{T}}\boldsymbol{AB},$$

所以 $B^{\mathrm{T}}AB$ 也是对称矩阵. 证毕.

例 13　$A=(1,2,3)$, $B=(1,-1,2)$, $C=A^{\mathrm{T}}B$, $D=BA^{\mathrm{T}}$, 求 C, D 及 C^n.

解　$C=A^{\mathrm{T}}B=\begin{bmatrix}1\\2\\3\end{bmatrix}(1,-1,2)=\begin{bmatrix}1&-1&2\\2&-2&4\\3&-3&6\end{bmatrix}$.

$$D=BA^{\mathrm{T}}=(1,-1,2)\begin{bmatrix}1\\2\\3\end{bmatrix}=[1-2+6]=5E_1.$$

$$\begin{aligned}C^n&=\underbrace{(A^{\mathrm{T}}B)(A^{\mathrm{T}}B)\cdots(A^{\mathrm{T}}B)(A^{\mathrm{T}}B)}_{n\text{个}}\\&=A^{\mathrm{T}}\underbrace{(BA^{\mathrm{T}})(BA^{\mathrm{T}})\cdots(BA^{\mathrm{T}})}_{(n-1)\text{个}}B\\&=A^{\mathrm{T}}\underbrace{(5E_1)(5E_1)\cdots(5E_1)}_{(n-1)\text{个}}B\\&=5^{n-1}C=5^{n-1}\begin{bmatrix}1&-1&2\\2&-2&4\\3&-3&6\end{bmatrix}.\end{aligned}$$

2.2.6　方阵的行列式

定义 2.2.7　n 阶方阵 A 的元素按原来的位置所构成的行列式,称为**方阵 A 的行列式**,记作 $|A|$ 或 $\det A$.

注意　只有方阵才能构成行列式. 例如:方阵 $A=\begin{bmatrix}2&3\\6&8\end{bmatrix}$,则方阵 A 的行列式

$$|A|=\begin{vmatrix}2&3\\6&8\end{vmatrix}=-2.$$

方阵行列式满足下列运算规律:

性质 2.2.6　设 A, B 为 n 阶方阵, λ 为数,则有

(1) $|A^{\mathrm{T}}|=|A|$;

(2) $|\lambda A|=\lambda^n|A|$;

(3) $|AB|=|A||B|=|BA|$.

其中(3)可以推广到多个 n 阶方阵相乘的情形.

设 $A_1, A_2, \cdots, A_k$ 都是 n 阶方阵,则 $|A_1A_2\cdots A_k|=|A_1||A_2|\cdots|A_k|$.

更有当 $A_1=A_2=\cdots=A_k=A$ 时,有 $|A^k|=|A|^k$.

证明从略.

对于 n 阶方阵 A, B, 虽然一般有 $AB\neq BA$,但根据性质 2.2.6 的(3)总有 $|AB|=|BA|$. 例如:在例 5、例 6 中,显然均有 $AB\neq BA$,但通过计算可知 $|AB|=|BA|$ 成立.

例 14　设 A, B 都是 3 阶方阵,已知 $|A^5|=-32$, $|B|=5$,求 $\big||A|B\big|$.

解　因为 $|A^5|=|A|^5=-32$,　所以 $|A|=-2$,因而

$$\big||A|B\big|=|A|^3|B|=(-2)^3\times5=-40.$$

*2.2.7 共轭矩阵

定义 2.2.8 设 $\boldsymbol{A}=(a_{ij})_{m\times n}$ 为复矩阵，则 $\overline{\boldsymbol{A}}=(\overline{a}_{ij})_{m\times n}$ 称为 $\boldsymbol{A}$ 的**共轭矩阵**，其中 $\overline{a}_{ij}$ 表示 a_{ij} 的共轭复数.

共轭矩阵满足下列运算规律：

性质 2.2.7 设复矩阵 $\boldsymbol{A},\boldsymbol{B}$ 的行数与列数使相应的运算有意义，λ 为复数，则

(1) $\overline{\boldsymbol{A}+\boldsymbol{B}}=\overline{\boldsymbol{A}}+\overline{\boldsymbol{B}}$；

(2) $\overline{\lambda\boldsymbol{A}}=\overline{\lambda}\,\overline{\boldsymbol{A}}$；

(3) $\overline{\boldsymbol{AB}}=\overline{\boldsymbol{A}}\,\overline{\boldsymbol{B}}$；

(4) $(\overline{\boldsymbol{A}})^{\mathrm{T}}=\overline{\boldsymbol{A}^{\mathrm{T}}}$.

2.3 逆矩阵

前面我们已经学习了矩阵的加法、减法和乘法运算，接下来我们将要研究矩阵的“除法”运算. 我们曾经在数的运算中定义：当 $a\neq 0$ 时，若 $ab=ba=1$，则称 b 为 a 的**倒数**，也可以称为 a 的**逆**，记作 a^{-1}. 这样，数的除法运算就能够通过乘法去实现了，即若 a,b 是数且 $a\neq 0$，则 $b\div a=b\times a^{-1}$.

类似的，为了实现方阵的除法运算，我们引入下列概念：

定义 2.3.1 对于 n 阶矩阵 $\boldsymbol{A}$，如果有一个 n 阶矩阵 $\boldsymbol{B}$，使得

$$\boldsymbol{AB}=\boldsymbol{BA}=\boldsymbol{E}, \tag{2.7}$$

则称 $\boldsymbol{A}$ 为**可逆的**或**可逆阵**，且把 $\boldsymbol{B}$ 称为 $\boldsymbol{A}$ 的**逆矩阵**，简称**逆阵**.

如果不存在满足(2.7)的矩阵 $\boldsymbol{B}$，则称 $\boldsymbol{A}$ 为**不可逆的**或**不可逆阵**.

由定义可以看出：可逆阵必为方阵，其逆阵为同阶方阵，而且由(2.7)可知，矩阵 $\boldsymbol{A},\boldsymbol{B}$ 的地位对称，$\boldsymbol{B}$ 也是可逆阵，$\boldsymbol{A}$ 为 $\boldsymbol{B}$ 的逆矩阵.

在平面解析几何中，曾经讨论过变量之间的线性变换. 在线性代数中，我们将用逆矩阵研究两组变量之间的逆线性变换.

例如：
$$\begin{cases} u=x+y, \\ v=x-y \end{cases} \tag{2.8}$$

是从变量 x,y 到变量 u,v 的一个线性变换. 从中解出 x,y，得到从变量 u,v 到变量 x,y 的一个线性变换

$$\begin{cases} x=\dfrac{1}{2}u+\dfrac{1}{2}v, \\ y=\dfrac{1}{2}u-\dfrac{1}{2}v. \end{cases} \tag{2.9}$$

它们的矩阵分别为

$$\boldsymbol{A}=\begin{bmatrix} 1 & 1 \\ 1 & -1 \end{bmatrix}, \boldsymbol{B}=\begin{bmatrix} \dfrac{1}{2} & \dfrac{1}{2} \\ \dfrac{1}{2} & -\dfrac{1}{2} \end{bmatrix},$$

不难验证这两个矩阵满足 $\boldsymbol{AB}=\boldsymbol{BA}=\boldsymbol{E}$，所以 $\boldsymbol{A},\boldsymbol{B}$ 互为逆矩阵. 对应地，变换(2.8)与(2.9)互为逆变换，变换(2.9)称为(2.8)的**逆变换**.

定理 2.3.1　如果矩阵 $\boldsymbol{A}$ 是可逆的，则其逆矩阵是唯一的.

证　设 $\boldsymbol{B}_1,\boldsymbol{B}_2$ 都是 $\boldsymbol{A}$ 的逆矩阵，则

$$\boldsymbol{AB}_1=\boldsymbol{B}_1\boldsymbol{A}=\boldsymbol{E},\boldsymbol{AB}_2=\boldsymbol{B}_2\boldsymbol{A}=\boldsymbol{E},$$

从而

$$\boldsymbol{B}_1=\boldsymbol{B}_1\boldsymbol{E}=\boldsymbol{B}_1(\boldsymbol{AB}_2)=(\boldsymbol{B}_1\boldsymbol{A})\boldsymbol{B}_2=\boldsymbol{EB}_2=\boldsymbol{B}_2,$$

所以 $\boldsymbol{A}$ 的逆矩阵是唯一的. 证毕.

根据上述定理，$\boldsymbol{A}$ 的逆矩阵记作 $\boldsymbol{A}^{-1}$，总有

$$\boldsymbol{AA}^{-1}=\boldsymbol{A}^{-1}\boldsymbol{A}=\boldsymbol{E}.$$

例如：因为 $\boldsymbol{EE}=\boldsymbol{E}$，所以单位阵 $\boldsymbol{E}$ 是可逆的，且逆矩阵就是 $\boldsymbol{E}$ 本身，即 $\boldsymbol{E}^{-1}=\boldsymbol{E}$. 再如，当 $a_1a_2\cdots a_n\neq0$ 时，对角矩阵 $\mathrm{diag}(a_1,a_2,\cdots,a_n)$ 是可逆的，且其逆矩阵是 $\mathrm{diag}(a_1^{-1},a_2^{-1},\cdots,a_n^{-1})$.

在数的运算中数 0 是不可逆的，所有非 0 数均可逆. 然而，在矩阵中，尽管零矩阵不可逆，但并非所有非零矩阵均可逆. 那么方阵 $\boldsymbol{A}$ 可逆的条件是什么？若方阵 $\boldsymbol{A}$ 可逆，如何求 $\boldsymbol{A}^{-1}$ 呢？接下来，我们将要讨论这个问题.

定义 2.3.2　设 $\boldsymbol{A}$ 为 n 阶方阵，那么行列式 $|\boldsymbol{A}|$ 中每个元素 a_{ij} 的代数余子式 A_{ij} 构成的矩阵

$$\boldsymbol{A}^*=\begin{bmatrix}A_{11}&A_{21}&\cdots&A_{n1}\\A_{12}&A_{22}&\cdots&A_{n2}\\\vdots&\vdots&&\vdots\\A_{1n}&A_{2n}&\cdots&A_{nn}\end{bmatrix},$$

称为矩阵 $\boldsymbol{A}$ 的**伴随矩阵**.

引理 2.3.2　设 $\boldsymbol{A}$ 为 n 阶方阵，$\boldsymbol{A}^*$ 是 $\boldsymbol{A}$ 的伴随矩阵，则

$$\boldsymbol{AA}^*=\boldsymbol{A}^*\boldsymbol{A}=|\boldsymbol{A}|\boldsymbol{E}.$$

证　设 $\boldsymbol{A}=(a_{ij})$，由矩阵乘法的定义和行列式的性质可知：

$$\boldsymbol{AA}^*=\begin{bmatrix}a_{11}&a_{12}&\cdots&a_{1n}\\a_{21}&a_{22}&\cdots&a_{2n}\\\vdots&\vdots&&\vdots\\a_{n1}&a_{n2}&\cdots&a_{nn}\end{bmatrix}\begin{bmatrix}A_{11}&A_{21}&\cdots&A_{n1}\\A_{12}&A_{22}&\cdots&A_{n2}\\\vdots&\vdots&&\vdots\\A_{1n}&A_{2n}&\cdots&A_{nn}\end{bmatrix}$$

$$=\begin{bmatrix}\sum_{i=1}^{n}a_{1i}A_{1i}&0&\cdots&0\\0&\sum_{i=1}^{n}a_{2i}A_{2i}&\cdots&0\\\vdots&\vdots&&\vdots\\0&0&\cdots&\sum_{i=1}^{n}a_{ni}A_{ni}\end{bmatrix}$$

$$=\begin{bmatrix}|\boldsymbol{A}|&&&\\&|\boldsymbol{A}|&&\\&&\ddots&\\&&&|\boldsymbol{A}|\end{bmatrix}=|\boldsymbol{A}|\begin{bmatrix}1&&&\\&1&&\\&&\ddots&\\&&&1\end{bmatrix}=|\boldsymbol{A}|\boldsymbol{E}.$$

同理可得 $\boldsymbol{A}^*\boldsymbol{A}=|\boldsymbol{A}|\boldsymbol{E}$. 证毕.

定理 2.3.3 方阵 $\boldsymbol{A}$ 可逆的充分必要条件是 $|\boldsymbol{A}|\neq 0$,且当 $\boldsymbol{A}$ 可逆时,有

$$\boldsymbol{A}^{-1}=\frac{1}{|\boldsymbol{A}|}\boldsymbol{A}^*.$$

证 必要性

若 $\boldsymbol{A}$ 可逆,则有逆矩阵 $\boldsymbol{A}^{-1}$ 使得 $\boldsymbol{A}\boldsymbol{A}^{-1}=\boldsymbol{E}$,
对等式两边取行列式有 $|\boldsymbol{A}\boldsymbol{A}^{-1}|=|\boldsymbol{A}||\boldsymbol{A}^{-1}|=|\boldsymbol{E}|=1$,所以 $|\boldsymbol{A}|\neq 0$.

充分性

由引理知 $\boldsymbol{A}\boldsymbol{A}^*=\boldsymbol{A}^*\boldsymbol{A}=|\boldsymbol{A}|\boldsymbol{E}$,因为 $|\boldsymbol{A}|\neq 0$,所以有

$$\boldsymbol{A}\left(\frac{1}{|\boldsymbol{A}|}\boldsymbol{A}^*\right)=\left(\frac{1}{|\boldsymbol{A}|}\boldsymbol{A}^*\right)\boldsymbol{A}=\boldsymbol{E},$$

因此 $\boldsymbol{A}$ 是可逆的,且 $\boldsymbol{A}^{-1}=\frac{1}{|\boldsymbol{A}|}\boldsymbol{A}^*$. 证毕.

定义 2.3.3 当方阵 $\boldsymbol{A}$ 的行列式 $|\boldsymbol{A}|=0$ 时,称 $\boldsymbol{A}$ 为**奇异矩阵**,否则称为**非奇异矩阵**.

由定理 2.3.3 可知,可逆矩阵就是非奇异矩阵,二者是等价的概念.

例 1 求方阵 $\boldsymbol{A}=\begin{bmatrix}1&2&3\\2&1&2\\1&3&4\end{bmatrix}$ 的逆矩阵.

解 因为 $|\boldsymbol{A}|=\begin{vmatrix}1&2&3\\2&1&2\\1&3&4\end{vmatrix}=1\neq 0$,所以 $\boldsymbol{A}^{-1}$ 存在.

计算代数余子式:

$$\boldsymbol{A}_{11}=\begin{vmatrix}1&2\\3&4\end{vmatrix}=-2,\boldsymbol{A}_{12}=-\begin{vmatrix}2&2\\1&4\end{vmatrix}=-6,\boldsymbol{A}_{13}=\begin{vmatrix}2&1\\1&3\end{vmatrix}=5,$$

$$\boldsymbol{A}_{21}=-\begin{vmatrix}2&3\\3&4\end{vmatrix}=1,\boldsymbol{A}_{22}=\begin{vmatrix}1&3\\1&4\end{vmatrix}=1,\boldsymbol{A}_{23}=-\begin{vmatrix}1&2\\1&3\end{vmatrix}=-1,$$

$$\boldsymbol{A}_{31}=\begin{vmatrix}2&3\\1&2\end{vmatrix}=1,\boldsymbol{A}_{32}=-\begin{vmatrix}1&3\\2&2\end{vmatrix}=4,\boldsymbol{A}_{33}=\begin{vmatrix}1&2\\2&1\end{vmatrix}=-3,$$

得伴随矩阵

$$\boldsymbol{A}^*=\begin{bmatrix}\boldsymbol{A}_{11}&\boldsymbol{A}_{21}&\boldsymbol{A}_{31}\\\boldsymbol{A}_{12}&\boldsymbol{A}_{22}&\boldsymbol{A}_{32}\\\boldsymbol{A}_{13}&\boldsymbol{A}_{23}&\boldsymbol{A}_{33}\end{bmatrix}=\begin{bmatrix}-2&1&1\\-6&1&4\\5&-1&-3\end{bmatrix},$$

于是

$$\boldsymbol{A}^{-1}=\frac{1}{|\boldsymbol{A}|}\boldsymbol{A}^*=\begin{bmatrix}-2&1&1\\-6&1&4\\5&-1&-3\end{bmatrix}.$$

有了逆矩阵的计算方法,我们就能够求解某些矩阵方程.

例 2 设矩阵方程 $\boldsymbol{AX}=\boldsymbol{B}$,其中 $\boldsymbol{A}=\begin{bmatrix}1&2&3\\2&1&2\\1&3&4\end{bmatrix}$,$\boldsymbol{B}=\begin{bmatrix}1&-1\\0&1\\2&-1\end{bmatrix}$,求未知矩阵 $\boldsymbol{X}$.

解 由上例可知 $\boldsymbol{A}^{-1}$ 存在,则用 $\boldsymbol{A}^{-1}$ 左乘矩阵方程 $\boldsymbol{AX}=\boldsymbol{B}$,有

$$\boldsymbol{A}^{-1}\boldsymbol{AX}=\boldsymbol{A}^{-1}\boldsymbol{B},$$

于是

$$X=A^{-1}B=\begin{bmatrix}-2&1&1\\-6&1&4\\5&-1&-3\end{bmatrix}\begin{bmatrix}1&-1\\0&1\\2&-1\end{bmatrix}=\begin{bmatrix}0&2\\2&3\\-1&-3\end{bmatrix}.$$

例 3 设矩阵方程 $AXB=C$,其中

$A=\begin{bmatrix}2&1\\3&2\end{bmatrix}$,$B=\begin{bmatrix}1&-4&-3\\1&-5&-3\\-1&6&4\end{bmatrix}$,$C=\begin{bmatrix}1&2&3\\1&0&1\end{bmatrix}$,求未知矩阵 X.

解 因为 $|A|=\begin{vmatrix}2&1\\3&2\end{vmatrix}=1\neq0$,$|B|=\begin{vmatrix}1&-4&-3\\1&-5&-3\\-1&6&4\end{vmatrix}=-1\neq0$,

所以 A^{-1},B^{-1} 均存在,计算可得 $A^{-1}=\begin{bmatrix}2&-1\\-3&2\end{bmatrix}$,$B^{-1}=\begin{bmatrix}2&2&3\\1&-1&0\\-1&2&1\end{bmatrix}$.

分别用 A^{-1},B^{-1} 左乘、右乘方程的左右两边得

$$A^{-1}AXBB^{-1}=A^{-1}CB^{-1}.$$

由矩阵乘法的结合律得 $(A^{-1}A)X(BB^{-1})=A^{-1}CB^{-1}$,即

$$E_2XE_3=A^{-1}CB^{-1},$$

其中 E_2,E_3 分别是二阶、三阶单位阵,

于是

$$X=A^{-1}CB^{-1}=\begin{bmatrix}2&-1\\-3&2\end{bmatrix}\begin{bmatrix}1&2&3\\1&0&1\end{bmatrix}\begin{bmatrix}2&2&3\\1&-1&0\\-1&2&1\end{bmatrix}$$

$$=\begin{bmatrix}1&8&8\\-1&-10&-10\end{bmatrix}.$$

由定理 2.3.3,我们还可以得到下述推论:

推论 1 设 A 与 B 是 n 阶矩阵,如果 $AB=E$(或 $BA=E$),那么 A 与 B 都可逆,并且 $B=A^{-1}$,$A=B^{-1}$.

证 因为 $AB=E$,所以两边取行列式有

$$|AB|=|A||B|=|E|=1,$$

从而 $|A|\neq0$ 且 $|B|\neq0$,根据定理 2.3.3 可知 A 与 B 都可逆,即 A^{-1},B^{-1} 存在,于是有

$$B=EB=(A^{-1}A)B=A^{-1}(AB)=A^{-1}E=A^{-1},$$

$$A=AE=A(BB^{-1})=(AB)B^{-1}=EB^{-1}=B^{-1}.$$

对于 $BA=E$ 的情形,类似可以证明. 证毕.

例 4 设 n 阶方阵 A 满足 $A^2-2A-4E=O$,证明 $A+E$ 和 $A-3E$ 都可逆,并求 $(A+E)^{-1}$ 和 $(A-3E)^{-1}$.

证 由已知 $A^2-2A-4E=O$,得 $A^2-2A-3E=E$,即

$$(A+E)(A-3E)=E,$$

于是根据上述推论 1 可知,$A+E$ 和 $A-3E$ 都可逆,并且

$$(A+E)^{-1}=A-3E,(A-3E)^{-1}=A+E.$$

逆矩阵满足下列运算规律:

性质 2.3.1 若 $\boldsymbol{A}$、$\boldsymbol{B}$ 为同阶方阵且均可逆,数 $\lambda\neq0$,则

(1) $\boldsymbol{A}^{-1}$ 也可逆,且 $(\boldsymbol{A}^{-1})^{-1}=\boldsymbol{A}$, $|\boldsymbol{A}^{-1}|=|\boldsymbol{A}|^{-1}$;

(2) $\lambda\boldsymbol{A}$ 也可逆,且 $(\lambda\boldsymbol{A})^{-1}=\dfrac{1}{\lambda}\boldsymbol{A}^{-1}$;

(3) $\boldsymbol{A}^{\mathrm{T}}$ 也可逆,且 $(\boldsymbol{A}^{\mathrm{T}})^{-1}=(\boldsymbol{A}^{-1})^{\mathrm{T}}$;

(4) $\boldsymbol{AB}$ 也可逆,且 $(\boldsymbol{AB})^{-1}=\boldsymbol{B}^{-1}\boldsymbol{A}^{-1}$.

推广 若 $\boldsymbol{A}_1,\boldsymbol{A}_2,\cdots,\boldsymbol{A}_s$ 为同阶可逆方阵,则 $\boldsymbol{A}_1\boldsymbol{A}_2\cdots\boldsymbol{A}_s$ 也可逆,且

$$(\boldsymbol{A}_1\boldsymbol{A}_2\cdots\boldsymbol{A}_s)^{-1}=\boldsymbol{A}_s^{-1}\cdots\boldsymbol{A}_2^{-1}\boldsymbol{A}_1^{-1}.$$

证 (1) 因为 $\boldsymbol{AA}^{-1}=\boldsymbol{E}$,所以 $|\boldsymbol{A}||\boldsymbol{A}^{-1}|=|\boldsymbol{AA}^{-1}|=|\boldsymbol{E}|=1$,因此 $|\boldsymbol{A}^{-1}|=\dfrac{1}{|\boldsymbol{A}|}=|\boldsymbol{A}|^{-1}$,且由推论 1 有 $\boldsymbol{A}=(\boldsymbol{A}^{-1})^{-1}$.

(2) $(\lambda\boldsymbol{A})\left(\dfrac{1}{\lambda}\boldsymbol{A}^{-1}\right)=\left(\lambda\times\dfrac{1}{\lambda}\right)(\boldsymbol{AA}^{-1})=\boldsymbol{E}$,所以 $(\lambda\boldsymbol{A})^{-1}=\dfrac{1}{\lambda}\boldsymbol{A}^{-1}$.

(3) $\boldsymbol{A}^{\mathrm{T}}(\boldsymbol{A}^{-1})^{\mathrm{T}}=(\boldsymbol{A}^{-1}\boldsymbol{A})^{\mathrm{T}}=\boldsymbol{E}^{\mathrm{T}}=\boldsymbol{E}$,所以 $(\boldsymbol{A}^{\mathrm{T}})^{-1}=(\boldsymbol{A}^{-1})^{\mathrm{T}}$.

(4) $(\boldsymbol{AB})(\boldsymbol{B}^{-1}\boldsymbol{A}^{-1})=\boldsymbol{ABB}^{-1}\boldsymbol{A}^{-1}=\boldsymbol{AEA}^{-1}=\boldsymbol{E}$,所以 $(\boldsymbol{AB})^{-1}=\boldsymbol{B}^{-1}\boldsymbol{A}^{-1}$.

证毕.

当 $\boldsymbol{A}$ 可逆时,定义 $\boldsymbol{A}^0=\boldsymbol{E}$, $\boldsymbol{A}^{-k}=(\boldsymbol{A}^{-1})^k$(其中 k 为正整数),则有

$$\boldsymbol{A}^{\lambda}\boldsymbol{A}^{\mu}=\boldsymbol{A}^{\lambda+\mu},(\boldsymbol{A}^{\lambda})^{\mu}=\boldsymbol{A}^{\lambda\mu}(\text{其中 }\lambda,\mu\text{ 为整数}).$$

2.4 分块矩阵

在利用计算机进行矩阵运算时,当矩阵的阶数超过计算机存储容量时,就需要利用矩阵的分块技术,将大矩阵化为一系列小矩阵再进行运算.

2.4.1 一般分块矩阵

用若干条贯穿整个矩阵的横线与纵线将矩阵 $\boldsymbol{A}$ 划分为许多个小矩阵,称这些小矩阵为 $\boldsymbol{A}$ 的**子块**,以子块为元素的形式上的矩阵称为**分块矩阵**.

例如:矩阵 $\boldsymbol{A}=\left[\begin{array}{c:cc:c}1&0&-1&3\\ \hdashline -1&3&1&0\\ 0&4&2&-2\end{array}\right]$,

若记
$$\boldsymbol{A}_{11}=1,\boldsymbol{A}_{12}=[0,-1],\boldsymbol{A}_{13}=[3],$$
$$\boldsymbol{A}_{21}=\begin{bmatrix}-1\\0\end{bmatrix},\boldsymbol{A}_{22}=\begin{bmatrix}3&1\\4&2\end{bmatrix},\boldsymbol{A}_{23}=\begin{bmatrix}0\\-2\end{bmatrix},$$

那么形式上以子块 $\boldsymbol{A}_{11},\boldsymbol{A}_{12},\boldsymbol{A}_{13},\boldsymbol{A}_{21},\boldsymbol{A}_{22},\boldsymbol{A}_{23}$ 为元素的分块矩阵可以表示为

$$\boldsymbol{A}=\begin{bmatrix}\boldsymbol{A}_{11}&\boldsymbol{A}_{12}&\boldsymbol{A}_{13}\\ \boldsymbol{A}_{21}&\boldsymbol{A}_{22}&\boldsymbol{A}_{23}\end{bmatrix}.$$

矩阵分块的方法很多,$\boldsymbol{A}$ 也可以分块为

$$\boldsymbol{A}=\left[\begin{array}{cc:cc}1&0&-1&3\\ -1&3&1&0\\ \hdashline 0&4&2&-2\end{array}\right]=\begin{bmatrix}\boldsymbol{B}_{11}&\boldsymbol{B}_{12}\\ \boldsymbol{B}_{21}&\boldsymbol{B}_{22}\end{bmatrix},$$

特别地,$\boldsymbol{A}$ 还可以按行或按列来分块

$$\boldsymbol{A}=\begin{bmatrix}1 & 0 & -1 & 3\\ \hdashline -1 & 3 & 1 & 0\\ \hdashline 0 & 4 & 2 & -2\end{bmatrix},\boldsymbol{A}=\left[\begin{array}{c:c:c:c}1 & 0 & -1 & 3\\ -1 & 3 & 1 & 0\\ 0 & 4 & 2 & -2\end{array}\right].$$

虽然矩阵分块是任意的,但可以发现分块矩阵同行上的子块具有相同的“行数”,同列上的子块具有相同的“列数”.选取哪种方式分块,主要取决于问题的需要和矩阵自身的特点.

分块矩阵满足下列运算规律:

(1) 加法:设 $\boldsymbol{A}$ 与 $\boldsymbol{B}$ 为同型矩阵,且采用相同的分块法,即

$$\boldsymbol{A}=\begin{bmatrix}\boldsymbol{A}_{11} & \cdots & \boldsymbol{A}_{1r}\\ \vdots & & \vdots\\ \boldsymbol{A}_{s1} & \cdots & \boldsymbol{A}_{sr}\end{bmatrix},\boldsymbol{B}=\begin{bmatrix}\boldsymbol{B}_{11} & \cdots & \boldsymbol{B}_{1r}\\ \vdots & & \vdots\\ \boldsymbol{B}_{s1} & \cdots & \boldsymbol{B}_{sr}\end{bmatrix},$$

其中 $\boldsymbol{A}_{ij}$ 与 $\boldsymbol{B}_{ij}$ $(i=1,\cdots,s;j=1,\cdots,r)$ 的行数、列数对应相等,则

$$\boldsymbol{A}+\boldsymbol{B}=\begin{bmatrix}\boldsymbol{A}_{11}+\boldsymbol{B}_{11} & \cdots & \boldsymbol{A}_{1r}+\boldsymbol{B}_{1r}\\ \vdots & & \vdots\\ \boldsymbol{A}_{s1}+\boldsymbol{B}_{s1} & \cdots & \boldsymbol{A}_{sr}+\boldsymbol{B}_{sr}\end{bmatrix}.$$

(2) 数乘:设分块矩阵 $\boldsymbol{A}=\begin{bmatrix}\boldsymbol{A}_{11} & \cdots & \boldsymbol{A}_{1r}\\ \vdots & & \vdots\\ \boldsymbol{A}_{s1} & \cdots & \boldsymbol{A}_{sr}\end{bmatrix}$,$\lambda$ 为数,则

$$\lambda\boldsymbol{A}=\begin{bmatrix}\lambda\boldsymbol{A}_{11} & \cdots & \lambda\boldsymbol{A}_{1r}\\ \vdots & & \vdots\\ \lambda\boldsymbol{A}_{s1} & \cdots & \lambda\boldsymbol{A}_{sr}\end{bmatrix}.$$

(3) 乘法:设 $\boldsymbol{A}$ 是 $m\times l$ 矩阵,$\boldsymbol{B}$ 是 $l\times n$ 矩阵,分别分块为

$$\boldsymbol{A}=\begin{bmatrix}\boldsymbol{A}_{11} & \cdots & \boldsymbol{A}_{1t}\\ \vdots & & \vdots\\ \boldsymbol{A}_{s1} & \cdots & \boldsymbol{A}_{st}\end{bmatrix},\boldsymbol{B}=\begin{bmatrix}\boldsymbol{B}_{11} & \cdots & \boldsymbol{B}_{1r}\\ \vdots & & \vdots\\ \boldsymbol{B}_{t1} & \cdots & \boldsymbol{B}_{tr}\end{bmatrix},$$

其中 $\boldsymbol{A}$ 的列的分法与 $\boldsymbol{B}$ 的行的分法一致,即子块 $\boldsymbol{A}_{i1},\boldsymbol{A}_{i2},\cdots,\boldsymbol{A}_{it}$ $(i=1,\cdots,s)$ 的列数分别等于 $\boldsymbol{B}_{1j},\boldsymbol{B}_{2j},\cdots,\boldsymbol{B}_{tj}$ $(j=1,\cdots,r)$ 的行数,则

$$\boldsymbol{AB}=\begin{bmatrix}\boldsymbol{C}_{11} & \cdots & \boldsymbol{C}_{1r}\\ \vdots & & \vdots\\ \boldsymbol{C}_{s1} & \cdots & \boldsymbol{C}_{sr}\end{bmatrix},$$

其中子块 $\boldsymbol{C}_{ij}=\begin{bmatrix}\boldsymbol{A}_{i1} & \cdots & \boldsymbol{A}_{it}\end{bmatrix}\begin{bmatrix}\boldsymbol{B}_{1j}\\ \vdots\\ \boldsymbol{B}_{tj}\end{bmatrix}=\boldsymbol{A}_{i1}\boldsymbol{B}_{1j}+\cdots+\boldsymbol{A}_{it}\boldsymbol{B}_{tj}$

$$=\sum_{k=1}^{t}\boldsymbol{A}_{ik}\boldsymbol{B}_{kj}\ (i=1,\cdots,s;j=1,\cdots,r).$$

(4) 转置:设 $\boldsymbol{A}=\begin{bmatrix}\boldsymbol{A}_{11} & \cdots & \boldsymbol{A}_{1r}\\ \vdots & & \vdots\\ \boldsymbol{A}_{s1} & \cdots & \boldsymbol{A}_{sr}\end{bmatrix}$,则 $\boldsymbol{A}^{\mathrm{T}}=\begin{bmatrix}\boldsymbol{A}_{11}^{\mathrm{T}} & \cdots & \boldsymbol{A}_{s1}^{\mathrm{T}}\\ \vdots & & \vdots\\ \boldsymbol{A}_{1r}^{\mathrm{T}} & \cdots & \boldsymbol{A}_{sr}^{\mathrm{T}}\end{bmatrix}$.

注意 分块矩阵转置时，不仅整个矩阵要转置，而且其中的每一个子块也要转置.

例 1 设 $\boldsymbol{A}=\begin{bmatrix}2&0&0&0\\0&2&0&0\\-1&2&1&0\\1&1&0&1\end{bmatrix}$，$\boldsymbol{B}=\begin{bmatrix}1&0&-1&0\\-1&2&0&-1\\1&0&4&1\\-1&-1&2&0\end{bmatrix}$，求 $\boldsymbol{AB}$.

解法 1 直接用矩阵乘法.

解法 2 将 $\boldsymbol{A}$ 与 $\boldsymbol{B}$ 分成分块矩阵

$$\boldsymbol{A}=\left[\begin{array}{cc:cc}2&0&0&0\\0&2&0&0\\\hdashline -1&2&1&0\\1&1&0&1\end{array}\right]=\begin{bmatrix}2\boldsymbol{E}&\boldsymbol{O}\\\boldsymbol{A}_{21}&\boldsymbol{E}\end{bmatrix},$$

$$\boldsymbol{B}=\left[\begin{array}{cc:cc}1&0&-1&0\\-1&2&0&-1\\\hdashline 1&0&4&1\\-1&-1&2&0\end{array}\right]=\begin{bmatrix}\boldsymbol{B}_{11}&-\boldsymbol{E}\\\boldsymbol{B}_{21}&\boldsymbol{B}_{22}\end{bmatrix},$$

则
$$\boldsymbol{AB}=\begin{bmatrix}2\boldsymbol{E}&\boldsymbol{O}\\\boldsymbol{A}_{21}&\boldsymbol{E}\end{bmatrix}\begin{bmatrix}\boldsymbol{B}_{11}&-\boldsymbol{E}\\\boldsymbol{B}_{21}&\boldsymbol{B}_{22}\end{bmatrix}=\begin{bmatrix}2\boldsymbol{B}_{11}&-2\boldsymbol{E}\\\boldsymbol{A}_{21}\boldsymbol{B}_{11}+\boldsymbol{B}_{21}&-\boldsymbol{A}_{21}+\boldsymbol{B}_{22}\end{bmatrix}.$$

因为
$$2\boldsymbol{B}_{11}=\begin{bmatrix}2&0\\-2&4\end{bmatrix},\ -2\boldsymbol{E}=\begin{bmatrix}-2&0\\0&-2\end{bmatrix},$$

$$\boldsymbol{A}_{21}\boldsymbol{B}_{11}+\boldsymbol{B}_{21}=\begin{bmatrix}-3&4\\0&2\end{bmatrix}+\begin{bmatrix}1&0\\-1&-1\end{bmatrix}=\begin{bmatrix}-2&4\\-1&1\end{bmatrix},$$

$$-\boldsymbol{A}_{21}+\boldsymbol{B}_{22}=\begin{bmatrix}5&-1\\1&-1\end{bmatrix},$$

所以

$$\boldsymbol{AB}=\begin{bmatrix}2\boldsymbol{B}_{11}&-2\boldsymbol{E}\\\boldsymbol{A}_{21}\boldsymbol{B}_{11}+\boldsymbol{B}_{21}&-\boldsymbol{A}_{21}+\boldsymbol{B}_{22}\end{bmatrix}=\left[\begin{array}{cc:cc}2&0&-2&0\\-2&4&0&-2\\\hdashline -2&4&5&-1\\-1&1&1&-1\end{array}\right].$$

2.4.2 分块对角矩阵

设 $\boldsymbol{A}$ 为 n 阶方阵，若 $\boldsymbol{A}$ 的分块矩阵在主对角线上的子块均为方阵，且主对角线以外的子块均为零矩阵，即

$$\boldsymbol{A}=\begin{bmatrix}\boldsymbol{A}_1&&&\\&\boldsymbol{A}_2&&\\&&\ddots&\\&&&\boldsymbol{A}_s\end{bmatrix},$$

其中 $\boldsymbol{A}_i\,(i=1,2,\cdots,s)$ 是方阵，那么称 $\boldsymbol{A}$ 为**分块对角矩阵**，也可简记为 $\boldsymbol{A}=\mathrm{diag}(\boldsymbol{A}_1,\boldsymbol{A}_2,\cdots,\boldsymbol{A}_s)$.

我们容易发现，分块对角矩阵是对角矩阵概念的推广，因为当分块对角矩阵对角线上的子块是一阶方阵时，它就成为对角矩阵.

分块对角矩阵不仅满足一般对角矩阵的运算规律，还满足下列运算规律：

(1) $|\boldsymbol{A}|=|\boldsymbol{A}_1||\boldsymbol{A}_2|\cdots|\boldsymbol{A}_s|$；

(2) 若 $|\boldsymbol{A}_i|\neq 0$，即 $\boldsymbol{A}_i$ 有逆矩阵 $\boldsymbol{A}_i^{-1}(i=1,2,\cdots,s)$，则 $|\boldsymbol{A}|\neq 0$，且 $\boldsymbol{A}$ 的逆矩阵为

$$\boldsymbol{A}^{-1}=\begin{bmatrix}\boldsymbol{A}_1^{-1} & & & \\ & \boldsymbol{A}_2^{-1} & & \\ & & \ddots & \\ & & & \boldsymbol{A}_s^{-1}\end{bmatrix};$$

(3) 设 $\boldsymbol{A}=\begin{bmatrix}\boldsymbol{A}_1 & & & \\ & \boldsymbol{A}_2 & & \\ & & \ddots & \\ & & & \boldsymbol{A}_s\end{bmatrix}$ 和 $\boldsymbol{B}=\begin{bmatrix}\boldsymbol{B}_1 & & & \\ & \boldsymbol{B}_2 & & \\ & & \ddots & \\ & & & \boldsymbol{B}_s\end{bmatrix}$ 均为分块对角矩阵，其中 $\boldsymbol{A}_i$，$\boldsymbol{B}_i(i=1,2,\cdots,s)$ 是同型子块，则

$$\boldsymbol{AB}=\begin{bmatrix}\boldsymbol{A}_1\boldsymbol{B}_1 & & & \\ & \boldsymbol{A}_2\boldsymbol{B}_2 & & \\ & & \ddots & \\ & & & \boldsymbol{A}_s\boldsymbol{B}_s\end{bmatrix}.$$

例 2　设 $\boldsymbol{A}=\begin{bmatrix}1 & 2 & 0\\ -1 & 3 & 0\\ 0 & 0 & 2\end{bmatrix}$，求 (1) $|\boldsymbol{A}^2|$；(2) $\boldsymbol{A}^{-1}$；(3) $\boldsymbol{A}^3$.

解　将矩阵分块为

$$\boldsymbol{A}=\left[\begin{array}{cc:c}1 & 2 & 0\\ -1 & 3 & 0\\ \hdashline 0 & 0 & 2\end{array}\right]=\begin{bmatrix}\boldsymbol{A}_1 & \boldsymbol{O}_{2\times 1}\\ \boldsymbol{O}_{1\times 2} & \boldsymbol{A}_2\end{bmatrix},$$

其中 $\boldsymbol{A}_1=\begin{bmatrix}1 & 2\\ -1 & 3\end{bmatrix}$，$\boldsymbol{A}_2=[2]$.

(1) $|\boldsymbol{A}_1|=5$，$|\boldsymbol{A}_2|=2$，于是 $|\boldsymbol{A}^2|=|\boldsymbol{A}|^2=|\boldsymbol{A}_1|^2\ |\boldsymbol{A}_2|^2=100$；

(2) $\boldsymbol{A}_1^{-1}=\begin{bmatrix}\dfrac{3}{5} & -\dfrac{2}{5}\\ \dfrac{1}{5} & \dfrac{1}{5}\end{bmatrix}$，$\boldsymbol{A}_2^{-1}=\left[\dfrac{1}{2}\right]$，

于是

$$\boldsymbol{A}^{-1}=\begin{bmatrix}\boldsymbol{A}_1^{-1} & \boldsymbol{O}_{2\times 1}\\ \boldsymbol{O}_{1\times 2} & \boldsymbol{A}_2^{-1}\end{bmatrix}=\begin{bmatrix}\dfrac{3}{5} & -\dfrac{2}{5} & 0\\ \dfrac{1}{5} & \dfrac{1}{5} & 0\\ 0 & 0 & \dfrac{1}{2}\end{bmatrix};$$

(3) $\boldsymbol{A}_1^3=\boldsymbol{A}_1^2\cdot\boldsymbol{A}_1=\begin{bmatrix}-1 & 8\\ -4 & 7\end{bmatrix}\begin{bmatrix}1 & 2\\ -1 & 3\end{bmatrix}=\begin{bmatrix}-9 & 22\\ -11 & 13\end{bmatrix}$，$\boldsymbol{A}_2^3=[8]$，

于是

$$\boldsymbol{A}^3=\begin{bmatrix}\boldsymbol{A}_1^3 & \boldsymbol{O}_{2\times 1}\\ \boldsymbol{O}_{1\times 2} & \boldsymbol{A}_2^3\end{bmatrix}=\begin{bmatrix}-9 & 22 & 0\\ -11 & 13 & 0\\ 0 & 0 & 8\end{bmatrix}.$$

例 3 已知 $\boldsymbol{M}=\begin{bmatrix}\boldsymbol{A} & \boldsymbol{O}\\ \boldsymbol{C} & \boldsymbol{B}\end{bmatrix}$，其中 m 阶矩阵 $\boldsymbol{A}$ 与 n 阶矩阵 $\boldsymbol{B}$ 都可逆，求 $\boldsymbol{M}^{-1}$.

解 利用分块矩阵的乘法可知：

$$\begin{bmatrix}\boldsymbol{E}_m & \boldsymbol{O}\\ -\boldsymbol{C}\boldsymbol{A}^{-1} & \boldsymbol{E}_n\end{bmatrix}\begin{bmatrix}\boldsymbol{A} & \boldsymbol{O}\\ \boldsymbol{C} & \boldsymbol{B}\end{bmatrix}=\begin{bmatrix}\boldsymbol{A} & \boldsymbol{O}\\ \boldsymbol{O} & \boldsymbol{B}\end{bmatrix},$$

又矩阵 $\boldsymbol{A}$ 与 $\boldsymbol{B}$ 都可逆，有

$$\begin{bmatrix}\boldsymbol{A}^{-1} & \boldsymbol{O}\\ \boldsymbol{O} & \boldsymbol{B}^{-1}\end{bmatrix}\begin{bmatrix}\boldsymbol{A} & \boldsymbol{O}\\ \boldsymbol{O} & \boldsymbol{B}\end{bmatrix}=\begin{bmatrix}\boldsymbol{E}_m & \boldsymbol{O}\\ \boldsymbol{O} & \boldsymbol{E}_n\end{bmatrix}.$$

故有

$$\begin{bmatrix}\boldsymbol{A}^{-1} & \boldsymbol{O}\\ \boldsymbol{O} & \boldsymbol{B}^{-1}\end{bmatrix}\begin{bmatrix}\boldsymbol{E}_m & \boldsymbol{O}\\ -\boldsymbol{C}\boldsymbol{A}^{-1} & \boldsymbol{E}_n\end{bmatrix}\begin{bmatrix}\boldsymbol{A} & \boldsymbol{O}\\ \boldsymbol{C} & \boldsymbol{B}\end{bmatrix}=\begin{bmatrix}\boldsymbol{E}_m & \boldsymbol{O}\\ \boldsymbol{O} & \boldsymbol{E}_n\end{bmatrix}=\boldsymbol{E},$$

即

$$\begin{bmatrix}\boldsymbol{A}^{-1} & \boldsymbol{O}\\ -\boldsymbol{B}^{-1}\boldsymbol{C}\boldsymbol{A}^{-1} & \boldsymbol{B}^{-1}\end{bmatrix}\boldsymbol{M}=\boldsymbol{E}.$$

因而 $\boldsymbol{M}$ 可逆，且

$$\boldsymbol{M}^{-1}=\begin{bmatrix}\boldsymbol{A}^{-1} & \boldsymbol{O}\\ -\boldsymbol{B}^{-1}\boldsymbol{C}\boldsymbol{A}^{-1} & \boldsymbol{B}^{-1}\end{bmatrix}.$$

2.5 矩阵的初等变换

矩阵的初等变换是线性代数理论中的一个重要工具，它在解线性方程组、求逆矩阵及矩阵相关理论的探讨中都起到重要的作用. 在初中数学中，我们就学过用高斯消元法求解二元、三元线性方程组，下面我们通过一个例子引进矩阵初等变换的概念.

2.5.1 矩阵的初等变换

引例 利用高斯消元法求下面线性方程组的解：

$$\begin{cases}x_1+x_2-x_3+x_4=1, & (1)\\ 2x_1-4x_3+x_4=0, & (2)\\ 2x_1-x_2-5x_3-3x_4=6, & (3)\\ 3x_1+4x_2-2x_3+4x_4=3. & (4)\end{cases}\tag{2.10}$$

解 (2.10) $\xrightarrow[(4)-3(1)]{\substack{(2)-2(1)\\(3)-2(1)}}$ $\begin{cases}x_1+x_2-x_3+x_4=1, & (1)\\ -2x_2-2x_3-x_4=-2, & (2)\\ -3x_2-3x_3-5x_4=4, & (3)\\ x_2+x_3+x_4=0, & (4)\end{cases}$

$$\xrightarrow[(4)+2(2)]{\substack{(2)\leftrightarrow(4)\\(3)+3(2)}}\begin{cases}x_1+x_2-x_3+x_4=1, & (1)\\ x_2+x_3+x_4=0, & (2)\\ -2x_4=4, & (3)\\ x_4=-2, & (4)\end{cases}$$

$$\xrightarrow[(4)+2(3)]{(3)\leftrightarrow(4)}\begin{cases}x_1+x_2-x_3+x_4=1, & (1)\\ x_2+x_3+x_4=0, & (2)\\ x_4=-2, & (3)\\ 0=0, & (4)\end{cases}$$

$$\xrightarrow[(2)-(3)]{(1)-(2)}\begin{cases}x_1-2x_3=1,\\ x_2+x_3=2,\\ x_4=-2.\end{cases}$$

由此得到与(2.10)同解的线性方程组

$$\begin{cases}x_1=2x_3+1,\\ x_2=-x_3+2,\\ x_3=x_3,\\ x_4=-2,\end{cases}\tag{2.11}$$

取 x_3 为任意数 c，则方程组(2.10)的解为

$$\boldsymbol{X}=\begin{bmatrix}x_1\\x_2\\x_3\\x_4\end{bmatrix}=\begin{bmatrix}2c+1\\-c+2\\c\\-2\end{bmatrix}=c\begin{bmatrix}2\\-1\\1\\0\end{bmatrix}+\begin{bmatrix}1\\2\\0\\-2\end{bmatrix}，其中 c 为任意数.$$

在上述用高斯消元法解线性方程组的过程中，始终把方程组看做一个整体进行同解变形，用到了如下三种变换：

(1) 互换两个方程的位置；

(2) 用非零数乘某个方程；

(3) 将某个方程的 k 倍加到另一个方程.

由于这三种变换都是可逆的，变换前的方程组与变换后的方程组是同解的，所以这三种变换是同解变换.

注意　我们容易发现，线性方程组的消元过程中涉及的仅仅是系数和常数的变化，未知量并未参与运算. 因而，方程组(2.10)的同解变换完全可以转换为其增广矩阵的变换. 对应地，我们可以归纳出矩阵的三种初等变换.

定义 2.5.1　对矩阵的行(列)施行的下列三种变换，统称为矩阵的**初等行(列)变换**：

(1) 对调两行(列)(对调 i,j 两行(列)，记作 $r_i\leftrightarrow r_j(c_i\leftrightarrow c_j)$)；

(2) 以非零数 λ 乘以某一行(列)中的所有元素(第 i 行(列)乘以 λ，记作 $r_i\times\lambda(c_i\times\lambda)$)；

(3) 把某一行(列)所有元素的 λ 倍加到另外一行(列)对应的元素上去(第 j 行(列)的 λ 倍加到第 i 行(列)上，记作 $r_i+\lambda r_j(c_i+\lambda c_j)$).

定义 2.5.2　矩阵的初等行变换与初等列变换统称为**初等变换**.

因为方程组的三种变换都是可逆的，所以矩阵的三种初等变换也是可逆的，且满足下列关系.

性质 2.5.1　初等变换的逆变换是同一类型的初等变换，且满足

(1) 变换 $r_i \leftrightarrow r_j$ 的逆变换是其本身；

(2) 变换 $r_i \times \lambda$ 的逆变换是 $r_i \times \left(\dfrac{1}{\lambda}\right)(\lambda \neq 0)$；

(3) 变换 $r_i + \lambda r_j$ 的逆变换是 $r_i - \lambda r_j$.

下面我们把方程组(2.10)的同解变换过程移植到它的增广矩阵

$$\overline{\boldsymbol{A}}_1 = (\boldsymbol{A} \mid \boldsymbol{b}) = \left[\begin{array}{cccc|c} 1 & 1 & -1 & 1 & 1 \\ 2 & 0 & -4 & 1 & 0 \\ 2 & -1 & -5 & -3 & 6 \\ 3 & 4 & -2 & 4 & 3 \end{array}\right]$$

上，并通过矩阵的初等行变换来求解方程组(2.10).

$$\overline{\boldsymbol{A}}_1 = \left[\begin{array}{cccc|c} 1 & 1 & -1 & 1 & 1 \\ 2 & 0 & -4 & 1 & 0 \\ 2 & -1 & -5 & -3 & 6 \\ 3 & 4 & -2 & 4 & 3 \end{array}\right] \xrightarrow[\substack{r_3 - 2r_1 \\ r_4 - 3r_1}]{r_2 - 2r_1} \overline{\boldsymbol{A}}_2 = \left[\begin{array}{cccc|c} 1 & 1 & -1 & 1 & 1 \\ 0 & -2 & -2 & -1 & -2 \\ 0 & -3 & -3 & -5 & 4 \\ 0 & 1 & 1 & 1 & 0 \end{array}\right]$$

$$\xrightarrow[\substack{r_3 + 3r_2 \\ r_4 + 2r_2}]{r_2 \leftrightarrow r_4} \overline{\boldsymbol{A}}_3 = \left[\begin{array}{cccc|c} 1 & 1 & -1 & 1 & 1 \\ 0 & 1 & 1 & 1 & 0 \\ 0 & 0 & 0 & -2 & 4 \\ 0 & 0 & 0 & 1 & -2 \end{array}\right] \xrightarrow[r_4 + 2r_3]{r_3 \leftrightarrow r_4} \overline{\boldsymbol{A}}_4 = \left[\begin{array}{cccc|c} 1 & 1 & -1 & 1 & 1 \\ 0 & 1 & 1 & 1 & 0 \\ 0 & 0 & 0 & 1 & -2 \\ 0 & 0 & 0 & 0 & 0 \end{array}\right]$$

$$\xrightarrow[r_2 - r_3]{r_1 - r_2} \overline{\boldsymbol{A}}_5 = \left[\begin{array}{cccc|c} 1 & 0 & -2 & 0 & 1 \\ 0 & 1 & 1 & 0 & 2 \\ 0 & 0 & 0 & 1 & -2 \\ 0 & 0 & 0 & 0 & 0 \end{array}\right].$$

$\overline{\boldsymbol{A}}_5$ 对应的线性方程组为方程组(2.11)，由前面知，这样形式的方程组可以很容易地求出其解.

形如 $\overline{\boldsymbol{A}}_4$，$\overline{\boldsymbol{A}}_5$ 的矩阵称为**行阶梯形矩阵**，其特点：可以画出一条阶梯线，线的下方全是 0. 每个台阶只有一行，台阶数就是非零行的行数，阶梯线的竖线后面的第一个元素为非零元，也就是非零行的第一个非零元.

形如 $\overline{\boldsymbol{A}}_5$ 的行阶梯形矩阵还可以称为**行最简形矩阵**，其特点：首先它是行阶梯形矩阵，其次它的非零行的第一个非零元为 1，且这些非零元所在的列的其他元素都为 0.

任何线性方程组确定的增广矩阵 $\overline{\boldsymbol{A}}$，总可以经过有限次初等行变换化为行阶梯形矩阵和行最简形矩阵，并且行阶梯形矩阵的非零行数是由方程组唯一确定的.

对行最简形矩阵 $\overline{\boldsymbol{A}}_5$ 再施以初等列变换，可以化成一种形状更简单的矩阵：

$$\overline{\boldsymbol{A}}_5 = \left[\begin{array}{cccc|c} 1 & 0 & -2 & 0 & 1 \\ 0 & 1 & 1 & 0 & 2 \\ 0 & 0 & 0 & 1 & -2 \\ 0 & 0 & 0 & 0 & 0 \end{array}\right] \xrightarrow[\substack{c_4 + 2c_1 - c_2 \\ c_5 - c_1 - 2c_2 + 2c_3}]{c_3 \leftrightarrow c_4} \boldsymbol{F} = \left[\begin{array}{ccc|cc} 1 & 0 & 0 & 0 & 0 \\ 0 & 1 & 0 & 0 & 0 \\ 0 & 0 & 1 & 0 & 0 \\ \hline 0 & 0 & 0 & 0 & 0 \end{array}\right].$$

形如 $\boldsymbol{F}$ 的矩阵称为 $\overline{\boldsymbol{A}}_1$ 的**标准形矩阵**，其特点：左上角是一个单位矩阵，其余元素全是零，即

$$F=\begin{bmatrix} E_r & O_{r\times(n-r)} \\ O_{(m-r)\times r} & O_{(m-r)\times(n-r)} \end{bmatrix}_{m\times n}.$$

例1　设$A=\begin{bmatrix} 0 & -2 & 1 \\ 3 & 0 & -2 \\ -2 & 3 & 0 \end{bmatrix}$，把$[A|E]$化成行最简形.

解

$$[A|E]=\left[\begin{array}{ccc|ccc} 0 & -2 & 1 & 1 & 0 & 0 \\ 3 & 0 & -2 & 0 & 1 & 0 \\ -2 & 3 & 0 & 0 & 0 & 1 \end{array}\right]\xrightarrow[r_1\leftrightarrow r_2]{3r_3+2r_2}\left[\begin{array}{ccc|ccc} 3 & 0 & -2 & 0 & 1 & 0 \\ 0 & -2 & 1 & 1 & 0 & 0 \\ 0 & 9 & -4 & 0 & 2 & 3 \end{array}\right]$$

$$\xrightarrow{2r_3+9r_2}\left[\begin{array}{ccc|ccc} 3 & 0 & -2 & 0 & 1 & 0 \\ 0 & -2 & 1 & 1 & 0 & 0 \\ 0 & 0 & 1 & 9 & 4 & 6 \end{array}\right]\xrightarrow[r_2-r_3]{r_1+2r_3}\left[\begin{array}{ccc|ccc} 3 & 0 & 0 & 18 & 9 & 12 \\ 0 & -2 & 0 & -8 & -4 & -6 \\ 0 & 0 & 1 & 9 & 4 & 6 \end{array}\right]$$

$$\xrightarrow[r_2\times\left(-\frac{1}{2}\right)]{r_1\times\frac{1}{3}}\left[\begin{array}{ccc|ccc} 1 & 0 & 0 & 6 & 3 & 4 \\ 0 & 1 & 0 & 4 & 2 & 3 \\ 0 & 0 & 1 & 9 & 4 & 6 \end{array}\right].$$

2.5.2　初等矩阵

定义2.5.3　对单位矩阵进行一次初等变换得到的矩阵，称为**初等矩阵**.

我们知道矩阵有三种初等变换，而且对单位矩阵进行一次初等列变换，相当于对单位矩阵进行一次同类型的初等行变换. 因此，初等矩阵可分为以下三大类：

(1) 对调单位矩阵的第i,j两行($r_i\leftrightarrow r_j$)或第i,j两列($c_i\leftrightarrow c_j$)，得初等矩阵

$$E(i,j)=\begin{bmatrix} 1 & & & & & & & & & \\ & \ddots & & & & & & & & \\ & & 1 & & & & & & & \\ & & & 0 & & \cdots & & 1 & & \\ & & & & 1 & & & & & \\ & & & \vdots & & \ddots & & \vdots & & \\ & & & & & & 1 & & & \\ & & & 1 & & \cdots & & 0 & & \\ & & & & & & & & 1 & \\ & & & & & & & & & \ddots \\ & & & & & & & & & & 1 \end{bmatrix}\begin{matrix} \\ \\ \\ 第i行 \\ \\ \\ \\ 第j行 \\ \\ \\ \\ \end{matrix}.$$

第i列　　第j列

(2) 以非零数λ乘以单位矩阵E的第i行($r_i\times\lambda$)或第i列($c_i\times\lambda$)，得初等矩阵

$$E(i(\lambda))=\begin{bmatrix} 1 & & & & & & \\ & \ddots & & & & & \\ & & 1 & & & & \\ & & & \lambda & & & \\ & & & & 1 & & \\ & & & & & \ddots & \\ & & & & & & 1 \end{bmatrix}\begin{matrix} \\ \\ \\ 第i行 \\ \\ \\ \\ \end{matrix}.$$

第i列

(3) 下设 $i\neq j$,以数 λ 乘以单位矩阵 $\boldsymbol{E}$ 的第 j 行后加到第 i 行上($r_i+\lambda r_j$)或以数 λ 乘以单位矩阵 $\boldsymbol{E}$ 的第 i 列后加到第 j 列上($c_j+\lambda c_i$),得初等矩阵

$$\boldsymbol{E}(i,j(\lambda))=\begin{bmatrix}1 & & & & & \\ & \ddots & & & & \\ & & 1 & \cdots & \lambda & & \\ & & & \ddots & \vdots & & \\ & & & & 1 & & \\ & & & & & \ddots & \\ & & & & & & 1\end{bmatrix}\begin{matrix} \\ \\ \text{第 } i \text{ 行} \\ \\ \text{第 } j \text{ 行} \\ \\ \\ \end{matrix}.$$

第 i 列　　第 j 列

例如:对于一个三阶单位矩阵 $\boldsymbol{E}=\begin{bmatrix}1 & 0 & 0\\0 & 1 & 0\\0 & 0 & 1\end{bmatrix}$ 而言,施行不同的初等变换可以得到不同的初等矩阵:

(1) 对调 2,3 行,得

$$\boldsymbol{E}(2,3)=\begin{bmatrix}1 & 0 & 0\\0 & 0 & 1\\0 & 1 & 0\end{bmatrix};$$

(2) 第 1 列乘以某个非零数 λ,得

$$\boldsymbol{E}(1(\lambda))=\begin{bmatrix}\lambda & 0 & 0\\0 & 1 & 0\\0 & 0 & 1\end{bmatrix};$$

(3) 第 2 行乘以某数 λ 再加到第 3 行,得

$$\boldsymbol{E}(3,2(\lambda))=\begin{bmatrix}1 & 0 & 0\\0 & 1 & 0\\0 & \lambda & 1\end{bmatrix}.$$

综上所述,矩阵的初等变换与初等矩阵有着密切关联,容易验证初等矩阵的以下两个重要性质.

性质 2.5.2 设 $m\times n$ 矩阵

$$\boldsymbol{A}=\begin{bmatrix}a_{11} & \cdots & a_{1i} & \cdots & a_{1j} & \cdots & a_{1n}\\ a_{21} & \cdots & a_{2i} & \cdots & a_{2j} & \cdots & a_{2n}\\ \vdots & & \vdots & & \vdots & & \vdots\\ a_{i1} & \cdots & a_{ii} & \cdots & a_{ij} & \cdots & a_{in}\\ \vdots & & \vdots & & \vdots & & \vdots\\ a_{j1} & \cdots & a_{ji} & \cdots & a_{jj} & \cdots & a_{jn}\\ \vdots & & \vdots & & \vdots & & \vdots\\ a_{m1} & \cdots & a_{mi} & \cdots & a_{mj} & \cdots & a_{mn}\end{bmatrix},$$

在矩阵 $\boldsymbol{A}$ 的左边乘以一个 m 阶初等矩阵相当于对矩阵 $\boldsymbol{A}$ 作相应的初等行变换;在矩阵 $\boldsymbol{A}$ 的右边乘以一个 n 阶初等矩阵相当于对矩阵 $\boldsymbol{A}$ 作相应的初等列变换.即

(1) $\boldsymbol{E}_m(i,j)\boldsymbol{A}=\begin{bmatrix} a_{11} & a_{12} & \cdots & a_{1n} \\ \vdots & \vdots & & \vdots \\ a_{j1} & a_{j2} & \cdots & a_{jn} \\ \vdots & \vdots & & \vdots \\ a_{i1} & a_{i2} & \cdots & a_{in} \\ \vdots & \vdots & & \vdots \\ a_{m1} & a_{m2} & \cdots & a_{mn} \end{bmatrix}$ 相当于交换矩阵 $\boldsymbol{A}$ 的 i,j 两行，

$\boldsymbol{A}\boldsymbol{E}_n(i,j)=\begin{bmatrix} a_{11} & \cdots & a_{1j} & \cdots & a_{1i} & \cdots & a_{1n} \\ a_{21} & \cdots & a_{2j} & \cdots & a_{2i} & \cdots & a_{2n} \\ \vdots & & \vdots & & \vdots & & \vdots \\ a_{m1} & \cdots & a_{mj} & \cdots & a_{mi} & \cdots & a_{mn} \end{bmatrix}$ 相当于交换矩阵 $\boldsymbol{A}$ 的 i,j 两列；

(2) $\boldsymbol{E}_m(i(\lambda))\boldsymbol{A}=\begin{bmatrix} a_{11} & a_{12} & \cdots & a_{1n} \\ \vdots & \vdots & & \vdots \\ \lambda a_{i1} & \lambda a_{i2} & \cdots & \lambda a_{in} \\ \vdots & \vdots & & \vdots \\ a_{m1} & a_{m2} & \cdots & a_{mn} \end{bmatrix}$ 相当于以非零数 λ 乘以矩阵 $\boldsymbol{A}$ 的第 i 行，

$\boldsymbol{A}\boldsymbol{E}_n(i(\lambda))=\begin{bmatrix} a_{11} & \cdots & \lambda a_{1i} & \cdots & a_{1n} \\ a_{21} & \cdots & \lambda a_{2i} & \cdots & a_{2n} \\ \vdots & & \vdots & & \vdots \\ a_{m1} & \cdots & \lambda a_{mi} & \cdots & a_{mn} \end{bmatrix}$ 相当于以非零数 λ 乘以矩阵 $\boldsymbol{A}$ 的第 i 列；

(3) $\boldsymbol{E}_m(i,j(\lambda))\boldsymbol{A}=\begin{bmatrix} a_{11} & a_{12} & \cdots & a_{1n} \\ \vdots & \vdots & & \vdots \\ a_{i1}+\lambda a_{j1} & a_{i2}+\lambda a_{j2} & \cdots & a_{in}+\lambda a_{jn} \\ \vdots & \vdots & & \vdots \\ a_{j1} & a_{j2} & \cdots & a_{jn} \\ \vdots & \vdots & & \vdots \\ a_{m1} & a_{m2} & \cdots & a_{mn} \end{bmatrix}$ 相当于以数 λ 乘以矩阵 $\boldsymbol{A}$ 的第 j 行后加到第 i 行上，

$\boldsymbol{A}\boldsymbol{E}_n(i,j(\lambda))=\begin{bmatrix} a_{11} & \cdots & a_{1i} & \cdots & a_{1j}+\lambda a_{1i} & \cdots & a_{1n} \\ a_{21} & \cdots & a_{2i} & \cdots & a_{2j}+\lambda a_{2i} & \cdots & a_{2n} \\ \vdots & & \vdots & & \vdots & & \vdots \\ a_{m1} & \cdots & a_{mi} & \cdots & a_{mj}+\lambda a_{mi} & \cdots & a_{mn} \end{bmatrix}$ 相当于以数 λ 乘以矩阵 $\boldsymbol{A}$ 的第 i 列后加到第 j 列上.

例 2　设 $\boldsymbol{A}=\begin{bmatrix} 1 & 2 & 3 \\ 4 & 5 & 6 \\ 7 & 8 & 9 \end{bmatrix}$，利用初等矩阵实现下面的运算：

(1) 对调矩阵 $\boldsymbol{A}$ 的 2，3 列的位置；

(2) 将矩阵的第 2 行乘以某个非零数 λ；

(3) 将矩阵的第 1 列乘以某数 λ 后再加到第 3 列.

解 (1) 在矩阵 $\boldsymbol{A}$ 右边乘一个初等矩阵 $\boldsymbol{E}(2,3)=\begin{bmatrix}1&0&0\\0&0&1\\0&1&0\end{bmatrix}$,

即

$$\begin{bmatrix}1&2&3\\4&5&6\\7&8&9\end{bmatrix}\begin{bmatrix}1&0&0\\0&0&1\\0&1&0\end{bmatrix}=\begin{bmatrix}1&3&2\\4&6&5\\7&9&8\end{bmatrix};$$

(2) 在矩阵 $\boldsymbol{A}$ 左边乘一个初等矩阵 $\boldsymbol{E}(2(\lambda))=\begin{bmatrix}1&0&0\\0&\lambda&0\\0&0&1\end{bmatrix}$,

即

$$\begin{bmatrix}1&0&0\\0&\lambda&0\\0&0&1\end{bmatrix}\begin{bmatrix}1&2&3\\4&5&6\\7&8&9\end{bmatrix}=\begin{bmatrix}1&2&3\\4\lambda&5\lambda&6\lambda\\7&8&9\end{bmatrix};$$

(3) 在矩阵 $\boldsymbol{A}$ 右边乘一个初等矩阵 $\boldsymbol{E}(1,3(\lambda))=\begin{bmatrix}1&0&\lambda\\0&1&0\\0&0&1\end{bmatrix}$,

即

$$\begin{bmatrix}1&2&3\\4&5&6\\7&8&9\end{bmatrix}\begin{bmatrix}1&0&\lambda\\0&1&0\\0&0&1\end{bmatrix}=\begin{bmatrix}1&2&3+\lambda\\4&5&6+4\lambda\\7&8&9+7\lambda\end{bmatrix}.$$

上述性质 2.5.2 反映了初等变换与初等矩阵相互对应的关系,结合前面的性质 2.5.1 直接可得如下结果.

性质 2.5.3 初等矩阵是可逆的,且其逆矩阵是同一类型的初等矩阵,即

(1) $\boldsymbol{E}(i,j)^{-1}=\boldsymbol{E}(i,j)$;

(2) $\boldsymbol{E}(i(\lambda))^{-1}=\boldsymbol{E}\left(i\left(\frac{1}{\lambda}\right)\right)(\lambda\neq0)$;

(3) $\boldsymbol{E}(i,j(\lambda))^{-1}=\boldsymbol{E}(i,j(-\lambda))(i\neq j)$.

前面讨论了任何一个矩阵总可以通过初等变换化为其标准型矩阵,于是容易得到下面的定理.

定理 2.5.1 设 $\boldsymbol{A}$ 是一个 $m\times n$ 矩阵,则必定存在 m 阶初等矩阵 $\boldsymbol{P}_1,\cdots,\boldsymbol{P}_s$ 及 n 阶初等矩阵 $\boldsymbol{Q}_1,\cdots,\boldsymbol{Q}_t$,使得

$$\boldsymbol{P}_s\cdots\boldsymbol{P}_1\boldsymbol{A}\boldsymbol{Q}_1\cdots\boldsymbol{Q}_t=\begin{bmatrix}\boldsymbol{E}_r&\boldsymbol{O}_{r\times(n-r)}\\\boldsymbol{O}_{(m-r)\times r}&\boldsymbol{O}_{(m-r)\times(n-r)}\end{bmatrix}_{m\times n},$$

其中 $\boldsymbol{E}_r$ 是 r 阶单位矩阵,$\boldsymbol{O}_{r\times(n-r)},\boldsymbol{O}_{(m-r)\times r},\boldsymbol{O}_{(m-r)\times(n-r)}$ 全是零矩阵.

证 对 $m\times n$ 矩阵 $\boldsymbol{A}$ 作有限次初等行变换(等价于依次左乘 m 阶初等矩阵 $\boldsymbol{P}_1,\cdots,\boldsymbol{P}_s$)与有限次初等列变换(等价于依次右乘 n 阶初等矩阵 $\boldsymbol{Q}_1,\cdots,\boldsymbol{Q}_t$)总可以化为

$$\begin{bmatrix} E_r & O_{r\times(n-r)} \\ O_{(m-r)\times r} & O_{(m-r)\times(n-r)} \end{bmatrix}_{m\times n}.$$

因此有 $P_s\cdots P_1AQ_1\cdots Q_t=\begin{bmatrix} E_r & O_{r\times(n-r)} \\ O_{(m-r)\times r} & O_{(m-r)\times(n-r)} \end{bmatrix}_{m\times n}$. 证毕.

定理 2.5.2　n 阶方阵 A 可逆的充分必要条件是 A 经过有限次初等变换化为单位矩阵.

证　充分性

由定理 2.5.1 知,存在初等矩阵 $P_1,\cdots,P_s,Q_1,\cdots,Q_t$,使得

$$P_s\cdots P_1AQ_1\cdots Q_t=E_n.$$

对上式两边取行列式得

$$|P_s\cdots P_1AQ_1\cdots Q_t|=|P_s|\cdots|P_1||A||Q_1|\cdots|Q_t|=|E_n|=1,$$

因此 $|A|\neq0$,即方阵 A 可逆.

必要性

由定理 2.5.1 知,存在初等矩阵 $P_1,\cdots,P_s,Q_1,\cdots,Q_t$,使得

$$P_s\cdots P_1AQ_1\cdots Q_t=\begin{bmatrix} E_r & O \\ O & O \end{bmatrix}_{n\times n}.$$

由于 $P_i(i=1,\cdots,s),Q_j(j=1,\cdots,t)$ 及 A 均可逆,即

$$|P_i|\neq0(i=1,\cdots,s),|Q_j|\neq0(j=1,\cdots,t),|A|\neq0.$$

故左端 $=|P_s\cdots P_1AQ_1\cdots Q_t|=|P_s|\cdots|P_1||A||Q_1|\cdots|Q_t|\neq0$,因而右端 $=\left|\begin{bmatrix} E_r & O \\ O & O \end{bmatrix}_{n\times n}\right|$ 也不能为 0.

于是必定有 $r=n$,即 $P_s\cdots P_1AQ_1\cdots Q_t=E_n$. 证毕.

推论 1　n 阶方阵 A 可逆的充分必要条件是 A 可表示为有限个初等矩阵的乘积.

证　充分性　初等矩阵都是可逆阵,因此作为有限个初等矩阵的乘积的方阵 A 也是可逆的.

必要性　由定理 2.5.2 知,存在初等矩阵 $P_1,\cdots,P_s,Q_1,\cdots,Q_t$,使得

$$P_s\cdots P_1AQ_1\cdots Q_t=E_n.$$

则有 $A=P_1^{-1}\cdots P_s^{-1}Q_t^{-1}\cdots Q_1^{-1}$,其中 $P_i^{-1}(i=1,\cdots,s),Q_j^{-1}(j=1,\cdots,t)$ 还是初等矩阵,即 A 可表示为有限个初等矩阵的乘积. 证毕.

称同型矩阵 A 与 B 是等价的,如果 A 经过有限次初等变换可变为 B,记作 $A\cong B$. 由性质 2.5.1 知初等变换是可逆的,因此,容易验证二矩阵等价满足

(1) 反身性,即 $A\cong A$;

(2) 对称性,即若 $A\cong B$,则 $B\cong A$;

(3) 传递性,即若 $A\cong B$ 且 $B\cong C$,则 $A\cong C$.

推论 2　矩阵 $A_{m\times n}$ 与 $B_{m\times n}$ 等价的充分必要条件是存在可逆矩阵 $P_{m\times m}$ 和 $Q_{n\times n}$,使得 $PAQ=B$.

证　必要性　已知 $A\cong B$,则存在 m 阶初等矩阵 $P_1,\cdots,P_s$ 和 n 阶初等矩阵 $Q_1,\cdots,Q_t$,使得 $P_s\cdots P_1AQ_1\cdots Q_t=B$.

令
$$P=P_s\cdots P_1,Q=Q_1\cdots Q_t,$$

则有

$$PAQ=B.$$

充分性　已知 P,Q 是可逆矩阵，则由推论 1 知，P 和 Q 都可以表示为有限个初等矩阵的乘积，即

$$P=P_s\cdots P_1,\ Q=Q_1\cdots Q_t,$$

代入 $PAQ=B$，于是有

$$P_s\cdots P_1AQ_1\cdots Q_t=B,$$

也就是说矩阵 $A_{m\times n}$ 与 $B_{m\times n}$ 等价.

2.5.3　方阵求逆与矩阵方程求解

接下来，我们利用初等变换给出求逆矩阵的另一种方法.

当 A 可逆时，A^{-1} 也可逆且由推论 1 知有 $A^{-1}=P_sP_{s-1}\cdots P_1$，其中 $P_i(i=1,\cdots,s)$ 是初等矩阵，则

$$P_sP_{s-1}\cdots P_1[A|E]=A^{-1}[A|E]=[E|A^{-1}].$$

由此可得：对 $n\times 2n$ 矩阵 $[A|E]$ 施行初等行变换的过程中，当前 n 列（A 的位置）化为 E 时，则后 n 列（E 的位置）就化为了 A^{-1}.

例 1　利用初等行变换求 2.3 节例 1 中 $A=\begin{bmatrix}1&2&3\\2&1&2\\1&3&4\end{bmatrix}$ 的逆矩阵 A^{-1}.

解　$$[A|E]=\left[\begin{array}{ccc:ccc}1&2&3&1&0&0\\2&1&2&0&1&0\\1&3&4&0&0&1\end{array}\right]\to\left[\begin{array}{ccc:ccc}1&2&3&1&0&0\\0&-3&-4&-2&1&0\\0&1&1&-1&0&1\end{array}\right]$$

$$\to\left[\begin{array}{ccc:ccc}1&2&3&1&0&0\\0&1&1&-1&0&1\\0&-3&-4&-2&1&0\end{array}\right]\to\left[\begin{array}{ccc:ccc}1&0&1&3&0&-2\\0&1&1&-1&0&1\\0&0&-1&-5&1&3\end{array}\right]$$

$$\to\left[\begin{array}{ccc:ccc}1&0&0&-2&1&1\\0&1&0&-6&1&4\\0&0&-1&-5&1&3\end{array}\right]\to\left[\begin{array}{ccc:ccc}1&0&0&-2&1&1\\0&1&0&-6&1&4\\0&0&1&5&-1&-3\end{array}\right],$$

于是

$$A^{-1}=\begin{bmatrix}-2&1&1\\-6&1&4\\5&-1&-3\end{bmatrix}.$$

有了上述初等行变换求逆矩阵的方法，本章 2.3 节中矩阵方程 $A_{n\times n}X_{n\times m}=B_{n\times m}$（其中 A 可逆）的求解可以进一步简化：

当 A 可逆时，有 $A^{-1}=P_sP_{s-1}\cdots P_1$，其中 $P_i(i=1,\cdots,s)$ 是初等矩阵，则

$$P_sP_{s-1}\cdots P_1[A|B]=A^{-1}[A|B]=[E|A^{-1}B].$$

由此可得：对增广矩阵 $[A|B]$ 施行初等行变换的过程中，当前 n 列（A 的位置）化为 E 时，则后 m 列（B 的位置）就化为了 $A^{-1}B$，即所求的 X.

例 2　利用初等行变换求解 2.3 节例 2 中的未知矩阵 X.

解　$$[A|B]=\left[\begin{array}{ccc:cc}1&2&3&1&-1\\2&1&2&0&1\\1&3&4&2&-1\end{array}\right]\to\left[\begin{array}{ccc:cc}1&2&3&1&-1\\0&-3&-4&-2&3\\0&1&1&1&0\end{array}\right]$$

$$\rightarrow\left[\begin{array}{ccc:cc}1&2&3&1&-1\\0&1&1&1&0\\0&-3&-4&-2&3\end{array}\right]\rightarrow\left[\begin{array}{ccc:cc}1&2&3&1&-1\\0&1&1&1&0\\0&0&1&-1&-3\end{array}\right]$$

$$\rightarrow\left[\begin{array}{ccc:cc}1&2&0&4&8\\0&1&0&2&3\\0&0&1&-1&-3\end{array}\right]\rightarrow\left[\begin{array}{ccc:cc}1&0&0&0&2\\0&1&0&2&3\\0&0&1&-1&-3\end{array}\right],$$

于是

$$X=A^{-1}B=\begin{bmatrix}0&2\\2&3\\-1&-3\end{bmatrix}.$$

同理,对矩阵方程 $X_{m\times n}A_{n\times n}=B_{m\times n}$(其中 A 可逆),则

$$\begin{bmatrix}A\\B\end{bmatrix}A^{-1}=\begin{bmatrix}E\\BA^{-1}\end{bmatrix}.$$

由此可得:对矩阵$\begin{bmatrix}A\\B\end{bmatrix}$施行初等列变换的过程中,当前 n 行(A 的位置)化为 E 时,则后 m 行(B 的位置)就化为所求的 $X=BA^{-1}$.

例 3　利用初等列变换求解矩阵方程 $XA=B$ 中的未知矩阵 X,其中

$$A=\begin{bmatrix}1&-1&0\\0&1&-2\\-1&0&1\end{bmatrix},B=\begin{bmatrix}-1&-1&2\\-1&0&-2\end{bmatrix}.$$

解

$$\begin{bmatrix}A\\B\end{bmatrix}=\left[\begin{array}{ccc}1&-1&0\\0&1&-2\\-1&0&1\\\hdashline-1&-1&2\\-1&0&-2\end{array}\right]\rightarrow\left[\begin{array}{ccc}1&0&0\\0&1&-2\\-1&-1&1\\\hdashline-1&-2&2\\-1&-1&-2\end{array}\right]$$

$$\rightarrow\left[\begin{array}{ccc}1&0&0\\0&1&0\\-1&-1&-1\\\hdashline-1&-2&-2\\-1&-1&-4\end{array}\right]\rightarrow\left[\begin{array}{ccc}1&0&0\\0&1&0\\-1&-1&1\\\hdashline-1&-2&2\\-1&-1&4\end{array}\right]\rightarrow\left[\begin{array}{ccc}1&0&0\\0&1&0\\0&0&1\\\hdashline1&0&2\\3&3&4\end{array}\right],$$

于是

$$X=BA^{-1}=\begin{bmatrix}1&0&2\\3&3&4\end{bmatrix}.$$

2.5.4　齐次线性方程组的非零解

在第 1 章中,我们知道 n 元 m 式的齐次线性方程组

$$\begin{cases}a_{11}x_1+a_{12}x_2+\cdots+a_{1n}x_n=0,\\a_{21}x_1+a_{22}x_2+\cdots+a_{2n}x_n=0,\\\quad\vdots\\a_{m1}x_1+a_{m2}x_2+\cdots+a_{mn}x_n=0\end{cases}\tag{2.12}$$

必有零解,但我们更加关心其在什么条件下具有非零解.接下来我们用初等行变换的方法进一步讨论齐次线性方程组有非零解的问题.

齐次线性方程组(2.12)的系数矩阵 $\boldsymbol{A}$ 经过有限次初等行变换总可以化为行最简形矩阵,然后只通过交换两列的初等列变换,可化 $\boldsymbol{A}$ 为如下 $\boldsymbol{A}_1$ 形式:

$$\boldsymbol{A}=\begin{bmatrix} a_{11} & a_{12} & \cdots & a_{1n} \\ a_{21} & a_{22} & \cdots & a_{2n} \\ \vdots & \vdots & & \vdots \\ a_{m1} & a_{m2} & \cdots & a_{mn} \end{bmatrix} \to \boldsymbol{A}_1=\begin{bmatrix} 1 & \cdots & 0 & b_{11} & \cdots & b_{1,n-r} \\ \vdots & & \vdots & \vdots & & \vdots \\ 0 & \cdots & 1 & b_{r1} & \cdots & b_{r,n-r} \\ 0 & \cdots & 0 & 0 & \cdots & 0 \\ \vdots & & \vdots & \vdots & & \vdots \\ 0 & \cdots & 0 & 0 & \cdots & 0 \end{bmatrix},$$

矩阵 $\boldsymbol{A}_1$ 对应于一个含 r 个方程 n 个未知量的齐次线性方程组,它与方程组(2.12)同解,注意到交换两列的列变换只能使(2.12)中未知元的先后次序发生相应的变化,为了方便,不妨设 $\boldsymbol{A}_1$ 对应的方程组为

$$\begin{cases} x_1+b_{11}x_{r+1}+\cdots+b_{1,n-r}x_n=0, \\ x_2+b_{21}x_{r+1}+\cdots+b_{2,n-r}x_n=0, \\ \qquad\qquad\vdots \\ x_r+b_{r1}x_{r+1}+\cdots+b_{r,n-r}x_n=0, \end{cases}$$

这是齐次线性方程组(2.12)的同解方程组.如果分别取 $x_{r+1},x_{r+2},\cdots,x_n$ 为任意常数 $c_1,c_2,\cdots,c_{n-r}$,则齐次线性方程组的解为

$$\boldsymbol{X}=\begin{bmatrix} x_1 \\ \vdots \\ x_r \\ x_{r+1} \\ x_{r+2} \\ \vdots \\ x_n \end{bmatrix}=\begin{bmatrix} -b_{11}c_1-b_{12}c_2\cdots-b_{1,n-r}c_{n-r} \\ \vdots \\ -b_{r1}c_1-b_{r2}c_2\cdots-b_{r,n-r}c_{n-r} \\ c_1 \\ c_2 \\ \vdots \\ c_{n-r} \end{bmatrix}$$

$$=c_1\begin{bmatrix} -b_{11} \\ \vdots \\ -b_{r1} \\ 1 \\ 0 \\ \vdots \\ 0 \end{bmatrix}+c_2\begin{bmatrix} -b_{12} \\ \vdots \\ -b_{r2} \\ 0 \\ 1 \\ \vdots \\ 0 \end{bmatrix}+\cdots+c_{n-r}\begin{bmatrix} -b_{1,n-r} \\ \vdots \\ -b_{r,n-r} \\ 0 \\ 0 \\ \vdots \\ 1 \end{bmatrix}.$$

由此得如下**结论**:当 $r<n$ 时,特别是当方程个数小于未知量的个数时,齐次线性方程组必定有非零解.

例 4 判定齐次线性方程组

$$\begin{cases} x_1+2x_2-2x_3+x_4=0, \\ 2x_1+4x_2-3x_3+x_4=0, \\ 3x_1+6x_2+2x_3-5x_4=0, \end{cases}$$

是否有非零解.

解　由于方程组含3个方程4个未知量,显然3<4,所以该齐次线性方程组必定有非零解.

*2.6　应用举例

矩阵的应用极其广泛,这一节介绍几个应用实例.

例1　经济学问题　表2-1是某厂家向两个超市发送三种产品的相关数据(单位:台),表2-2是这三种产品的售价(单位:百元)及重量(单位:千克),求该厂家向每个超市售出产品的总售价及总重量.

表2-1

	空调	冰箱	彩电
超市甲	30	20	50
超市乙	50	40	50

表2-2

	售价	重量
空调	30	40
冰箱	16	30
彩电	22	30

解　将表2-1、表2-2分别写成如下矩阵:

$$\boldsymbol{A}=\begin{bmatrix}30 & 20 & 50\\50 & 40 & 50\end{bmatrix},\boldsymbol{B}=\begin{bmatrix}30 & 40\\16 & 30\\22 & 30\end{bmatrix},$$

则 $\boldsymbol{AB}=\begin{bmatrix}30 & 20 & 50\\50 & 40 & 50\end{bmatrix}\begin{bmatrix}30 & 40\\16 & 30\\22 & 30\end{bmatrix}=\begin{bmatrix}2\,320 & 3\,300\\3\,240 & 4\,700\end{bmatrix}$.

可以看出该厂家向超市甲售出产品总售价为232 000元、总重量为3 300千克,向超市乙售出产品总售价为324 000元、总重量为4 700千克.

例2　运筹学问题　某物流公司在4个地区间的货运线路图如图2-1所示.司机从地区a出发,

(1) 沿途经过1个地区而到达地区d的线路有几条?

(2) 沿途经过2个地区而回到地区a的线路有几条?

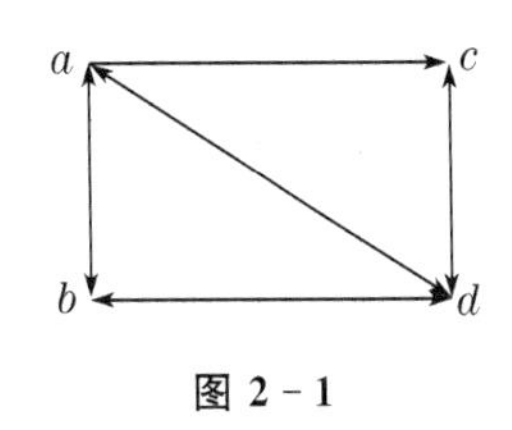

图2-1

解　对于含有4个顶点的有向图,可以得到一个方阵$\boldsymbol{A}=(a_{ij})_{4\times 4}$,其中

$$a_{ij}=\begin{cases}1 & \text{若顶点 } i \text{ 到 } j \text{ 有有向边},\\0 & \text{若顶点 } i \text{ 到 } j \text{ 无有向边},\end{cases}$$

称$\boldsymbol{A}$为有向图的**邻接矩阵**.

图2-1的邻接矩阵为

$$\boldsymbol{A}=\begin{matrix} & \begin{matrix}a & b & c & d\end{matrix}\\ \begin{matrix}a\\b\\c\\d\end{matrix} & \begin{bmatrix}0 & 1 & 1 & 1\\1 & 0 & 0 & 1\\0 & 0 & 0 & 1\\1 & 1 & 1 & 0\end{bmatrix}\end{matrix}.$$

计算邻接矩阵的幂 $\boldsymbol{A}^2=(a_{ij}^{(1)})_{4\times 4}=\begin{bmatrix}2&1&1&2\\1&2&2&1\\1&1&1&0\\1&1&1&3\end{bmatrix}$,

其中 $a_{14}^{(1)}=2$ 表示从地区 a 出发经过 1 个地区而到达地区 d 的线路有 2 条:$a\to b\to d$,$a\to c\to d$.

再计算邻接矩阵的幂 $\boldsymbol{A}^3=(a_{ij}^{(2)})_{4\times 4}=\begin{bmatrix}3&4&4&4\\3&2&2&5\\1&1&1&3\\4&4&4&3\end{bmatrix}$,

其中 $a_{11}^{(2)}=3$ 表示从地区 a 出发经过 2 个地区而回到地区 a 的线路有 3 条:

$$a\to b\to d\to a,a\to d\to b\to a,a\to c\to d\to a.$$

一般地,邻接矩阵的 k 次幂记作 $\boldsymbol{A}^k=(a_{ij}^{(k-1)})_{n\times n}$,其中 $a_{ij}^{(k-1)}$ 表示从地区 i 到地区 j 沿途经过$(k-1)$个地区的线路条数.

例 3 密码问题 先给每个字母指派一个码字,如表 2-3 所示:

表 2-3

字母	a	b	c	…	z	空格
码字	1	2	3	…	26	0

如果发送者想要传达指令 action:1,3,20,9,15,14,可以直接发送矩阵 $\boldsymbol{B}=\begin{bmatrix}1&9\\3&15\\20&14\end{bmatrix}$,但这是不加密的信息,极易被破译,很不安全.我们必须对信息加密,使得只有知道密钥的接收者才能快速、准确的破译.

例如:取 3 阶可逆阵 $\boldsymbol{A}=\begin{bmatrix}1&2&3\\1&1&2\\0&1&2\end{bmatrix}$,于是 $\boldsymbol{A}^{-1}=\begin{bmatrix}0&1&-1\\2&-2&-1\\-1&1&1\end{bmatrix}$.

发送者用加密矩阵 $\boldsymbol{A}$ 对信息矩阵 $\boldsymbol{B}$ 进行加密,再发送矩阵为

$$\boldsymbol{C}=\boldsymbol{AB}=\begin{bmatrix}1&2&3\\1&1&2\\0&1&2\end{bmatrix}\begin{bmatrix}1&9\\3&15\\20&14\end{bmatrix}=\begin{bmatrix}67&81\\44&52\\43&43\end{bmatrix},$$

接收者用密钥 $\boldsymbol{A}^{-1}$ 对收到的矩阵 $\boldsymbol{C}$ 进行解密,得到

$$\boldsymbol{B}=\boldsymbol{A}^{-1}\boldsymbol{C}=\begin{bmatrix}0&1&-1\\2&-2&-1\\-1&1&1\end{bmatrix}\begin{bmatrix}67&81\\44&52\\43&43\end{bmatrix}=\begin{bmatrix}1&9\\3&15\\20&14\end{bmatrix},$$

这就表示指令 action.

习题 2

1. 设 $\boldsymbol{A}=\begin{bmatrix}1&5&1\\1&2&-3\\9&-5&3\end{bmatrix}$，$\boldsymbol{B}=\begin{bmatrix}1&x_1&x_2\\x_1&2&x_3\\x_2&x_3&3\end{bmatrix}$，$\boldsymbol{C}=\begin{bmatrix}0&y_1&y_2\\-y_1&0&y_3\\-y_2&-y_3&0\end{bmatrix}$，并且 $\boldsymbol{A}=\boldsymbol{B}+2\boldsymbol{C}$，求矩阵 $\boldsymbol{B}$，$\boldsymbol{C}$.

2. 设 $\boldsymbol{A}=\begin{bmatrix}0&-1&2\\-5&3&4\end{bmatrix}$，$\boldsymbol{B}=\begin{bmatrix}4&5&-3\\3&-4&0\end{bmatrix}$，

(1) 求 $2\boldsymbol{A}-3\boldsymbol{B}$；

(2) 若矩阵 $\boldsymbol{X}$ 满足 $\boldsymbol{A}+2\boldsymbol{X}=\boldsymbol{B}$，求 $\boldsymbol{X}$；

(3) 若矩阵 $\boldsymbol{Y}$ 满足 $(\boldsymbol{A}-\boldsymbol{Y})+2(\boldsymbol{B}+2\boldsymbol{Y})=\boldsymbol{O}$，求 $\boldsymbol{Y}$.

3. 计算下列矩阵乘积：

(1) $\begin{bmatrix}1&1\\-1&-1\end{bmatrix}\begin{bmatrix}1&-1\\-1&1\end{bmatrix}$；

(2) $\begin{bmatrix}20&10\\30&20\end{bmatrix}\begin{bmatrix}2&18&0.4\\1.5&1.5&0.5\end{bmatrix}$；

(3) $\begin{bmatrix}2&-1\\-4&0\\3&1\end{bmatrix}\begin{bmatrix}7&-9\\-8&10\end{bmatrix}$；

(4) $\begin{bmatrix}3&1&-1\\-2&-1&1\end{bmatrix}\begin{bmatrix}2\\3\\-1\end{bmatrix}$；

(5) $\begin{bmatrix}1&2&3\\-1&0&1\\0&1&1\end{bmatrix}\begin{bmatrix}0&-1&0&-1\\-2&1&-2&1\\4&3&2&1\end{bmatrix}$；

(6) $(a_1,a_2,a_3)\begin{bmatrix}b_1\\b_2\\b_3\end{bmatrix}$；

(7) $\begin{bmatrix}b_1\\b_2\\b_3\end{bmatrix}(a_1,a_2,a_3)$；

(8) $(x_1,x_2,x_3)\begin{bmatrix}a_{11}&a_{12}&a_{13}\\a_{12}&a_{22}&a_{23}\\a_{13}&a_{23}&a_{33}\end{bmatrix}\begin{bmatrix}x_1\\x_2\\x_3\end{bmatrix}$.

4. 已知两个线性变换

$$\begin{cases}x_1=y_1-y_2+2y_3,\\x_2=y_1+3y_2,\\x_3=4y_2-y_3\end{cases}\quad 和\begin{cases}y_1=z_1+z_3,\\y_2=2z_2-5z_3,\\y_3=3z_1+7z_2,\end{cases}$$

求从 z_1, z_2, z_3 到 x_1, x_2, x_3 的线性变换.

5. 举反例说明下列命题是错误的.

(1) 若 $\boldsymbol{A}^2=\boldsymbol{O}$,则 $\boldsymbol{A}=\boldsymbol{O}$;

(2) 若 $\boldsymbol{A}^2=\boldsymbol{A}$,则 $\boldsymbol{A}=\boldsymbol{O}$ 或 $\boldsymbol{A}=\boldsymbol{E}$;

(3) 若 $\boldsymbol{AX}=\boldsymbol{AY}$,且 $\boldsymbol{A}\neq\boldsymbol{O}$,则 $\boldsymbol{X}=\boldsymbol{Y}$.

6. 解矩阵方程:$\begin{bmatrix}1 & -1 & 0\\ 2 & 0 & 1\end{bmatrix}\boldsymbol{X}=\begin{bmatrix}2 & 5\\ 1 & 4\end{bmatrix}$.

7. 求与矩阵 $\boldsymbol{A}$ 可交换的所有矩阵 $\boldsymbol{B}$.

(1) $\boldsymbol{A}=\begin{bmatrix}1 & 1\\ 0 & 0\end{bmatrix}$; (2) $\boldsymbol{A}=\begin{bmatrix}0 & 0 & 0\\ 1 & 0 & 0\\ 0 & 1 & 0\end{bmatrix}$.

8. 设 $\boldsymbol{\Lambda}=\begin{bmatrix}a_1 & 0 & \cdots & 0\\ 0 & a_2 & \cdots & 0\\ \vdots & \vdots & & \vdots\\ 0 & 0 & \cdots & a_n\end{bmatrix}$,其中 $a_i\neq a_j\ (i\neq j)$. 证明:与 $\boldsymbol{\Lambda}$ 可交换的矩阵只能是对角矩阵.

9. 计算(其中 k 为正整数):

(1) $\begin{bmatrix}2 & 1\\ -1 & 0\end{bmatrix}^3$; (2) $\begin{bmatrix}\cos\varphi & -\sin\varphi\\ \sin\varphi & \cos\varphi\end{bmatrix}^2$;

(3) $\begin{bmatrix}1 & 1\\ 0 & 0\end{bmatrix}^k$; (4) $\begin{bmatrix}1 & 0\\ \lambda & 1\end{bmatrix}^k$;

(5) $\begin{bmatrix}1 & 1\\ 1 & 1\end{bmatrix}^k$; (6) $\begin{bmatrix}\lambda & 1 & 0\\ 0 & \lambda & 1\\ 0 & 0 & \lambda\end{bmatrix}^k$.

10. 已知矩阵 $\boldsymbol{A}=\begin{bmatrix}2 & -1 & 2\\ 4 & -2 & 4\\ 2 & -1 & 2\end{bmatrix}$,证明:$\boldsymbol{A}^k=2^{k-1}\boldsymbol{A}$(其中 k 为正整数).

11. 设 $\boldsymbol{A}=\begin{bmatrix}1 & 1 & 1\\ 0 & 0 & -1\\ 1 & -1 & 1\end{bmatrix}$,$\boldsymbol{B}=\begin{bmatrix}1 & 2 & 3\\ -1 & -2 & 4\\ 0 & 5 & 1\end{bmatrix}$,求(1) $\boldsymbol{A}^{\mathrm{T}}\boldsymbol{B}-2\boldsymbol{A}$;(2) $(\boldsymbol{AB})^{\mathrm{T}}$.

12. 设 $\boldsymbol{A}$ 是 n 阶矩阵,证明:$\boldsymbol{A}^{\mathrm{T}}\boldsymbol{A}$,$\boldsymbol{AA}^{\mathrm{T}}$ 和 $\boldsymbol{A}+\boldsymbol{A}^{\mathrm{T}}$ 都是对称矩阵.

13. 设 $\boldsymbol{A}$,$\boldsymbol{B}$ 都是 n 阶对称矩阵,证明:$\boldsymbol{AB}$ 是对称矩阵的充要条件是 $\boldsymbol{AB}=\boldsymbol{BA}$.

14. 设 $\boldsymbol{A}$,$\boldsymbol{B}$ 分别是 n 阶对称和反对称矩阵,证明:$\boldsymbol{AB}+\boldsymbol{BA}$ 是反对称矩阵;$\boldsymbol{AB}^{\mathrm{T}}+\boldsymbol{B}^{\mathrm{T}}\boldsymbol{A}$ 是对称矩阵.

15. 证明:任何一个 n 阶矩阵都可以表示为一对称矩阵与一反对称矩阵之和.

16. 设 $\boldsymbol{A}$ 为 n 阶矩阵,若已知 $|\boldsymbol{A}|=k$,求 $|-k\boldsymbol{A}|$.

17. 设 n 阶矩阵 $\boldsymbol{A}$ 的伴随矩阵为 $\boldsymbol{A}^*$,证明:$|\boldsymbol{A}^*|=|\boldsymbol{A}|^{n-1}$.

18. 设可逆矩阵 $\boldsymbol{A}$ 的伴随矩阵为 $\boldsymbol{A}^*$,证明:(1) $(\boldsymbol{A}^{\mathrm{T}})^*=(\boldsymbol{A}^*)^{\mathrm{T}}$;(2) $(\boldsymbol{A}^{-1})^*=(\boldsymbol{A}^*)^{-1}$.

19. 设 3 阶矩阵 $\boldsymbol{A}$ 的伴随矩阵为 $\boldsymbol{A}^*$,已知 $\boldsymbol{AA}^*=2\boldsymbol{E}$,

求(1) $|2A^{-1}|$;(2) $|(3A^{*})^2|$;(3) $\left|(3A)^{-1}-\frac{1}{2}A^{*}\right|$.

20. 利用伴随矩阵求下列矩阵的逆矩阵.

(1) $\begin{bmatrix}2 & 1\\3 & 2\end{bmatrix}$;　(2) $\begin{bmatrix}a & b\\c & d\end{bmatrix}(ad-bc\neq0)$;

(3) $\begin{bmatrix}3 & 2 & 1\\3 & 1 & 5\\3 & 2 & 3\end{bmatrix}$;　(4) $\begin{bmatrix}3 & -1 & 0\\-2 & 1 & 1\\1 & -1 & 4\end{bmatrix}$;

(5) $\begin{bmatrix}1 & 0 & 0 & 0\\1 & 2 & 0 & 0\\2 & 1 & 3 & 0\\1 & 2 & 1 & 4\end{bmatrix}$;(6) $\begin{bmatrix}a_1 & 0 & \cdots & 0\\0 & a_2 & \cdots & 0\\\vdots & \vdots & & \vdots\\0 & 0 & \cdots & a_n\end{bmatrix}(a_1a_2\cdots a_n\neq0)$.

21. 已知线性变换

$$\begin{cases}x_1=y_1+y_2-y_3,\\x_2=2y_1+y_2,\\x_3=y_1-y_2,\end{cases}$$

求从变量 x_1,x_2,x_3 到变量 y_1,y_2,y_3 的线性变换.

22. 解下列矩阵方程.

(1) $\begin{bmatrix}-2 & 1\\4 & 0\end{bmatrix}X=\begin{bmatrix}-2 & 4\\4 & -4\end{bmatrix}$;　(2) $X\begin{bmatrix}2 & 2 & 3\\1 & -1 & 0\\-1 & 2 & 1\end{bmatrix}=\begin{bmatrix}2 & 1 & 2\\0 & 1 & 3\\1 & 0 & 1\end{bmatrix}$;

(3) $\begin{bmatrix}1 & 0 & 2\\-1 & 2 & -3\\0 & 1 & -1\end{bmatrix}X\begin{bmatrix}-1 & 1 & -1\\1 & -1 & -1\\-1 & -1 & 1\end{bmatrix}=\begin{bmatrix}1 & 0 & 3\\0 & 1 & -2\\3 & -5 & 0\end{bmatrix}$.

23. 设 $A=\begin{bmatrix}5 & -1 & 0\\-2 & 3 & 1\\2 & -1 & 6\end{bmatrix}$,$B=\begin{bmatrix}2 & 1\\2 & 0\\3 & 5\end{bmatrix}$满足 $AX=B+2X$,求未知矩阵 X.

24. 设 $A=\begin{bmatrix}-1 & 1 & 0\\-1 & -3 & 1\\1 & 2 & -2\end{bmatrix}$,$B=\begin{bmatrix}-2 & -2 & 0\\4 & 5 & 2\end{bmatrix}$满足 $XA=B-3X$,求未知矩阵 X.

25. 设矩阵方程 $AX+E=A^2-X$,其中 $A=\begin{bmatrix}0 & 0 & 1\\1 & -2 & 0\\0 & 1 & 1\end{bmatrix}$,求未知矩阵 X.

26. 设 $A=\begin{bmatrix}1 & 1 & -1\\-1 & 1 & 1\\1 & -1 & 1\end{bmatrix}$满足 $A^{*}X=A^{-1}+2X$,其中 A^{*} 是 A 的伴随矩阵,求未知矩阵 X.

27. 已知矩阵 $\boldsymbol{A}$ 的伴随矩阵 $\boldsymbol{A}^*=\begin{bmatrix}1&0&0&0\\0&1&0&0\\1&0&1&0\\0&-3&0&8\end{bmatrix}$，且 $\boldsymbol{AXA}^{-1}=\boldsymbol{XA}^{-1}+3\boldsymbol{E}$，求未知矩阵 $\boldsymbol{X}$.

28. 设 $\boldsymbol{A}^k=\boldsymbol{O}$（$k$ 为正整数），证明：$(\boldsymbol{E}-\boldsymbol{A})^{-1}=\boldsymbol{E}+\boldsymbol{A}+\boldsymbol{A}^2+\cdots+\boldsymbol{A}^{k-1}$.

29. 已知 n 阶矩阵 $\boldsymbol{A}$ 满足 $\boldsymbol{A}^2+2\boldsymbol{A}-3\boldsymbol{E}=\boldsymbol{O}$，

(1) 证明 $\boldsymbol{A}$ 和 $\boldsymbol{A}+2\boldsymbol{E}$ 都可逆，并求 $\boldsymbol{A}^{-1}$ 和 $(\boldsymbol{A}+2\boldsymbol{E})^{-1}$；

(2) 证明 $\boldsymbol{A}+4\boldsymbol{E}$ 和 $\boldsymbol{A}-2\boldsymbol{E}$ 都可逆，并求 $(\boldsymbol{A}+4\boldsymbol{E})^{-1}$ 和 $(\boldsymbol{A}-2\boldsymbol{E})^{-1}$.

30. 利用分块矩阵计算.

(1) $\begin{bmatrix}a&0&0&0\\0&a&0&0\\1&0&b&0\\0&1&0&b\end{bmatrix}\begin{bmatrix}1&0&c&0\\0&1&0&c\\0&0&d&0\\0&0&0&d\end{bmatrix}$；　(2) $\begin{bmatrix}1&2&1&0&0\\2&0&0&1&0\\3&-1&0&0&1\\4&0&0&0&0\\0&4&0&0&0\end{bmatrix}\begin{bmatrix}1&2&0&0\\3&4&0&0\\5&6&6&5\\7&8&4&3\\9&10&2&1\end{bmatrix}$.

31. 设 $\boldsymbol{A}=\begin{bmatrix}1&-3&0&0\\0&2&0&0\\0&0&1&2\\0&0&1&3\end{bmatrix}$，求(1) $|\boldsymbol{A}^5|$；(2) $\boldsymbol{A}^{-1}$；(3) $\boldsymbol{A}^3$.

32. 已知 $\boldsymbol{M}=\begin{bmatrix}\boldsymbol{O}&\boldsymbol{A}\\\boldsymbol{B}&\boldsymbol{O}\end{bmatrix}$，其中 m 阶矩阵 $\boldsymbol{A}$ 与 n 阶矩阵 $\boldsymbol{B}$ 都可逆，

(1) 证明 $\boldsymbol{M}$ 可逆，并求 $\boldsymbol{M}^{-1}$；

(2) 利用(1)的结果计算

$$\begin{bmatrix}0&0&2\\1&2&0\\3&4&0\end{bmatrix}^{-1}\text{和}\begin{bmatrix}0&0&0&1&3\\0&0&0&2&8\\1&0&1&0&0\\2&3&2&0&0\\3&1&1&0&0\end{bmatrix}^{-1}.$$

33. 已知 $\boldsymbol{M}=\begin{bmatrix}\boldsymbol{A}&\boldsymbol{C}\\\boldsymbol{O}&\boldsymbol{B}\end{bmatrix}$，其中 m 阶矩阵 $\boldsymbol{A}$ 与 n 阶矩阵 $\boldsymbol{B}$ 都可逆，

(1) 证明 $\boldsymbol{M}$ 可逆，并求 $\boldsymbol{M}^{-1}$；

(2) 利用(1)的结果计算

$$\begin{bmatrix}1&0&3&-4\\0&1&5&6\\0&0&0&2\\0&0&2&0\end{bmatrix}^{-1}\text{和}\begin{bmatrix}1&2&1&0&2\\3&8&0&1&3\\0&0&1&2&3\\0&0&0&3&1\\0&0&1&2&1\end{bmatrix}^{-1}.$$

34. 利用初等行变换分别求第 20 题中的逆矩阵.

35. 利用初等行变换分别求第 22,23,24 题中的未知矩阵 $\boldsymbol{X}$.

36. 设 $\boldsymbol{A}=\begin{bmatrix} a_{11} & a_{12} & a_{13} \\ a_{21} & a_{22} & a_{23} \\ a_{31} & a_{32} & a_{33} \end{bmatrix}$，$\boldsymbol{P}_1=\begin{bmatrix} 0 & 0 & 1 \\ 0 & 1 & 0 \\ 1 & 0 & 0 \end{bmatrix}$，$\boldsymbol{P}_2=\begin{bmatrix} 1 & 0 & 0 \\ 0 & 2 & 0 \\ 0 & 0 & 1 \end{bmatrix}$，$\boldsymbol{P}_3=\begin{bmatrix} 1 & 0 & 0 \\ 0 & 1 & 0 \\ 2 & 0 & 1 \end{bmatrix}$，计算 $\boldsymbol{P}_i\boldsymbol{A}$ 及 $\boldsymbol{A}\boldsymbol{P}_i(i=1,2,3)$；观察结果了解运算的规律性.

第3章　空间解析几何与向量代数

17世纪初，法国数学家笛卡尔(Descartes)完成了数学史上一次划时代变革，他通过建立坐标系将“数”与“形”、代数与几何联系起来，从而能够用代数方法来研究和解决几何问题，这就是所谓的解析几何.

在中学里，我们曾学过平面解析几何，通过建立一个平面直角坐标系，将平面上的点与一个二元有序数组对应起来，使平面上的一条直线或曲线，与一个代数方程相对应. 空间解析几何是平面解析几何的推广，它是在三维空间里进行这类问题的研究，其研究要比平面解析几何复杂. 由于向量是研究这类问题的一个有力工具，我们将在中学学过的平面向量基础上将其扩展到三维空间中.

本章首先介绍向量的基本概念、线性运算、数量积、向量积和混合积等向量代数知识，然后用它们建立空间的平面与直线方程，并讨论平面和直线相互间的位置关系.

3.1　向量　空间直角坐标系

3.1.1　向量的概念

我们首先来做一简单的回顾.

在物理学中，有许多量不仅有大小而且有方向的特征，例如位移、速度等. 我们称既有大小又有方向的量为**向量**(或**矢量**)(如图3-1所示).

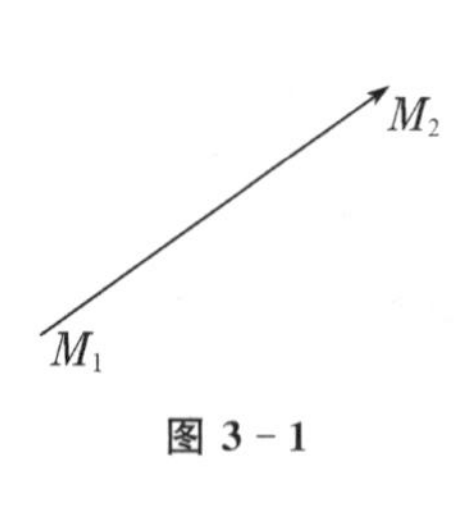

图3-1

在数学中，往往用有向线段来表示向量. 有向线段的长度表示该向量的大小，有向线段的方向表示该向量的方向. 以 M_1 为起点，M_2 为终点的有向线段表示的向量，记为$\overrightarrow{M_1M_2}$. 有时用一个粗体字母或者上面带有箭头的字母来表示，比如：$\boldsymbol{a}$，$\boldsymbol{j}$，$\boldsymbol{k}$，$\boldsymbol{v}$ 或者 $\vec{a}$，$\vec{i}$，$\vec{j}$，$\vec{k}$.

我们有以下几点说明：

(1) 由于一切向量的共性是既有大小又有方向，所以在数学上我们经常讨论与向量起点无关的向量，并称之为**自由向量**(下简称**向量**).

(2) 向量相等：自由向量 $\boldsymbol{a}$ 和 $\boldsymbol{b}$. 如果 $\boldsymbol{a}$ 和 $\boldsymbol{b}$ 的大小相等且方向相同，则说向量 $\boldsymbol{a}$ 和 $\boldsymbol{b}$ 相等，记 $\boldsymbol{a}=\boldsymbol{b}$. 即经过平移后完全重合的向量是相等的.

(3) 向量的模：向量的大小叫做向量的**模**. 即所有有向线段的长度称为其模. 向量 $\overrightarrow{M_1M_2}$，$\vec{a}$，$\boldsymbol{a}$ 的模依次记作 $|\overrightarrow{M_1M_2}|$，$|\vec{a}|$，$|\boldsymbol{a}|$.

(4) 单位向量和零向量：模为1的向量叫做**单位向量**；模等于零的向量叫做**零向量**，记作 $\mathbf{0}$ 或 $\vec{0}$，零向量的方向可以是任意，但规定一切零向量都相等.

(5) 负向量和平行向量：两个非零向量 $\boldsymbol{a}$ 和 $\boldsymbol{b}$，如果长度相等，方向相反，就称它们互为

负向量，用 $\boldsymbol{a}=-\boldsymbol{b}$ 或者 $\boldsymbol{b}=-\boldsymbol{a}$ 表示；若 $\boldsymbol{a}$ 和 $\boldsymbol{b}$ 方向相同或者相反，则称 $\boldsymbol{a},\boldsymbol{b}$ 为**平行向量**，记为 $\boldsymbol{a}/\!/\boldsymbol{b}$.

(6) 向量共线：当两个平行向量的起点放在同一点时，它们的终点和公共起点在一条直线上. 因此，两向量平行也称两向量**共线**.

3.1.2　向量的线性运算

在研究物体受力时，作用于一个质点的两个力可以看做两个向量. 而它的合力就是以这两个力作为边的平行四边形的对角线上的向量. 我们现在讨论向量的加法就是对合力这个概念在数学上的抽象和概括.

1. 向量的加法

(1) 平行四边形法则

已知向量 $\boldsymbol{a},\boldsymbol{b}$，以任意点 O 为始点，分别以 A,B 为终点，作 $\overrightarrow{OA}=\boldsymbol{a}$，$\overrightarrow{OB}=\boldsymbol{b}$，再以 OA，OB 为边作平行四边形 $OACB$，对角线的向量 $\overrightarrow{OC}=\boldsymbol{c}$，称为 $\boldsymbol{a},\boldsymbol{b}$ **之和**，记作 $\boldsymbol{c}=\boldsymbol{a}+\boldsymbol{b}$（如图 3－2(a)所示）.

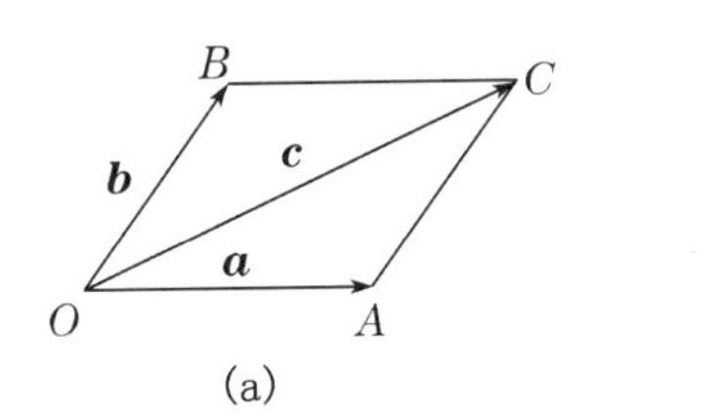

(a)

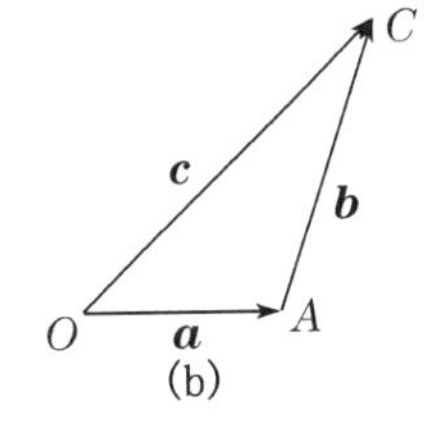

(b)

图 3－2

由 $\boldsymbol{a},\boldsymbol{b}$，求 $\boldsymbol{a}+\boldsymbol{b}$ 的过程叫做向量的加法，这种用平行四边形的对角线上向量来规定两向量之和的方法称为**向量加法的平行四边形法则**. 若两个向量 $\boldsymbol{a},\boldsymbol{b}$ 在同一直线上（或者平行），则他们的和有如下规定：

若 $\boldsymbol{a},\boldsymbol{b}$ 同向，其和向量的方向就是 $\boldsymbol{a},\boldsymbol{b}$ 的共同方向，其模为 $\boldsymbol{a}$ 的模和 $\boldsymbol{b}$ 的模之和.

若 $\boldsymbol{a},\boldsymbol{b}$ 反向，其和向量的方向为 $\boldsymbol{a},\boldsymbol{b}$ 中较长的向量的方向，其模为 $\boldsymbol{a},\boldsymbol{b}$ 中较大的模与较小的模之差.

(2) 三角形法则

已知向量 $\boldsymbol{a},\boldsymbol{b}$，现在以任意点 O 为始点，作 $\overrightarrow{OA}=\boldsymbol{a}$，再以 $\boldsymbol{a}$ 的终点 A 为始点，作 $\overrightarrow{AC}=\boldsymbol{b}$，即将两向量首尾相连，连接 OC，且令 $\overrightarrow{OC}=\boldsymbol{c}$，即得 $\boldsymbol{c}=\boldsymbol{a}+\boldsymbol{b}$. 这种方法称为**向量加法的三角形法则**（如图 3－2(b)所示）.

向量加法的三角形法则的实质：

将两个向量的首尾相连，则一向量的首与另一向量的尾的有向线段就是两个向量的和向量.

由三角形法则还可得向量的减法：我们规定 $\boldsymbol{a}-\boldsymbol{b}=\boldsymbol{a}+(-\boldsymbol{b})$. 只要把与 $\boldsymbol{b}$ 长度相同而方向相反的向量 $-\boldsymbol{b}$ 加到向量 $\boldsymbol{a}$ 上. 由图 3－3 可见，$\boldsymbol{a}-\boldsymbol{b}$ 是平行四边形另一对角线上的向量.

向量的加法满足下列运算规律：

① 交换律：$\boldsymbol{a}+\boldsymbol{b}=\boldsymbol{b}+\boldsymbol{a}$；

② 结合律：$(\boldsymbol{a}+\boldsymbol{b})+\boldsymbol{c}=\boldsymbol{a}+(\boldsymbol{b}+\boldsymbol{c})$；

③ $\boldsymbol{a}+\boldsymbol{0}=\boldsymbol{0}+\boldsymbol{a}=\boldsymbol{a}$；

④ $\boldsymbol{a}+(-\boldsymbol{a})=\boldsymbol{0}$.

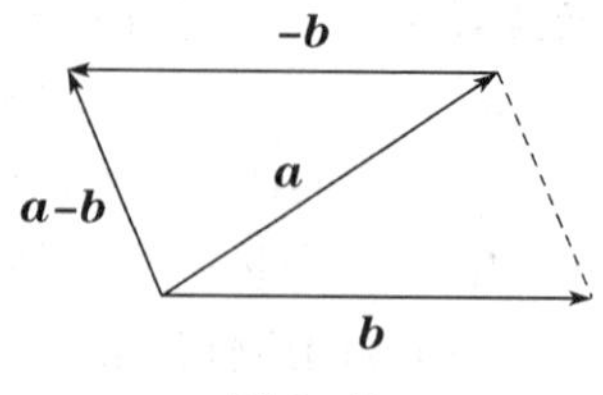

图 3-3

其中②的验证可由图 3-4 得到.

由于向量的加法满足交换律、结合律，三个向量 $\boldsymbol{a},\boldsymbol{b},\boldsymbol{c}$ 之和就可以简单地记为：$\boldsymbol{a}+\boldsymbol{b}+\boldsymbol{c}$，其次序可以任意调换.

一般地，对于 n 个向量 $\boldsymbol{a}_1,\boldsymbol{a}_2,\cdots,\boldsymbol{a}_n$，它们的和可记作 $\boldsymbol{a}_1+\boldsymbol{a}_2+\cdots+\boldsymbol{a}_n$. 它们之间不需加括号，各向量次序可以任意调换.

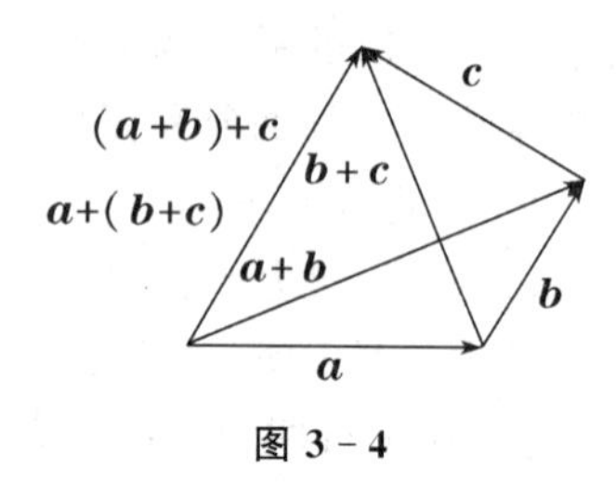

图 3-4

按向量相加的三角形法则，可得 n 个向量相加的法则如下：使前一向量的终点作为下一向量的起点，相继作向量 $\boldsymbol{a}_1,\boldsymbol{a}_2,\cdots,\boldsymbol{a}_n$，再以第一向量的起点为起点，最后一个向量的终点为终点作一向量，这个向量即为所求的这 n 个向量的和 $\boldsymbol{a}_1+\boldsymbol{a}_2+\cdots+\boldsymbol{a}_n$.

例 1 证明：三角形两边的中点的连线平行于第三边，且长等于第三边的一半.

证 记$\triangle ABC$ 的三边分别为$\overrightarrow{AB}$，$\overrightarrow{BC}$、$\overrightarrow{AC}$，E,F 分别为 AB，AC 的中点，如图 3-5，则

$$\overrightarrow{AE}=\frac{1}{2}\overrightarrow{AB},\overrightarrow{AF}=\frac{1}{2}\overrightarrow{AC}.$$

所以

$$\overrightarrow{EF}=\overrightarrow{AF}-\overrightarrow{AE}=\frac{1}{2}(\overrightarrow{AC}-\overrightarrow{AB})=\frac{1}{2}\overrightarrow{BC}.$$

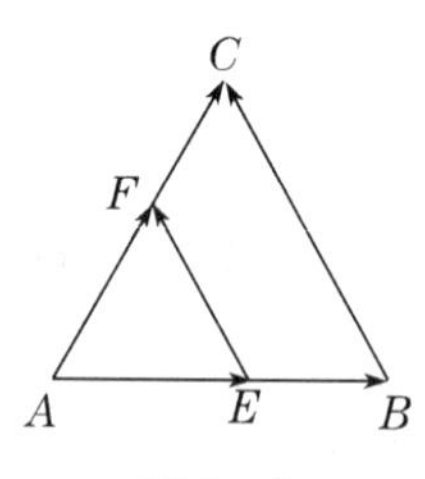

图 3-5

故 $EF=\frac{1}{2}BC$. 证毕.

2. 向量与数量的乘法

设 λ 是一个数量，向量 $\boldsymbol{a}$ 与数 λ 的乘积 $\lambda\cdot\boldsymbol{a}$ 规定为

当 $\lambda>0$ 时，$\lambda\cdot\boldsymbol{a}$ 表示一向量，其方向与 $\boldsymbol{a}$ 方向相同，其模为 $|\boldsymbol{a}|$ 的 λ 倍，即 $|\lambda\cdot\boldsymbol{a}|=\lambda\cdot|\boldsymbol{a}|$；

当 $\lambda=0$ 时，$\lambda\cdot\boldsymbol{a}$ 为零向量，即 $\lambda\cdot\boldsymbol{a}=\boldsymbol{0}$；

当 $\lambda<0$ 时，$\lambda\cdot\boldsymbol{a}$ 表示一向量，其方向与 $\boldsymbol{a}$ 方向相反，其模为 $|\boldsymbol{a}|$ 的 $|\lambda|$ 倍，即 $|\lambda\cdot\boldsymbol{a}|=|\lambda|\cdot|\boldsymbol{a}|$.

特别地，当 $\lambda=-1$ 时，$(-1)\cdot\boldsymbol{a}=-\boldsymbol{a}$.

向量与数量的乘法满足下列运算规则：

① $1\cdot\boldsymbol{a}=\boldsymbol{a}$；

② 结合律：$\lambda(\mu\boldsymbol{a})=\mu(\lambda\boldsymbol{a})=(\mu\lambda)\boldsymbol{a}$；

③ 数量加法分配律：$(\lambda+\mu)\boldsymbol{a}=\lambda\boldsymbol{a}+\mu\boldsymbol{a}$；

④ 向量加法分配律：$\lambda(\boldsymbol{a}+\boldsymbol{b})=\lambda\boldsymbol{a}+\lambda\boldsymbol{b}$.

证明从略.

由于向量 $\lambda\boldsymbol{a}$ 与 $\boldsymbol{a}$ 平行，因此我们常用向量与数量的乘积来说明两个向量的平行关系，并有如下定理：

定理 3.1.1　向量 $\boldsymbol{a}$ 与向量 $\boldsymbol{b}$ 平行的充要条件是存在不全为 0 的实数 λ_1,λ_2，使 $\lambda_1\boldsymbol{a}+\lambda_2\boldsymbol{b}=\boldsymbol{0}$.

定理 3.1.1′　设 $\boldsymbol{b}\neq\boldsymbol{0}$，向量 $\boldsymbol{a}$ 与向量 $\boldsymbol{b}$ 平行的充要条件是存在唯一的实数 λ，使 $\boldsymbol{a}=\lambda\boldsymbol{b}$.

设 $\boldsymbol{a}^0$ 表示非零向量 $\boldsymbol{a}$ 同向的单位向量. 显然，$|\boldsymbol{a}^0|=1$，由于 $\boldsymbol{a}^0$ 与 $\boldsymbol{a}$ 同向，且 $\boldsymbol{a}^0\neq\boldsymbol{0}$，所以存在一个正实数 λ，使得 $\boldsymbol{a}=\lambda\cdot\boldsymbol{a}^0$. 现在我们来确定这个 λ，在 $\boldsymbol{a}=\lambda\cdot\boldsymbol{a}^0$ 的两边同时取模，

$$|\boldsymbol{a}|=|\lambda\cdot\boldsymbol{a}^0|=\lambda\cdot|\boldsymbol{a}^0|=\lambda\cdot 1=\lambda,$$

所以 $\lambda=|\boldsymbol{a}|$，即得 $|\boldsymbol{a}|\cdot\boldsymbol{a}^0=\boldsymbol{a}$.

现在规定，当 $\lambda\neq\boldsymbol{0}$ 时，$\dfrac{\boldsymbol{a}}{\lambda}=\dfrac{1}{\lambda}\boldsymbol{a}$.

由此可得 $\boldsymbol{a}^0=\dfrac{\boldsymbol{a}}{|\boldsymbol{a}|}$，即一非零向量除以自己的模便得到一个与其同向的单位向量.

例 2　已知平行四边形两邻边向量 $\overrightarrow{OA}=\boldsymbol{a}$，$\overrightarrow{OB}=\boldsymbol{b}$，其对角线交点为 M，求 $\overrightarrow{OM}$，$\overrightarrow{MA}$，$\overrightarrow{MB}$.

解　如图 3-6 所示，显然 $\overrightarrow{OC}=2\overrightarrow{OM}$，又 $\overrightarrow{OC}=\boldsymbol{a}+\boldsymbol{b}$，所以 $2\overrightarrow{OM}=\boldsymbol{a}+\boldsymbol{b}$，即 $\overrightarrow{OM}=\dfrac{\boldsymbol{a}+\boldsymbol{b}}{2}$.

又因为 $\overrightarrow{OM}+\overrightarrow{MA}=\overrightarrow{OA}=\boldsymbol{a}$，即 $\overrightarrow{MA}+\dfrac{\boldsymbol{a}+\boldsymbol{b}}{2}=\boldsymbol{a}$.

因此 $\overrightarrow{MA}=\boldsymbol{a}-\dfrac{\boldsymbol{a}+\boldsymbol{b}}{2}=\dfrac{\boldsymbol{a}-\boldsymbol{b}}{2}$，$\overrightarrow{MB}=-\overrightarrow{MA}=\dfrac{\boldsymbol{b}-\boldsymbol{a}}{2}$.

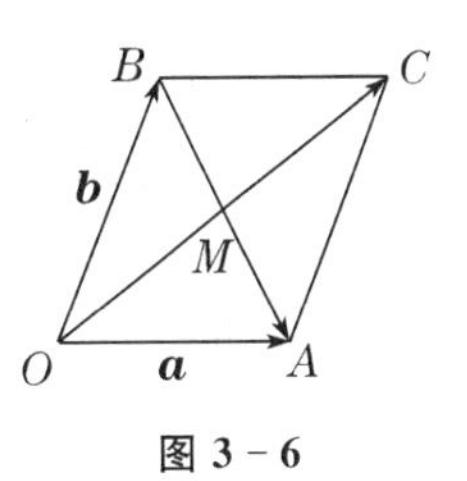

图 3-6

3.1.3　空间直角坐标系与空间点的直角坐标

1. 空间直角坐标系

在研究空间解析几何的开始，我们首先建立一个空间直角坐标系.

过空间一个定点 O，和三个两两垂直的单位向量 $\boldsymbol{i}$，$\boldsymbol{j}$，$\boldsymbol{k}$，就确定了三条都以 O 为原点的两两垂直的数轴，它们都以 O 为原点且一般来说都具有相同的长度单位，这三条轴分别叫做 **x 轴（横轴）**、**y 轴（纵轴）**、**z 轴（竖轴）**，统称为**坐标轴**. 它们的正方向要符合右手法则，即以右手握住 z 轴，当右手的四个手指从 x 轴正向以 $\dfrac{\pi}{2}$ 角度转向 y 轴正向时，大拇指的指向就是 z 轴的正向（如图 3-7 所示），这样的三条坐标轴就组成了一个**空间直角坐标系**，点 O 叫做**坐标原点**（或原点）.

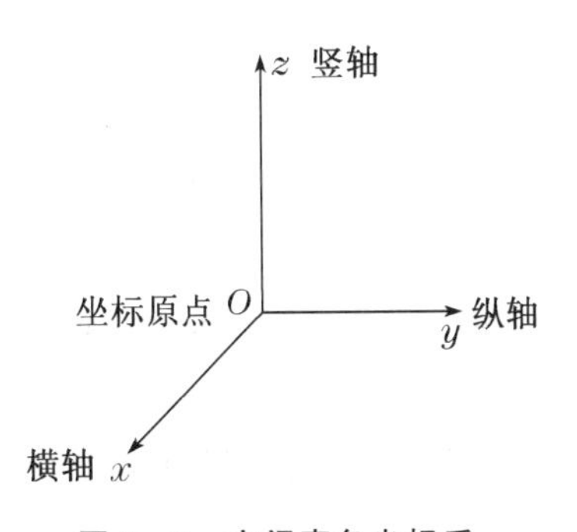

图 3-7　空间直角坐标系

在某些书中，这种坐标轴又称为空间直角右手坐标系. 因为相应的还有一个左手坐标系，但不常用，本书中，一般使用右手坐标系.

通常把 x 轴和 y 轴配置在水平面上，而 z 轴则是铅垂线，三条坐标轴中的任意两条可以确定一个平面，分别叫做 **xOy 面**、**yOz 面**和 **zOx 面**，这样定出的三个平面统称为**坐标面**，三个坐标面把空间分成八个部分，每一部分叫做**卦限**，含有 x 轴、y 轴及 z 轴正半轴的那个卦限叫做**第一卦限**，其他**第二、三、四卦限**在 xOy 面上方，按逆时针方向确定，在 xOy 面下方与第一至第四卦限相对应的是第五至第八卦限. 这八个卦限分别用Ⅰ，Ⅱ，Ⅲ，Ⅳ，Ⅴ，Ⅵ，Ⅶ，

Ⅷ表示.如图 3－8 所示.

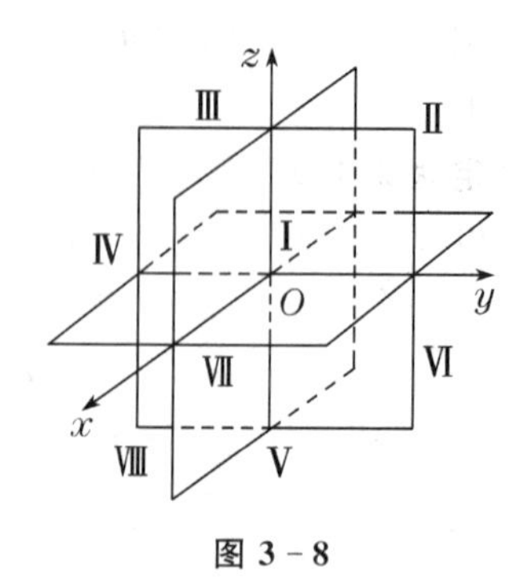

图 3－8

2. 空间点的直角坐标

空间直角坐标系建立以后，我们就可以建立空间的点与三元有序数组之间的对应关系.

对于空间中任意一点 M，过点 M 作三个平面，分别垂直于 x 轴、y 轴及 z 轴，且交点分别为 P,Q,R（如图 3－9 所示）.这三个点分别在 x 轴、y 轴及 z 轴上的坐标依次为 x,y,z.这样点 M 就唯一的确定了一个有序数组 (x,y,z).

反之，对任意一个三元有序数组 (x,y,z)，在空间中总可以唯一的确定一点 M.事实上，在 x 轴上，取坐标为 x 的点 P，在 y 轴上，取坐标为 y 的点 Q，在 z 轴上，取坐标为 z 的点 R.经过 P,Q,R 分别作平行于坐标面 yOz,zOx,xOy 的平面，这三个平面相互垂直，且交于一点 M.显然，点 M 是由三元有序数组 (x,y,z) 唯一确定的.

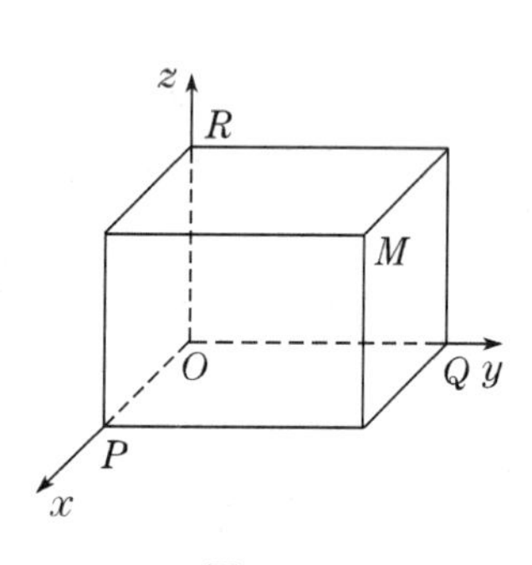

图 3－9

从上面两个方面我们可以知道，在建立空间直角坐标系后，空间的点 M 和三元有序数组 (x,y,z) 之间建立了一个一一对应的关系.这组数 (x,y,z) 就称为 M 点的**坐标**，并依次称 x,y 和 z 为 M 点的**横坐标**，**纵坐标**和**竖坐标**，通常记为 $M(x,y,z)$.根据坐标画点时，可按图 3－9 的形式进行.

坐标面和坐标轴上的点，其坐标各有一些特征，这里就不详细描述了.而各卦限内的点（除去坐标面上的点外）的坐标符号如下：

Ⅰ(＋，＋，＋)，Ⅱ(－，＋，＋)，Ⅲ(－，－，＋)，Ⅳ(＋，－，＋)，

Ⅴ(＋，＋，－)，Ⅵ(－，＋，－)，Ⅶ(－，－，－)，Ⅷ(＋，－，－).

3. 空间上两点间的距离

在数轴上，$M_1(x_1)$，$M_2(x_2)$ 两点之间的距离为

$$d=|\overrightarrow{M_1M_2}|=|x_2-x_1|=\sqrt{(x_2-x_1)^2}.$$

在平面上，$M_1(x_1,y_1)$，$M_2(x_2,y_2)$ 两点之间的距离为

$$d=|\overrightarrow{M_1M_2}|=\sqrt{(x_2-x_1)^2+(y_2-y_1)^2}.$$

那么，在空间上任意两点 $M_1(x_1,y_1,z_1)$，$M_2(x_2,y_2,z_2)$ 之间的距离是多少呢？我们可以证明：$d=|\overrightarrow{M_1M_2}|=\sqrt{(x_2-x_1)^2+(y_2-y_1)^2+(z_2-z_1)^2}$.

事实上，过点 M_1,M_2，分别作垂直于三条坐标轴的平面，这六个平面围成一个以 M_1M_2 为对角线的长方体，如图 3－10 所示，

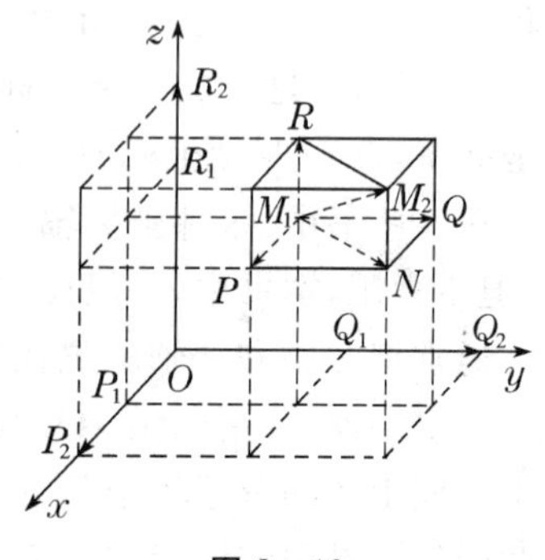

图 3－10

所以

$$\begin{aligned}d^2&=|\overrightarrow{M_1M_2}|^2=|\overrightarrow{M_1N}|^2+|\overrightarrow{NM_2}|^2\\&=|\overrightarrow{M_1P}|^2+|\overrightarrow{PN}|^2+|\overrightarrow{NM_2}|^2\\&=|\overrightarrow{P_1P_2}|^2+|\overrightarrow{Q_1Q_2}|^2+|\overrightarrow{R_1R_2}|^2\end{aligned}$$

$$=(x_2-x_1)^2+(y_2-y_1)^2+(z_2-z_1)^2,$$

可得 $d=\sqrt{(x_2-x_1)^2+(y_2-y_1)^2+(z_2-z_1)^2}$，这就是空间两点的**距离公式**.

注意　(1) 点 $M(x,y,z)$ 与坐标原点 $O(0,0,0)$ 的距离为 $d=\sqrt{x^2+y^2+z^2}$.

(2) $M_1(x_1,y_1,z_1)$，$M_2(x_2,y_2,z_2)$ 两点之间的距离等于 0. $\Leftrightarrow M_1$ 与 M_2 两点重合，即 $x_1=x_2$，$y_1=y_2$，$z_1=z_2$.

(3) $|\overrightarrow{M_1M_2}|=|\overrightarrow{M_2M_1}|$.

例 3　已知三角形的顶点为 $A(1,2,3)$，$B(7,10,3)$ 和 $C(-1,3,1)$. 证明：角 A 为钝角.

证　$|\overrightarrow{AB}|^2=(7-1)^2+(10-2)^2+(3-3)^2=100$；

$|\overrightarrow{AC}|^2=(-1-1)^2+(3-2)^2+(1-3)^2=9$；

$|\overrightarrow{BC}|^2=[7-(-1)]^2+(10-3)^2+(3-1)^2=117$.

可见，$|\overrightarrow{BC}|^2>|\overrightarrow{AC}|^2+|\overrightarrow{AB}|^2$，由余弦定理，就可知角 A 为钝角. 证毕.

例 4　在 z 轴上，求与 $A(-4,1,7)$ 和 $B(3,5,-2)$ 两点等距离的点.

解　设 M 为所求的点，因为 M 在 z 轴上，故可设 M 的坐标为 $(0,0,z)$，根据题意知 $|\overrightarrow{AM}|=|\overrightarrow{BM}|$，即

$$\sqrt{[0-(-4)]^2+(0-1)^2+(z-7)^2}=\sqrt{(0-3)^2+(0-5)^2+[z-(-2)]^2},$$

将等式两边平方，整理，得 $z=\dfrac{14}{9}$，所以 $M\left(0,0,\dfrac{14}{9}\right)$.

例 5　试在 xOy 平面上求一点 M，使它到 $A(1,-1,5)$，$B(3,4,4)$ 和 $C(4,6,1)$ 各点的距离相等.

解　依题意设 M 的坐标为 $(x,y,0)$，得

$$|\overrightarrow{AM}|=|\overrightarrow{BM}|=|\overrightarrow{CM}|,$$

即

$$\sqrt{(x-1)^2+(y+1)^2+(0-5)^2}=\sqrt{(x-3)^2+(y-4)^2+(0-4)^2}=\sqrt{(x-4)^2+(y-6)^2+(0-1)^2},$$

化简可得 $\begin{cases}4x+10y=14,\\2x+4y=12,\end{cases}$ 解得 $\begin{cases}x=16,\\y=-5.\end{cases}$

所以，所求的点为 $M(16,-5,0)$.

3.2　向量的坐标

这一节，我们主要讨论向量在空间直角坐标系中如何用坐标表示. 对空间上的点，我们可以用有序数组来表示，对我们讨论的自由向量是否也可以用有序数组来表示呢？如果可以，又怎样来表示呢？

3.2.1　向量的坐标表示

1. 数轴上向量的坐标表示

设数轴 u 由点 O 及单位向量 $\boldsymbol{e}$ 确定，M 为数轴上一点，坐标为 u（如图 3－11 所示）. 点 M 对应数轴上的向量 $\overrightarrow{OM}$，$\overrightarrow{OM}\parallel\boldsymbol{e}$，由定理 3.1.1′ 知，必存在唯一实数 λ，使 $\overrightarrow{OM}=\lambda\boldsymbol{e}$.

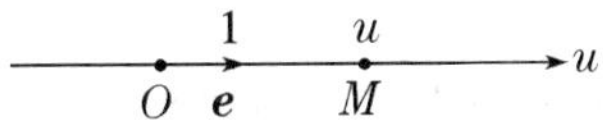

1　u　u
O　e　M

图 3－11

注意到 $|\overrightarrow{OM}|=|u|$，$|\boldsymbol{e}|=1$，故 $|u|=|\lambda|$.

当 M 点位于原点 O 的右边时，$u>0$，同时，$\overrightarrow{OM}$与 $\boldsymbol{e}$ 同向，$\lambda>0$，有 $u=\lambda$；当 M 点位于原点 O 的左边时，$u<0$，同时，$\overrightarrow{OM}$与 $\boldsymbol{e}$ 反向，$\lambda<0$，也有 $u=\lambda$；当 M 点与原点 O 重合时，有 $u=\lambda=0$.

这样恒有$\overrightarrow{OM}=u\boldsymbol{e}$. 这表明，数轴上以原点为起点的向量可由它的坐标与该数轴单位向量乘积表示.

2. 空间中向量的坐标表示

在空间直角坐标系中，任给向量 $\boldsymbol{r}$ 起点是原点 O，终点是 $M(x,y,z)$，则 $\boldsymbol{r}=\overrightarrow{OM}$. 过 M 点作垂直于三个坐标面的垂面，得到一个长方体 $OPNQ-RHMK$（如图 3-12 所示），有

$$\boldsymbol{r}=\overrightarrow{OM}=\overrightarrow{OP}+\overrightarrow{PN}+\overrightarrow{NM}=\overrightarrow{OP}+\overrightarrow{OQ}+\overrightarrow{OR}.$$

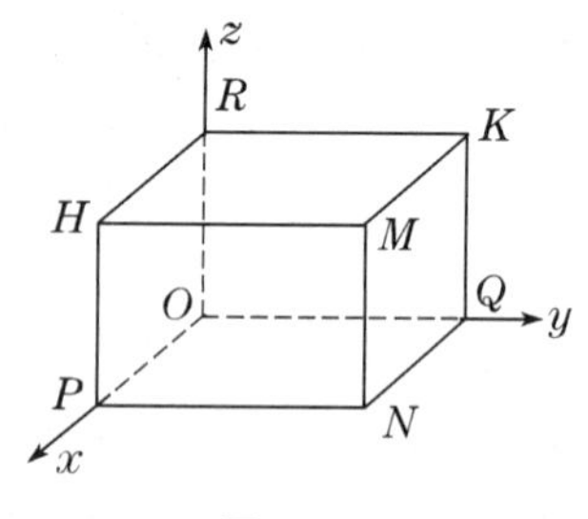

图 3-12

用 $\boldsymbol{i},\boldsymbol{j},\boldsymbol{k}$ 分别表示 x 轴，y 轴，z 轴方向的单位向量（又称**基向量**）. 因为

$$\overrightarrow{OP}=x\boldsymbol{i},\overrightarrow{OQ}=y\boldsymbol{j},\overrightarrow{OR}=z\boldsymbol{k},$$

所以 $\boldsymbol{r}=\overrightarrow{OM}=x\boldsymbol{i}+y\boldsymbol{j}+z\boldsymbol{k}$.

上式称为向量 $\boldsymbol{r}$ 的**坐标分解式**，此时也称向量 $\boldsymbol{r}$ 可由基向量 $\boldsymbol{i},\boldsymbol{j},\boldsymbol{k}$ 线性表出. $x\boldsymbol{i},y\boldsymbol{j},z\boldsymbol{k}$ 称为向量 $\boldsymbol{r}$ 沿三个坐标轴方向的**分向量**. 由于向量 $\boldsymbol{r}$ 中的三个有序数 x,y,z，即为点 M 的三个分坐标，而空间中点 M 与其坐标 (x,y,z) 一一对应，故空间向量 $\boldsymbol{r}=\overrightarrow{OM}=x\boldsymbol{i}+y\boldsymbol{j}+z\boldsymbol{k}$ 与三元有序实数组 (x,y,z) 一一对应. 因此在空间直角坐标系 $O-xyz$ 中，我们做如下定义：有序数 x,y,z 称为**向量 $\boldsymbol{r}$ 的坐标**，记作 $\boldsymbol{r}=(x,y,z)$ 或 $\boldsymbol{r}=\{x,y,z\}$. 有时，本书向量的坐标用列矩阵表示，如 $\boldsymbol{r}=(x,y,z)^{\mathrm{T}}$. 向量 $\boldsymbol{r}=\overrightarrow{OM}$称为点 M 关于原点 O 的**向径**.

上述定义表明，一个点与该点的向径有相同的坐标，记号 (x,y,z) 既表示点 M，又表示向量$\overrightarrow{OM}$. 在运用中，应结合上下文来分清其含义.

3.2.2 向量的线性运算的坐标表示

利用向量的坐标，可得向量的加法、减法以及向量与数的乘法的运算如下：

设空间两个向量 $\boldsymbol{a}=a_x\boldsymbol{i}+a_y\boldsymbol{j}+a_z\boldsymbol{k}$，$\boldsymbol{b}=b_x\boldsymbol{i}+b_y\boldsymbol{j}+b_z\boldsymbol{k}$，及实数 λ，即

$$\boldsymbol{a}=(a_x,a_y,a_z),\boldsymbol{b}=(b_x,b_y,b_z).$$

由向量加法的交换律与结合律，以及向量与数乘法的结合律与分配律，可得如下公式：

$$\boldsymbol{a}\pm\boldsymbol{b}=(a_x\pm b_x,a_y\pm b_y,a_z\pm b_z),$$

$$\lambda\cdot\boldsymbol{a}=(\lambda a_x,\lambda a_y,\lambda a_z).$$

空间两个向量 $\boldsymbol{a}=a_x\boldsymbol{i}+a_y\boldsymbol{j}+a_z\boldsymbol{k}$，$\boldsymbol{b}=b_x\boldsymbol{i}+b_y\boldsymbol{j}+b_z\boldsymbol{k}$ 平行的充要条件是存在唯一实数 λ，使 $\boldsymbol{a}=\lambda\boldsymbol{b}$，即 $(a_x,a_y,a_z)=\lambda(b_x,b_y,b_z)$，也即

$$\frac{a_x}{b_x}=\frac{a_y}{b_y}=\frac{a_z}{b_z}=\lambda, \tag{3.1}$$

表明 $\boldsymbol{a}$ 与 $\boldsymbol{b}$ 的对应坐标成比例.

这一向量平行的对称式条件，当分母有为零的元素时，应依如下规则来理解它的意义：

(1) 当 b_x,b_y,b_z 中仅有一个为零时，如 $b_z=0$，则(3.1)式理解为

$$\begin{cases}a_z=0,\\ a_xb_y-a_yb_x=0\end{cases}\Leftrightarrow\begin{cases}a_z=0,\\ \dfrac{a_x}{b_x}-\dfrac{a_y}{b_y}=0;\end{cases}$$

(2) 当 b_x, b_y, b_z 中仅有两个为零时，如 $b_y=b_z=0$，则(3.1)式理解为

$$\begin{cases}a_y=0,\\ a_z=0.\end{cases}$$

对空间上的两个点 $M_1(x_1, y_1, z_1)$，$M_2(x_2, y_2, z_2)$（如图3-13所示），则由

$$\overrightarrow{M_1M_2}=\overrightarrow{M_1O}+\overrightarrow{OM_2}=-\overrightarrow{OM_1}+\overrightarrow{OM_2},$$

易知向量$\overrightarrow{M_1M_2}$的坐标表示为

$$\overrightarrow{M_1M_2}=(x_2-x_1, y_2-y_1, z_2-z_1).$$

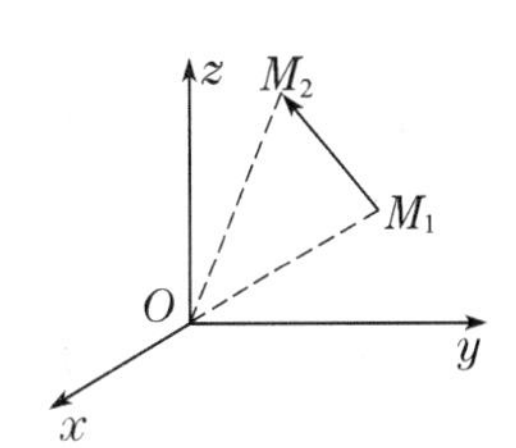

图 3-13

例 1　设已知 $A(x_1, y_1, z_1)$ 和 $B(x_2, y_2, z_2)$ 两点，而在 AB 直线上的点 M 分有向线段 AB 为两部分 AM，MB，使它们值的比等于某数 $\lambda(\lambda\neq-1)$，即$\dfrac{AM}{MB}=\lambda$，求分点 M 的坐标.

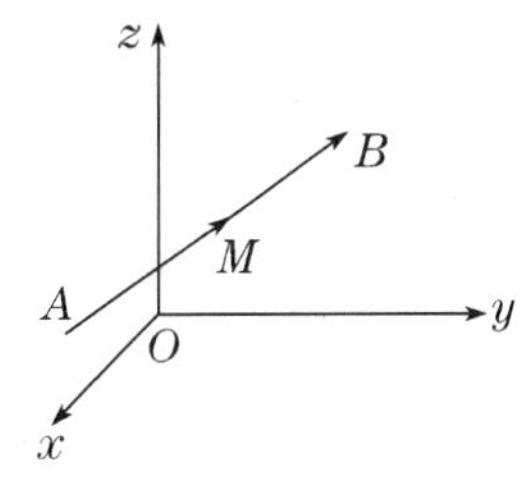

图 3-14

解　设 $M(x, y, z)$ 为直线 AB 上的点，（如图 3-14 所示），则

$$\overrightarrow{AM}=(x-x_1, y-y_1, z-z_1),$$
$$\overrightarrow{MB}=(x_2-x, y_2-y, z_2-z),$$

由题意，得　$$\overrightarrow{AM}=\lambda\overrightarrow{MB}.$$

根据公式(3.1)可得

$$\frac{x-x_1}{x_2-x}=\frac{y-y_1}{y_2-y}=\frac{z-z_1}{z_2-z}=\lambda.$$

解得

$$x=\frac{x_1+\lambda x_2}{1+\lambda}, y=\frac{y_1+\lambda y_2}{1+\lambda}, z=\frac{z_1+\lambda z_2}{1+\lambda},$$

即 M 为有向线段$\overrightarrow{AB}$的定比分点. 特别是当 M 是中点时，

$$x=\frac{x_1+x_2}{2}, y=\frac{y_1+y_2}{2}, z=\frac{z_1+z_2}{2}.$$

3.2.3　向量的模与方向余弦

向量 $\boldsymbol{a}=a_x\boldsymbol{i}+a_y\boldsymbol{j}+a_z\boldsymbol{k}$ 的模就是其起点与终点的距离，作$\overrightarrow{OM}=\boldsymbol{a}$，则点 $O(0,0,0)$，$M(a_x, a_y, a_z)$，因此

$$|\boldsymbol{a}|=|\overrightarrow{OM}|=\sqrt{a_x^2+a_y^2+a_z^2}.$$

例 2　设 $\boldsymbol{a}=(4,3,0)$，$\boldsymbol{b}=(1,3,2)$，求 $2\boldsymbol{a}+\boldsymbol{b}$，$\boldsymbol{a}-4\boldsymbol{b}$ 及$|\boldsymbol{a}|$.

解　$2\boldsymbol{a}+\boldsymbol{b}=2(4,3,0)+(1,3,2)=(9,9,2)$,

$$\boldsymbol{a}-4\boldsymbol{b}=(4,3,0)-(4,12,8)=(0,-9,-8),$$
$$|\boldsymbol{a}|=\sqrt{4^2+3^2+0^2}=5.$$

例 3 求证以 $M_1(1,2,-1)$，$M_2(3,4,2)$，$M_3(4,0,1)$ 三点为顶点的三角形是一个等腰三角形.

证 因为

$$|\overrightarrow{M_1M_2}|^2=(3-1)^2+(4-2)^2+[2-(-1)]^2=17,$$
$$|\overrightarrow{M_1M_3}|^2=(4-1)^2+(0-2)^2+[1-(-1)]^2=17,$$
$$|\overrightarrow{M_2M_3}|^2=(4-3)^2+(0-4)^2+(1-2)^2=18.$$

所以 $|\overrightarrow{M_1M_2}|=|\overrightarrow{M_1M_3}|$，即 $\triangle M_1M_2M_3$ 为等腰三角形. 证毕.

在讲方向余弦之前，我们先引入向量夹角的概念. 设有两个非零向量 $\boldsymbol{a}$ 与 $\boldsymbol{b}$，将它们的起点置于同一点，规定二者在 0 与 π 之间的那个夹角为两向量的夹角(设 θ 为其夹角，即取 $0\leqslant\theta\leqslant\pi$，如图 3 - 15 所示)，记为 $(\widehat{\boldsymbol{a},\boldsymbol{b}})$ 或 $(\widehat{\boldsymbol{b},\boldsymbol{a}})$，即 $\theta=(\widehat{\boldsymbol{a},\boldsymbol{b}})$. 当 $\boldsymbol{a}$ 与 $\boldsymbol{b}$ 平行，且指向相同时，取 $\theta=0$，当指向相反时，取 $\theta=\pi$. 当 $\boldsymbol{a}$ 与 $\boldsymbol{b}$ 的夹角为 $\frac{\pi}{2}$ 时，称 $\boldsymbol{a}$ 与 $\boldsymbol{b}$ **垂直**(或**正交**)，记为 $\boldsymbol{a}\perp\boldsymbol{b}$. 如 $\boldsymbol{a}$ 与 $\boldsymbol{b}$ 中有一个为零向量，规定它们的夹角可取 0 到 π 范围的任一值.

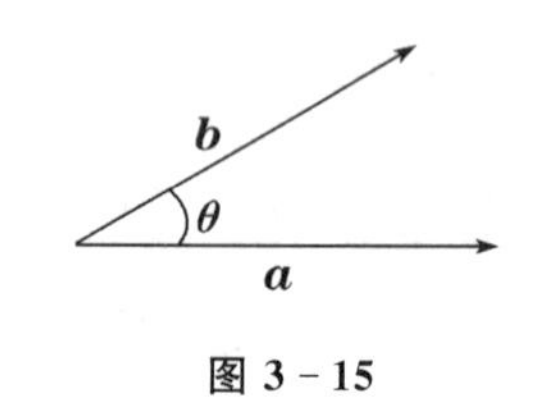

图 3 - 15

设向量 $\boldsymbol{r}=(x,y,z)$ 与 x 轴、y 轴和 z 轴正向的夹角分别是 α、β 和 γ(如图 3 - 16 所示)，其中 $0\leqslant\alpha,\beta,\gamma\leqslant\pi$. 称 α,β,γ 为向量 $\boldsymbol{r}$ 的方向角，方向角的余弦称为向量 $\boldsymbol{r}$ 的方向余弦. 给出了一个向量的方向角或方向余弦，向量的方向也就完全确定了.

从图 3 - 16 中容易看出，无论 α 是锐角还是钝角，均有 $|\boldsymbol{r}|\cos\alpha=x$，同理可得，$|\boldsymbol{r}|\cos\beta=y$，$|\boldsymbol{r}|\cos\gamma=z$，

而

$$\cos\alpha=\frac{x}{|\boldsymbol{r}|},\cos\beta=\frac{y}{|\boldsymbol{r}|},\cos\gamma=\frac{z}{|\boldsymbol{r}|},$$

其中 $|\boldsymbol{r}|=\sqrt{x^2+y^2+z^2}$.

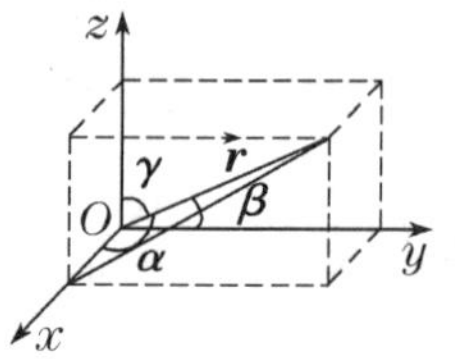

图 3 - 16

由此又可得到重要关系式

$$\cos^2\alpha+\cos^2\beta+\cos^2\gamma=1. \tag{3.2}$$

对于向量 $\boldsymbol{a}=a_x\boldsymbol{i}+a_y\boldsymbol{j}+a_z\boldsymbol{k}$，$\alpha,\beta,\gamma$ 是 $\boldsymbol{a}$ 的方向角，可将其平移使起点移至原点. 由于向量平移时并不改变大小和方向，所以也有

$$|\boldsymbol{a}|\cos\alpha=a_x,|\boldsymbol{a}|\cos\beta=a_y,|\boldsymbol{a}|\cos\gamma=a_z.$$

因此有

$$\cos\alpha=\frac{a_x}{|\boldsymbol{a}|},\cos\beta=\frac{a_y}{|\boldsymbol{a}|},\cos\gamma=\frac{a_z}{|\boldsymbol{a}|},|\boldsymbol{a}|=\sqrt{a_x^2+a_y^2+a_z^2},$$

并且式(3.2)对向量 $\boldsymbol{a}$ 仍然成立.

对与向量 $\boldsymbol{a}$ 同向的单位向量 $\boldsymbol{a}^0$ 来说，它的坐标可用其方向余弦来表示，即

$$\boldsymbol{a}^0=\frac{1}{|\boldsymbol{a}|}(a_x,a_y,a_z)=(\cos\alpha,\cos\beta,\cos\gamma).$$

特别地，一个向量的坐标中如果有一个是零，则该向量与某一个坐标面平行，如果有两个是零，则该向量与某一个坐标轴平行. 例如向量 $(a_x,a_y,0)$，因为 $\cos\gamma=0$，有 $\gamma=\frac{\pi}{2}$，即该向量垂直于 z 轴，即平行于 xOy 面. 而向量 $(a_x,0,0)$ 同时垂直于 y 轴和 z 轴，故其平行于

x 轴.

例 4　设已知两点 $A(1,2,0)$ 和 $B(3,1,-\sqrt{2})$，求向量 $\overrightarrow{AB}$ 的模、方向余弦及与 $\overrightarrow{AB}$ 同向的单位向量.

解　因为 $\overrightarrow{AB}=(3-1,1-2,-\sqrt{2}-0)=(2,-1,-\sqrt{2})$，

所以 $|\overrightarrow{AB}|=\sqrt{2^2+(-1)^2+(-\sqrt{2})^2}=\sqrt{7}$，即

$$\cos\alpha=\frac{2}{\sqrt{7}},\cos\beta=-\frac{1}{\sqrt{7}},\cos\gamma=-\frac{\sqrt{2}}{\sqrt{7}}.$$

则与 $\overrightarrow{AB}$ 同向的单位向量为

$$\boldsymbol{e}^0=\frac{1}{|\overrightarrow{AB}|}\overrightarrow{AB}=(\frac{2}{\sqrt{7}},-\frac{1}{\sqrt{7}},-\frac{\sqrt{2}}{\sqrt{7}}).$$

例 5　设向量 $\boldsymbol{a}$ 与 x 轴、y 轴的夹角余弦为 $\cos\alpha=\frac{1}{3}$，$\cos\beta=\frac{2}{3}$，且 $|\boldsymbol{a}|=3$，求向量 $\boldsymbol{a}$.

解　由(3.2)知，

$$\cos\gamma=\pm\sqrt{1-\cos^2\alpha-\cos^2\beta}=\pm\frac{2}{3}，有$$

$$a_x=|\boldsymbol{a}|\cos\alpha=3\times\frac{1}{3}=1,a_y=|\boldsymbol{a}|\cos\beta=2,a_z=|\boldsymbol{a}|\cos\gamma=\pm2.$$

所求的向量有两个，分别是 $(1,2,2)$，$(1,2,-2)$.

3.2.4　向量的投影

1. 点及向量在坐标轴上的投影

设 M 为空间中一点，数轴 u 由点 O 及单位向量 $\boldsymbol{e}$ 所确定. 过点 M 作与 u 轴垂直的平面，平面与 u 轴的交点 M' 称为点 M 在 u 轴上的投影. 而向量 $\overrightarrow{OM'}$ 为向量 $\overrightarrow{OM}$ 在 u 轴上的分向量.

令 $\overrightarrow{OM'}=\lambda\boldsymbol{e}$，则称 λ 为向量 $\overrightarrow{OM}$ 在 u 轴上的投影，记为 $\mathrm{Prj}_u\overrightarrow{OM}$（如图 3-17 所示）.

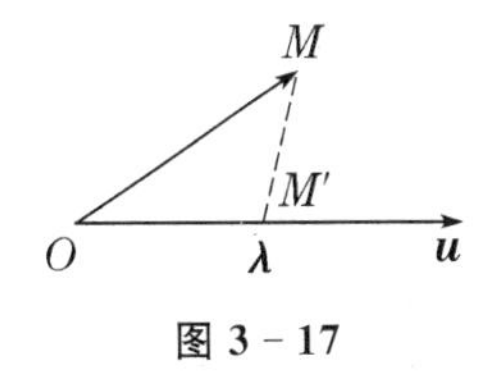

图 3-17

如上定义，当向量 $\boldsymbol{r}=\overrightarrow{OM}=(a_x,a_y,a_z)$ 时，其坐标 a_x,a_y,a_z 就是向量 $\boldsymbol{r}$ 在三条坐标轴上投影，即 $a_x=\mathrm{Prj}_x\boldsymbol{r}$，$a_y=\mathrm{Prj}_y\boldsymbol{r}$，$a_z=\mathrm{Prj}_z\boldsymbol{r}$.

2. 性质

设 $\boldsymbol{a},\boldsymbol{b},\boldsymbol{c}$ 是空间中的向量，且 $\boldsymbol{a}\neq\boldsymbol{0}$，$\lambda$ 是任意实数，则有

(1) $\mathrm{Prj}_{\boldsymbol{a}}\boldsymbol{b}=|\boldsymbol{b}|\cos(\widehat{\boldsymbol{a},\boldsymbol{b}})$；

(2) $\mathrm{Prj}_{\boldsymbol{a}}(\boldsymbol{b}+\boldsymbol{c})=\mathrm{Prj}_{\boldsymbol{a}}\boldsymbol{b}+\mathrm{Prj}_{\boldsymbol{a}}\boldsymbol{c}$；

(3) $\mathrm{Prj}_{\boldsymbol{a}}(\lambda\boldsymbol{b})=\lambda\mathrm{Prj}_{\boldsymbol{a}}\boldsymbol{b}$.

例 6　一向量的终点在 $B(3,-2,3)$，且此向量在 x 轴、y 轴和 z 轴上的投影依次为 2，4 和 3，求这向量起点 A 的坐标.

解　设 A 点的坐标为 (x,y,z)，则 $\overrightarrow{AB}=(3-x,-2-y,3-z)$，又由已知条件知向量 $\overrightarrow{AB}=(2,4,3)$，所以

$$(3-x,-2-y,3-z)=(2,4,3).$$

因此 $x=1$，$y=-6$，$z=4$，即所求点的坐标为 $(1,-6,4)$.

3.3 数量积 向量积

在中学时，我们学过有关向量的数量积的知识.下面我们把中学时的数量积推广到一般的向量，再学习一种新的向量的运算：向量积.

3.3.1 向量的数量积

1. 数量积的定义

设一物体在常力 $\boldsymbol{F}$ 作用下沿直线运动，移动的位移为 $\boldsymbol{s}$，力 $\boldsymbol{F}$ 与位移 $\boldsymbol{s}$ 的夹角为 θ，那么力 $\boldsymbol{F}$ 所做的功为 $W=|\boldsymbol{F}||\boldsymbol{s}|\cos\theta$.

这表明，有时我们会对向量 $\boldsymbol{a}$ 和 $\boldsymbol{b}$ 作这样的运算，作 $|\boldsymbol{a}|$，$|\boldsymbol{b}|$ 及它们的夹角 $\theta(0\leqslant\theta\leqslant\pi)$ 的余弦的乘积，其结果是一个数，我们把它称为向量 $\boldsymbol{a},\boldsymbol{b}$ 的数量积.

定义 3.3.1 设两个向量 $\boldsymbol{a}$ 和 $\boldsymbol{b}$ 且它们的夹角为 $\theta(0\leqslant\theta\leqslant\pi)$，称 $|\boldsymbol{a}||\boldsymbol{b}|\cos\theta$ 为向量 $\boldsymbol{a}$ 与 $\boldsymbol{b}$ 的**数量积**(又称**内积**或**点积**)，记作 $\boldsymbol{a}\cdot\boldsymbol{b}$，即

$$\boldsymbol{a}\cdot\boldsymbol{b}=|\boldsymbol{a}||\boldsymbol{b}|\cos\theta.$$

根据定义，上述问题中力所做的功是力 $\boldsymbol{F}$ 与位移 $\boldsymbol{s}$ 的数量积，即

$$W=\boldsymbol{F}\cdot\boldsymbol{s}=|\boldsymbol{F}||\boldsymbol{s}|\cos\theta.$$

当 $\boldsymbol{a}\neq\boldsymbol{0}$ 时，$|\boldsymbol{b}|\cos\theta=|\boldsymbol{b}|\cos(\widehat{\boldsymbol{a},\boldsymbol{b}})$ 是向量 $\boldsymbol{b}$ 在向量 $\boldsymbol{a}$ 上的投影，所以有：数量积 $\boldsymbol{a}\cdot\boldsymbol{b}$ 等于 $\boldsymbol{a}$ 的长度 $|\boldsymbol{a}|$ 与 $\boldsymbol{b}$ 在向量 $\boldsymbol{a}$ 上的投影 $|\boldsymbol{b}|\cos\theta$ 的乘积.即 $\boldsymbol{a}\cdot\boldsymbol{b}=|\boldsymbol{a}|\mathrm{Pr}j_{\boldsymbol{a}}\boldsymbol{b}$.

同样，当 $\boldsymbol{b}\neq\boldsymbol{0}$ 时，有 $\boldsymbol{a}\cdot\boldsymbol{b}=|\boldsymbol{b}|\mathrm{Pr}j_{\boldsymbol{b}}\boldsymbol{a}$.

即两个向量的数量积等于其中一个向量的模和另一个向量在此向量方向上的投影的乘积.

2. 数量积的性质

由向量的数量积的定义可推得：

(1) $\boldsymbol{a}\cdot\boldsymbol{a}=|\boldsymbol{a}|^2$.

(2) 对于两个非零向量 $\boldsymbol{a},\boldsymbol{b}$，如果 $\boldsymbol{a}\cdot\boldsymbol{b}=0$，那么 $\boldsymbol{a}\perp\boldsymbol{b}$；反之，如果 $\boldsymbol{a}\perp\boldsymbol{b}$，那么 $\boldsymbol{a}\cdot\boldsymbol{b}=0$.

(3) **交换律** $\boldsymbol{a}\cdot\boldsymbol{b}=\boldsymbol{b}\cdot\boldsymbol{a}$.

(4) **分配律** $\boldsymbol{a}\cdot(\boldsymbol{b}+\boldsymbol{c})=\boldsymbol{a}\cdot\boldsymbol{b}+\boldsymbol{a}\cdot\boldsymbol{c}$.

(5) **向量与数量的结合律** $(\lambda\boldsymbol{a})\cdot\boldsymbol{b}=\boldsymbol{a}\cdot(\lambda\boldsymbol{b})=\lambda(\boldsymbol{a}\cdot\boldsymbol{b})$(其中 λ 是数量).

证 (1) 因为夹角 $\theta=0$，所以 $\boldsymbol{a}\cdot\boldsymbol{a}=|\boldsymbol{a}|^2\cos\theta=|\boldsymbol{a}|^2$.

(2) 因为 $\boldsymbol{a}\cdot\boldsymbol{b}=0\Leftrightarrow|\boldsymbol{a}||\boldsymbol{b}|\cos\theta=0$，由于 $|\boldsymbol{a}|\neq0$，$|\boldsymbol{b}|\neq0$，所以 $\cos\theta=0$，从而 $\theta=\frac{\pi}{2}$，即 $\boldsymbol{a}\perp\boldsymbol{b}$.反之，如果 $\boldsymbol{a}\perp\boldsymbol{b}$，那么 $\theta=\frac{\pi}{2}$，$\cos\theta=0$，则 $\boldsymbol{a}\cdot\boldsymbol{b}=0$.

由于零向量的方向可以看做是任意的，故可认为零向量与任何向量都垂直，因此上述结论可叙述为：向量 $\boldsymbol{a}\perp\boldsymbol{b}$ 的充分必要条件为 $\boldsymbol{a}\cdot\boldsymbol{b}=0$.

(3) 由定义易知.

(4) 分两种情况进行讨论：

① 当 $\boldsymbol{a}=\boldsymbol{0}$ 时，显然成立；

② 当 $\boldsymbol{a}\neq\boldsymbol{0}$ 时，

$$\begin{aligned}\boldsymbol{a}\cdot(\boldsymbol{b}+\boldsymbol{c})&=|\boldsymbol{a}|\boldsymbol{Prj_a}(\boldsymbol{b}+\boldsymbol{c})=|\boldsymbol{a}|(\boldsymbol{Prj_a b}+\boldsymbol{Prj_a c})\\&=|\boldsymbol{a}|\boldsymbol{Prj_a b}+|\boldsymbol{a}|\boldsymbol{Prj_a c}=\boldsymbol{a}\cdot\boldsymbol{b}+\boldsymbol{a}\cdot\boldsymbol{c}.\end{aligned}$$

(5) 设向量 $\boldsymbol{a}$ 与 $\boldsymbol{b}$ 之间的夹角为 θ.

若 $\lambda>0$,$\lambda\boldsymbol{a}$ 与 $\boldsymbol{a}$ 同方向,故 $\lambda\boldsymbol{a}$ 与 $\boldsymbol{b}$ 之间的夹角仍为 θ,于是

$$(\lambda\boldsymbol{a})\cdot\boldsymbol{b}=|\lambda\boldsymbol{a}||\boldsymbol{b}|\cos\theta=\lambda(|\boldsymbol{a}||\boldsymbol{b}|\cos\theta)=\lambda(\boldsymbol{a}\cdot\boldsymbol{b}).$$

若 $\lambda<0$,$\lambda\boldsymbol{a}$ 与 $\boldsymbol{a}$ 方向相反,故 $\lambda\boldsymbol{a}$ 与 $\boldsymbol{b}$ 之间的夹角为 $\pi-\theta$,于是

$$(\lambda\boldsymbol{a})\cdot\boldsymbol{b}=|\lambda\boldsymbol{a}||\boldsymbol{b}|\cos(\pi-\theta)=\lambda(|\boldsymbol{a}||\boldsymbol{b}|\cos\theta)=\lambda(\boldsymbol{a}\cdot\boldsymbol{b}).$$

若 $\lambda=0$,显然.

综上所述,有 $(\lambda\boldsymbol{a})\cdot\boldsymbol{b}=\lambda(\boldsymbol{a}\cdot\boldsymbol{b})$ 成立.

类似可证:$\boldsymbol{a}\cdot(\lambda\boldsymbol{b})=\lambda(\boldsymbol{a}\cdot\boldsymbol{b})$.

例 1　设向量 $\boldsymbol{a}$ 与 $\boldsymbol{b}$ 的夹角为 $\frac{\pi}{3}$,$|\boldsymbol{a}|=2$,$|\boldsymbol{b}|=3$,求 $\boldsymbol{a}\cdot\boldsymbol{b}$.

解　$\boldsymbol{a}\cdot\boldsymbol{b}=2\times3\times\cos\frac{\pi}{3}=3$.

例 2　试用向量证明三角形的余弦定理.

证　设在 $\triangle ABC$ 中,$\angle BCA=\theta$,$|BC|=a$,$|CA|=b$,$|AB|=c$(如图 3-18 所示),要证:

$$c^2=a^2+b^2-2ab\cos\theta.$$

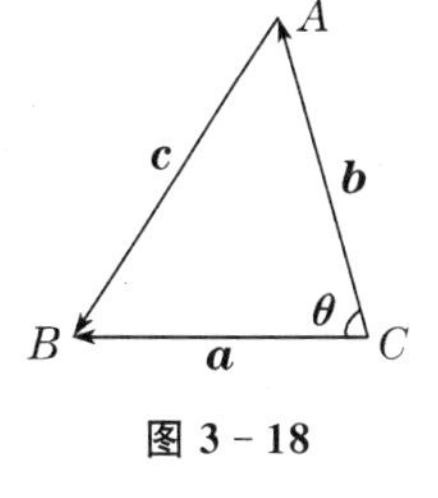

图 3-18

记 $\overrightarrow{CB}=\boldsymbol{a}$,$\overrightarrow{CA}=\boldsymbol{b}$,$\overrightarrow{AB}=\boldsymbol{c}$,则有 $\boldsymbol{c}=\boldsymbol{a}-\boldsymbol{b}$,从而

$$\begin{aligned}|\boldsymbol{c}|^2=\boldsymbol{c}\cdot\boldsymbol{c}&=(\boldsymbol{a}-\boldsymbol{b})\cdot(\boldsymbol{a}-\boldsymbol{b})=\boldsymbol{a}\cdot\boldsymbol{a}+\boldsymbol{b}\cdot\boldsymbol{b}-2\boldsymbol{a}\cdot\boldsymbol{b}\\&=|\boldsymbol{a}|^2+|\boldsymbol{b}|^2-2|\boldsymbol{a}||\boldsymbol{b}|\cos(\widehat{\boldsymbol{a},\boldsymbol{b}}).\end{aligned}$$

由 $|\boldsymbol{a}|=a$,$|\boldsymbol{b}|=b$,$|\boldsymbol{c}|=c$ 及 $(\widehat{\boldsymbol{a},\boldsymbol{b}})=\theta$,得

$$c^2=a^2+b^2-2ab\cos\theta.$$

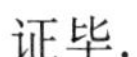
证毕.

例 3　设 $\boldsymbol{a}+\boldsymbol{b}+\boldsymbol{c}=\boldsymbol{0}$,$|\boldsymbol{a}|=1$,$|\boldsymbol{b}|=2$,$|\boldsymbol{c}|=3$,求 $\boldsymbol{a}\cdot\boldsymbol{b}+\boldsymbol{b}\cdot\boldsymbol{c}+\boldsymbol{c}\cdot\boldsymbol{a}$.

解　由 $\boldsymbol{a}+\boldsymbol{b}+\boldsymbol{c}=\boldsymbol{0}$,得

$$\boldsymbol{a}\cdot(\boldsymbol{a}+\boldsymbol{b}+\boldsymbol{c})=\boldsymbol{a}^2+\boldsymbol{a}\cdot\boldsymbol{b}+\boldsymbol{a}\cdot\boldsymbol{c}=0,$$
$$\boldsymbol{b}\cdot(\boldsymbol{a}+\boldsymbol{b}+\boldsymbol{c})=\boldsymbol{a}\cdot\boldsymbol{b}+\boldsymbol{b}^2+\boldsymbol{b}\cdot\boldsymbol{c}=0,$$
$$\boldsymbol{c}\cdot(\boldsymbol{a}+\boldsymbol{b}+\boldsymbol{c})=\boldsymbol{c}\cdot\boldsymbol{a}+\boldsymbol{c}\cdot\boldsymbol{b}+\boldsymbol{c}^2=0,$$

将 $|\boldsymbol{a}|=1$,$|\boldsymbol{b}|=2$,$|\boldsymbol{c}|=3$ 代入,得

$$\boldsymbol{a}\cdot\boldsymbol{b}+\boldsymbol{a}\cdot\boldsymbol{c}=-1,$$
$$\boldsymbol{a}\cdot\boldsymbol{b}+\boldsymbol{b}\cdot\boldsymbol{c}=-4,$$
$$\boldsymbol{c}\cdot\boldsymbol{a}+\boldsymbol{c}\cdot\boldsymbol{b}=-9,$$

以上三式相加,整理,得

$$\boldsymbol{a}\cdot\boldsymbol{b}+\boldsymbol{b}\cdot\boldsymbol{c}+\boldsymbol{c}\cdot\boldsymbol{a}=-7.$$

3. 数量积的坐标表达式和两向量夹角余弦的坐标表达式

设向量 $\boldsymbol{a}=a_x\boldsymbol{i}+a_y\boldsymbol{j}+a_z\boldsymbol{k}$,$\boldsymbol{b}=b_x\boldsymbol{i}+b_y\boldsymbol{j}+b_z\boldsymbol{k}$,则

$$\begin{aligned}\boldsymbol{a}\cdot\boldsymbol{b}&=(a_x\boldsymbol{i}+a_y\boldsymbol{j}+a_z\boldsymbol{k})\cdot(b_x\boldsymbol{i}+b_y\boldsymbol{j}+b_z\boldsymbol{k})\\&=a_x\boldsymbol{i}\cdot(b_x\boldsymbol{i}+b_y\boldsymbol{j}+b_z\boldsymbol{k})+a_y\boldsymbol{j}\cdot(b_x\boldsymbol{i}+b_y\boldsymbol{j}+b_z\boldsymbol{k})+a_z\boldsymbol{k}\cdot(b_x\boldsymbol{i}+b_y\boldsymbol{j}+b_z\boldsymbol{k})\end{aligned}$$

$$=a_xb_x\boldsymbol{i}\cdot\boldsymbol{i}+a_xb_y\boldsymbol{i}\cdot\boldsymbol{j}+a_xb_z\boldsymbol{i}\cdot\boldsymbol{k}+a_yb_x\boldsymbol{j}\cdot\boldsymbol{i}+a_yb_y\boldsymbol{j}\cdot\boldsymbol{j}+a_yb_z\boldsymbol{j}\cdot\boldsymbol{k}+a_zb_x\boldsymbol{k}\cdot\boldsymbol{i}+a_zb_y\boldsymbol{k}\cdot\boldsymbol{j}+a_zb_z\boldsymbol{k}\cdot\boldsymbol{k}.$$

因为 $\boldsymbol{i},\boldsymbol{j},\boldsymbol{k}$ 为单位向量且两两互相垂直，根据数量积的定义得

$$\boldsymbol{i}\cdot\boldsymbol{i}=\boldsymbol{j}\cdot\boldsymbol{j}=\boldsymbol{k}\cdot\boldsymbol{k}=1,$$

$$\boldsymbol{i}\cdot\boldsymbol{j}=\boldsymbol{j}\cdot\boldsymbol{i}=\boldsymbol{j}\cdot\boldsymbol{k}=\boldsymbol{k}\cdot\boldsymbol{j}=\boldsymbol{k}\cdot\boldsymbol{i}=\boldsymbol{i}\cdot\boldsymbol{k}=0.$$

因此得到两向量的数量积的表达式：$\boldsymbol{a}\cdot\boldsymbol{b}=a_xb_x+a_yb_y+a_zb_z$.

这说明，**两个向量的数量积等于它们的对应坐标乘积之和.**

我们发现，如果将向量 $\boldsymbol{a}$ 与 $\boldsymbol{b}$ 的坐标写成列矩阵，那么它们的数量积可以写成如下矩阵乘积形式：

$$\boldsymbol{a}\cdot\boldsymbol{b}=\boldsymbol{a}^{\mathrm{T}}\boldsymbol{b}=(a_x,a_y,a_z)\begin{bmatrix}b_x\\b_y\\b_z\end{bmatrix}=a_xb_x+a_yb_y+a_zb_z.$$

由于 $\boldsymbol{a}\cdot\boldsymbol{b}=|\boldsymbol{a}||\boldsymbol{b}|\cos\theta$，故对两个非零向量 $\boldsymbol{a}$ 和 $\boldsymbol{b}$，它们之间夹角余弦的计算公式为

$$\cos\theta=\frac{\boldsymbol{a}\cdot\boldsymbol{b}}{|\boldsymbol{a}||\boldsymbol{b}|}=\frac{a_xb_x+a_yb_y+a_zb_z}{\sqrt{a_x^2+a_y^2+a_z^2}\sqrt{b_x^2+b_y^2+b_z^2}},$$

且

$$\boldsymbol{a}\perp\boldsymbol{b}\Leftrightarrow\cos(\widehat{\boldsymbol{a},\boldsymbol{b}})=0\Leftrightarrow a_xb_x+a_yb_y+a_zb_z=0.$$

例 4　已知三点 $A(-2,3,2)$，$B(2,3,1)$，$C(-4,1,1)$，求 $\angle ACB$.

解　作向量 $\overrightarrow{CA}$ 及 $\overrightarrow{CB}$，$\angle ACB$ 就是向量 $\overrightarrow{CA}$ 与 $\overrightarrow{CB}$ 的夹角，$\overrightarrow{CA}=(2,2,1)$，$\overrightarrow{CB}=(6,2,0)$，从而

$$\overrightarrow{CA}\cdot\overrightarrow{CB}=2\times6+2\times2+1\times0=16,$$

$$|\overrightarrow{CA}|=\sqrt{2^2+2^2+1^2}=3,$$

$$|\overrightarrow{CB}|=\sqrt{6^2+2^2+0^2}=2\sqrt{10}.$$

因为

$$\cos\angle ACB=\frac{\overrightarrow{CA}\cdot\overrightarrow{CB}}{|\overrightarrow{CA}||\overrightarrow{CB}|}=\frac{16}{2\sqrt{10}\times3}=\frac{4\sqrt{10}}{15},$$

故

$$\angle ACB=\arccos\frac{4\sqrt{10}}{15}.$$

例 5　在坐标平面 xOy 上求一单位向量，使之与已知向量 $\boldsymbol{a}=(-4,3,7)$ 垂直.

解　因为所求向量在 xOy 坐标平面内，可设 $\boldsymbol{b}=(x,y,0)$，向量 $\boldsymbol{b}$ 与 $\boldsymbol{a}$ 垂直，且为单位向量，即 $\boldsymbol{a}\cdot\boldsymbol{b}=0$，$|\boldsymbol{b}|=1$.

所以有

$$\begin{cases}-4x+3y=0,\\x^2+y^2=1,\end{cases}$$

解方程组得

$$\begin{cases}x=\dfrac{3}{5},\\y=\dfrac{4}{5}\end{cases}\text{或}\begin{cases}x=-\dfrac{3}{5},\\y=-\dfrac{4}{5}.\end{cases}$$

故所求向量 $\boldsymbol{b}_1=\left(\frac{3}{5},\frac{4}{5},0\right)$，$\boldsymbol{b}_2=\left(-\frac{3}{5},-\frac{4}{5},0\right)$.

3.3.2　向量的向量积

在物理学中有一类关于物体转动的问题，与力对物体做功的问题不同，它不但要考虑这物体所受的力的情况，还要分析这类力所产生的力矩，下面我们就从这个问题入手，然后引出一种新的向量的运算.

现有一个杠杆 L，其支点为 O. 设有一个常力 $\boldsymbol{F}$ 作用于杠杆的 P 点处，$\boldsymbol{F}$ 与 $\overrightarrow{OP}$ 的夹角为 θ（如图 3－19 所示）. 由力学知，力 $\boldsymbol{F}$ 对支点 O 的力矩是一个向量 $\boldsymbol{M}$，它的模为 $|\boldsymbol{M}|=|OQ||\boldsymbol{F}|=|\overrightarrow{OP}||\boldsymbol{F}|\sin\theta$. 而 $\boldsymbol{M}$ 的方向垂直于 $\overrightarrow{OP}$ 与 $\boldsymbol{F}$ 所决定的平面.

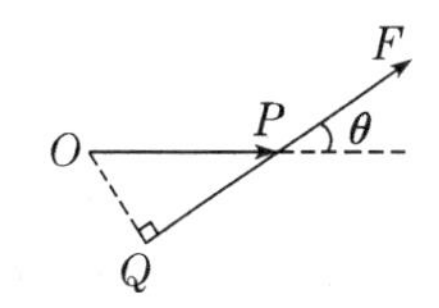

图 3－19

$\boldsymbol{M}$ 的指向是按右手法则从 $\overrightarrow{OP}$ 以不超过 π 的角转向 $\boldsymbol{F}$ 来确定的，即当右手的四个手指从 $\overrightarrow{OP}$ 以不超过 π 的角转向 $\boldsymbol{F}$ 握拳时，大拇指的指向就是 $\boldsymbol{M}$ 的指向.

这种由两个已知向量按上述法则确定另一个向量的情况，在其他问题中经常会遇到，我们把它规定为向量的一种新的运算，称为向量的向量积.

1. 向量积的定义

定义 3.3.2　两个向量 $\boldsymbol{a}$ 与 $\boldsymbol{b}$ 的**向量积**（又称**外积**或**叉积**）是一个向量，它的模为 $|\boldsymbol{a}||\boldsymbol{b}|\sin\theta$（其中 θ 是 $\boldsymbol{a}$ 与 $\boldsymbol{b}$ 的夹角）. 它的方向垂直于 $\boldsymbol{a}$ 和 $\boldsymbol{b}$ 所决定的平面（既垂直于 $\boldsymbol{a}$ 又垂直于 $\boldsymbol{b}$），其指向按右手法则从 $\boldsymbol{a}$ 小于180°转向 $\boldsymbol{b}$ 来确定，记为 $\boldsymbol{a}\times\boldsymbol{b}$.

根据定义，上面的力矩 $\boldsymbol{M}$ 等于 $\overrightarrow{OP}$ 与 $\boldsymbol{F}$ 的向量积，即 $\boldsymbol{M}=\overrightarrow{OP}\times\boldsymbol{F}$.

向量 $\boldsymbol{a}$ 与 $\boldsymbol{b}$ 的向量积的模的几何意义为以向量 $\boldsymbol{a}$ 与 $\boldsymbol{b}$ 为邻边的平行四边形面积（如图 3－20 所示），即 $S=|\boldsymbol{a}\times\boldsymbol{b}|$.

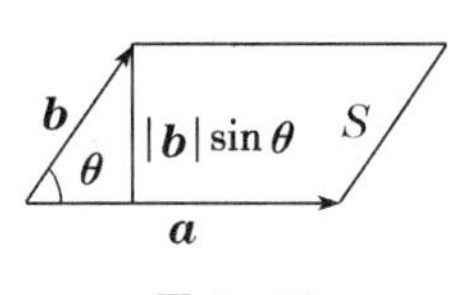

图 3－20

2. 向量积的性质

(1) $\boldsymbol{a}\times\boldsymbol{a}=\boldsymbol{0}$.

(2) 对于两个非零向量 $\boldsymbol{a},\boldsymbol{b}$ 平行的充分必要条件是它们的向量积为零向量. 即 $\boldsymbol{a}/\!/\boldsymbol{b}\Leftrightarrow\boldsymbol{a}\times\boldsymbol{b}=\boldsymbol{0}$.

(3) $\boldsymbol{a}\times\boldsymbol{b}=-\boldsymbol{b}\times\boldsymbol{a}$.

(4) **结合律**　$(\lambda\boldsymbol{a})\times\boldsymbol{b}=\lambda(\boldsymbol{a}\times\boldsymbol{b})=\boldsymbol{a}\times(\lambda\boldsymbol{b})$；

$(\lambda\boldsymbol{a})\times(\mu\boldsymbol{b})=(\lambda\mu)(\boldsymbol{a}\times\boldsymbol{b})$（$\lambda,\mu$ 是实数）.

(5) **分配律**　$\boldsymbol{a}\times(\boldsymbol{b}+\boldsymbol{c})=\boldsymbol{a}\times\boldsymbol{b}+\boldsymbol{a}\times\boldsymbol{c}$.

证　(1) 因为 $\theta=0$，所以 $|\boldsymbol{a}\times\boldsymbol{a}|=|\boldsymbol{a}||\boldsymbol{a}|\sin\theta=0$.

(2) 事实上，若向量 $\boldsymbol{a},\boldsymbol{b}$ 平行，则它们的夹角 θ 等于 0 或等于 π，故 $\sin\theta=0$，所以

$$|\boldsymbol{a}\times\boldsymbol{b}|=|\boldsymbol{a}||\boldsymbol{b}|\sin\theta=0\text{，即 }\boldsymbol{a}\times\boldsymbol{b}=\boldsymbol{0}.$$

反之，若 $\boldsymbol{a}\times\boldsymbol{b}=\boldsymbol{0}$，由 $|\boldsymbol{a}|\neq0$，$|\boldsymbol{b}|\neq0$，得 $\sin\theta=0$. 于是 $\theta=0$ 或 $\theta=\pi$，即向量 $\boldsymbol{a}$、$\boldsymbol{b}$ 平行.

(3) 按右手规则从 $\boldsymbol{b}$ 转向 $\boldsymbol{a}$ 所决定的方向恰好与从 $\boldsymbol{a}$ 转向 $\boldsymbol{b}$ 所决定的方向相反. 这表明：向量积运算不满足交换律.

(4)、(5)这两个运算律的证明从略. 证毕.

3. 向量积的坐标表达式

设向量 $\boldsymbol{a}=a_x\boldsymbol{i}+a_y\boldsymbol{j}+a_z\boldsymbol{k}$，$\boldsymbol{b}=b_x\boldsymbol{i}+b_y\boldsymbol{j}+b_z\boldsymbol{k}$，则

$$
\begin{aligned}
\boldsymbol{a}\times\boldsymbol{b} &= (a_x\boldsymbol{i}+a_y\boldsymbol{j}+a_z\boldsymbol{k})\times(b_x\boldsymbol{i}+b_y\boldsymbol{j}+b_z\boldsymbol{k})\\
&= a_x\boldsymbol{i}\times(b_x\boldsymbol{i}+b_y\boldsymbol{j}+b_z\boldsymbol{k})+a_y\boldsymbol{j}\times(b_x\boldsymbol{i}+b_y\boldsymbol{j}+b_z\boldsymbol{k})+a_z\boldsymbol{k}\times(b_x\boldsymbol{i}+b_y\boldsymbol{j}+b_z\boldsymbol{k})\\
&= a_xb_x(\boldsymbol{i}\times\boldsymbol{i})+a_xb_y(\boldsymbol{i}\times\boldsymbol{j})+a_xb_z(\boldsymbol{i}\times\boldsymbol{k})+a_yb_x(\boldsymbol{j}\times\boldsymbol{i})+a_yb_y(\boldsymbol{j}\times\boldsymbol{j})\\
&\quad +a_yb_z(\boldsymbol{j}\times\boldsymbol{k})+a_zb_x(\boldsymbol{k}\times\boldsymbol{i})+a_zb_y(\boldsymbol{k}\times\boldsymbol{j})+a_zb_z(\boldsymbol{k}\times\boldsymbol{k}).
\end{aligned}
$$

因为 $\boldsymbol{i},\boldsymbol{j},\boldsymbol{k}$ 为单位向量且两两互相垂直，根据向量积的定义得出：

$$\boldsymbol{i}\times\boldsymbol{i}=\boldsymbol{j}\times\boldsymbol{j}=\boldsymbol{k}\times\boldsymbol{k}=\boldsymbol{0},$$

$$\boldsymbol{i}\times\boldsymbol{j}=\boldsymbol{k},\boldsymbol{j}\times\boldsymbol{k}=\boldsymbol{i},\boldsymbol{k}\times\boldsymbol{i}=\boldsymbol{j},\boldsymbol{j}\times\boldsymbol{i}=-\boldsymbol{k},\boldsymbol{k}\times\boldsymbol{j}=-\boldsymbol{i},\boldsymbol{i}\times\boldsymbol{k}=-\boldsymbol{j}.$$

因此得到两向量的向量积的坐标表达式

$$\boldsymbol{a}\times\boldsymbol{b}=(a_yb_z-a_zb_y)\boldsymbol{i}+(a_zb_x-a_xb_z)\boldsymbol{j}+(a_xb_y-a_yb_x)\boldsymbol{k}.$$

为了便于记忆，可将 $\boldsymbol{a}$ 与 $\boldsymbol{b}$ 的向量积写成如下行列式的形式

$$\boldsymbol{a}\times\boldsymbol{b}=\begin{vmatrix}\boldsymbol{i}&\boldsymbol{j}&\boldsymbol{k}\\a_x&a_y&a_z\\b_x&b_y&b_z\end{vmatrix}.$$

从 $\boldsymbol{a}\times\boldsymbol{b}$ 的坐标表达式可以看出，$\boldsymbol{a}$ 与 $\boldsymbol{b}$ 平行相当于

$$\begin{cases}a_yb_z-a_zb_y=0,\\a_zb_x-a_xb_z=0,\\a_xb_y-a_yb_x=0,\end{cases}$$

或

$$\frac{a_x}{b_x}=\frac{a_y}{b_y}=\frac{a_z}{b_z}. \tag{3.3}$$

即 $\boldsymbol{a}$ 与 $\boldsymbol{b}$ 的对应坐标成比例.

例 6 求与向量 $\boldsymbol{a}=(2,1,-1)$，$\boldsymbol{b}=(1,-1,2)$ 均垂直的单位向量.

解法 1 所求向量 $\boldsymbol{e}$ 垂直于 $\boldsymbol{a}$ 与 $\boldsymbol{b}$ 决定的平面，则由向量积的定义可知

$$\boldsymbol{a}\times\boldsymbol{b}=\begin{vmatrix}\boldsymbol{i}&\boldsymbol{j}&\boldsymbol{k}\\2&1&-1\\1&-1&2\end{vmatrix}=\boldsymbol{i}-5\boldsymbol{j}-3\boldsymbol{k},$$

$$|\boldsymbol{a}\times\boldsymbol{b}|=\sqrt{1^2+(-5)^2+(-3)^2}=\sqrt{35},$$

所以，所求的单位向量为

$$\boldsymbol{e}=\pm\frac{1}{\sqrt{35}}(1,-5,-3).$$

解法 2 设所求向量为 $\boldsymbol{e}=(x,y,z)$.

由向量垂直的数量积的表达式：

$$\begin{cases}\boldsymbol{e}\perp\boldsymbol{a},\\\boldsymbol{e}\perp\boldsymbol{b},\\|\boldsymbol{e}|=1,\end{cases}\Rightarrow\begin{cases}\boldsymbol{e}\cdot\boldsymbol{a}=0,\\\boldsymbol{e}\cdot\boldsymbol{b}=0,\\x^2+y^2+z^2=1,\end{cases}$$

即

$$\begin{cases}2x+y-z=0,\\x-y+2z=0,\\x^2+y^2+z^2=1,\end{cases}$$

解之，得

$$\begin{cases} x=\frac{1}{\sqrt{35}}, \\ y=-\frac{5}{\sqrt{35}}, \\ z=-\frac{3}{\sqrt{35}}, \end{cases} \text{或} \begin{cases} x=-\frac{1}{\sqrt{35}}, \\ y=\frac{5}{\sqrt{35}}, \\ z=\frac{3}{\sqrt{35}}, \end{cases}$$

所以

$$\boldsymbol{e}=\pm\frac{1}{\sqrt{35}}(1,-5,-3).$$

例7　已知$\triangle ABC$的顶点分别为$A(-1,2,2)$，$B(2,3,2)$，$C(2,-1,1)$，求三角形的面积.

解　根据向量积的几何意义，可知三角形的面积

$$S_{\triangle ABC}=\frac{1}{2}|\overrightarrow{AB}||\overrightarrow{AC}|\sin A=\frac{1}{2}|\overrightarrow{AB}\times\overrightarrow{AC}|.$$

由于$\overrightarrow{AB}=(3,1,0)$，$\overrightarrow{AC}=(3,-3,-1)$，因此

$$\overrightarrow{AB}\times\overrightarrow{AC}=\begin{vmatrix} \boldsymbol{i} & \boldsymbol{j} & \boldsymbol{k} \\ 3 & 1 & 0 \\ 3 & -3 & -1 \end{vmatrix}=-\boldsymbol{i}+3\boldsymbol{j}-12\boldsymbol{k},$$

于是

$$S_{\triangle ABC}=\frac{1}{2}|-\boldsymbol{i}+3\boldsymbol{j}-12\boldsymbol{k}|=\frac{1}{2}\sqrt{(-1)^2+3^2+(-12)^2}=\frac{\sqrt{154}}{2}.$$

例8　已知$|\boldsymbol{m}|=1$，$|\boldsymbol{n}|=2$，$(\widehat{\boldsymbol{m},\boldsymbol{n}})=\frac{\pi}{6}$，设$\boldsymbol{c}=\boldsymbol{m}+2\boldsymbol{n}$，$\boldsymbol{d}=3\boldsymbol{m}-4\boldsymbol{n}$为平行四边形的两条边，求平行四边形的面积$S$.

解　因为

$$\boldsymbol{c}\times\boldsymbol{d}=(\boldsymbol{m}+2\boldsymbol{n})\times(3\boldsymbol{m}-4\boldsymbol{n})=-10\boldsymbol{m}\times\boldsymbol{n},$$

所以

$$S=|\boldsymbol{c}\times\boldsymbol{d}|=|-10\boldsymbol{m}\times\boldsymbol{n}|=10|\boldsymbol{m}||\boldsymbol{n}|\sin\frac{\pi}{6}=10.$$

3.3.3　向量的混合积

1. 混合积的定义

定义3.3.3　三个向量$\boldsymbol{a}$，$\boldsymbol{b}$，$\boldsymbol{c}$的混合积是一个数，它等于向量$\boldsymbol{a}$与$\boldsymbol{b}$先作向量积，然后再与$\boldsymbol{c}$作数量积，记作$(\boldsymbol{a},\boldsymbol{b},\boldsymbol{c})$，即

$$(\boldsymbol{a},\boldsymbol{b},\boldsymbol{c})=(\boldsymbol{a}\times\boldsymbol{b})\cdot\boldsymbol{c}.$$

由定义我们来看看混合积的几何意义：

以三个非零向量$\boldsymbol{a}$，$\boldsymbol{b}$，$\boldsymbol{c}$为棱作成一个平行六面体，那么这个平行六面体的底面积为$|\boldsymbol{a}\times\boldsymbol{b}|$，高为$|\boldsymbol{c}||\cos\theta|$，其中$\theta$是$\boldsymbol{a}\times\boldsymbol{b}$与$\boldsymbol{c}$的夹角.

由体积公式可得$V=|\boldsymbol{a}\times\boldsymbol{b}||\boldsymbol{c}||\cos\theta|=|(\boldsymbol{a}\times\boldsymbol{b})\cdot\boldsymbol{c}|=|(\boldsymbol{a},\boldsymbol{b},\boldsymbol{c})|$.

由此可见，三个向量$\boldsymbol{a}$，$\boldsymbol{b}$，$\boldsymbol{c}$的混合积的绝对值$|(\boldsymbol{a},\boldsymbol{b},\boldsymbol{c})|$是以它们为棱的平行六面体的体积.

若三个向量 $\boldsymbol{a},\boldsymbol{b},\boldsymbol{c}$ 依次序符合右手法则(如图 3-21(a)所示),即 $\boldsymbol{a}\times\boldsymbol{b}$ 与 $\boldsymbol{c}$ 的夹角 θ 为锐角 $\left(0\leqslant\theta<\frac{\pi}{2}\right)$,则 $V=(\boldsymbol{a},\boldsymbol{b},\boldsymbol{c})$.

若三个向量 $\boldsymbol{a},\boldsymbol{b},\boldsymbol{c}$ 依次序符合左手法则(如图 3-21(b)所示),即 $\boldsymbol{a}\times\boldsymbol{b}$ 与 $\boldsymbol{c}$ 的夹角 θ 为钝角 $\left(\frac{\pi}{2}<\theta\leqslant\pi\right)$,则 $V=-(\boldsymbol{a},\boldsymbol{b},\boldsymbol{c})$.

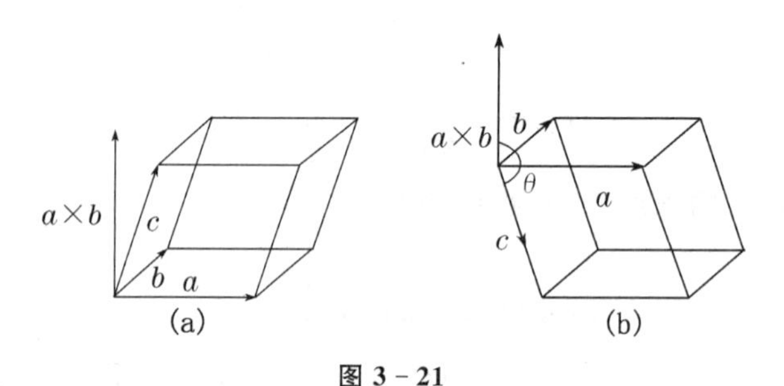

图 3-21

2. 混合积的坐标表达式

设向量 $\boldsymbol{a}=a_x\boldsymbol{i}+a_y\boldsymbol{j}+a_z\boldsymbol{k},\boldsymbol{b}=b_x\boldsymbol{i}+b_y\boldsymbol{j}+b_z\boldsymbol{k},\boldsymbol{c}=c_x\boldsymbol{i}+c_y\boldsymbol{j}+c_z\boldsymbol{k}$,则

$$\boldsymbol{a}\times\boldsymbol{b}=(a_yb_z-a_zb_y)\boldsymbol{i}+(a_zb_x-a_xb_z)\boldsymbol{j}+(a_xb_y-a_yb_x)\boldsymbol{k},$$

于是 $$(\boldsymbol{a},\boldsymbol{b},\boldsymbol{c})=(\boldsymbol{a}\times\boldsymbol{b})\cdot\boldsymbol{c}=(a_yb_z-a_zb_y)c_x+(a_zb_x-a_xb_z)c_y+(a_xb_y-a_yb_x)c_z.$$

为了便于记忆,可将向量 $\boldsymbol{a},\boldsymbol{b},\boldsymbol{c}$ 的混合积写成如下行列式的形式

$$(\boldsymbol{a},\boldsymbol{b},\boldsymbol{c})=\begin{vmatrix} a_x & a_y & a_z \\ b_x & b_y & b_z \\ c_x & c_y & c_z \end{vmatrix}.$$

例 9 试求以 $A(2,0,0),B(-1,2,3),C(4,1,0),D(5,0,1)$ 为顶点的四面体的体积.

解 如图 3-22 所示,由几何知识可得

$$V_{四面体}=\frac{1}{6}V_{六面体}=\frac{1}{6}|\overrightarrow{AB}\cdot(\overrightarrow{AC}\times\overrightarrow{AD})|,$$

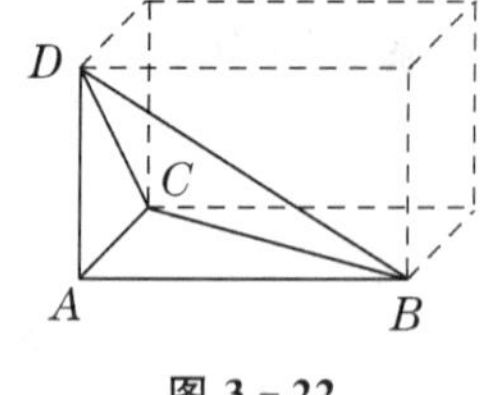

图 3-22

其中 $\overrightarrow{AB}=-3\boldsymbol{i}+2\boldsymbol{j}+3\boldsymbol{k},\overrightarrow{AC}=2\boldsymbol{i}+\boldsymbol{j},\overrightarrow{AD}=3\boldsymbol{i}+\boldsymbol{k}$.

于是

$$\overrightarrow{AB}\cdot(\overrightarrow{AC}\times\overrightarrow{AD})=\begin{vmatrix} -3 & 2 & 3 \\ 2 & 1 & 0 \\ 3 & 0 & 1 \end{vmatrix}=-3-4-9=-16,$$

则所求四面体的体积 $V_{四面体}=\frac{1}{6}|-16|=\frac{8}{3}$.

3. 混合积的性质

(1) $(\boldsymbol{a},\boldsymbol{b},\boldsymbol{c})=(\boldsymbol{b},\boldsymbol{c},\boldsymbol{a})=(\boldsymbol{c},\boldsymbol{a},\boldsymbol{b})$.

(2) $(\boldsymbol{a},\boldsymbol{b},\boldsymbol{c})=-(\boldsymbol{b},\boldsymbol{a},\boldsymbol{c})$.

(3) $(k\boldsymbol{a},\boldsymbol{b},\boldsymbol{c})=(\boldsymbol{a},k\boldsymbol{b},\boldsymbol{c})=(\boldsymbol{a},\boldsymbol{b},k\boldsymbol{c})=k(\boldsymbol{a},\boldsymbol{b},\boldsymbol{c})$.

(4) $(\boldsymbol{a}_1+\boldsymbol{a}_2,\boldsymbol{b},\boldsymbol{c})=(\boldsymbol{a}_1,\boldsymbol{b},\boldsymbol{c})+(\boldsymbol{a}_2,\boldsymbol{b},\boldsymbol{c})$.

（5）设 $\boldsymbol{a},\boldsymbol{b},\boldsymbol{c}$ 为三个非零向量，$(\boldsymbol{a},\boldsymbol{b},\boldsymbol{c})=\begin{vmatrix} a_x & a_y & a_z \\ b_x & b_y & b_z \\ c_x & c_y & c_z \end{vmatrix}=0 \Leftrightarrow \boldsymbol{a},\boldsymbol{b},\boldsymbol{c}$ 平行于同一平面，即 $\boldsymbol{a},\boldsymbol{b},\boldsymbol{c}$ 共面.

上述性质容易由行列式的性质证明.读者可以自行证明.

例 10　已知 $\boldsymbol{a}=\boldsymbol{i},\boldsymbol{b}=\boldsymbol{j}-2\boldsymbol{k},\boldsymbol{c}=2\boldsymbol{i}-2\boldsymbol{j}+\boldsymbol{k}$，求一单位向量 $\boldsymbol{\gamma}$，使 $\boldsymbol{\gamma}\perp\boldsymbol{c}$，且 $\boldsymbol{\gamma}$ 与 $\boldsymbol{a},\boldsymbol{b}$ 同时共面.

解　设所求向量 $\boldsymbol{\gamma}=(x,y,z)$，依题意，得 $|\boldsymbol{\gamma}|=1,\boldsymbol{\gamma}\perp\boldsymbol{c},\boldsymbol{\gamma}$ 与 $\boldsymbol{a},\boldsymbol{b}$ 同时共面，可得

$$x^2+y^2+z^2=1,$$

$$\boldsymbol{\gamma}\cdot\boldsymbol{c}=0,\text{即 } 2x-2y+z=0,$$

$$(\boldsymbol{\gamma},\boldsymbol{a},\boldsymbol{b})=0,\text{即}\begin{vmatrix} x & y & z \\ 1 & 0 & 0 \\ 0 & 1 & -2 \end{vmatrix}=2y+z=0,$$

将以上三式联立，解得

$$\begin{cases} x=\dfrac{2}{3}, \\ y=\dfrac{1}{3}, \\ z=-\dfrac{2}{3}, \end{cases}\text{或}\begin{cases} x=-\dfrac{2}{3}, \\ y=-\dfrac{1}{3}, \\ z=\dfrac{2}{3}, \end{cases}$$

所以

$$\boldsymbol{\gamma}=\pm\left(\frac{2}{3},\frac{1}{3},-\frac{2}{3}\right).$$

3.4　平面及其方程

在空间解析几何中，平面与直线是最简单的图形，本节利用前面所学的向量这一工具将它们和其方程联系起来，使之解析化，从而可以用代数中的方法来研究其几何性质.

3.4.1　平面的点法式方程

如果一个非零向量垂直于一个平面，此向量就叫做该**平面的法线向量**，简称**法向量**或**法矢**，显然平面上的任一向量均与该平面的法线向量垂直.

垂直于一条直线的平面有无数个，而一个平面的法线向量也很显然有无数条.但经过空间确定的一点有且只有一平面垂直于一已知向量.所以若已知平面上的一点及平面的法线向量，那么该平面的位置就完全确定了.

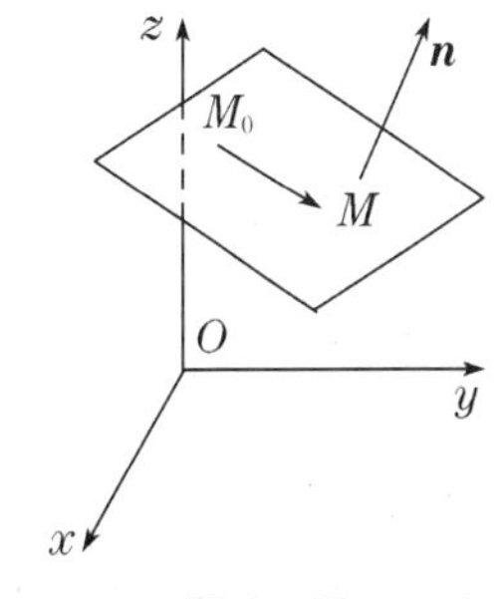

图 3 - 23

下面我们来建立这个平面的方程：

设 $M_0(x_0,y_0,z_0)$ 是平面 π 上一点，$\boldsymbol{n}=(A,B,C)$ 是平面 π 的一个法线向量（如图 3 - 23 所示），下面建立此平面的方程.

在该平面上任取一点 $M(x,y,z)$，因为 $\boldsymbol{n}\perp\pi$，所以 $\boldsymbol{n}\perp\overrightarrow{M_0M}$，即

它们的数量积为零，

$$\boldsymbol{n}\cdot\overrightarrow{M_0M}=0.$$

因为 $\boldsymbol{n}=(A,B,C),\overrightarrow{M_0M}=(x-x_0,y-y_0,z-z_0)$，

所以

$$A(x-x_0)+B(y-y_0)+C(z-z_0)=0 \tag{3.4}$$

这就是平面 π 上任一点 M 的坐标所满足的方程.

如果 $M(x,y,z)$ 不在平面 π 上，那么向量 $\overrightarrow{M_0M}$ 与法线向量 $\boldsymbol{n}$ 不垂直，从而 $\boldsymbol{n}\cdot\overrightarrow{M_0M}\neq 0$，即不在平面 π 上的点 M 的坐标 x,y,z 不满足方程(3.4).

由此可知，平面 π 上的任一点的坐标 x,y,z 都满足方程(3.4)，不在平面 π 上的点的坐标都不满足方程(3.4)，故方程(3.4)就是平面 π 的方程，而平面 π 就是方程(3.4)的图形.

因为这个方程是由平面的法线向量和平面上的一点来确定，所以称方程(3.4)为所求**平面的点法式方程**.

例 1 求过点 $M_0(1,-2,4)$，且以 $\boldsymbol{n}=(2,-1,5)$ 为法线向量的平面的方程.

解 根据平面的点法式方程，所求平面的方程为

$$2(x-1)-(y+2)+5(z-4)=0,$$

化简，得

$$2x-y+5z-24=0.$$

例 2 已知平面上的三点 $M_1(1,1,1)$，$M_2(-3,2,1)$ 及 $M_3(4,3,2)$，求此平面的方程.

解法 1 设平面方程为 $A(x-1)+B(y-1)+C(z-1)=0$，点 M_2,M_3 满足方程，代入，得

$$\begin{cases}-4A+B=0,\\3A+2B+C=0,\end{cases}$$

解之，得

$$\begin{cases}B=4A,\\C=-11A.\end{cases}$$

因此有 $A(x-1)+4A(y-1)-11A(z-1)=0$，

化简，得 $x+4y-11z+6=0$.

解法 2 显然，要想建立平面的方程，必须先求出平面的法线向量，因为法线向量 $\boldsymbol{n}$ 与所求平面上的任一向量都垂直，所以法线向量 $\boldsymbol{n}$ 与向量 $\overrightarrow{M_1M_2}$，$\overrightarrow{M_1M_3}$ 都垂直，而 $\overrightarrow{M_1M_2}=(-4,1,0)$，$\overrightarrow{M_1M_3}=(3,2,1)$，故可取它们的向量积为法线向量 $\boldsymbol{n}$，则有

$$\boldsymbol{n}=\begin{vmatrix}\boldsymbol{i}&\boldsymbol{j}&\boldsymbol{k}\\-4&1&0\\3&2&1\end{vmatrix}=\boldsymbol{i}+4\boldsymbol{j}-11\boldsymbol{k},$$

即 $\boldsymbol{n}=(1,4,-11)$.

根据平面的点法式方程，所求平面的方程为

$$(x-1)+4(y-1)-11(z-1)=0,$$

化简，得 $x+4y-11z+6=0$.

3.4.2 平面的一般方程

由于平面的点法式方程(3.4)是三元一次方程，而任一平面都可以用它上面的一点及其

法线向量来确定，所以任何一个平面都可以用三元一次方程来表示.

反过来，设有三元一次方程(其中 A,B,C 不全为0)为

$$Ax+By+Cz+D=0. \tag{3.5}$$

我们任取满足方程(3.5)的一组数 x_0,y_0,z_0，则

$$Ax_0+By_0+Cz_0+D=0, \tag{3.6}$$

把上述两式相减，得

$$A(x-x_0)+B(y-y_0)+C(z-z_0)=0. \tag{3.7}$$

把方程(3.7)与方程(3.4)相比较，可知方程(3.7)是通过点 $M_0(x_0,y_0,z_0)$，以 $\boldsymbol{n}=(A,B,C)$ 为法线向量的平面的方程，从而可知，任意三元一次方程(3.5)表示平面方程，我们把方程(3.5)称为**平面的一般方程**，其中 x,y,z 的系数就是该平面的一个法线向量的坐标，即 $\boldsymbol{n}=(A,B,C)$.

例如：方程

$$2x+4y-5z=1$$

表示一个平面，而 $\boldsymbol{n}=(2,4,-5)$ 是这个平面的一个法线向量.

由平面的一般方程，根据系数的特殊取值，我们可以归纳平面图形特点如下：

(1) 若 $D=0$，则 $Ax+By+Cz+D=0$ 为 $Ax+By+Cz=0$ 表示经过坐标原点的平面；

(2) 若 $C=0$，则 $Ax+By+D=0$ 表示与 z 轴平行的平面；

同样 $Ax+Cz+D=0$ 表示与 y 轴平行的平面，$By+Cz+D=0$ 表示与 x 轴平行的平面；

(3) 若 $B=C=0,A\neq0,D\neq0$，则 $Ax+D=0$ 表示平行于 yOz 平面；

同样 $By+D=0(B\neq0,D\neq0)$ 表示平行于 xOz 平面，$Cz+D=0(C\neq0,D\neq0)$ 表示平行于 xOy 平面；

(4) 若 $B=C=D=0(A\neq0)$，则 $x=0$ 表示 yOz 坐标平面；

同样 $y=0(B\neq0)$ 表示 xOz 坐标平面，$z=0(C\neq0)$ 表示 xOy 坐标平面；

(5) 若 $C=D=0$，则 $Ax+By=0(A,B$ 不全为0)，表示经过 z 轴的平面；

同样 $Ax+Cz=0(A,C$ 不全为0)表示经过 y 轴的平面，$By+Cz=0(B,C$ 不全为0)表示经过 x 轴的平面.

例3　一个平面通过 x 轴和点(2,3,-1)，求这个平面的方程.

解　因为所求平面通过 x 轴，故　　$A=0$.

又平面通过原点，所以　　$D=0$.

故可设所求的平面的方程为

$$By+Cz=0,$$

将点(2,3,-1)代入，得

$$3B-C=0,$$

即

$$3B=C,$$

所以

$$By+3Bz=0.$$

因为 $B\neq0$，故所求平面的方程为

$$y+3z=0.$$

例4　求过三点 $P(a,0,0),Q(0,b,0),R(0,0,c)$ 的平面的方程(其中 a,b,c 为不等于零

的常数)(如图 3-24 所示).

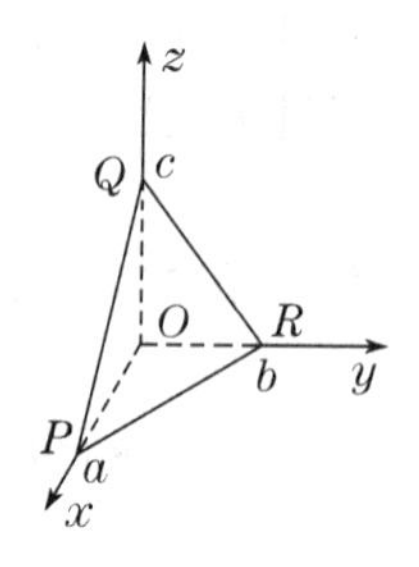

图 3-24

解 设所求的平面的方程为

$$Ax+By+Cz+D=0.$$

因为平面经过 P,Q,R 三点,故其坐标都满足方程,则有

$$\begin{cases}aA+D=0,\\bB+D=0,\\cC+D=0,\end{cases}$$

即得 $A=-\dfrac{D}{a},B=-\dfrac{D}{b},C=-\dfrac{D}{c}$. 将其代入所设方程并除以 D $(D\neq0)$,便得所求方程为

$$\frac{x}{a}+\frac{y}{b}+\frac{z}{c}=1,\tag{3.8}$$

方程(3.8)称为**平面的截距式方程**,而 a,b,c 依次叫做平面在 x,y,z 轴上的**截距**.

3.4.3 两平面的夹角

两平面法线向量的夹角 $\theta\left(\text{通常 } 0\leqslant\theta\leqslant\dfrac{\pi}{2}\right)$称为**两平面的夹角**(如图 3-25 所示).

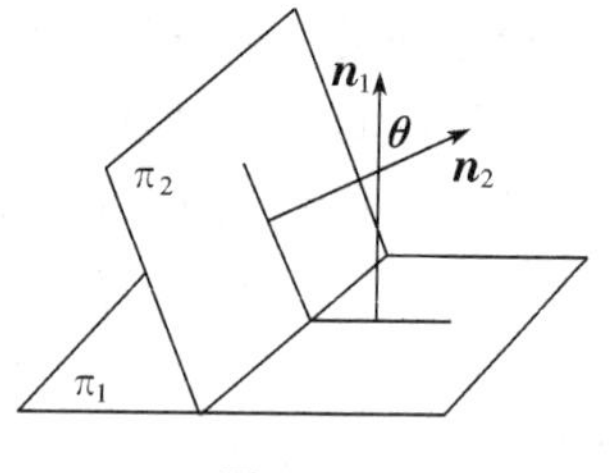

图 3-25

设平面 π_1,π_2 的法线向量分别为

$$\boldsymbol{n}_1=(A_1,B_1,C_1)\text{和 }\boldsymbol{n}_2=(A_2,B_2,C_2).$$

那么两个平面的夹角 θ 为 $(\boldsymbol{n}_1\hat{,}\boldsymbol{n}_2)$ 和 $(-\boldsymbol{n}_1\hat{,}\boldsymbol{n}_2)=\pi-(\boldsymbol{n}_1\hat{,}\boldsymbol{n}_2)$ 两者中的锐角,因此

$$\cos\theta=|\cos(\boldsymbol{n}_1\hat{,}\boldsymbol{n}_2)|.$$

按两向量夹角的余弦的坐标表示式,平面 π_1,π_2 的夹角 θ 的公式为

$$\cos\theta=\frac{|A_1A_2+B_1B_2+C_1C_2|}{\sqrt{A_1^2+B_1^2+C_1^2}\cdot\sqrt{A_2^2+B_2^2+C_2^2}}.\tag{3.9}$$

从两向量垂直、平行的充分必要条件可得如下结论:

平面 π_1 与平面 π_2 互相垂直当且仅当 $A_1A_2+B_1B_2+C_1C_2=0$;

平面 π_1 与平面 π_2 互相平行或重合当且仅当$\dfrac{A_1}{A_2}=\dfrac{B_1}{B_2}=\dfrac{C_1}{C_2}$.

例 5 求两平面 $2x-y-2z=3$ 和 $x+2y+z-4=0$ 的夹角.

解 由公式(3.9),得

$$\cos\theta=\frac{|1\times2+(-1)\times2-2\times1|}{\sqrt{2^2+1^2+(-2)^2}\cdot\sqrt{1^2+2^2+1^2}}=\frac{\sqrt{6}}{9},$$

因此所求的夹角为

$$\theta=\arccos\frac{\sqrt{6}}{9}.$$

例 6 设平面 π 过原点以及点 $M(6,-3,2)$,且与平面 $4x-y+2z=8$ 垂直,求平面 π 的方程.

解法 1

由于平面 π 过原点,所以可设平面 π 的方程为

$$Ax+By+Cz=0. \tag{3.10}$$

因为点 $M(6,-3,2)$ 在平面上，所以 $6A-3B+2C=0$.

又所求平面与 $4x-y+2z=8$ 垂直，故

$$4A-B+2C=0.$$

则得方程组

$$\begin{cases}6A-3B+2C=0,\\4A-B+2C=0,\end{cases}$$

解之，得 $A=B, C=-\dfrac{3}{2}B$，代入(3.10)，并约去 $B(B\neq 0)$，可得 $B=2$，则 $A=B=2, C=-3$.

所以平面 π 的方程的为 $2x+2y-3z=0$.

解法 2　平面过原点 O 及点 $M(6,-3,2)$，向量 $\overrightarrow{OM}=(6,-3,2)$，并设平面的法线向量 $\boldsymbol{n}=(A,B,C)$，则 $\boldsymbol{n}\perp\overrightarrow{OM}$，且 $\boldsymbol{n}$ 与平面 $4x-y+2z=8$ 的法线向量 $\boldsymbol{n}_1=(4,-1,2)$ 垂直.

由向量积

$$\boldsymbol{n}_1\times\overrightarrow{OM}=\begin{vmatrix}\boldsymbol{i} & \boldsymbol{j} & \boldsymbol{k}\\4 & -1 & 2\\6 & -3 & 2\end{vmatrix}=(4,4,-6),$$

取平面法线向量

$$\boldsymbol{n}=(2,2,-3),$$

所以平面方程为

$$2(x-6)+2(y+3)-3(z-2)=0,$$

化简，得

$$2x+2y-3z=0.$$

3.4.4　平面外一点到平面的距离

设 $P_0(x_0,y_0,z_0)$ 是平面 $Ax+By+Cz+D=0$ 外的一点，求点 P_0 到这平面的距离（如图 3-26 所示）.

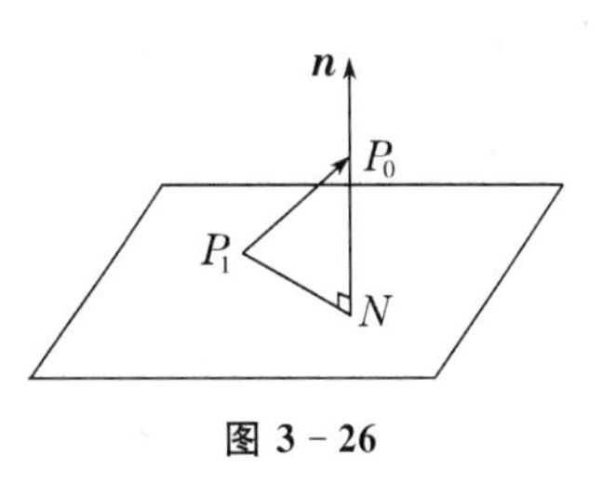

图 3-26

在平面上任取一点 $P_1(x_1,y_1,z_1)$，并作法线向量 $\boldsymbol{n}$，如图 3-26 所示，并考虑到 $\overrightarrow{P_1P_0}$ 与 $\boldsymbol{n}$ 的夹角也可能是钝角，得所求的距离

$$d=|\mathrm{Prj}_{\boldsymbol{n}}\overrightarrow{P_1P_0}|=\left|\frac{\overrightarrow{P_1P_0}\cdot\boldsymbol{n}}{|\boldsymbol{n}|}\right|=|\overrightarrow{P_1P_0}\cdot\boldsymbol{n}^0|.$$

其中 $\boldsymbol{n}^0$ 为与向量 $\boldsymbol{n}$ 方向一致的单位向量，

而

$$\boldsymbol{n}^0=\left(\frac{A}{\sqrt{A^2+B^2+C^2}},\frac{B}{\sqrt{A^2+B^2+C^2}},\frac{C}{\sqrt{A^2+B^2+C^2}}\right),$$

$$\overrightarrow{P_1P_0}=(x_0-x_1,y_0-y_1,z_0-z_1),$$

所以

$$\mathrm{Prj}_{\boldsymbol{n}}\overrightarrow{P_1P_0}=\frac{A(x_0-x_1)}{\sqrt{A^2+B^2+C^2}}+\frac{B(y_0-y_1)}{\sqrt{A^2+B^2+C^2}}+\frac{C(z_0-z_1)}{\sqrt{A^2+B^2+C^2}}$$

$$=\frac{Ax_0+By_0+Cz_0-(Ax_1+By_1+Cz_1)}{\sqrt{A^2+B^2+C^2}}.$$

由于 P_1 在平面上，所以

$$Ax_1+By_1+Cz_1+D=0,$$

因而
$$\mathrm{Prj}_{n}\overrightarrow{P_1P_0}=\frac{Ax_0+By_0+Cz_0+D}{\sqrt{A^2+B^2+C^2}}.$$

由此，得点 $P_0(x_0,y_0,z_0)$ 到平面 $Ax+By+Cz+D=0$ 的距离公式
$$d=\frac{|Ax_0+By_0+Cz_0+D|}{\sqrt{A^2+B^2+C^2}}. \tag{3.11}$$

例 7 求点 $M(-1,1,2)$ 到平面 $3x-2y+z-1=0$ 的距离.

解 利用公式(3.11)，得
$$d=\frac{|3\times(-1)+(-2)\times1+1\times2-1|}{\sqrt{3^2+(-2)^2+1^2}}=\frac{2\sqrt{14}}{7},$$
所以点到平面距离为 $d=\frac{2\sqrt{14}}{7}$.

3.5 空间直线及其方程

3.5.1 空间直线的一般方程

空间直线可以看做是两个不平行的平面的交线(如图 3-27 所示)，所以空间直线可由两个平面方程组成的方程组表示.

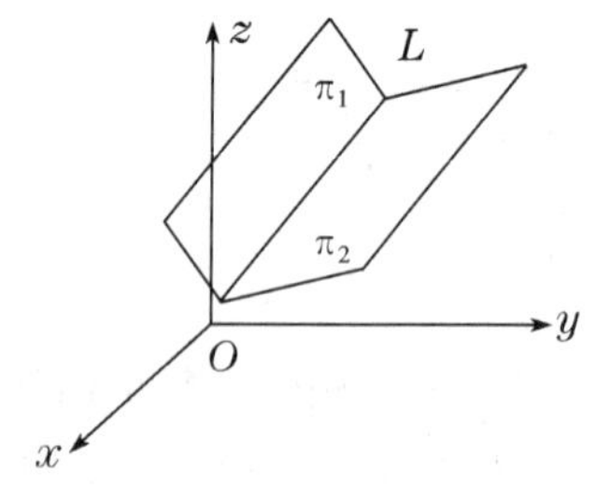

图 3-27

设空间的两个相交的平面分别为

$\pi_1:A_1x+B_1y+C_1z+D_1=0$，

$\pi_2:A_2x+B_2y+C_2z+D_2=0$.

那么其交线 L 上的任一点的坐标应同时满足这两个平面的方程，即应满足方程组
$$\begin{cases}A_1x+B_1y+C_1z+D_1=0,\\A_2x+B_2y+C_2z+D_2=0.\end{cases} \tag{3.12}$$

反之，不在空间直线 L 上的点，不能同时在平面 π_1,π_2 上，从而其坐标不可能满足方程组(3.12)，因此直线 L 可由方程组(3.12)表示，方程组(3.12)称为**空间直线的一般方程**.

而在空间中，过一条直线的平面有无数个，为了表示这条直线，我们只需在这无穷多个平面中任意选取两个平面方程，然后联立，就能得到这条直线的方程了. 这也是后面我们要讲到的平面束方程中要用到的知识.

3.5.2 空间直线的对称式方程和参数方程

如果一个非零向量平行于一条已知直线，这个向量叫做这条直线的一个**方向向量**. 显然，直线上任一非零向量都可以作为它的一个方向向量.

因为过空间一点可作而且只能作一条直线平行于已知向量，所以当直线 L 上的一点 $M_0(x_0,y_0,z_0)$ 和它的方向向量 $\boldsymbol{s}=(m,n,p)$ 已知时，直线 L 的位置就完全可以确定了. 下面我们来建立这个直线的方程.

设 $M(x,y,z)$ 是直线 L 上的异于 M_0 的任一点，则向量 $\overrightarrow{M_0M}=(x-x_0,y-y_0,z-z_0)$ 与直线的方向向量 $\boldsymbol{s}=(m,n,p)$ 共线，即平行(如图 3-28 所示)，于是有

$$\frac{x-x_0}{m}=\frac{y-y_0}{n}=\frac{z-z_0}{p}. \tag{3.13}$$

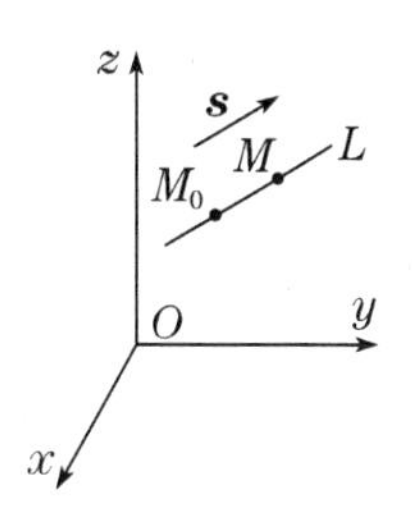

图 3-28

我们把方程(3.13)称为直线的**对称式方程**或**点向式方程**.

其中 m,n,p 不能同时为零,由前面所讲述过的两个向量平行的知识可以知道:

(1) 当 m,n,p 中有一个为零,设 $m=0$、$n\neq 0$、$p\neq 0$ 时,方程(3.13)可理解为

$$\begin{cases} x-x_0=0, \\ \dfrac{y-y_0}{n}=\dfrac{z-z_0}{p}. \end{cases}$$

(2) 当 m,n,p 中有两个为零,例如 $m=p=0$,方程(3.13)可理解为

$$\begin{cases} x-x_0=0, \\ z-z_0=0. \end{cases}$$

直线的任一方向向量 $\boldsymbol{s}$ 的坐标 m,n,p 称为这直线的一组**方向数**,而向量 $\boldsymbol{s}$ 的方向余弦叫做该直线的**方向余弦**.

由直线的对称式方程容易导出直线的参数方程.

设

$$\frac{x-x_0}{m}=\frac{y-y_0}{n}=\frac{z-z_0}{p}=t,$$

那么可得

$$\begin{cases} x=x_0+mt, \\ y=y_0+nt, \\ z=z_0+pt. \end{cases} \tag{3.14}$$

方程组(3.14)称为直线的**参数方程**.

下面我们来看几个例子.

例 1　求直线 $\begin{cases} 4x+4y-5z-12=0, \\ 8x+12y-13z-32=0 \end{cases}$ 的对称式方程和参数方程.

解　先求出直线上的一点 (x_0,y_0,z_0).

为此,任意选定一点的坐标,例如令 $x_0=1$,代入直线方程得

$$\begin{cases} 4y-5z=8, \\ 12y-13z=24, \end{cases}$$

解之,得

$$y_0=2, z_0=0.$$

下面再求直线的方向向量,因为两个平面的法线向量为

$$\boldsymbol{n}_1=(4,4,-5) \text{ 和 } \boldsymbol{n}_2=(8,12,-13),$$

所以

$$\boldsymbol{n}_1\times\boldsymbol{n}_2=\begin{vmatrix} \boldsymbol{i} & \boldsymbol{j} & \boldsymbol{k} \\ 4 & 4 & -5 \\ 8 & 12 & -13 \end{vmatrix}=8\boldsymbol{i}+12\boldsymbol{j}+16\boldsymbol{k},$$

可取与向量 $\boldsymbol{s}$ 平行的向量(2,3,4)作为该直线的方向向量.

因此,所给直线的对称式方程为

$$\frac{x-1}{2}=\frac{y-2}{3}=\frac{z}{4}.$$

从而所给直线的参数方程为

$$\begin{cases}x=1+2t,\\ y=2+3t,\\ z=4t.\end{cases}$$

例 2 求过点(0,2,4)且与平面 $x+2z=1$ 和 $y-3z=2$ 平行的直线方程.

解 因为所求的直线与平面 $x+2z=1$ 和 $y-3z=2$ 平行,则所求的直线与两平面的法线向量都垂直,因此所求直线的方向向量为

$$\boldsymbol{s}=\boldsymbol{n}_1\times\boldsymbol{n}_2=\begin{vmatrix}\boldsymbol{i} & \boldsymbol{j} & \boldsymbol{k}\\ 1 & 0 & 2\\ 0 & 1 & -3\end{vmatrix}=-2\boldsymbol{i}+3\boldsymbol{j}+\boldsymbol{k}.$$

又因所求直线过点(0,2,4),故所求直线的方程为

$$\frac{x}{-2}=\frac{y-2}{3}=\frac{z-4}{1}.$$

3.5.3 两直线的夹角

两直线的方向向量的夹角 $\varphi\left(0\leqslant\varphi\leqslant\frac{\pi}{2}\right)$,称为**两直线的夹角**.

设直线 L_1 和 L_2 的方向向量分别为 $\boldsymbol{s}_1=(m_1,n_1,p_1)$ 和 $\boldsymbol{s}_2=(m_2,n_2,p_2)$,那么直线 L_1 和 L_2 的夹角 φ 应为 $(\boldsymbol{s}_1\hat{,}\boldsymbol{s}_2)$ 和 $(-\boldsymbol{s}_1\hat{,}\boldsymbol{s}_2)=\pi-(\boldsymbol{s}_1\hat{,}\boldsymbol{s}_2)$ 两者中介于 $\left[0,\frac{\pi}{2}\right]$ 的那个角,按两向量的夹角余弦公式,直线 L_1 和 L_2 的夹角,可由

$$\cos\varphi=\frac{m_1m_2+n_1n_2+p_1p_2}{\sqrt{m_1^2+n_1^2+p_1^2}\cdot\sqrt{m_2^2+n_2^2+p_2^2}} \tag{3.15}$$

来确定.

从两个向量垂直、平行的充分必要条件可得两直线

$L_1:\frac{x-x_1}{m_1}=\frac{y-y_1}{n_1}=\frac{z-z_1}{p_1}$,$L_2:\frac{x-x_2}{m_2}=\frac{y-y_2}{n_2}=\frac{z-z_2}{p_2}$ 的如下结论:

两直线 L_1 和 L_2 互相垂直当且仅当 $m_1m_2+n_1n_2+p_1p_2=0$;

两直线 L_1 和 L_2 互相平行或重合当且仅当 $\frac{m_1}{m_2}=\frac{n_1}{n_2}=\frac{p_1}{p_2}$.

例 3 求直线 $L_1:\frac{x-2}{2}=\frac{y+1}{-1}=\frac{z+3}{-1}$ 和 $L_2:\frac{x}{1}=\frac{y+2}{-2}=\frac{z}{1}$ 的夹角.

解 直线 L_1 的方向向量为 $\boldsymbol{s}_1=(2,-1,-1)$;直线 L_2 的方向向量为 $\boldsymbol{s}_2=(1,-2,1)$,设直线 L_1 和 L_2 的夹角为 φ,那么由公式(3.15)有

$$\cos\varphi=\frac{|2\times1+(-1)\times(-2)+(-1)\times1|}{\sqrt{2^2+(-1)^2+(-1)^2}\cdot\sqrt{1^2+(-2)^2+1^2}}=\frac{3}{6}=\frac{1}{2},$$

所以

$$\varphi=\frac{\pi}{3}.$$

3.5.4　直线与平面的夹角

当直线与平面不垂直时，直线和它在平面上的投影直线的夹角 $\varphi\left(0\leqslant\varphi<\frac{\pi}{2}\right)$，称为**直线与平面的夹角**（如图 3－29 所示）．当直线与平面垂直时，规定直线与平面的夹角为$\frac{\pi}{2}$.

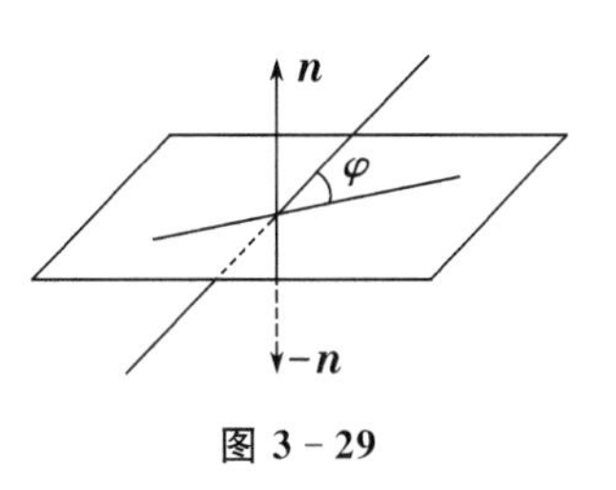

图 3－29

设直线的方向向量为 $\boldsymbol{s}=(m,n,p)$，平面的法线向量为 $\boldsymbol{n}=(A,B,C)$，直线与平面的夹角为 φ，那么 $\varphi=\left|\frac{\pi}{2}-(\widehat{\boldsymbol{s},\boldsymbol{n}})\right|$．因此 $\sin\varphi=|\cos(\widehat{\boldsymbol{s},\boldsymbol{n}})|$，按向量夹角余弦的坐标表达式，有

$$\sin\varphi=\frac{|Am+Bn+Cp|}{\sqrt{A^2+B^2+C^2}\cdot\sqrt{m^2+n^2+p^2}}.\tag{3.16}$$

因为直线与平面垂直相当于直线的方向向量与平面的法线向量平行，所以直线与平面垂直当且仅当

$$\frac{A}{m}=\frac{B}{n}=\frac{C}{p}.$$

因为直线与平面平行或直线在平面上相当于直线的方向向量与平面的法线向量垂直，所以，直线与平面平行或直线在平面上相当于

$$Am+Bn+Cp=0.$$

例 4　设直线 $L:\frac{x-1}{2}=\frac{y}{-1}=\frac{z+1}{2}$，平面 $\pi:x-y+2z=3$，求直线与平面的夹角.

解　因为平面的法线向量是 $\boldsymbol{n}=(1,-1,2)$，直线的方向向量是 $\boldsymbol{s}=(2,-1,2)$，由公式(3.16)，得

$$\begin{aligned}\sin\varphi&=\frac{|Am+Bn+Cp|}{\sqrt{A^2+B^2+C^2}\cdot\sqrt{m^2+n^2+p^2}}\\&=\frac{|1\times2+(-1)\times(-1)+2\times2|}{\sqrt{6}\cdot\sqrt{9}}=\frac{7\sqrt{6}}{18}.\end{aligned}$$

因此 $\varphi=\arcsin\frac{7\sqrt{6}}{18}$为所求夹角.

例 5　求过点$(-2,3,1)$且与平面 $x+3y+2z-4=0$ 垂直的直线的方程.

解　因为所求直线垂直于已知平面，所以可取已知平面的法线向量$(1,3,2)$作为所求直线的方向向量，由此可得所求直线的方程为

$$\frac{x+2}{1}=\frac{y-3}{3}=\frac{z-1}{2}.$$

例 6　求与平面 $x-4z=3$ 和 $2x-y-5z=1$ 的交线平行且过点$(-3,2,5)$的直线的方程.

解　因为所求直线与两平面的交线平行，也就是直线的方向向量 $\boldsymbol{s}$ 一定同时与两平面的法线向量 $\boldsymbol{n}_1,\boldsymbol{n}_2$ 垂直，所以可以取

$$\boldsymbol{s}=\boldsymbol{n}_1\times\boldsymbol{n}_2=\begin{vmatrix}\boldsymbol{i} & \boldsymbol{j} & \boldsymbol{k}\\ 1 & 0 & -4\\ 2 & -1 & -5\end{vmatrix}=-(4\boldsymbol{i}+3\boldsymbol{j}+\boldsymbol{k}),$$

因此所求直线的方程为$\frac{x+3}{4}=\frac{y-2}{3}=\frac{z-5}{1}$.

例 7 求直线$\frac{x-2}{1}=\frac{y-3}{1}=\frac{z-4}{2}$与平面 $2x+y+z-6=0$ 的交点.

解 所给直线的参数方程为

$$x=2+t,y=3+t,z=4+2t,$$

代入平面方程中,得

$$2(2+t)+(3+t)+(4+2t)-6=0.$$

解上式方程,得 $$t=-1.$$

把求得的 t 值代入直线的参数方程中,即得所求交点的坐标为

$$x=1,y=2,z=2.$$

例 8 求过点(2,1,3)且与直线$\frac{x+1}{3}=\frac{y-1}{2}=\frac{z}{-1}$垂直相交的直线的方程.

解 先作一平面过点(2,1,3)且垂直于已知直线,那么这平面的方程为

$$3(x-2)+2(y-1)-(z-3)=0,\tag{3.17}$$

再求已知直线与这平面的交点. 已知直线的参数方程为

$$\begin{cases}x=-1+3t,\\ y=1+2t,\\ z=-t,\end{cases}\tag{3.18}$$

把(3.18)式代入(3.17)式,得 $t=\frac{3}{7}$,从而求得交点为$\left(\frac{2}{7},\frac{13}{7},-\frac{3}{7}\right)$.

以点(2,1,3)为起点,点$\left(\frac{2}{7},\frac{13}{7},-\frac{3}{7}\right)$为终点的向量为

$$\left(\frac{2}{7}-2,\frac{13}{7}-1,-\frac{3}{7}-3\right)=-\frac{6}{7}(2,-1,4),$$

是所求直线的一个方向向量,故所求直线的方程为

$$\frac{x-2}{2}=\frac{y-1}{-1}=\frac{z-3}{4}.$$

有时用平面束的方程解题比较方便,现在我们来介绍它的方程.

设直线 L 由方程组

$$\begin{cases}A_1x+B_1y+C_1z+D_1=0, & (3.19)\\ A_2x+B_2y+C_2z+D_2=0, & (3.20)\end{cases}$$

所确定,其中系数 A_1,B_1,C_1 与 A_2,B_2,C_2 不成比例. 我们建立三元一次方程:

$$A_1x+B_1y+C_1z+D_1+\lambda(A_2x+B_2y+C_2z+D_2)=0,\tag{3.21}$$

其中 λ 为任意常数. 因为 $A_1,B_1,C_1;A_2,B_2,C_2$ 不成比例,所以对于任意一个 λ 值,方程(3.21)的系数:$A_1+\lambda A_2,B_1+\lambda B_2,C_1+\lambda C_2$ 不全为 0,从而(3.21)表示一个平面. 若一点在直线 L 上,则点的坐标必同时满足方程(3.19)和(3.20),因而也满足方程(3.21),故方程(3.21)表示通过直线 L 的平面,且对于不同的 λ 的值,方程(3.21)表示通过直线 L 的不同

的平面. 反之,通过直线 L 的任何平面(除平面(3.20)外)都包含在方程(3.21)所表示的一组平面内. 通过定直线的所有平面的全体称为平面束,而方程(3.21)就作为通过直线 L 的平面束的方程(实际上,方程(3.21)表示缺少平面(3.20)的平面束).

例 9　求直线 $\begin{cases}x+y-z-1=0,\\x-y+z+1=0,\end{cases}$ 在平面 $x+y+z=0$ 上的投影直线的方程.

解　设过直线 $\begin{cases}x+y-z-1=0,\\x-y+z+1=0\end{cases}$ 的平面束的方程为

$$(x+y-z-1)+\lambda(x-y+z+1)=0,$$

即

$$(1+\lambda)x+(1-\lambda)y+(-1+\lambda)z+(-1+\lambda)=0.$$

其中 λ 为待定常数. 这平面与平面 $x+y+z=0$ 垂直的条件为

$$(1+\lambda)\cdot 1+(1-\lambda)\cdot 1+(-1+\lambda)\cdot 1=0,$$

即

$$\lambda=-1.$$

代入,得投影平面的方程为 $y-z-1=0$,

所以投影直线的方程为 $\begin{cases}y-z-1=0,\\x+y+z=0.\end{cases}$

习题 3

1. 指出下列点在空间中的位置:

$A(-4,-2,1)$,　　$B(1,-5,-3)$,　　$C(-1,0,0)$,

$D(1,0,2)$,　　$E(0,0,3)$,　　$F(4,5,-1)$.

2. 点 $P(3,2,-1)$关于 xOy 坐标面的对称点是________,关于 yOz 面的对称点是________,关于 zOx 坐标面的对称点是________,关于 x 轴的对称点是________,关于 y 轴的对称点是________,关于 z 轴的对称点是________,关于原点的对称点是________.

3. xOy, yOz, zOx 坐标面上的点的坐标有什么特点?

4. x, y, z 轴上的点的坐标各有什么特点?

5. 求下列两点之间的距离:

(1) $(0,0,0)$, $(2,3,4)$;　　(2) $(1,2,3)$, $(2,-3,-4)$.

6. 在 x 轴上求与两点 $A(-4,2,5)$和 $B(1,5,-1)$等距离的点.

7. 试证明三点 $A(4,1,9)$, $B(10,-1,6)$, $C(2,4,3)$为顶点的三角形是等腰直角三角形.

8. 设点 P 在 x 轴上,它到点 $P_1(0,\sqrt{2},3)$的距离为到点 $P_2(0,1,-1)$的距离的两倍,求点 P 的坐标.

9. 已知空间直角坐标系下,立方体的 4 个顶点为 $A(-a,-a,-a)$, $B(a,-a,-a)$, $C(-a,a,-a)$和 $D(a,a,a)$,则其余顶点分别为________,________,________,________.

10. 已知梯形 $OABC$, $\overrightarrow{CB}/\!/\overrightarrow{OA}$ 且 $|\overrightarrow{CB}|=\frac{1}{2}|\overrightarrow{OA}|$,若 $\overrightarrow{OA}=\boldsymbol{a}$, $\overrightarrow{OC}=\boldsymbol{b}$,用 $\vec{a}$, $\vec{b}$ 表示 $\overrightarrow{AB}$.

11. 设有非零向量 $\boldsymbol{a},\boldsymbol{b}$，若 $\boldsymbol{a}\perp\boldsymbol{b}$，则必有________.

A. $|\boldsymbol{a}+\boldsymbol{b}|=|\boldsymbol{a}|+|\boldsymbol{b}|$　　　B. $|\boldsymbol{a}+\boldsymbol{b}|=|\boldsymbol{a}-\boldsymbol{b}|$

C. $|\boldsymbol{a}+\boldsymbol{b}|<|\boldsymbol{a}-\boldsymbol{b}|$　　　D. $|\boldsymbol{a}+\boldsymbol{b}|>|\boldsymbol{a}-\boldsymbol{b}|$

12. 已知$\triangle ABC$，点 P,Q 分别是 AB,AC 边上的点，且$\overrightarrow{AP}=\frac{1}{3}\overrightarrow{AB}$，$\overrightarrow{AQ}=\frac{1}{3}\overrightarrow{AC}$，试证明：$\overrightarrow{PQ}=\frac{1}{3}\overrightarrow{BC}$.

13. 试用向量方法证明：空间四边形相邻各边中点的连线构成平行四边形.

14. 已知向量 $\boldsymbol{a}=(4,-4,7)$的终点坐标为$(2,-1,7)$，则 $\boldsymbol{a}$ 的始点坐标为____________.

15. 设三角形的三个顶点 $A(2,-1,4)$，$B(3,2,-6)$，$C(-5,0,2)$，则 AB 边的中点坐标为____________，$\triangle ABC$ 的重心坐标为______________.

16. 设有向量$\overrightarrow{P_1P_2}$，且$|\overrightarrow{P_1P_2}|=4$，它与 Ox 轴、Oy 轴的夹角分别为$\frac{\pi}{3}$，$\frac{\pi}{4}$，如果点 P_1 的坐标为$(2,0,5)$，求点 P_2 的坐标.

17. 已知两向量 $\boldsymbol{a}=(1,-4,5)$，$\boldsymbol{b}=(-2,3,7)$，求 $\boldsymbol{a}+3\boldsymbol{b}$，$3\boldsymbol{a}-2\boldsymbol{b}$，并求与 $\boldsymbol{a}$ 平行的单位向量.

18. 设已知两点 $M_1(3,\sqrt{2},5)$和 $M_2(2,0,6)$. 计算向量$\overrightarrow{M_1M_2}$的模、方向余弦和方向角.

19. 从点 $A(2,-1,7)$沿 $\boldsymbol{a}=8\boldsymbol{i}+\boldsymbol{j}-4\boldsymbol{k}$ 的方向取$|\overrightarrow{AB}|=12$，求点 B 的坐标.

20. 已知 $A(0,3,-2)$，$B(2,0,-1)$，$C(-1,3,0)$，求与$\overrightarrow{AB}+2\overrightarrow{AC}$方向相反的单位向量.

21. 已知 $A(1,2,3)$，$B(5,4,-2)$，$C(x,2,-1)$，$D(0,y,2)$，且$\overrightarrow{AB}\parallel\overrightarrow{CD}$，求 x,y 的值.

22. 设向量 $\boldsymbol{a}$ 的模是 5，它与轴 b 的夹角是$\frac{\pi}{3}$，求向量 $\boldsymbol{a}$ 在轴 b 上的投影.

23. 一向量的起点为 $A(1,3,-2)$，终点为 $B(-2,5,0)$，求它在 x 轴、y 轴、z 轴上的投影，并求$|\overrightarrow{AB}|$.

24. 已知 $\boldsymbol{a}=(3,5,4)$，$\boldsymbol{b}=(-6,1,2)$，$\boldsymbol{c}=(0,-3,-4)$，求 $2\boldsymbol{a}-3\boldsymbol{b}+4\boldsymbol{c}$ 及其单位向量.

25. 一向量与 x 轴，y 轴的夹角相等，而与 z 轴的夹角是与 y 轴夹角的两倍，求该向量的方向角.

26. 设 $\boldsymbol{a}=(3,2,-2)$，$\boldsymbol{b}=\left(2,\frac{4}{3},k\right)$，若满足(1) $\boldsymbol{a}\perp\boldsymbol{b}$；(2) $\boldsymbol{a}\parallel\boldsymbol{b}$，请分别求出 k 的值.

27. 已知$|\boldsymbol{a}|=2$，$|\boldsymbol{b}|=5$，$(\widehat{\boldsymbol{a},\boldsymbol{b}})=\frac{2}{3}\pi$，且向量 $\boldsymbol{\alpha}=\lambda\boldsymbol{a}+17\boldsymbol{b}$ 与 $\boldsymbol{\beta}=3\boldsymbol{a}-\boldsymbol{b}$ 垂直，求常数 λ.

28. 已知单位向量 $\boldsymbol{a},\boldsymbol{b},\boldsymbol{c}$，满足 $\boldsymbol{a}+\boldsymbol{b}+\boldsymbol{c}=\boldsymbol{0}$，计算 $\boldsymbol{a}\cdot\boldsymbol{b}+\boldsymbol{b}\cdot\boldsymbol{c}+\boldsymbol{a}\cdot\boldsymbol{c}$.

29. 试用向量的向量积导出正弦定理.

30. 已知向量 $\boldsymbol{a}=(2,-2,3)$，$\boldsymbol{b}=(-4,1,2)$，$\boldsymbol{c}=(1,2,-1)$，求

(1) $(\boldsymbol{a}\cdot\boldsymbol{b})\boldsymbol{c}$；　(2) $\boldsymbol{a}^2(\boldsymbol{b}\cdot\boldsymbol{c})$；　(3) $\boldsymbol{a}^2\boldsymbol{b}+\boldsymbol{b}^2\boldsymbol{c}+\boldsymbol{c}^2\boldsymbol{a}$.

31. 已知$|\boldsymbol{a}|=2$，$|\boldsymbol{b}|=\sqrt{2}$，且 $\boldsymbol{a}\cdot\boldsymbol{b}=2$，求$|\boldsymbol{a}\times\boldsymbol{b}|$.

32. 已知$\triangle ABC$ 的顶点分别为 $A(1,2,3)$，$B(3,4,5)$，$C(2,4,7)$，求$\triangle ABC$ 的面积.

33. 已知向量 $\boldsymbol{a}=(-1,3,0)$，$\boldsymbol{b}=(3,1,0)$，向量 $\boldsymbol{c}$ 的模$|\boldsymbol{c}|=r$(常数)，求当 $\boldsymbol{c}$ 满足关系

式 $\boldsymbol{a}=\boldsymbol{b}\times\boldsymbol{c}$ 时，求 r 的最小值.

34. 已知向量 $\boldsymbol{a}+3\boldsymbol{b}$ 垂直于向量 $7\boldsymbol{a}-5\boldsymbol{b}$，向量 $\boldsymbol{a}-4\boldsymbol{b}$ 垂直于向量 $7\boldsymbol{a}-2\boldsymbol{b}$，求 $\boldsymbol{a}$ 与 $\boldsymbol{b}$ 的夹角.

35. 已知在 $\triangle ABC$ 中，$\overrightarrow{AB}=(2,1,-2)$，$\overrightarrow{BC}=(3,2,6)$，求 $\triangle ABC$ 三个内角的余弦.

36. 已知在 $\triangle ABC$ 中，$\overrightarrow{AB}=(3,1,4)$，$\overrightarrow{AC}=(2,-1,3)$，求 $\triangle ABC$ 面积.

37. 设 $\boldsymbol{a}=(3,5,-2)$，$\boldsymbol{b}=(2,1,4)$，问 λ 与 μ 有什么关系才能使 $\lambda\boldsymbol{a}+\mu\boldsymbol{b}$ 与 z 轴垂直.

38. 已知 $|\boldsymbol{a}|=2\sqrt{2}$，$|\boldsymbol{b}|=3$，$(\widehat{\boldsymbol{a},\boldsymbol{b}})=\dfrac{\pi}{4}$，且 $\boldsymbol{m}=5\boldsymbol{a}+2\boldsymbol{b}$，$\boldsymbol{n}=\boldsymbol{a}-3\boldsymbol{b}$，求以 $\boldsymbol{m},\boldsymbol{n}$ 为邻边的平行四边形的对角线长.

39. 已知 $|\boldsymbol{a}|=4$，$|\boldsymbol{b}|=5$，$|\boldsymbol{a}-\boldsymbol{b}|=\sqrt{41-20\sqrt{3}}$，求 $(\widehat{\boldsymbol{a},\boldsymbol{b}})$.

40. 已知 $|\boldsymbol{a}|=2$，$|\boldsymbol{b}|=1$，$(\widehat{\boldsymbol{a},\boldsymbol{b}})=\dfrac{\pi}{3}$，若向量 $2\boldsymbol{a}+k\boldsymbol{b}$ 与 $\boldsymbol{a}+\boldsymbol{b}$ 垂直，求 k 的值.

41. 已知 $|\boldsymbol{a}|=2$，$\boldsymbol{b}=(1,2,2)$，$\boldsymbol{a}\parallel\boldsymbol{b}$ 且 $\boldsymbol{a}$ 与 $\boldsymbol{b}$ 的方向相反，求 $\boldsymbol{a}$.

42. 已知 $\boldsymbol{a}=2\boldsymbol{i}-\boldsymbol{j}+3\boldsymbol{k}$，$\boldsymbol{b}=3\boldsymbol{i}+\boldsymbol{j}-\boldsymbol{k}$，$\boldsymbol{c}=\boldsymbol{i}+2\boldsymbol{j}-3\boldsymbol{k}$，求 $\boldsymbol{a}\cdot(\boldsymbol{b}\times\boldsymbol{c})$.

43. 已知空间内不在同一平面上的四点 $A(x_1,y_1,z_1)$，$B(x_2,y_2,z_2)$，$C(x_3,y_3,z_3)$，$D(x_4,y_4,z_4)$，求四面体 $ABCD$ 的体积.

44. 一平面过点 $(1,2,3)$，且与向量 $(2,-1,3)$ 垂直，求此平面.

45. 求过点 $(1,1,-1)$，$(-2,-2,2)$，$(1,-1,2)$ 的平面方程.

46. 已知两点 $A(-7,2,-1)$，$B(3,4,10)$，求一平面，使其过点 B 且垂直于 $\overrightarrow{AB}$.

47. 设平面过点 $(5,-7,4)$，且在 x,y,z 三个轴上截距相等，求此平面方程.

48. 设平面与原点的距离为 6，且在坐标轴上的截距之比为 $a:b:c=1:3:2$，求此平面方程.

49. 一平面通过两点 $M_1(1,1,1)$，$M_2(0,1,-1)$ 且垂直于平面 $x+y+z=0$，求它的方程.

50. 求过点 $A(2,0,0)$，$B(0,0,-1)$ 且与 xOy 面成 $\dfrac{\pi}{3}$ 角的平面方程.

51. 求点 $(2,1,1)$ 到平面 $x+y-z+1=0$ 的距离.

52. 用对称式方程和参数方程表示直线：

$$\begin{cases}x+y+z=1,\\2x-y+3z=2.\end{cases}$$

53. 求过点 $(2,0,-3)$，且平行于直线 $\dfrac{x-1}{2}=\dfrac{y+2}{3}=\dfrac{z-2}{-1}$ 的直线方程.

54. 求过两点 $M_1(1,0,-1)$，$M_2(-2,3,1)$ 的直线方程.

55. 求过点 $M_1(1,0,-1)$ 且与直线 $\begin{cases}x+2y+z=1,\\x-y+z=2\end{cases}$ 垂直的平面方程.

56. 求直线 $\begin{cases}2x+y+3z=1,\\2x-y+z=4\end{cases}$ 与直线 $\begin{cases}2x+2y-z=3,\\2x-3y+z=4\end{cases}$ 夹角的余弦.

57. 求过点 $(0,1,-4)$ 且与两平面 $2x+y-3z=4$ 和 $3x+2y-z=9$ 平行的直线方程.

58. 求过点 $(2,-1,3)$ 且通过直线 $\dfrac{x-1}{3}=\dfrac{y+2}{2}=\dfrac{z-2}{-1}$ 的平面方程.

59. 求直线$\begin{cases}3x+2y+z=4,\\ x-y-z=2\end{cases}$与平面 $2x+y-z=1$ 的夹角.

60. 试确定下列各组的直线和平面的关系：

(1) $\frac{x-4}{3}=\frac{y+3}{2}=\frac{z-2}{-1}$和 $x-y+z=3$；

(2) $\frac{x-8}{2}=\frac{y-3}{3}=\frac{z-6}{-1}$和 $5x+3y-z=20$；

(3) $\frac{x-1}{3}=\frac{y-3}{2}=\frac{z-2}{-1}$和 $x-y+z=9$.

61. 求过点$(2,1,-1)$且与两直线$\begin{cases}2x+y-z=1,\\ x-y+z=3\end{cases}$和$\begin{cases}x+y-z=1,\\ x-2y+z=5\end{cases}$平行的平面方程.

62. 求点$(2,-1,1)$在平面 $x-y+z=3$ 上的投影.

63. 求点$(3,-1,2)$到直线$\begin{cases}x+y-z=-1,\\ 2x-y+z=-4\end{cases}$的距离.

64. 求直线$\begin{cases}2x+3y-z=2,\\ 3x-2y+z=1,\end{cases}$在平面 $x-y+z=2$ 上的投影直线方程.

65. 已知$(\boldsymbol{a}\times\boldsymbol{b})\cdot\boldsymbol{c}=2$,计算$[(\boldsymbol{a}+\boldsymbol{b})\times(\boldsymbol{b}+\boldsymbol{c})]\cdot(\boldsymbol{c}+\boldsymbol{a})$.

66. 已知向量 $\boldsymbol{a},\boldsymbol{b},\boldsymbol{c}$ 两两垂直,且$|\boldsymbol{a}|=1,|\boldsymbol{b}|=2,|\boldsymbol{c}|=3,\boldsymbol{s}=\boldsymbol{a}+\boldsymbol{b}+\boldsymbol{c}$,求$|\boldsymbol{s}|$及它与向量 $\boldsymbol{b}$ 的夹角.

67. 求与向量 $\boldsymbol{a}=(2,-1,2)$共线且满足方程 $\boldsymbol{a}\cdot\boldsymbol{b}=-18$ 的向量 $\boldsymbol{b}$.

68. 已知$(\boldsymbol{a}+3\boldsymbol{b})\perp(7\boldsymbol{a}-5\boldsymbol{b}),(\boldsymbol{a}-4\boldsymbol{b})\perp(7\boldsymbol{a}-2\boldsymbol{b})$,求$(\widehat{\boldsymbol{a},\boldsymbol{b}})$.

69. 以向量 $\boldsymbol{a}$ 和 $\boldsymbol{b}$ 为边作平行四边形,用向量 $\boldsymbol{a},\boldsymbol{b}$ 来表示平行四边形垂直于 $\boldsymbol{a}$ 边的高.

70. 设向量 $\boldsymbol{a}=(2,3,4),\boldsymbol{b}=(3,-1,-1)$,若$|\boldsymbol{c}|=3$,求向量 $\boldsymbol{c}$,使得三向量 $\boldsymbol{a},\boldsymbol{b},\boldsymbol{c}$ 所构成的平行六面体的体积为最大.

71. 在 z 轴上求一点,使它到点 $A(2,-3,2),B(-1,2,-4)$两点的距离相等.

72. 求过点 $M(2,1,3)$,且与直线$\frac{x+1}{3}=\frac{y-1}{2}=\frac{z}{-1}$垂直相交的直线方程.

73. 求过点 $A(1,2,1)$,且与直线$\begin{cases}2x-y+z=0,\\ x-y+z=0\end{cases}$及$\begin{cases}x-y+z=1,\\ x+2y-z=-1\end{cases}$都平行的平面方程.

74. 求点 $P(2,3,1)$在直线$\frac{x+7}{1}=\frac{y+2}{2}=\frac{z+2}{3}$上的投影.

75. 求过直线$\begin{cases}x-2y-z+6=0,\\ 3x-2y+2=0,\end{cases}$且与点$(1,2,1)$的距离为 1 的平面方程.

76. 过点 $M_1(7,3,5)$引方向余弦等于$\frac{1}{3},\frac{2}{3},\frac{2}{3}$的直线 l_1,设直线 l 过点 $M_0(2,-3,-1)$与直线 l_1 相交且和 x 轴成$\frac{\pi}{3}$角,求直线 l 的方程.

77. 已知点 $A(1,0,0)$及点 $B(0,2,1)$,试在 z 轴上求一点 C,使$\triangle ABC$ 的面积最小.

第4章　向量组的线性相关性与矩阵的秩

在解析几何中，有几何意义非常明显的2维向量和3维向量的概念，如以坐标原点为起点，$P(x,y,z)$为终点的矢量$\overrightarrow{OP}=(x,y,z)$，就是3维向量. 但是，在一些实际问题与数学计算中，往往要涉及一般的n维向量. 本章主要研究一般n维向量的线性相关性、向量组的秩、矩阵的秩和向量的正交性等问题.

4.1　n维向量

作为2维和3维向量的自然推广，一般的n维向量定义如下：

定义 4.1.1　称n行1列矩阵$\boldsymbol{\alpha}=\begin{bmatrix}a_1\\a_2\\\vdots\\a_n\end{bmatrix}$为一个$n$**维列向量**. 数$a_i$称为$\boldsymbol{\alpha}$的第$i$个**分量**(或第$i$个坐标)$(i=1,2,\cdots,n)$. 同理定义1行$n$列矩阵$\boldsymbol{\alpha}^{\mathrm{T}}=(a_1,a_2,\cdots,a_n)$为一个$n$**维行向量**. 行向量与列向量统称为**向量**.

本书列(行)向量一般用希腊字母$\boldsymbol{\alpha},\boldsymbol{\beta},\boldsymbol{\gamma},\cdots(\boldsymbol{\alpha}^{\mathrm{T}},\boldsymbol{\beta}^{\mathrm{T}},\boldsymbol{\gamma}^{\mathrm{T}},\cdots)$或英文大写字母$\boldsymbol{X},\boldsymbol{Y},\cdots(\boldsymbol{X}^{\mathrm{T}},\boldsymbol{Y}^{\mathrm{T}},\cdots)$表示. 分量为实数的向量称为**实向量**，分量为复数的向量称为**复向量**. 除非特别说明，本书所提及的向量一般指实向量.

由于向量是一类特殊矩阵，因此由矩阵的运算及其性质，就可以直接得到与之相对应向量的运算及其性质. 以下一一列出.

称两个向量$\boldsymbol{\alpha}=\begin{bmatrix}a_1\\a_2\\\vdots\\a_n\end{bmatrix}$，$\boldsymbol{\beta}=\begin{bmatrix}b_1\\b_2\\\vdots\\b_n\end{bmatrix}$是相等的，如果$a_i=b_i(i=1,2,\cdots,n)$，记作$\boldsymbol{\alpha}=\boldsymbol{\beta}$. 分量全为零的$n$维向量称为$\boldsymbol{n}$**维零向量**，简记$\mathbf{0}$，即$\mathbf{0}=\begin{bmatrix}0\\0\\\vdots\\0\end{bmatrix}$. 称向量$\begin{bmatrix}-a_1\\-a_2\\\vdots\\-a_n\end{bmatrix}$为向量$\boldsymbol{\alpha}=\begin{bmatrix}a_1\\a_2\\\vdots\\a_n\end{bmatrix}$的**负向量**，记作$-\boldsymbol{\alpha}$.

定义 4.1.2　称向量$\begin{bmatrix}a_1+b_1\\a_2+b_2\\\vdots\\a_n+b_n\end{bmatrix}$为向量$\boldsymbol{\alpha}=\begin{bmatrix}a_1\\a_2\\\vdots\\a_n\end{bmatrix}$与$\boldsymbol{\beta}=\begin{bmatrix}b_1\\b_2\\\vdots\\b_n\end{bmatrix}$的和，记作$\boldsymbol{\alpha}+\boldsymbol{\beta}=\begin{bmatrix}a_1+b_1\\a_2+b_2\\\vdots\\a_n+b_n\end{bmatrix}$.

向量 $\boldsymbol{\alpha}$ 与 $\boldsymbol{\beta}$ 的差可以定义为 $\boldsymbol{\alpha}-\boldsymbol{\beta}=\boldsymbol{\alpha}+(-\boldsymbol{\beta})$.

定义 4.1.3 称向量 $\begin{bmatrix}\lambda a_1\\ \lambda a_2\\ \vdots\\ \lambda a_n\end{bmatrix}$ 为数 λ 与向量 $\boldsymbol{\alpha}=\begin{bmatrix}a_1\\ a_2\\ \vdots\\ a_n\end{bmatrix}$ 的**数量乘积**(简称**数乘**),记作

$$\lambda\boldsymbol{\alpha}=\begin{bmatrix}\lambda a_1\\ \lambda a_2\\ \vdots\\ \lambda a_n\end{bmatrix}.$$

向量的加法与数乘运算称为**向量的线性运算**.向量的线性运算和矩阵的线性运算一样,有如下性质.

性质 4.1.1 设 $\boldsymbol{\alpha},\boldsymbol{\beta},\boldsymbol{\gamma}$ 是任意 n 维向量,且 λ,μ 是数,则有

(1) $\boldsymbol{\alpha}+\boldsymbol{\beta}=\boldsymbol{\beta}+\boldsymbol{\alpha}$(加法交换律);

(2) $\boldsymbol{\alpha}+(\boldsymbol{\beta}+\boldsymbol{\gamma})=(\boldsymbol{\alpha}+\boldsymbol{\beta})+\boldsymbol{\gamma}$(加法结合律);

(3) $\boldsymbol{\alpha}+\mathbf{0}=\mathbf{0}+\boldsymbol{\alpha}=\boldsymbol{\alpha}$;

(4) $\boldsymbol{\alpha}+(-\boldsymbol{\alpha})=\mathbf{0}$;

(5) $\lambda(\boldsymbol{\alpha}+\boldsymbol{\beta})=\lambda\boldsymbol{\alpha}+\lambda\boldsymbol{\beta}$;

(6) $(\lambda+\mu)\boldsymbol{\alpha}=\lambda\boldsymbol{\alpha}+\mu\boldsymbol{\alpha}$;

(7) $\lambda(\mu\boldsymbol{\alpha})=(\lambda\mu)\boldsymbol{\alpha}$;

(8) $1\boldsymbol{\alpha}=\boldsymbol{\alpha}$.

例 1 某工厂生产甲、乙、丙、丁四种不同型号的产品,今年年产量和明年计划年产量(单位:台)分别按产品型号顺序用向量表示为

$$\boldsymbol{\alpha}^{\mathrm{T}}=(1\,000,1\,020,856,2\,880),\boldsymbol{\beta}^{\mathrm{T}}=(1\,120,1\,176,940,3\,252),$$

试问明年计划比今年平均每月多生产甲、乙、丙、丁四种产品各多少?

解 $$\frac{1}{12}(\boldsymbol{\beta}^{\mathrm{T}}-\boldsymbol{\alpha}^{\mathrm{T}})=\frac{1}{12}(1\,120-1\,000,1\,176-1\,020,940-856,3\,252-2\,880)$$
$$=\frac{1}{12}(120,156,84,372)=(10,13,7,31).$$

因此,明年计划比今年平均每月多生产甲 10 台、乙 13 台、丙 7 台、丁 31 台.

4.2 线性相关与线性无关

若干个同维向量所组成的集合,称为**向量组**.向量组中向量的线性关系的研究,在线性方程组解的存在性与解的结构的研究中,都显得非常重要.向量组 $\boldsymbol{\alpha}_1,\boldsymbol{\alpha}_2,\cdots,\boldsymbol{\alpha}_m$ 通过有限次线性运算可以构造出一些新的向量,这些新的向量统称为该向量组的**线性组合**,具体定义如下:

定义 4.2.1 对于 n 维向量组 $\boldsymbol{\alpha}_1,\boldsymbol{\alpha}_2,\cdots,\boldsymbol{\alpha}_m$ 和 n 维向量 $\boldsymbol{\beta}$,如果存在数 $k_1,k_2,\cdots,k_m$,使得 $\boldsymbol{\beta}=k_1\boldsymbol{\alpha}_1+k_2\boldsymbol{\alpha}_2+\cdots+k_m\boldsymbol{\alpha}_m$,则称向量 $\boldsymbol{\beta}$ 为向量组 $\boldsymbol{\alpha}_1,\boldsymbol{\alpha}_2,\cdots,\boldsymbol{\alpha}_m$ 的一个**线性组合**;也称向量 $\boldsymbol{\beta}$ 可以由向量组 $\boldsymbol{\alpha}_1,\boldsymbol{\alpha}_2,\cdots,\boldsymbol{\alpha}_m$ **线性表示**(或**线性表出**).

特别是如果 $\boldsymbol{\beta}$ 可以由向量 $\boldsymbol{\alpha}$ 线性表示，即有数 k，使得 $\boldsymbol{\beta}=k\boldsymbol{\alpha}$，则称 **$\boldsymbol{\alpha}$ 与 $\boldsymbol{\beta}$ 成比例**.

例 1　零向量是任意向量组 $\boldsymbol{\alpha}_1,\boldsymbol{\alpha}_2,\cdots,\boldsymbol{\alpha}_m$ 的线性组合，这是因为

$$\mathbf{0}=0\boldsymbol{\alpha}_1+0\boldsymbol{\alpha}_2+\cdots+0\boldsymbol{\alpha}_m.$$

例 2　任意 n 维向量 $\boldsymbol{\alpha}=\begin{bmatrix}a_1\\a_2\\\vdots\\a_n\end{bmatrix}$ 是向量组 $\boldsymbol{\varepsilon}_1=\begin{bmatrix}1\\0\\\vdots\\0\end{bmatrix},\boldsymbol{\varepsilon}_2=\begin{bmatrix}0\\1\\\vdots\\0\end{bmatrix},\cdots,\boldsymbol{\varepsilon}_n=\begin{bmatrix}0\\0\\\vdots\\1\end{bmatrix}$ 的线性组合，因为 $\boldsymbol{\alpha}=a_1\boldsymbol{\varepsilon}_1+a_2\boldsymbol{\varepsilon}_2+\cdots+a_n\boldsymbol{\varepsilon}_n$. 一般称 $\boldsymbol{\varepsilon}_1,\boldsymbol{\varepsilon}_2,\cdots,\boldsymbol{\varepsilon}_n$ 为 **n 维基本向量**（或 **n 维初始单位向量**）.

例 3　关于 n 个未知量 $x_1,x_2,\cdots,x_n$ 的线性方程组

$$\begin{cases}a_{11}x_1+a_{12}x_2+\cdots+a_{1n}x_n=b_1,\\a_{21}x_1+a_{22}x_2+\cdots+a_{2n}x_n=b_2,\\\vdots\\a_{m1}x_1+a_{m2}x_2+\cdots+a_{mn}x_n=b_m,\end{cases}\tag{4.1}$$

有解、无解的问题完全等价于 m 维向量 $\boldsymbol{\beta}$ 能否表示为 m 维向量组 $\boldsymbol{\alpha}_1,\boldsymbol{\alpha}_2,\cdots,\boldsymbol{\alpha}_n$ 的线性组合的问题，即能否存在数 $x_1,x_2,\cdots,x_n$ 使得

$$\boldsymbol{\beta}=x_1\boldsymbol{\alpha}_1+x_2\boldsymbol{\alpha}_2+\cdots+x_n\boldsymbol{\alpha}_n,\tag{4.2}$$

其中 $\boldsymbol{\beta}=\begin{bmatrix}b_1\\b_2\\\vdots\\b_m\end{bmatrix},\boldsymbol{\alpha}_1=\begin{bmatrix}a_{11}\\a_{21}\\\vdots\\a_{m1}\end{bmatrix},\boldsymbol{\alpha}_2=\begin{bmatrix}a_{12}\\a_{22}\\\vdots\\a_{m2}\end{bmatrix},\cdots,\boldsymbol{\alpha}_n=\begin{bmatrix}a_{1n}\\a_{2n}\\\vdots\\a_{mn}\end{bmatrix}$，(4.2)称为线性方程组(4.1)的**向量形式**.

因此，如果要计算 $\boldsymbol{\beta}$ 表示为向量组 $\boldsymbol{\alpha}_1,\boldsymbol{\alpha}_2,\cdots,\boldsymbol{\alpha}_n$ 的线性组合 $\boldsymbol{\beta}=x_1\boldsymbol{\alpha}_1+x_2\boldsymbol{\alpha}_2+\cdots+x_n\boldsymbol{\alpha}_n$，可以转化为求解线性方程组(4.1). 反过来，当研究线性方程组解的存在性与解的结构时，也可以利用向量的线性表示与下面即将要讨论的线性相关性.

定义 4.2.2　已知 n 维向量组 $\boldsymbol{\alpha}_1,\boldsymbol{\alpha}_2,\cdots,\boldsymbol{\alpha}_m$，如果存在**不全为零**的一组数 $k_1,k_2,\cdots,k_m$，使得 $k_1\boldsymbol{\alpha}_1+k_2\boldsymbol{\alpha}_2+\cdots+k_m\boldsymbol{\alpha}_m=\mathbf{0}$ 成立，则称向量组 $\boldsymbol{\alpha}_1,\boldsymbol{\alpha}_2,\cdots,\boldsymbol{\alpha}_m$ **线性相关**；否则，称该向量组**线性无关**.

实际上，n 维向量组 $\boldsymbol{\alpha}_1,\boldsymbol{\alpha}_2,\cdots,\boldsymbol{\alpha}_m$ 线性无关的充分必要条件是：n 维零向量 $\mathbf{0}$ 能被 n 维向量组 $\boldsymbol{\alpha}_1,\boldsymbol{\alpha}_2,\cdots,\boldsymbol{\alpha}_m$ 唯一地线性表出，即 $k_1\boldsymbol{\alpha}_1+k_2\boldsymbol{\alpha}_2+\cdots+k_m\boldsymbol{\alpha}_m=\mathbf{0}$ 当且仅当 $k_1=k_2=\cdots=k_m=0$.

由定义可知：一个向量 $\boldsymbol{\alpha}$ 线性相关当且仅当 $\boldsymbol{\alpha}$ 是零向量. 反之，一个向量 $\boldsymbol{\alpha}$ 线性无关当且仅当 $\boldsymbol{\alpha}\neq\mathbf{0}$.

例 4　4 维向量组 $\boldsymbol{\alpha}_1=\begin{bmatrix}1\\-9\\8\\7\end{bmatrix},\boldsymbol{\alpha}_2=\begin{bmatrix}3\\-1\\0\\-3\end{bmatrix},\boldsymbol{\alpha}_3=\begin{bmatrix}1\\4\\-4\\-5\end{bmatrix},\boldsymbol{\alpha}_4=\begin{bmatrix}\lambda_1\\\lambda_2\\\lambda_3\\\lambda_4\end{bmatrix}$（这里 $\lambda_1,\lambda_2,\lambda_3,\lambda_4$ 是任意实数）是线性相关的，这是因为存在不全为零的数 $1,-1,2,0$ 使得

$$\boldsymbol{\alpha}_1+(-1)\boldsymbol{\alpha}_2+2\boldsymbol{\alpha}_3+0\boldsymbol{\alpha}_4=\mathbf{0}.$$

例 5 已知向量组 $\boldsymbol{\alpha}_1,\boldsymbol{\alpha}_2,\boldsymbol{\alpha}_3$ 线性无关，试证明向量组：$\boldsymbol{\alpha}_1,\boldsymbol{\alpha}_1-\boldsymbol{\alpha}_2,\boldsymbol{\alpha}_1+\boldsymbol{\alpha}_2-\boldsymbol{\alpha}_3$ 也是线性无关的.

证 若存在数 k_1,k_2,k_3，使得 $k_1\boldsymbol{\alpha}_1+k_2(\boldsymbol{\alpha}_1-\boldsymbol{\alpha}_2)+k_3(\boldsymbol{\alpha}_1+\boldsymbol{\alpha}_2-\boldsymbol{\alpha}_3)=\mathbf{0}$，则可得$(k_1+k_2+k_3)\boldsymbol{\alpha}_1+(-k_2+k_3)\boldsymbol{\alpha}_2-k_3\boldsymbol{\alpha}_3=\mathbf{0}$. 又因为向量组 $\boldsymbol{\alpha}_1,\boldsymbol{\alpha}_2,\boldsymbol{\alpha}_3$ 线性无关，所以 $k_1+k_2+k_3=-k_2+k_3=-k_3=0$，从中解得 $k_1=k_2=k_3=0$. 因此向量组 $\boldsymbol{\alpha}_1,\boldsymbol{\alpha}_1-\boldsymbol{\alpha}_2,\boldsymbol{\alpha}_1+\boldsymbol{\alpha}_2-\boldsymbol{\alpha}_3$ 线性无关. 证毕.

对 n 维向量组 $\boldsymbol{\alpha}_1,\boldsymbol{\alpha}_2,\cdots,\boldsymbol{\alpha}_m,\boldsymbol{\beta}$($\boldsymbol{\beta}$ 是零向量)，存在不全为零的数 $0,0,\cdots,0,1$，使得 $0\boldsymbol{\alpha}_1+0\boldsymbol{\alpha}_2+\cdots+0\boldsymbol{\alpha}_m+1\boldsymbol{\beta}=\mathbf{0}$，因此向量组 $\boldsymbol{\alpha}_1,\boldsymbol{\alpha}_2,\cdots,\boldsymbol{\alpha}_m,\boldsymbol{\beta}$ 线性相关. 对基本向量 $\boldsymbol{\varepsilon}_1,\boldsymbol{\varepsilon}_2,\cdots,\boldsymbol{\varepsilon}_n$(见例 2)，若 $k_1\boldsymbol{\varepsilon}_1+k_2\boldsymbol{\varepsilon}_2+\cdots+k_n\boldsymbol{\varepsilon}_n=\begin{bmatrix}k_1\\k_2\\\vdots\\k_n\end{bmatrix}=\begin{bmatrix}0\\0\\\vdots\\0\end{bmatrix}$，则显然有 $k_1=k_2=\cdots=k_n=0$，因此有如下结论：

(1) 任何含有零向量的向量组一定线性相关；

(2) n 维基本向量组 $\boldsymbol{\varepsilon}_1,\boldsymbol{\varepsilon}_2,\cdots,\boldsymbol{\varepsilon}_n$ 一定线性无关.

定理 4.2.1 n 维向量组 $\boldsymbol{\alpha}_1,\boldsymbol{\alpha}_2,\cdots,\boldsymbol{\alpha}_m(m\geqslant 2)$线性相关的充分必要条件是该向量组中至少存在一个向量可以表示为其余 $m-1$ 个向量的线性组合.

证 必要性 由向量组 $\boldsymbol{\alpha}_1,\boldsymbol{\alpha}_2,\cdots,\boldsymbol{\alpha}_m$ 线性相关，可知必存在不全为零的一组数 $k_1,k_2,\cdots,k_m$，使得 $k_1\boldsymbol{\alpha}_1+k_2\boldsymbol{\alpha}_2+\cdots+k_m\boldsymbol{\alpha}_m=\mathbf{0}$ 成立. 不妨设 $k_i\neq 0$，则有

$$\boldsymbol{\alpha}_i=\left(-\frac{k_1}{k_i}\right)\boldsymbol{\alpha}_1+\cdots+\left(-\frac{k_{i-1}}{k_i}\right)\boldsymbol{\alpha}_{i-1}+\left(-\frac{k_{i+1}}{k_i}\right)\boldsymbol{\alpha}_{i+1}+\cdots+\left(-\frac{k_m}{k_i}\right)\boldsymbol{\alpha}_m.$$

充分性 不妨设向量组 $\boldsymbol{\alpha}_1,\boldsymbol{\alpha}_2,\cdots,\boldsymbol{\alpha}_m$ 中向量 $\boldsymbol{\alpha}_s$ 可由其余向量线性表示如下：

$$\boldsymbol{\alpha}_s=\lambda_1\boldsymbol{\alpha}_1+\cdots+\lambda_{s-1}\boldsymbol{\alpha}_{s-1}+\lambda_{s+1}\boldsymbol{\alpha}_{s+1}+\cdots+\lambda_m\boldsymbol{\alpha}_m,$$

则存在不全为零的数 $\lambda_1,\cdots,\lambda_{s-1},-1,\lambda_{s+1},\cdots,\lambda_m$，使得

$$\lambda_1\boldsymbol{\alpha}_1+\cdots+\lambda_{s-1}\boldsymbol{\alpha}_{s-1}+(-1)\boldsymbol{\alpha}_s+\lambda_{s+1}\boldsymbol{\alpha}_{s+1}+\cdots+\lambda_m\boldsymbol{\alpha}_m=\mathbf{0},$$

所以向量组 $\boldsymbol{\alpha}_1,\boldsymbol{\alpha}_2,\cdots,\boldsymbol{\alpha}_m$ 线性相关. 证毕.

定理 4.2.2 如果 m 个 n 维向量 $\boldsymbol{\alpha}_1,\boldsymbol{\alpha}_2,\cdots,\boldsymbol{\alpha}_m$ 线性无关，且 $m+1$ 个 n 维向量 $\boldsymbol{\alpha}_1,\boldsymbol{\alpha}_2,\cdots,\boldsymbol{\alpha}_m,\boldsymbol{\beta}$ 线性相关，则

(1) $\boldsymbol{\beta}$ 可由向量组 $\boldsymbol{\alpha}_1,\boldsymbol{\alpha}_2,\cdots,\boldsymbol{\alpha}_m$ 线性表示；

(2) (1)中的线性表示唯一确定，即存在唯一一组数 $\lambda_1,\lambda_2,\cdots,\lambda_m$，使得

$$\boldsymbol{\beta}=\lambda_1\boldsymbol{\alpha}_1+\lambda_2\boldsymbol{\alpha}_2+\cdots+\lambda_m\boldsymbol{\alpha}_m.$$

证 (1) 因为向量组 $\boldsymbol{\alpha}_1,\boldsymbol{\alpha}_2,\cdots,\boldsymbol{\alpha}_m,\boldsymbol{\beta}$ 线性相关，所以存在不全为零的一组数 $k_1,k_2,\cdots,k_m,k$，使得 $k_1\boldsymbol{\alpha}_1+k_2\boldsymbol{\alpha}_2+\cdots+k_m\boldsymbol{\alpha}_m+k\boldsymbol{\beta}=\mathbf{0}$. 这里一定有 $k\neq 0$. 反设 $k=0$，则 $k_1\boldsymbol{\alpha}_1+k_2\boldsymbol{\alpha}_2+\cdots+k_m\boldsymbol{\alpha}_m=\mathbf{0}$. 又因向量组 $\boldsymbol{\alpha}_1,\boldsymbol{\alpha}_2,\cdots,\boldsymbol{\alpha}_m$ 线性无关，因此 $k_1=k_2=\cdots=k_m=0$，这与不全为零的一组数 $k_1,k_2,\cdots,k_m,k$ 相矛盾. 因此 $k\neq 0$ 且有 $\boldsymbol{\beta}=-\frac{k_1}{k}\boldsymbol{\alpha}_1-\frac{k_2}{k}\boldsymbol{\alpha}_2-\cdots-\frac{k_m}{k}\boldsymbol{\alpha}_m$.

(2) 设有两组数 $\lambda_1,\lambda_2,\cdots,\lambda_m$ 与 $\mu_1,\mu_2,\cdots,\mu_m$，分别使得

$\boldsymbol{\beta}=\lambda_1\boldsymbol{\alpha}_1+\lambda_2\boldsymbol{\alpha}_2+\cdots+\lambda_m\boldsymbol{\alpha}_m$ 和 $\boldsymbol{\beta}=\mu_1\boldsymbol{\alpha}_1+\mu_2\boldsymbol{\alpha}_2+\cdots+\mu_m\boldsymbol{\alpha}_m$ 都成立，则有

$$\lambda_1\boldsymbol{\alpha}_1+\lambda_2\boldsymbol{\alpha}_2+\cdots+\lambda_m\boldsymbol{\alpha}_m=\mu_1\boldsymbol{\alpha}_1+\mu_2\boldsymbol{\alpha}_2+\cdots+\mu_m\boldsymbol{\alpha}_m,$$

进而$(\lambda_1-\mu_1)\boldsymbol{\alpha}_1+(\lambda_2-\mu_2)\boldsymbol{\alpha}_2+\cdots+(\lambda_m-\mu_m)\boldsymbol{\alpha}_m=\mathbf{0}$. 又因 $\boldsymbol{\alpha}_1,\boldsymbol{\alpha}_2,\cdots,\boldsymbol{\alpha}_m$ 线性无关,所以$\lambda_1-\mu_1=0,\lambda_2-\mu_2=0,\cdots,\lambda_m-\mu_m=0$,因此 $\lambda_1=\mu_1,\lambda_2=\mu_2,\cdots,\lambda_m=\mu_m$,此即证明 $\boldsymbol{\beta}$ 由向量组 $\boldsymbol{\alpha}_1,\boldsymbol{\alpha}_2,\cdots,\boldsymbol{\alpha}_m$ 的线性表示是唯一确定的. 证毕.

向量组中一部分向量构成的向量组,称为该向量组的**子向量组**.

定理 4.2.3　在 n 维向量组 $\boldsymbol{\alpha}_1,\boldsymbol{\alpha}_2,\cdots,\boldsymbol{\alpha}_m$ 中,若存在某子向量组线性相关,则向量组 $\boldsymbol{\alpha}_1,\boldsymbol{\alpha}_2,\cdots,\boldsymbol{\alpha}_m$ 一定线性相关. 反之,若向量组 $\boldsymbol{\alpha}_1,\boldsymbol{\alpha}_2,\cdots,\boldsymbol{\alpha}_m$ 线性无关,则它的任意子向量组都线性无关.

证　不妨设子向量组 $\boldsymbol{\alpha}_1,\boldsymbol{\alpha}_2,\cdots,\boldsymbol{\alpha}_s(s\leqslant m)$ 线性相关,则存在不全为零的 s 个数 $k_1,k_2,\cdots,k_s$,使得 $k_1\boldsymbol{\alpha}_1+k_2\boldsymbol{\alpha}_2+\cdots+k_s\boldsymbol{\alpha}_s=\mathbf{0}$. 因此有不全为零的 m 个数 $k_1,k_2,\cdots,k_s,0,\cdots,0$,使得 $k_1\boldsymbol{\alpha}_1+k_2\boldsymbol{\alpha}_2+\cdots+k_s\boldsymbol{\alpha}_s+0\boldsymbol{\alpha}_{s+1}+\cdots+0\boldsymbol{\alpha}_m=\mathbf{0}$,此即证明了向量组 $\boldsymbol{\alpha}_1,\boldsymbol{\alpha}_2,\cdots,\boldsymbol{\alpha}_s,\boldsymbol{\alpha}_{s+1},\cdots,\boldsymbol{\alpha}_m$ 线性相关.

由命题与其逆否命题等价即得:若向量组 $\boldsymbol{\alpha}_1,\boldsymbol{\alpha}_2,\cdots,\boldsymbol{\alpha}_m$ 线性无关,则它的任意子向量组都线性无关. 证毕.

定理 4.2.4　n 维向量组 $\boldsymbol{\alpha}_1,\boldsymbol{\alpha}_2,\cdots,\boldsymbol{\alpha}_m$ 同时去掉相应的 $n-s(n>s)$ 个分量后得 s 维向量组 $\boldsymbol{\beta}_1,\boldsymbol{\beta}_2,\cdots,\boldsymbol{\beta}_m$,其中 $\boldsymbol{\alpha}_j=\begin{bmatrix}a_{1j}\\a_{2j}\\\vdots\\a_{nj}\end{bmatrix},\boldsymbol{\beta}_j=\begin{bmatrix}a_{1j}\\a_{2j}\\\vdots\\a_{sj}\end{bmatrix},j=1,2,\cdots,m$,则

(1) 若 $\boldsymbol{\alpha}_1,\boldsymbol{\alpha}_2,\cdots,\boldsymbol{\alpha}_m$ 线性相关,则 $\boldsymbol{\beta}_1,\boldsymbol{\beta}_2,\cdots,\boldsymbol{\beta}_m$ 也一定线性相关;

(2) 若 $\boldsymbol{\beta}_1,\boldsymbol{\beta}_2,\cdots,\boldsymbol{\beta}_m$ 线性无关,则 $\boldsymbol{\alpha}_1,\boldsymbol{\alpha}_2,\cdots,\boldsymbol{\alpha}_m$ 也一定线性无关.

证　(1) 若 $\boldsymbol{\alpha}_1,\boldsymbol{\alpha}_2,\cdots,\boldsymbol{\alpha}_m$ 线性相关,则存在不全为零的数 $k_1,k_2,\cdots,k_m$,使得 $k_1\boldsymbol{\alpha}_1+k_2\boldsymbol{\alpha}_2+\cdots+k_m\boldsymbol{\alpha}_m=\mathbf{0}$,即 $k_1\begin{bmatrix}a_{11}\\a_{21}\\\vdots\\a_{n1}\end{bmatrix}+k_2\begin{bmatrix}a_{12}\\a_{22}\\\vdots\\a_{n2}\end{bmatrix}+\cdots+k_m\begin{bmatrix}a_{1m}\\a_{2m}\\\vdots\\a_{nm}\end{bmatrix}=\begin{bmatrix}0\\0\\\vdots\\0\end{bmatrix}$,从而得 n 个方程成立:

$$\begin{cases}a_{11}k_1+a_{12}k_2+\cdots+a_{1m}k_m=0,\\a_{21}k_1+a_{22}k_2+\cdots+a_{2m}k_m=0,\\\qquad\vdots\\a_{s1}k_1+a_{s2}k_2+\cdots+a_{sm}k_m=0,\\a_{s+1,1}k_1+a_{s+1,2}k_2+\cdots+a_{s+1,m}k_m=0,\\\qquad\vdots\\a_{n1}k_1+a_{n2}k_2+\cdots+a_{nm}k_m=0,\end{cases}$$

根据前边 s 个方程成立可得

$k_1\begin{bmatrix}a_{11}\\a_{21}\\\vdots\\a_{s1}\end{bmatrix}+k_2\begin{bmatrix}a_{12}\\a_{22}\\\vdots\\a_{s2}\end{bmatrix}+\cdots+k_m\begin{bmatrix}a_{1m}\\a_{2m}\\\vdots\\a_{sm}\end{bmatrix}=0$. 因此存在不全为零的数 $k_1,k_2,\cdots,k_m$,使得 $k_1\boldsymbol{\beta}_1+k_2\boldsymbol{\beta}_2+\cdots+k_m\boldsymbol{\beta}_m=\mathbf{0}$,即 $\boldsymbol{\beta}_1,\boldsymbol{\beta}_2,\cdots,\boldsymbol{\beta}_m$线性相关.

(2) 由(2)是(1)的逆否命题,而(1)已证,故(2)必然成立. 证毕.

4.3　向量组的秩

本节主要介绍向量组的等价、极大线性无关组与秩等概念.

4.3.1　向量组的等价

定义 4.3.1　如果 n 维向量组 $A:\boldsymbol{\alpha}_1,\boldsymbol{\alpha}_2,\cdots,\boldsymbol{\alpha}_m$ 中的每一个向量都能被 n 维向量组 $B:\boldsymbol{\beta}_1,\boldsymbol{\beta}_2,\cdots,\boldsymbol{\beta}_s$ 线性表出,则称**向量组 A 可由向量组 B 线性表出**. 如果向量组 A 与向量组 B 可以互相线性表出,则称**向量组 A 与向量组 B 等价**.

由定义易知:向量组的任意子向量组可由向量组本身线性表出. 任意 n 维向量组 $\boldsymbol{\alpha}_1,\boldsymbol{\alpha}_2,\cdots,\boldsymbol{\alpha}_m$ 可由 n 维基本向量组 $E:\varepsilon_1,\varepsilon_2,\cdots,\varepsilon_n$ 线性表出. 特别是空间直角坐标系中所有 3 维向量构成的向量组 $\mathbf{R}^3$ 与基本向量组 $\boldsymbol{i}=\begin{bmatrix}1\\0\\0\end{bmatrix},\boldsymbol{j}=\begin{bmatrix}0\\1\\0\end{bmatrix},\boldsymbol{k}=\begin{bmatrix}0\\0\\1\end{bmatrix}$ 等价.

以下假定 $A:\boldsymbol{\alpha}_1,\boldsymbol{\alpha}_2,\cdots,\boldsymbol{\alpha}_m;B:\boldsymbol{\beta}_1,\boldsymbol{\beta}_2,\cdots,\boldsymbol{\beta}_s;C:\boldsymbol{\gamma}_1,\boldsymbol{\gamma}_2,\cdots,\boldsymbol{\gamma}_t$ 都是 n 维向量组.

如果向量组 A 可由向量组 B 线性表出,且向量组 B 可由向量组 C 线性表出,则向量组 A 可由向量组 C 线性表出. 验证如下:

设 $\boldsymbol{\alpha}_i=a_{i1}\boldsymbol{\beta}_1+a_{i2}\boldsymbol{\beta}_2+\cdots+a_{is}\boldsymbol{\beta}_s=\sum\limits_{j=1}^{s}a_{ij}\boldsymbol{\beta}_j$,其中 $i=1,2,\cdots,m$;

$\boldsymbol{\beta}_j=b_{j1}\boldsymbol{\gamma}_1+b_{j2}\boldsymbol{\gamma}_2+\cdots+b_{jt}\boldsymbol{\gamma}_t=\sum\limits_{k=1}^{t}b_{jk}\boldsymbol{\gamma}_k$,其中 $j=1,2,\cdots,s$,则有

$$\boldsymbol{\alpha}_i=a_{i1}\sum_{k=1}^{t}b_{1k}\boldsymbol{\gamma}_k+a_{i2}\sum_{k=1}^{t}b_{2k}\boldsymbol{\gamma}_k+\cdots+a_{is}\sum_{k=1}^{t}b_{sk}\boldsymbol{\gamma}_k=\sum_{j=1}^{s}a_{ij}\left(\sum_{k=1}^{t}b_{jk}\boldsymbol{\gamma}_k\right)=\sum_{k=1}^{t}\left(\sum_{j=1}^{s}a_{ij}b_{jk}\right)\boldsymbol{\gamma}_k.$$

由此易证向量组的等价性满足如下性质:

(1) **反身性**　向量组 A 与向量组 A 等价;

(2) **对称性**　若向量组 A 与向量组 B 等价,则向量组 B 与向量组 A 等价;

(3) **传递性**　若向量组 A 与向量组 B 等价且向量组 B 与向量组 C 等价,则向量组 A 与向量组 C 等价.

定理 4.3.1　如果所含向量个数多的向量组 $A:\boldsymbol{\alpha}_1,\boldsymbol{\alpha}_2,\cdots,\boldsymbol{\alpha}_m$ 能被所含向量个数少的向量组 $B:\boldsymbol{\beta}_1,\boldsymbol{\beta}_2,\cdots,\boldsymbol{\beta}_s$ 线性表出,则向量组 A 一定线性相关.

证　由已知条件知 $m>s$,且有 $\boldsymbol{\alpha}_i=a_{i1}\boldsymbol{\beta}_1+a_{i2}\boldsymbol{\beta}_2+\cdots+a_{is}\boldsymbol{\beta}_s=\sum\limits_{j=1}^{s}a_{ij}\boldsymbol{\beta}_j$,其中 $i=1,2,\cdots,m$. 设有一组数 $x_1,x_2,\cdots,x_m$,使得 $x_1\boldsymbol{\alpha}_1+x_2\boldsymbol{\alpha}_2+\cdots+x_m\boldsymbol{\alpha}_m=\mathbf{0}$,则有 $x_1\left(\sum\limits_{j=1}^{s}a_{1j}\boldsymbol{\beta}_j\right)+x_2\left(\sum\limits_{j=1}^{s}a_{2j}\boldsymbol{\beta}_j\right)+\cdots+x_m\left(\sum\limits_{j=1}^{s}a_{mj}\boldsymbol{\beta}_j\right)=\sum\limits_{i=1}^{m}x_i\left(\sum\limits_{j=1}^{s}a_{ij}\boldsymbol{\beta}_j\right)=\sum\limits_{j=1}^{s}\left(\sum\limits_{i=1}^{m}a_{ij}x_i\right)\boldsymbol{\beta}_j=\mathbf{0}$. 以下考虑齐次线性方程组:$\sum\limits_{i=1}^{m}a_{ij}x_i=0$,其中 $j=1,2,\cdots,s$,它有 m 个未知量 s 个方程且 $m>s$,因此它一定有非零解(参看 2.5.4 节). 由此证明了一定存在不全为零的一组数 $x_1,x_2,\cdots,x_m$,使得 $x_1\boldsymbol{\alpha}_1+x_2\boldsymbol{\alpha}_2+\cdots+x_m\boldsymbol{\alpha}_m=\mathbf{0}$,因此向量组 A 线性相关. 证毕.

直接由定理4.3.1可得：

推论1　对同维的两个向量组 $A:\boldsymbol{\alpha}_1,\boldsymbol{\alpha}_2,\cdots,\boldsymbol{\alpha}_m$ 与 $B:\boldsymbol{\beta}_1,\boldsymbol{\beta}_2,\cdots,\boldsymbol{\beta}_s$，如果向量组 A 线性无关且能被向量组 B 线性表出，则一定有 $m\leqslant s$.

推论2　如果向量组 $A:\boldsymbol{\alpha}_1,\boldsymbol{\alpha}_2,\cdots,\boldsymbol{\alpha}_m$ 与 $B:\boldsymbol{\beta}_1,\boldsymbol{\beta}_2,\cdots,\boldsymbol{\beta}_s$ 都线性无关，且向量组 A 与 B 等价，则一定有 $m=s$.

证　由于向量组 $A:\boldsymbol{\alpha}_1,\boldsymbol{\alpha}_2,\cdots,\boldsymbol{\alpha}_m$ 与 $B:\boldsymbol{\beta}_1,\boldsymbol{\beta}_2,\cdots,\boldsymbol{\beta}_s$ 等价且它们都线性无关，所以向量组 A 可由向量组 B 线性表出，因此 $m\leqslant s$. 又因向量组 B 可由向量组 A 线性表出，因此 $s\leqslant m$，因而 $m=s$. 证毕.

$n+1$ 个 n 维向量总可由 n 维基本向量组 $E:\boldsymbol{\varepsilon}_1,\boldsymbol{\varepsilon}_2,\cdots,\boldsymbol{\varepsilon}_n$ 线性表出. 因此有

推论3　$n+1$ 个 n 维向量一定线性相关.

4.3.2　向量组的极大线性无关组

定义4.3.2　向量组 A 的一个子向量组 B 称为它的**极大线性无关组**，如果

(1) 子向量组 B 是线性无关的；

(2) 向量组 A 中任取一向量添进向量组 B 后所得的向量组都线性相关.

不妨设向量组 $A:\boldsymbol{\alpha}_1,\boldsymbol{\alpha}_2,\cdots,\boldsymbol{\alpha}_m$ 的一个极大线性无关组为 $B:\boldsymbol{\alpha}_1,\boldsymbol{\alpha}_2,\cdots,\boldsymbol{\alpha}_r(r<m)$，则由定义4.3.2知向量组 $\boldsymbol{\alpha}_1,\boldsymbol{\alpha}_2,\cdots,\boldsymbol{\alpha}_r,\boldsymbol{\alpha}_k(k=r+1,r+2,\cdots,m)$ 一定线性相关，再由定理4.2.2知 $\boldsymbol{\alpha}_k(k=r+1,r+2,\cdots,m)$ 可由向量组 B 线性表出，因此证明：**向量组 A 中的每一个向量可由 A 的极大线性无关组线性表出.**

n 维基本向量组 $E:\boldsymbol{\varepsilon}_1,\boldsymbol{\varepsilon}_2,\cdots,\boldsymbol{\varepsilon}_n$ 作为全体 n 维实向量组 $\mathbf{R}^n$ 的线性无关的子向量组，它是 $\mathbf{R}^n$ 的一个极大线性无关组，这是因为 $\mathbf{R}^n$ 中任意一个向量都可以由 $E:\boldsymbol{\varepsilon}_1,\boldsymbol{\varepsilon}_2,\cdots,\boldsymbol{\varepsilon}_n$ 线性表出. 注意：向量组的极大线性无关组一般来说并不唯一，看下例即知.

例1　设向量组 $\boldsymbol{\alpha}_1=\begin{bmatrix}2\\-1\\2\\3\end{bmatrix},\boldsymbol{\alpha}_2=\begin{bmatrix}3\\1\\-2\\0\end{bmatrix},\boldsymbol{\alpha}_3=\begin{bmatrix}1\\-3\\6\\6\end{bmatrix}$，求它的极大线性无关组.

解　由 $\boldsymbol{\alpha}_3=2\boldsymbol{\alpha}_1-\boldsymbol{\alpha}_2$ 知：$\boldsymbol{\alpha}_2=2\boldsymbol{\alpha}_1-\boldsymbol{\alpha}_3,\boldsymbol{\alpha}_1=\frac{1}{2}\boldsymbol{\alpha}_2+\frac{1}{2}\boldsymbol{\alpha}_3$.

由于 $\boldsymbol{\alpha}_1$ 与 $\boldsymbol{\alpha}_2$ 的分量不对应成比例，所以 $\boldsymbol{\alpha}_1,\boldsymbol{\alpha}_2$ 线性无关，同理可知 $\boldsymbol{\alpha}_1,\boldsymbol{\alpha}_3$ 线性无关；$\boldsymbol{\alpha}_2,\boldsymbol{\alpha}_3$ 线性无关.

因此 $\boldsymbol{\alpha}_1,\boldsymbol{\alpha}_2$ 是该向量组的极大线性无关组，且 $\boldsymbol{\alpha}_1,\boldsymbol{\alpha}_3$ 与 $\boldsymbol{\alpha}_2,\boldsymbol{\alpha}_3$ 是它的另外两个极大线性无关组.

尽管向量组的极大线性无关组不一定唯一，但例1中三个极大线性无关组中向量的个数都是2，这并非偶然，一般有如下结论：

定理4.3.2　(1) 向量组与它的任意一个极大线性无关组等价. 向量组中任意两个极大线性无关组等价.

(2) 向量组中任意两个极大线性无关组所包含向量的个数相同.

证明　(1) 设向量组 $A:\boldsymbol{\alpha}_1,\boldsymbol{\alpha}_2,\cdots,\boldsymbol{\alpha}_m$，因为向量组 A 可被它的极大线性无关组线性表出，又显然极大线性无关组可被向量组 A 本身线性表出，所以向量组 A 与它的极大线性无关组等价. 由向量组等价的传递性得：向量组 A 中任意两个极大线性无关组等价.

(2) 由(1)的证明及本节推论 2 知:向量组 A 中任意两个极大线性无关组所包含向量的个数相同. 证毕.

4.3.3 向量组的秩

由定理 4.3.2 知向量组中极大线性无关组所包含向量的个数是一个不变量,这个不变量直接反映向量组自身的特征,这就出现了向量组秩的概念.

定义 4.3.3 向量组 A 的极大线性无关组中所包含向量的个数称为**向量组 A 的秩**,记作 $\mathrm{rank}(A)$,简记 $\mathrm{r}(A)$ 或 $\mathrm{R}(A)$.

只含零向量的向量组没有极大线性无关组,因此规定其秩为零.

本节例 1 中向量组 $\boldsymbol{\alpha}_1,\boldsymbol{\alpha}_2,\boldsymbol{\alpha}_3$ 的秩为 2;全体 n 维实向量组 $\mathbf{R}^n$ 的秩为 n.

定理 4.3.3 如果向量组 A 可以由向量组 B 线性表出,则 $\mathrm{r}(A)\leqslant\mathrm{r}(B)$.

证 不妨设 $\boldsymbol{\alpha}_1,\boldsymbol{\alpha}_2,\cdots,\boldsymbol{\alpha}_s$ 与 $\boldsymbol{\beta}_1,\boldsymbol{\beta}_2,\cdots,\boldsymbol{\beta}_t$ 分别是向量组 A 与向量组 B 的极大线性无关组,则 $\mathrm{r}(A)=s$,$\mathrm{r}(B)=t$,向量组 A 与 $\boldsymbol{\alpha}_1,\boldsymbol{\alpha}_2,\cdots,\boldsymbol{\alpha}_s$ 等价,且向量组 B 与 $\boldsymbol{\beta}_1,\boldsymbol{\beta}_2,\cdots,\boldsymbol{\beta}_t$ 等价. 又因向量组 A 可由向量组 B 线性表出,故 $\boldsymbol{\alpha}_1,\boldsymbol{\alpha}_2,\cdots,\boldsymbol{\alpha}_s$ 可由 $\boldsymbol{\beta}_1,\boldsymbol{\beta}_2,\cdots,\boldsymbol{\beta}_t$ 线性表出. 然后由本节推论 1 知 $s=\mathrm{r}(A)\leqslant t=\mathrm{r}(B)$. 证毕.

推论 4 如果向量组 A 与向量组 B 等价,则 $\mathrm{r}(A)=\mathrm{r}(B)$.

值得注意的是:推论 4 反过来的结论未必成立,即秩相同的两个同维向量组不一定等价. 如取向量组 A:$\boldsymbol{\alpha}_1=\begin{bmatrix}1\\0\\0\end{bmatrix}$,$\boldsymbol{\alpha}_2=\begin{bmatrix}0\\1\\0\end{bmatrix}$ 与 B:$\boldsymbol{\beta}_1=\begin{bmatrix}0\\0\\1\end{bmatrix}$,$\boldsymbol{\beta}_2=\begin{bmatrix}0\\1\\0\end{bmatrix}$,显然 $\mathrm{r}(A)=\mathrm{r}(B)=2$,但向量组 A 与 B 并不等价.

4.4 矩阵的秩

本节由向量组的秩引入矩阵的秩的概念,并由此得向量组秩的简单计算.

4.4.1 矩阵的秩

对于 $m\times n$ 矩阵 $\boldsymbol{A}=\begin{bmatrix}a_{11}&a_{12}&\cdots&a_{1n}\\a_{21}&a_{22}&\cdots&a_{2n}\\\vdots&\vdots&&\vdots\\a_{m1}&a_{m2}&\cdots&a_{mn}\end{bmatrix}$,它的每一行(每一列)都可以看做一个 n 维行向量(m 维列向量),因而一般称 m 个 n 维行向量

$$\boldsymbol{\alpha}_1^{\mathrm{T}}=(a_{11},a_{12},\cdots,a_{1n}),\boldsymbol{\alpha}_2^{\mathrm{T}}=(a_{21},a_{22},\cdots,a_{2n}),\cdots,\boldsymbol{\alpha}_m^{\mathrm{T}}=(a_{m1},a_{m2},\cdots,a_{mn})$$

为矩阵 $\boldsymbol{A}$ 的**行向量组**;同理称 n 个 m 维的列向量为矩阵 $\boldsymbol{A}$ 的**列向量组**.

定义 4.4.1 称矩阵 $\boldsymbol{A}$ 的行向量组(列向量组)的秩为**矩阵 $\boldsymbol{A}$ 的行秩(列秩)**.

例 1 求矩阵 $\boldsymbol{A}=\begin{bmatrix}0&1&2&4&0&-1&0\\0&0&0&0&1&6&0\\0&0&0&0&0&0&1\\0&0&0&0&0&0&0\end{bmatrix}$ 的行秩与列秩.

解　矩阵 $\boldsymbol{A}$ 的列向量组为 $\boldsymbol{\beta}_1=\begin{bmatrix}0\\0\\0\\0\end{bmatrix}$，$\boldsymbol{\beta}_2=\begin{bmatrix}1\\0\\0\\0\end{bmatrix}$，$\boldsymbol{\beta}_3=\begin{bmatrix}2\\0\\0\\0\end{bmatrix}$，$\boldsymbol{\beta}_4=\begin{bmatrix}4\\0\\0\\0\end{bmatrix}$，$\boldsymbol{\beta}_5=\begin{bmatrix}0\\1\\0\\0\end{bmatrix}$，$\boldsymbol{\beta}_6=\begin{bmatrix}-1\\6\\0\\0\end{bmatrix}$，$\boldsymbol{\beta}_7=\begin{bmatrix}0\\0\\1\\0\end{bmatrix}$；显然 $\boldsymbol{\beta}_2,\boldsymbol{\beta}_5,\boldsymbol{\beta}_7$ 是线性无关的，且 $\boldsymbol{\beta}_3=2\boldsymbol{\beta}_2,\boldsymbol{\beta}_4=4\boldsymbol{\beta}_2,\boldsymbol{\beta}_6=-\boldsymbol{\beta}_2+6\boldsymbol{\beta}_5$，因此 $\boldsymbol{\beta}_2,\boldsymbol{\beta}_5,\boldsymbol{\beta}_7$ 是列向量组的极大线性无关组，因而 $\boldsymbol{A}$ 的列秩为 3. $\boldsymbol{A}$ 的行向量组 $\boldsymbol{\alpha}_1^{\mathrm{T}}=(0,1,2,4,0,-1,0)$，$\boldsymbol{\alpha}_2^{\mathrm{T}}=(0,0,0,0,1,6,0)$，$\boldsymbol{\alpha}_3^{\mathrm{T}}=(0,0,0,0,0,0,1)$，$\boldsymbol{\alpha}_4^{\mathrm{T}}=(0,0,0,0,0,0,0)$.

如果 $k_1\boldsymbol{\alpha}_1^{\mathrm{T}}+k_2\boldsymbol{\alpha}_2^{\mathrm{T}}+k_3\boldsymbol{\alpha}_3^{\mathrm{T}}=(0,k_1,2k_1,4k_1,k_2,-k_1+6k_2,k_3)=(0,0,0,0,0,0,0)$，则 $k_1=k_2=k_3=0$. 因此，$\boldsymbol{\alpha}_1^{\mathrm{T}},\boldsymbol{\alpha}_2^{\mathrm{T}},\boldsymbol{\alpha}_3^{\mathrm{T}}$ 是线性无关的且为 $\boldsymbol{A}$ 的行向量组的极大线性无关组，因而 $\boldsymbol{A}$ 的行秩为 3.

定理 4.4.1　对 $m\times n$ 矩阵 $\boldsymbol{A}$ 作有限次初等行变换将其变为矩阵 $\boldsymbol{B}$，则

(1) $\boldsymbol{A}$ 的行秩等于 $\boldsymbol{B}$ 的行秩；

(2) $\boldsymbol{A}$ 的任意列子向量组和它相对应 $\boldsymbol{B}$ 的列子向量组都有相同的线性关系，即若

$$\boldsymbol{A}=(\boldsymbol{\alpha}_1,\boldsymbol{\alpha}_2,\cdots,\boldsymbol{\alpha}_n)\xrightarrow{\text{初等行变换}}\boldsymbol{B}=(\boldsymbol{\beta}_1,\boldsymbol{\beta}_2,\cdots,\boldsymbol{\beta}_n),$$

则对任意 $1\leqslant i_1<i_2<\cdots<i_k\leqslant n$，向量组 $\boldsymbol{\alpha}_{i_1},\boldsymbol{\alpha}_{i_2},\cdots,\boldsymbol{\alpha}_{i_k}$ 与向量组 $\boldsymbol{\beta}_{i_1},\boldsymbol{\beta}_{i_2},\cdots,\boldsymbol{\beta}_{i_k}$ 都有相同的线性关系. 进而有：$\boldsymbol{A}$ 的列秩等于 $\boldsymbol{B}$ 的列秩.

证　(1) 设 $\boldsymbol{A}=\begin{bmatrix}\boldsymbol{\xi}_1^{\mathrm{T}}\\\boldsymbol{\xi}_2^{\mathrm{T}}\\\vdots\\\boldsymbol{\xi}_m^{\mathrm{T}}\end{bmatrix}\xrightarrow{\text{1 次初等行变换}}\boldsymbol{B}=\begin{bmatrix}\boldsymbol{\eta}_1^{\mathrm{T}}\\\boldsymbol{\eta}_2^{\mathrm{T}}\\\vdots\\\boldsymbol{\eta}_m^{\mathrm{T}}\end{bmatrix}$，其中 $\boldsymbol{\xi}_i^{\mathrm{T}},\boldsymbol{\eta}_i^{\mathrm{T}}(i=1,2,\cdots,m)$ 分别表示矩阵 $\boldsymbol{A}$ 和 $\boldsymbol{B}$ 的 n 维行向量. 其一，如果是对换 $\boldsymbol{A}$ 中的某两行，则只对向量组 $\boldsymbol{\xi}_1^{\mathrm{T}},\boldsymbol{\xi}_2^{\mathrm{T}},\cdots,\boldsymbol{\xi}_m^{\mathrm{T}}$ 通过两个向量次序的改变而得向量组 $\boldsymbol{\eta}_1^{\mathrm{T}},\boldsymbol{\eta}_2^{\mathrm{T}},\cdots,\boldsymbol{\eta}_m^{\mathrm{T}}$，因此 $\boldsymbol{A}$ 的行秩等于 $\boldsymbol{B}$ 的行秩；其二，如果是将 $\boldsymbol{A}$ 中第 i 行乘非零数 k，则 $k\boldsymbol{\xi}_i^{\mathrm{T}}=\boldsymbol{\eta}_i^{\mathrm{T}}$（或 $\boldsymbol{\xi}_i^{\mathrm{T}}=\dfrac{1}{k}\boldsymbol{\eta}_i^{\mathrm{T}}$），且当 $j=1,2,\cdots,i-1,i+1,\cdots,m$ 时，$\boldsymbol{\xi}_j^{\mathrm{T}}=\boldsymbol{\eta}_j^{\mathrm{T}}$，因此向量组 $\boldsymbol{\xi}_1^{\mathrm{T}},\boldsymbol{\xi}_2^{\mathrm{T}},\cdots,\boldsymbol{\xi}_m^{\mathrm{T}}$ 与 $\boldsymbol{\eta}_1^{\mathrm{T}},\boldsymbol{\eta}_2^{\mathrm{T}},\cdots,\boldsymbol{\eta}_m^{\mathrm{T}}$ 等价，故 $\boldsymbol{A}$ 的行秩等于 $\boldsymbol{B}$ 的行秩；其三，如果 $\boldsymbol{A}$ 中第 j 行乘数 k 加到另外一行比如第 $i(i\neq j)$ 行上，则 $\boldsymbol{\xi}_i^{\mathrm{T}}+k\boldsymbol{\xi}_j^{\mathrm{T}}=\boldsymbol{\eta}_i^{\mathrm{T}}$（或 $\boldsymbol{\xi}_i^{\mathrm{T}}=\boldsymbol{\eta}_i^{\mathrm{T}}-k\boldsymbol{\xi}_j^{\mathrm{T}}$），且当 $s=1,2,\cdots,i-1,i+1,\cdots,m$ 时，$\boldsymbol{\xi}_s^{\mathrm{T}}=\boldsymbol{\eta}_s^{\mathrm{T}}$，因此 $\boldsymbol{\xi}_1^{\mathrm{T}},\boldsymbol{\xi}_2^{\mathrm{T}},\cdots,\boldsymbol{\xi}_m^{\mathrm{T}}$ 与 $\boldsymbol{\eta}_1^{\mathrm{T}},\boldsymbol{\eta}_2^{\mathrm{T}},\cdots,\boldsymbol{\eta}_m^{\mathrm{T}}$ 等价，故 $\boldsymbol{A}$ 的行秩等于 $\boldsymbol{B}$ 的行秩. 因为初等行变换只有以上三种形式，所以对矩阵 $\boldsymbol{A}$ 实施有限次初等行变换之后，其行秩不变.

(2) 若通过 t 次初等行变换使 $\boldsymbol{A}=(\boldsymbol{\alpha}_1,\boldsymbol{\alpha}_2,\cdots,\boldsymbol{\alpha}_n)\to\boldsymbol{B}=(\boldsymbol{\beta}_1,\boldsymbol{\beta}_2,\cdots,\boldsymbol{\beta}_n)$，则等价于用 t 个初等矩阵 $\boldsymbol{P}_1,\boldsymbol{P}_2,\cdots,\boldsymbol{P}_t$ 依次左乘 $\boldsymbol{A}$ 后使它等于 $\boldsymbol{B}$，记 $\boldsymbol{P}=\boldsymbol{P}_t\boldsymbol{P}_{t-1}\cdots\boldsymbol{P}_1$（$\boldsymbol{P}$ 是可逆的），则有 $\boldsymbol{PA}=\boldsymbol{B}$，即

$$\boldsymbol{P}(\boldsymbol{\alpha}_1,\boldsymbol{\alpha}_2,\cdots,\boldsymbol{\alpha}_n)=(\boldsymbol{P}\boldsymbol{\alpha}_1,\boldsymbol{P}\boldsymbol{\alpha}_2,\cdots,\boldsymbol{P}\boldsymbol{\alpha}_n)=(\boldsymbol{\beta}_1,\boldsymbol{\beta}_2,\cdots,\boldsymbol{\beta}_n),$$

因此，对 $j=1,2,\cdots,n$，$\boldsymbol{P}\boldsymbol{\alpha}_j=\boldsymbol{\beta}_j$ 且 $\boldsymbol{\alpha}_j=\boldsymbol{P}^{-1}\boldsymbol{\beta}_j$.

对任意 $1\leqslant i_1<i_2<\cdots<i_k\leqslant n$，考虑向量组 $\boldsymbol{\alpha}_{i_1},\boldsymbol{\alpha}_{i_2},\cdots,\boldsymbol{\alpha}_{i_k}$ 的线性关系：

$$x_{i_1}\boldsymbol{\alpha}_{i_1}+x_{i_2}\boldsymbol{\alpha}_{i_2}+\cdots+x_{i_k}\boldsymbol{\alpha}_{i_k}=\mathbf{0}. \tag{4.3}$$

因此 $\boldsymbol{P}(x_{i_1}\boldsymbol{\alpha}_{i_1}+x_{i_2}\boldsymbol{\alpha}_{i_2}+\cdots+x_{i_k}\boldsymbol{\alpha}_{i_k})=x_{i_1}(\boldsymbol{P}\boldsymbol{\alpha}_{i_1})+x_{i_2}(\boldsymbol{P}\boldsymbol{\alpha}_{i_2})+\cdots+x_{i_k}(\boldsymbol{P}\boldsymbol{\alpha}_{i_k})=\mathbf{0}$，
由此可得

$$x_{i_1}\boldsymbol{\beta}_{i_1}+x_{i_2}\boldsymbol{\beta}_{i_2}+\cdots+x_{i_k}\boldsymbol{\beta}_{i_k}=\mathbf{0}. \tag{4.4}$$

又因 $\boldsymbol{P}$ 是可逆的，在方程(4.4)两边左乘 $\boldsymbol{P}^{-1}$ 即可得方程(4.3)，因此含 k 个未知数 m 个方程的齐次方程组(4.3)与(4.4)同解，所以向量组 $\boldsymbol{\alpha}_{i_1},\boldsymbol{\alpha}_{i_2},\cdots,\boldsymbol{\alpha}_{i_k}$ 与向量组 $\boldsymbol{\beta}_{i_1},\boldsymbol{\beta}_{i_2},\cdots,\boldsymbol{\beta}_{i_k}$ 有相同的线性关系. 由此易知，$\boldsymbol{A}$ 列向量组的极大线性无关组对应于 $\boldsymbol{B}$ 中相应的那些列向量，也构成 $\boldsymbol{B}$ 列向量组的极大线性无关组，因此，$\boldsymbol{A}$ 的列秩等于 $\boldsymbol{B}$ 的列秩. 证毕.

由定理 4.4.1 可得求向量组的秩、极大线性无关组及其把其余向量表示为极大线性无关组线性组合的简单方法：以向量组的向量为列作矩阵 $\boldsymbol{A}$，通过初等行变换将其先化为行阶梯形矩阵，然后再化为行最简形. 秩等于行阶梯形矩阵的非零行的行数. 行阶梯形矩阵(或行最简形矩阵)中每行首个非零元所在列对应的原矩阵 $\boldsymbol{A}$ 的相应列向量，就构成它的一个极大线性无关组. 用行最简形矩阵直接写出其余向量表示为所求极大线性无关组的线性组合. 对行向量组，可以先转置变为列向量组，或者对称地仅用初等列变换化为列最简形矩阵去进行.

例 2 求向量组 $\boldsymbol{\alpha}_1=\begin{bmatrix}1\\2\\3\\-1\end{bmatrix},\boldsymbol{\alpha}_2=\begin{bmatrix}2\\2\\2\\-1\end{bmatrix},\boldsymbol{\alpha}_3=\begin{bmatrix}3\\2\\1\\-1\end{bmatrix},\boldsymbol{\alpha}_4=\begin{bmatrix}2\\3\\1\\1\end{bmatrix},\boldsymbol{\alpha}_5=\begin{bmatrix}5\\5\\2\\0\end{bmatrix}$ 的秩和它的一个极大线性无关组，并把其余向量表示为所求极大线性无关组的线性组合.

解
$$\boldsymbol{A}=\begin{bmatrix}1&2&3&2&5\\2&2&2&3&5\\3&2&1&1&2\\-1&-1&-1&1&0\end{bmatrix}\xrightarrow[r_4+r_1]{\substack{r_2-2r_1\\r_3-3r_1}}\begin{bmatrix}1&2&3&2&5\\0&-2&-4&-1&-5\\0&-4&-8&-5&-13\\0&1&2&3&5\end{bmatrix}\xrightarrow[r_4+2r_2]{\substack{r_2\leftrightarrow r_4\\r_3+4r_2}}$$

$$\begin{bmatrix}1&2&3&2&5\\0&1&2&3&5\\0&0&0&7&7\\0&0&0&5&5\end{bmatrix}\xrightarrow[r_4-5r_3]{\frac{1}{7}r_3}\begin{bmatrix}1&2&3&2&5\\0&1&2&3&5\\0&0&0&1&1\\0&0&0&0&0\end{bmatrix}\xrightarrow[r_1-2r_3]{r_2-3r_3}\begin{bmatrix}1&2&3&0&3\\0&1&2&0&2\\0&0&0&1&1\\0&0&0&0&0\end{bmatrix}\xrightarrow{r_1-2r_2}$$

$\begin{bmatrix}1&0&-1&0&-1\\0&1&2&0&2\\0&0&0&1&1\\0&0&0&0&0\end{bmatrix}$，因此得列向量组：$\boldsymbol{\beta}_1=\begin{bmatrix}1\\0\\0\\0\end{bmatrix},\boldsymbol{\beta}_2=\begin{bmatrix}0\\1\\0\\0\end{bmatrix},\boldsymbol{\beta}_3=\begin{bmatrix}-1\\2\\0\\0\end{bmatrix},\boldsymbol{\beta}_4=\begin{bmatrix}0\\0\\1\\0\end{bmatrix},\boldsymbol{\beta}_5=\begin{bmatrix}-1\\2\\1\\0\end{bmatrix}$，显然 $\boldsymbol{\beta}_1,\boldsymbol{\beta}_2,\boldsymbol{\beta}_4$ 是此向量组的极大线性无关组，且 $\boldsymbol{\beta}_3=-\boldsymbol{\beta}_1+2\boldsymbol{\beta}_2,\boldsymbol{\beta}_5=-\boldsymbol{\beta}_1+2\boldsymbol{\beta}_2+\boldsymbol{\beta}_4$.
因此，根据定理 4.4.1(2)易知：向量组 $\boldsymbol{\alpha}_1,\boldsymbol{\alpha}_2,\boldsymbol{\alpha}_3,\boldsymbol{\alpha}_4,\boldsymbol{\alpha}_5$ 的极大线性无关组为 $\boldsymbol{\alpha}_1,\boldsymbol{\alpha}_2,\boldsymbol{\alpha}_4$，故该向量组秩为 3，且 $\boldsymbol{\alpha}_3=-\boldsymbol{\alpha}_1+2\boldsymbol{\alpha}_2,\boldsymbol{\alpha}_5=-\boldsymbol{\alpha}_1+2\boldsymbol{\alpha}_2+\boldsymbol{\alpha}_4$.

前边例 1 中矩阵的行秩等于它的列秩并非偶然. 由定理 4.4.1，初等行变换既不改变矩阵的行秩，也不改变矩阵的列秩，同理初等列变换不改变矩阵的行秩与列秩. 由定理 2.5.4

又知，对任意 $m\times n$ 矩阵 $\boldsymbol{A}$，通过有限次初等变换后，总可以化为标准形 $\begin{bmatrix}\boldsymbol{E}_r & \boldsymbol{O}_{r\times(n-r)}\\ \boldsymbol{O}_{(m-r)\times r} & \boldsymbol{O}_{(m-r)\times(n-r)}\end{bmatrix}$，而标准形矩阵的行秩显然等于它的列秩，因此可得如下重要结论：

定理 4.4.2　矩阵的行秩等于它的列秩.

定义 4.4.2　$m\times n$ 矩阵 $\boldsymbol{A}$ 的行秩(或 $\boldsymbol{A}$ 的列秩)称为**矩阵 $\boldsymbol{A}$ 的秩**，记作 $\mathrm{r}(\boldsymbol{A})$ 或 $\mathrm{R}(\boldsymbol{A})$.

n 阶方阵 $\boldsymbol{A}$ 的秩为 n 时，一般称**方阵 $\boldsymbol{A}$ 满秩.**

定理 4.4.3　n 阶方阵 $\boldsymbol{A}$ 满秩的充分必要条件是它的行列式 $|\boldsymbol{A}|\neq 0$.

证　$\boldsymbol{A}$ 满秩，即 $\boldsymbol{A}$ 的秩为 $n\Leftrightarrow\boldsymbol{A}$ 可通过有限次初等变换化为 $\boldsymbol{E}_n \overset{\text{定理2.5.5}}{\Leftrightarrow}$ 方阵 $\boldsymbol{A}$ 可逆 $\Leftrightarrow$ 行列式 $|\boldsymbol{A}|\neq 0$. 证毕.

4.4.2　矩阵秩的性质

定义 4.4.3　矩阵 $\boldsymbol{A}=\begin{bmatrix}a_{11} & a_{12} & \cdots & a_{1n}\\ a_{21} & a_{22} & \cdots & a_{2n}\\ \vdots & \vdots & & \vdots\\ a_{m1} & a_{m2} & \cdots & a_{mn}\end{bmatrix}$ 的任意 k 行($1\leqslant i_1<i_2<\cdots<i_k\leqslant l$，其中 $l=\min\{m,n\}$)与任意 k 列($1\leqslant j_1<j_2<\cdots<j_k\leqslant l$)位于交叉点上的 k^2 个元素按照原来的次序所构成的一个 k 阶行列式 $\begin{vmatrix}a_{i_1j_1} & a_{i_1j_2} & \cdots & a_{i_1j_k}\\ a_{i_2j_1} & a_{i_2j_2} & \cdots & a_{i_2j_k}\\ \vdots & \vdots & & \vdots\\ a_{i_kj_1} & a_{i_kj_2} & \cdots & a_{i_kj_k}\end{vmatrix}$ 称为**矩阵 $\boldsymbol{A}$ 的 k 阶子行列式**，简称**矩阵 $\boldsymbol{A}$ 的 k 阶子式**. 特别当 $i_1=j_1,i_2=j_2,\cdots,i_k=j_k$ 时，又称为**矩阵 $\boldsymbol{A}$ 的 k 阶主子式.**

矩阵的秩也可用它的非零子式刻画如下：

定理 4.4.4　$m\times n$ 矩阵 $\boldsymbol{A}$ 的秩等于矩阵 $\boldsymbol{A}$ 的所有非零子式的最高阶数.

证　设 $\mathrm{r}(\boldsymbol{A})=r$，$l=\min\{m,n\}$，则矩阵 $\boldsymbol{A}$ 的行秩是 r 且存在矩阵 $\boldsymbol{A}$ 的 r 行($1\leqslant i_1<i_2<\cdots<i_r\leqslant l$)向量作为 $\boldsymbol{A}$ 的行向量的极大线性无关组，其构成一矩阵 $\boldsymbol{A}_1=\begin{bmatrix}a_{i_11} & a_{i_12} & \cdots & a_{i_1n}\\ a_{i_21} & a_{i_22} & \cdots & a_{i_2n}\\ \vdots & \vdots & & \vdots\\ a_{i_r1} & a_{i_r2} & \cdots & a_{i_rn}\end{bmatrix}$. 又因 $\boldsymbol{A}_1$ 的列秩也是 r，因此存在矩阵 $\boldsymbol{A}_1$ 的 r 列($1\leqslant j_1<j_2<\cdots<j_r\leqslant l$)向量作为 $\boldsymbol{A}_1$ 的列向量的极大线性无关组，从而得一个 r 阶满秩阵 $\boldsymbol{A}_2=\begin{bmatrix}a_{i_1j_1} & a_{i_1j_2} & \cdots & a_{i_1j_r}\\ a_{i_2j_1} & a_{i_2j_2} & \cdots & a_{i_2j_r}\\ \vdots & \vdots & & \vdots\\ a_{i_rj_1} & a_{i_rj_2} & \cdots & a_{i_rj_r}\end{bmatrix}$，由定理 4.4.3 知：$\boldsymbol{A}$ 的 r 阶子式 $|\boldsymbol{A}_2|\neq 0$. 又因 $\boldsymbol{A}$ 的任意 $r+1,r+2,\cdots,m$ 个行向量必线性相关，所以 $\boldsymbol{A}$ 的所有阶数大于 r 的子式全为零. 证毕.

关于矩阵的秩，还有如下几个常用性质.

性质 4.4.1　对任意矩阵 $\boldsymbol{A}_{m\times n}$，$\boldsymbol{B}_{m\times n}$，$\boldsymbol{C}_{n\times s}$，有

(1) 两个矩阵和的秩不超过两个矩阵秩的和，即 $\mathrm{r}(\boldsymbol{A}+\boldsymbol{B})\leqslant\mathrm{r}(\boldsymbol{A})+\mathrm{r}(\boldsymbol{B})$.

(2) 两个矩阵积的秩不超过左乘矩阵的秩，也不超过右乘矩阵的秩，即$\mathrm{r}(\boldsymbol{AC})\leqslant\min\{\mathrm{r}(\boldsymbol{A}),\mathrm{r}(\boldsymbol{C})\}$.

(3) 矩阵左乘或右乘可逆方阵，其秩不变. 即，若$\boldsymbol{P},\boldsymbol{Q}$分别是$m$阶、$n$阶可逆方阵，则

$$\mathrm{r}(\boldsymbol{A}_{m\times n})=\mathrm{r}(\boldsymbol{PA}_{m\times n})=\mathrm{r}(\boldsymbol{A}_{m\times n}\boldsymbol{Q})=\mathrm{r}(\boldsymbol{PA}_{m\times n}\boldsymbol{Q}).$$

证 (1) 设$\boldsymbol{A},\boldsymbol{B}$都是$m\times n$矩阵，且向量组$\boldsymbol{\alpha}_1,\boldsymbol{\alpha}_2,\cdots,\boldsymbol{\alpha}_t$与$\boldsymbol{\beta}_1,\boldsymbol{\beta}_2,\cdots,\boldsymbol{\beta}_s$分别是矩阵$\boldsymbol{A}$与$\boldsymbol{B}$的列向量组的极大线性无关组，则$\mathrm{r}(\boldsymbol{A})=t,\mathrm{r}(\boldsymbol{B})=s$，且$\boldsymbol{A}+\boldsymbol{B}$的列向量可由向量组$\boldsymbol{\alpha}_1,\boldsymbol{\alpha}_2,\cdots,\boldsymbol{\alpha}_t,\boldsymbol{\beta}_1,\boldsymbol{\beta}_2,\cdots,\boldsymbol{\beta}_s$线性表出，因此由定理4.3.3可得

$$\begin{aligned}\mathrm{r}(\boldsymbol{A}+\boldsymbol{B})&=\boldsymbol{A}+\boldsymbol{B}\text{的列向量组的秩}\leqslant\mathrm{r}(\boldsymbol{\alpha}_1,\boldsymbol{\alpha}_2,\cdots,\boldsymbol{\alpha}_t,\boldsymbol{\beta}_1,\boldsymbol{\beta}_2,\cdots,\boldsymbol{\beta}_s)\\&\leqslant t+s=\mathrm{r}(\boldsymbol{A})+\mathrm{r}(\boldsymbol{B}).\end{aligned}$$

(2) 设矩阵$\boldsymbol{A}=(a_{ij})_{m\times n}=(\boldsymbol{\alpha}_1,\boldsymbol{\alpha}_2,\cdots,\boldsymbol{\alpha}_n)$且$\boldsymbol{C}=(c_{ij})_{n\times s}$，则

$$\boldsymbol{AC}=(\boldsymbol{\gamma}_1,\boldsymbol{\gamma}_2,\cdots,\boldsymbol{\gamma}_s)=(\boldsymbol{\alpha}_1,\boldsymbol{\alpha}_2,\cdots,\boldsymbol{\alpha}_n)\begin{bmatrix}c_{11}&c_{12}&\cdots&c_{1s}\\c_{21}&c_{22}&\cdots&c_{2s}\\\vdots&\vdots&&\vdots\\c_{n1}&c_{n2}&\cdots&c_{ns}\end{bmatrix}.$$因此$\boldsymbol{AC}$的列向量$\boldsymbol{\gamma}_1,\boldsymbol{\gamma}_2,\cdots,\boldsymbol{\gamma}_s$可由$\boldsymbol{\alpha}_1,\boldsymbol{\alpha}_2,\cdots,\boldsymbol{\alpha}_n$线性表出，故$\mathrm{r}(\boldsymbol{AC})\leqslant\mathrm{r}(\boldsymbol{\alpha}_1,\boldsymbol{\alpha}_2,\cdots,\boldsymbol{\alpha}_n)=\mathrm{r}(\boldsymbol{A})$；同理考虑$\boldsymbol{AC}$与$\boldsymbol{C}$的行向量组可证$\mathrm{r}(\boldsymbol{AC})\leqslant\mathrm{r}(\boldsymbol{C})$.

(3) 由于$\boldsymbol{P},\boldsymbol{Q}$分别是$m$阶、$n$阶可逆方阵，因此它们都可以分解为有限个初等矩阵的乘积. 给$\boldsymbol{A}$左乘$\boldsymbol{P}$或右乘$\boldsymbol{Q}$等价于作有限次初等行变换或列变换，因此其秩不变. 证毕.

推论1 (1) n个矩阵和的秩不超过这n个矩阵秩的和，即

$$\mathrm{r}(\boldsymbol{A}_1+\boldsymbol{A}_2+\cdots+\boldsymbol{A}_n)\leqslant\mathrm{r}(\boldsymbol{A}_1)+\mathrm{r}(\boldsymbol{A}_2)+\cdots+\mathrm{r}(\boldsymbol{A}_n);$$

(2) n个矩阵积的秩不超过各因子矩阵的秩，即

$$\mathrm{r}(\boldsymbol{B}_1\boldsymbol{B}_2\cdots\boldsymbol{B}_n)\leqslant\min\{\mathrm{r}(\boldsymbol{B}_1),\mathrm{r}(\boldsymbol{B}_2),\cdots,\mathrm{r}(\boldsymbol{B}_n)\}.$$

对$m\times n$矩阵$\boldsymbol{A}$，若$\mathrm{r}(\boldsymbol{A})=\mathrm{r}$，则在矩阵等价意义下，其最简单的形式是什么？

定理4.4.5 对$m\times n$矩阵$\boldsymbol{A}$，若$\mathrm{r}(\boldsymbol{A})=r$，则一定存在$m$阶可逆方阵$\boldsymbol{P}$和$n$阶可逆方阵$\boldsymbol{Q}$，使得$\boldsymbol{PAQ}=\begin{bmatrix}\boldsymbol{E}_r&\boldsymbol{O}_{r\times(n-r)}\\\boldsymbol{O}_{(m-r)\times r}&\boldsymbol{O}_{(m-r)\times(n-r)}\end{bmatrix}$，其中$\boldsymbol{E}_r$是$r$阶单位矩阵，$\boldsymbol{O}_{r\times(n-r)},\boldsymbol{O}_{(m-r)\times r},\boldsymbol{O}_{(m-r)\times(n-r)}$全是零矩阵.

证 由定理2.5.4知，对$m\times n$矩阵$\boldsymbol{A}$，必存在m阶初等矩阵$\boldsymbol{P}_1,\boldsymbol{P}_2,\cdots,\boldsymbol{P}_t$与$n$阶初等矩阵$\boldsymbol{Q}_1,\boldsymbol{Q}_2,\cdots,\boldsymbol{Q}_k$，使得

$$\boldsymbol{P}_t\boldsymbol{P}_{t-1}\cdots\boldsymbol{P}_1\boldsymbol{AQ}_1\boldsymbol{Q}_2\cdots\boldsymbol{Q}_k=\begin{bmatrix}\boldsymbol{E}_s&\boldsymbol{O}_{s\times(n-s)}\\\boldsymbol{O}_{(m-s)\times s}&\boldsymbol{O}_{(m-s)\times(n-s)}\end{bmatrix}=\boldsymbol{B}_s.$$

由性质4.4.1(3)知$\mathrm{r}(\boldsymbol{B}_s)=\mathrm{r}(\boldsymbol{A})=r$，因此$s=r$. 取可逆矩阵$\boldsymbol{P}=\boldsymbol{P}_t\boldsymbol{P}_{t-1}\cdots\boldsymbol{P}_1$与$\boldsymbol{Q}=\boldsymbol{Q}_1\boldsymbol{Q}_2\cdots\boldsymbol{Q}_k$即可. 证毕.

一般称矩阵$\boldsymbol{B}_r=\begin{bmatrix}\boldsymbol{E}_r&\boldsymbol{O}_{r\times(n-r)}\\\boldsymbol{O}_{(m-r)\times r}&\boldsymbol{O}_{(m-r)\times(n-r)}\end{bmatrix}$（其中$\boldsymbol{E}_r$是$r$阶单位矩阵，$\boldsymbol{O}_{r\times(n-r)},\boldsymbol{O}_{(m-r)\times r},\boldsymbol{O}_{(m-r)\times(n-r)}$全是零矩阵）为$m\times n$矩阵的等价**标准形**. 规定$\boldsymbol{B}_0=\boldsymbol{O}_{m\times n}$是零矩阵. 由定理4.4.5知，所有$m$行$n$列矩阵总等价于如下$l+1$个等价标准形矩阵：$\boldsymbol{B}_0,\boldsymbol{B}_1,\boldsymbol{B}_2,\cdots,\boldsymbol{B}_l$，其中$l=\min\{m,n\}$. 因此，由矩阵等价的传递性可得如下结论.

推论2 对同型矩阵$\boldsymbol{A},\boldsymbol{B}$，$\mathrm{r}(\boldsymbol{A})=\mathrm{r}(\boldsymbol{B})$的充分必要条件是$\boldsymbol{A}$和$\boldsymbol{B}$等价.

4.5　向量空间

定义 4.5.1　设 V 是定义在实数集 $\mathbf{R}$ 上的 n 维向量的一个非空集合. 如果 V 中向量对加法和数乘运算封闭,即

(1) 对任意 $\boldsymbol{\alpha},\boldsymbol{\beta}\in V$,总有 $\boldsymbol{\alpha}+\boldsymbol{\beta}\in \mathbf{V}$;

(2) 对任意 $\boldsymbol{\alpha}\in V,k\in\mathbf{R}$,总有 $k\boldsymbol{\alpha}\in\mathbf{V}$,

则称 V 是一个**向量空间**.

注意向量空间 V 中的向量满足性质 4.1.1 的 8 条基本运算规律. 显然任何向量空间都包含零向量,只含零向量的向量空间称为**零向量空间**. 易知 n 维实向量全体 $\mathbf{R}^n$ 是一个向量空间.

例 1　在解析几何中,从平面直角坐标系或空间直角坐标系的坐标原点为起点引出的所有向量(或矢量)的集合,恰好构成了向量空间 $\mathbf{R}^2$ 或 $\mathbf{R}^3$,这是因为它们对向量的加法与实数乘向量的运算都封闭.

例 2　在空间直角坐标系 $Oxyz$ 中:(1) 所有平行于坐标平面 Oxy 的向量构成的集合 $V_2=\{(x,y,0)\mid x\in\mathbf{R},y\in\mathbf{R}\}\subseteq\mathbf{R}^3$ 是一个向量空间,因为从几何意义上看显然对向量的加法与实数乘向量的运算都封闭;(2) 所有起点在坐标原点 O,终点在平面 $z=1$ 上的向量(或矢量)构成的集合 $V=\{(x,y,1)\mid x\in\mathbf{R},y\in\mathbf{R}\}$ 不是向量空间,因为$(x,y,1)+(0,0,1)=(x,y,2)\notin V$.

由 n 维向量 $\boldsymbol{\alpha}_1,\boldsymbol{\alpha}_2,\cdots,\boldsymbol{\alpha}_m$ 的任意线性组合构成的向量集

$$V=\{k_1\boldsymbol{\alpha}_1+k_2\boldsymbol{\alpha}_2+\cdots+k_m\boldsymbol{\alpha}_m\mid k_1,k_2,\cdots,k_m\in\mathbf{R}\}$$

是一个向量空间,称其为**由 $\boldsymbol{\alpha}_1,\boldsymbol{\alpha}_2,\cdots,\boldsymbol{\alpha}_m$ 生成的向量空间**,记作 $L(\boldsymbol{\alpha}_1,\boldsymbol{\alpha}_2,\cdots,\boldsymbol{\alpha}_m)$.

验证如下:对任意 $\boldsymbol{\eta}=k_1\boldsymbol{\alpha}_1+k_2\boldsymbol{\alpha}_2+\cdots+k_m\boldsymbol{\alpha}_m\in V$ 和 $\lambda\in\mathbf{R}$ 有

$$\lambda\boldsymbol{\eta}=\lambda(k_1\boldsymbol{\alpha}_1+k_2\boldsymbol{\alpha}_2+\cdots+k_m\boldsymbol{\alpha}_m)=\lambda k_1\boldsymbol{\alpha}_1+\lambda k_2\boldsymbol{\alpha}_2+\cdots+\lambda k_m\boldsymbol{\alpha}_m\in V,$$

对 V 中任意两向量 $\boldsymbol{\eta}_1=k_1\boldsymbol{\alpha}_1+k_2\boldsymbol{\alpha}_2+\cdots+k_m\boldsymbol{\alpha}_m$ 与 $\boldsymbol{\eta}_2=l_1\boldsymbol{\alpha}_1+l_2\boldsymbol{\alpha}_2+\cdots+l_m\boldsymbol{\alpha}_m$ 有

$$\begin{aligned}\boldsymbol{\eta}_1+\boldsymbol{\eta}_2&=(k_1\boldsymbol{\alpha}_1+k_2\boldsymbol{\alpha}_2+\cdots+k_m\boldsymbol{\alpha}_m)+(l_1\boldsymbol{\alpha}_1+l_2\boldsymbol{\alpha}_2+\cdots+l_m\boldsymbol{\alpha}_m)\\&=(k_1+l_1)\boldsymbol{\alpha}_1+(k_2+l_2)\boldsymbol{\alpha}_2+\cdots+(k_m+l_m)\boldsymbol{\alpha}_m\in V.\end{aligned}$$

设 V 是向量空间且 $W\subseteq V$,若 W 是向量空间,则称 W 是 V 的**子向量空间**,简称**子空间**. 如本节例 2(1)中 $V_2=\{(x,y,0)\mid x\in\mathbf{R},y\in\mathbf{R}\}$是 $\mathbf{R}^3$ 的子空间.

定义 4.5.2　如果向量组 $\boldsymbol{\alpha}_1,\boldsymbol{\alpha}_2,\cdots,\boldsymbol{\alpha}_r$ 是向量空间 V 中的极大线性无关组,即

(1) $\boldsymbol{\alpha}_1,\boldsymbol{\alpha}_2,\cdots,\boldsymbol{\alpha}_r$ 是线性无关的;

(2) 向量空间 V 中任意一个向量 $\boldsymbol{\beta}$,都可由 $\boldsymbol{\alpha}_1,\boldsymbol{\alpha}_2,\cdots,\boldsymbol{\alpha}_r$ 线性表出,则称 $\boldsymbol{\alpha}_1,\boldsymbol{\alpha}_2,\cdots,\boldsymbol{\alpha}_r$ 是向量空间 V 的一个**基**;称此向量组中向量的个数 r 为向量空间 V 的**维数**,记作 $\dim(V)=r$. 此外,若 $\boldsymbol{\beta}=x_1\boldsymbol{\alpha}_1+x_2\boldsymbol{\alpha}_2+\cdots+x_r\boldsymbol{\alpha}_r$,则称有序数组$(x_1,x_2,\cdots,x_r)$为向量 $\boldsymbol{\beta}$ 在基 $\boldsymbol{\alpha}_1,\boldsymbol{\alpha}_2,\cdots,\boldsymbol{\alpha}_r$ 下的坐标,记作 $\begin{bmatrix}x_1\\x_2\\\vdots\\x_r\end{bmatrix}$ 或$(x_1,x_2,\cdots,x_r)$.

向量空间的维数就是向量空间作为向量组的秩.零向量空间没有基,规定其维数为0. 由向量组的极大线性无关组及其秩的性质易知:非零向量空间的基不唯一,但向量空间的维数被向量空间自身唯一确定.向量空间中任一个向量在某确定基下的坐标表示是唯一确定的.

由n维实向量组$\boldsymbol{\alpha}_1,\boldsymbol{\alpha}_2,\cdots,\boldsymbol{\alpha}_m$生成的$L(\boldsymbol{\alpha}_1,\boldsymbol{\alpha}_2,\cdots,\boldsymbol{\alpha}_m)$是$\mathbf{R}^n$的子空间,它的维数$\dim[L(\boldsymbol{\alpha}_1,\boldsymbol{\alpha}_2,\cdots,\boldsymbol{\alpha}_m)]$就是向量组$\boldsymbol{\alpha}_1,\boldsymbol{\alpha}_2,\cdots,\boldsymbol{\alpha}_m$的秩.直接验证可得:

定理 4.5.1 (1) 如果向量组$\boldsymbol{\alpha}_1,\boldsymbol{\alpha}_2,\cdots,\boldsymbol{\alpha}_m$可由向量组$\boldsymbol{\beta}_1,\boldsymbol{\beta}_2,\cdots,\boldsymbol{\beta}_s$线性表出,则$L(\boldsymbol{\alpha}_1,\boldsymbol{\alpha}_2,\cdots,\boldsymbol{\alpha}_m)\subseteq L(\boldsymbol{\beta}_1,\boldsymbol{\beta}_2,\cdots,\boldsymbol{\beta}_s)$;

(2) 向量组$\boldsymbol{\alpha}_1,\boldsymbol{\alpha}_2,\cdots,\boldsymbol{\alpha}_m$与向量组$\boldsymbol{\beta}_1,\boldsymbol{\beta}_2,\cdots,\boldsymbol{\beta}_s$等价的充分必要条件是$L(\boldsymbol{\alpha}_1,\boldsymbol{\alpha}_2,\cdots,\boldsymbol{\alpha}_m)=L(\boldsymbol{\beta}_1,\boldsymbol{\beta}_2,\cdots,\boldsymbol{\beta}_s)$.

例 3 求向量$\boldsymbol{\alpha}=\begin{bmatrix}a_1\\a_2\\\vdots\\a_{n-1}\\a_n\end{bmatrix}$分别在基:$\boldsymbol{\beta}_1=\begin{bmatrix}1\\0\\0\\\vdots\\0\end{bmatrix},\boldsymbol{\beta}_2=\begin{bmatrix}1\\1\\0\\\vdots\\0\end{bmatrix},\cdots,\boldsymbol{\beta}_{n-1}=\begin{bmatrix}1\\1\\\vdots\\1\\0\end{bmatrix},\boldsymbol{\beta}_n=\begin{bmatrix}1\\1\\\vdots\\1\\1\end{bmatrix}$和$n$维基本向量构成的基:$\boldsymbol{\varepsilon}_1,\boldsymbol{\varepsilon}_2,\cdots,\boldsymbol{\varepsilon}_n$下的坐标.

解 设$\boldsymbol{\alpha}=\begin{bmatrix}a_1\\a_2\\\vdots\\a_{n-1}\\a_n\end{bmatrix}=x_1\boldsymbol{\beta}_1+x_2\boldsymbol{\beta}_2+\cdots+x_{n-1}\boldsymbol{\beta}_{n-1}+x_n\boldsymbol{\beta}_n=\begin{bmatrix}x_1+x_2+\cdots+x_n\\x_2+\cdots+x_n\\\vdots\\x_{n-1}+x_n\\x_n\end{bmatrix}$,解得$x_n=a_n,x_{n-1}=a_{n-1}-a_n,x_{n-2}=a_{n-2}-a_{n-1},\cdots,x_2=a_2-a_3,x_1=a_1-a_2$.

又显然有$\boldsymbol{\alpha}=a_1\boldsymbol{\varepsilon}_1+a_2\boldsymbol{\varepsilon}_2+\cdots+a_n\boldsymbol{\varepsilon}_n$.因此向量$\boldsymbol{\alpha}$在基$\boldsymbol{\beta}_1,\boldsymbol{\beta}_2,\cdots,\boldsymbol{\beta}_n$下的坐标是$\begin{bmatrix}a_1-a_2\\a_2-a_3\\\vdots\\a_{n-1}-a_n\\a_n\end{bmatrix}$;在基$\boldsymbol{\varepsilon}_1,\boldsymbol{\varepsilon}_2,\cdots,\boldsymbol{\varepsilon}_n$下的坐标是$\begin{bmatrix}a_1\\a_2\\\vdots\\a_{n-1}\\a_n\end{bmatrix}$.

4.6 欧氏空间与正交矩阵

在向量空间中,其基本运算就是加法和数乘,但是在解析几何中的向量,还有长度、夹角等度量.本节主要介绍向量的一些度量性质.实际上,向量的一系列度量性质都可用向量的内积这一概念来表示.

4.6.1 向量的内积与长度

定义 4.6.1 设$\boldsymbol{\alpha}=\begin{bmatrix}a_1\\a_2\\\vdots\\a_n\end{bmatrix},\boldsymbol{\beta}=\begin{bmatrix}b_1\\b_2\\\vdots\\b_n\end{bmatrix}$是$\mathbf{R}^n$的两个向量,数$a_1b_1+a_2b_2+\cdots+a_nb_n$称为向

量 $\boldsymbol{\alpha}$ 与 $\boldsymbol{\beta}$ 的**内积**，记作$(\boldsymbol{\alpha},\boldsymbol{\beta})$，即$(\boldsymbol{\alpha},\boldsymbol{\beta})=a_1b_1+a_2b_2+\cdots+a_nb_n=\boldsymbol{\alpha}^{\mathrm{T}}\boldsymbol{\beta}$.

定义了内积的向量空间 V 称为**欧几里得(Euclid)空间**，简称**欧氏空间**. 向量空间 $\mathbf{R}^n$ 及其子空间，都是关于定义 4.6.1 中内积的欧氏空间.

由内积的定义，直接可得如下性质：

性质 4.6.1　设 $\boldsymbol{\alpha},\boldsymbol{\beta},\boldsymbol{\gamma}$ 都是 n 维向量，λ,μ 是实数，则

(1) $(\boldsymbol{\alpha},\boldsymbol{\beta})=(\boldsymbol{\beta},\boldsymbol{\alpha})$(对称性)；

(2) $(\lambda\boldsymbol{\alpha}+\mu\boldsymbol{\gamma},\boldsymbol{\beta})=\lambda(\boldsymbol{\alpha},\boldsymbol{\beta})+\mu(\boldsymbol{\gamma},\boldsymbol{\beta})$(线性性)；

(3) $(\boldsymbol{\alpha},\boldsymbol{\alpha})\geqslant 0$(非负性)，且$(\boldsymbol{\alpha},\boldsymbol{\alpha})=0$ 当且仅当 $\boldsymbol{\alpha}=\mathbf{0}$.

解析几何中 3 维欧氏空间 $\mathbf{R}^3$ 中向量长度(或模)的概念，直接可推广到一般欧氏空间中.

定义 4.6.2　设 $\boldsymbol{\alpha}$ 是欧氏空间 V 的任一向量，非负实数$(\boldsymbol{\alpha},\boldsymbol{\alpha})$的算数平方根 $\sqrt{(\boldsymbol{\alpha},\boldsymbol{\alpha})}$ 称为**向量 $\boldsymbol{\alpha}$ 的长度**，记作 $|\boldsymbol{\alpha}|=\sqrt{(\boldsymbol{\alpha},\boldsymbol{\alpha})}$(或 $\|\boldsymbol{\alpha}\|=\sqrt{(\boldsymbol{\alpha},\boldsymbol{\alpha})}$).

若 $|\boldsymbol{\alpha}|=1$，则称 $\boldsymbol{\alpha}$ 为**单位向量**.

若 $\boldsymbol{\alpha}=\begin{bmatrix}a_1\\a_2\\\vdots\\a_n\end{bmatrix}\in\mathbf{R}^n$，则 $\boldsymbol{\alpha}$ 的长度为 $|\boldsymbol{\alpha}|=\sqrt{(\boldsymbol{\alpha},\boldsymbol{\alpha})}=\sqrt{a_1^2+a_2^2+\cdots+a_n^2}$. 对任意非零向量 $\boldsymbol{\alpha}$，因 $|\boldsymbol{\alpha}|\neq 0$，所以它的单位向量为 $\dfrac{1}{|\boldsymbol{\alpha}|}\boldsymbol{\alpha}=\dfrac{\boldsymbol{\alpha}}{|\boldsymbol{\alpha}|}$.

向量的长度具有如下性质：

性质 4.6.2　设 $\boldsymbol{\alpha},\boldsymbol{\beta}$ 都是 n 维向量，λ 是实数，则有

(1) 长度 $|\boldsymbol{\alpha}|\geqslant 0$(非负性)；且 $|\boldsymbol{\alpha}|=0\Leftrightarrow\boldsymbol{\alpha}=\mathbf{0}$；

(2) $|\lambda\boldsymbol{\alpha}|=|\lambda|\,|\boldsymbol{\alpha}|$(齐次性)；

(3) $|(\boldsymbol{\alpha},\boldsymbol{\beta})|\leqslant|\boldsymbol{\alpha}|\,|\boldsymbol{\beta}|$(柯西(Cauchy)不等式)；

(4) $|\boldsymbol{\alpha}+\boldsymbol{\beta}|\leqslant|\boldsymbol{\alpha}|+|\boldsymbol{\beta}|$ (三角不等式).

证　(1)(2)直接验证.

(3) 若 $\boldsymbol{\beta}=\mathbf{0}$，显然成立. 若 $\boldsymbol{\beta}\neq\mathbf{0}$，则$(\boldsymbol{\beta},\boldsymbol{\beta})>0$. 对任意实数 x，都有

$$0\leqslant(\boldsymbol{\alpha}+x\boldsymbol{\beta},\boldsymbol{\alpha}+x\boldsymbol{\beta})=(\boldsymbol{\beta},\boldsymbol{\beta})x^2+2(\boldsymbol{\alpha},\boldsymbol{\beta})x+(\boldsymbol{\alpha},\boldsymbol{\alpha}).$$

由于上述关于 x 的一元二次不等式，对一切实数 x 都成立，因此

$$\Delta=[2(\boldsymbol{\alpha},\boldsymbol{\beta})]^2-4(\boldsymbol{\beta},\boldsymbol{\beta})(\boldsymbol{\alpha},\boldsymbol{\alpha})\leqslant 0\Rightarrow(\boldsymbol{\alpha},\boldsymbol{\beta})^2\leqslant(\boldsymbol{\beta},\boldsymbol{\beta})(\boldsymbol{\alpha},\boldsymbol{\alpha}),$$

故有 $|(\boldsymbol{\alpha},\boldsymbol{\beta})|\leqslant|\boldsymbol{\alpha}|\,|\boldsymbol{\beta}|$.

(4) 因为
$$\begin{aligned}|\boldsymbol{\alpha}+\boldsymbol{\beta}|^2&=(\boldsymbol{\alpha}+\boldsymbol{\beta},\boldsymbol{\alpha}+\boldsymbol{\beta})=(\boldsymbol{\alpha},\boldsymbol{\alpha})+2(\boldsymbol{\alpha},\boldsymbol{\beta})+(\boldsymbol{\beta},\boldsymbol{\beta})\\&\leqslant|\boldsymbol{\alpha}|^2+2|\boldsymbol{\alpha}|\,|\boldsymbol{\beta}|+|\boldsymbol{\beta}|^2=(|\boldsymbol{\alpha}|+|\boldsymbol{\beta}|)^2,\end{aligned}$$

所以 $|\boldsymbol{\alpha}+\boldsymbol{\beta}|\leqslant|\boldsymbol{\alpha}|+|\boldsymbol{\beta}|$. 证毕.

由以上关于向量内积及向量长度的性质，可以定义欧氏空间 V 中任意两个向量 $\boldsymbol{\alpha},\boldsymbol{\beta}$ 的夹角 $\theta(\boldsymbol{\alpha},\boldsymbol{\beta})$ 的余弦和距离 $d(\boldsymbol{\alpha},\boldsymbol{\beta})$ 如下：

$$\cos\theta(\boldsymbol{\alpha},\boldsymbol{\beta})=\frac{(\boldsymbol{\alpha},\boldsymbol{\beta})}{|\boldsymbol{\alpha}|\,|\boldsymbol{\beta}|};d(\boldsymbol{\alpha},\boldsymbol{\beta})=|\boldsymbol{\alpha}-\boldsymbol{\beta}|.\tag{4.5}$$

如果欧氏空间 V 中两个向量 $\boldsymbol{\alpha},\boldsymbol{\beta}$ 的内积为 0，即$(\boldsymbol{\alpha},\boldsymbol{\beta})=0$，则称 $\boldsymbol{\alpha},\boldsymbol{\beta}$ 是正交的.

如上定义的夹角和距离概念，也满足一些常见的几何性质如三角不等式、勾股定理(见第4.7节例2)等.

定义4.6.3 若不含零向量的向量组$\boldsymbol{\alpha}_1,\boldsymbol{\alpha}_2,\cdots,\boldsymbol{\alpha}_m$中，任意两个向量都正交，则称$\boldsymbol{\alpha}_1,\boldsymbol{\alpha}_2,\cdots,\boldsymbol{\alpha}_m$是**正交向量组**.进一步，如果正交向量组$\boldsymbol{\alpha}_1,\boldsymbol{\alpha}_2,\cdots,\boldsymbol{\alpha}_m$中每一个向量都是单位向量，则称其为**单位正交向量组**.

如果正交向量组$\boldsymbol{\alpha}_1,\boldsymbol{\alpha}_2,\cdots,\boldsymbol{\alpha}_m$是向量空间$V$的基，则称$\boldsymbol{\alpha}_1,\boldsymbol{\alpha}_2,\cdots,\boldsymbol{\alpha}_m$为$V$的**正交基**；如果单位正交向量组$\boldsymbol{\alpha}_1,\boldsymbol{\alpha}_2,\cdots,\boldsymbol{\alpha}_m$是$V$的基，则称$\boldsymbol{\alpha}_1,\boldsymbol{\alpha}_2,\cdots,\boldsymbol{\alpha}_m$为$V$的**单位正交基**，或称为**标准正交基**，或称为**规范正交基**.

显然，n维基本向量$\boldsymbol{\varepsilon}_1,\boldsymbol{\varepsilon}_2,\cdots,\boldsymbol{\varepsilon}_n$是$\mathbf{R}^n$的标准正交基.

定理4.6.1 正交向量组$\boldsymbol{\alpha}_1,\boldsymbol{\alpha}_2,\cdots,\boldsymbol{\alpha}_m$一定线性无关.

证 如果$k_1\boldsymbol{\alpha}_1+k_2\boldsymbol{\alpha}_2+\cdots+k_m\boldsymbol{\alpha}_m=\mathbf{0}$(其中$k_1,k_2,\cdots,k_m$是$m$个数)，分别用$\boldsymbol{\alpha}_i(i=1,2,\cdots,m)$对该等式两边作内积，由于$\boldsymbol{\alpha}_1,\boldsymbol{\alpha}_2,\cdots,\boldsymbol{\alpha}_m$两两正交，故$(\boldsymbol{\alpha}_i,\boldsymbol{\alpha}_j)=0(j\neq i)$，因此有

$$\begin{aligned}(\boldsymbol{\alpha}_i,k_1\boldsymbol{\alpha}_1+k_2\boldsymbol{\alpha}_2+\cdots+k_m\boldsymbol{\alpha}_m)&=k_1(\boldsymbol{\alpha}_i,\boldsymbol{\alpha}_1)+\cdots+k_i(\boldsymbol{\alpha}_i,\boldsymbol{\alpha}_i)+\cdots+k_m(\boldsymbol{\alpha}_i,\boldsymbol{\alpha}_m)\\&=k_i(\boldsymbol{\alpha}_i,\boldsymbol{\alpha}_i)=0.\end{aligned}$$

但由$\boldsymbol{\alpha}_i\neq 0\Rightarrow(\boldsymbol{\alpha}_i,\boldsymbol{\alpha}_i)\neq 0$，因得$k_i=0(i=1,2,\cdots,m)$，从而$\boldsymbol{\alpha}_1,\boldsymbol{\alpha}_2,\cdots,\boldsymbol{\alpha}_m$是线性无关的.证毕.

4.6.2 标准正交基的计算

在欧氏空间中，标准正交基的计算，通常用如下施密特(Schmidt)正交化的方法进行.

定理4.6.2 设$A:\boldsymbol{\alpha}_1,\boldsymbol{\alpha}_2,\cdots,\boldsymbol{\alpha}_m$是线性无关的向量组，则一定存在正交向量组$B:\boldsymbol{\beta}_1,\boldsymbol{\beta}_2,\cdots,\boldsymbol{\beta}_m$，使得$A$与$B$等价；进而一定存在单位正交向量组$C:\boldsymbol{\gamma}_1,\boldsymbol{\gamma}_2,\cdots,\boldsymbol{\gamma}_m$，使得$A$与$C$等价.

证 首先，把线性无关向量组$\boldsymbol{\alpha}_1,\boldsymbol{\alpha}_2,\cdots,\boldsymbol{\alpha}_m$正交化.

取$\boldsymbol{\beta}_1=\boldsymbol{\alpha}_1,\boldsymbol{\beta}_2=\boldsymbol{\alpha}_2+k\boldsymbol{\beta}_1$，由$(\boldsymbol{\beta}_1,\boldsymbol{\beta}_2)=0$，得$k=-\dfrac{(\boldsymbol{\beta}_1,\boldsymbol{\alpha}_2)}{(\boldsymbol{\beta}_1,\boldsymbol{\beta}_1)}$，因此有

$$\boldsymbol{\beta}_1=\boldsymbol{\alpha}_1;\boldsymbol{\beta}_2=\boldsymbol{\alpha}_2-\frac{(\boldsymbol{\beta}_1,\boldsymbol{\alpha}_2)}{(\boldsymbol{\beta}_1,\boldsymbol{\beta}_1)}\boldsymbol{\beta}_1; \tag{4.6}$$

再取$\boldsymbol{\beta}_3=\boldsymbol{\alpha}_3+\lambda_1\boldsymbol{\beta}_1+\lambda_2\boldsymbol{\beta}_2$，由$(\boldsymbol{\beta}_1,\boldsymbol{\beta}_3)=0,(\boldsymbol{\beta}_2,\boldsymbol{\beta}_3)=0$，得$\lambda_1=-\dfrac{(\boldsymbol{\beta}_1,\boldsymbol{\alpha}_3)}{(\boldsymbol{\beta}_1,\boldsymbol{\beta}_1)},\lambda_2=-\dfrac{(\boldsymbol{\beta}_2,\boldsymbol{\alpha}_3)}{(\boldsymbol{\beta}_2,\boldsymbol{\beta}_2)}$，因此有

$$\boldsymbol{\beta}_3=\boldsymbol{\alpha}_3-\frac{(\boldsymbol{\beta}_1,\boldsymbol{\alpha}_3)}{(\boldsymbol{\beta}_1,\boldsymbol{\beta}_1)}\boldsymbol{\beta}_1-\frac{(\boldsymbol{\beta}_2,\boldsymbol{\alpha}_3)}{(\boldsymbol{\beta}_2,\boldsymbol{\beta}_2)}\boldsymbol{\beta}_2. \tag{4.7}$$

依此类推，对$s=2,3,\cdots,m$都有

$$\boldsymbol{\beta}_s=\boldsymbol{\alpha}_s-\frac{(\boldsymbol{\beta}_1,\boldsymbol{\alpha}_s)}{(\boldsymbol{\beta}_1,\boldsymbol{\beta}_1)}\boldsymbol{\beta}_1-\frac{(\boldsymbol{\beta}_2,\boldsymbol{\alpha}_s)}{(\boldsymbol{\beta}_2,\boldsymbol{\beta}_2)}\boldsymbol{\beta}_2-\cdots-\frac{(\boldsymbol{\beta}_{s-1},\boldsymbol{\alpha}_s)}{(\boldsymbol{\beta}_{s-1},\boldsymbol{\beta}_{s-1})}\boldsymbol{\beta}_{s-1}, \tag{4.8}$$

于是构造得正交向量组$\boldsymbol{\beta}_1,\boldsymbol{\beta}_2,\cdots,\boldsymbol{\beta}_m$，且$\boldsymbol{\beta}_1,\boldsymbol{\beta}_2,\cdots,\boldsymbol{\beta}_m$与$\boldsymbol{\alpha}_1,\boldsymbol{\alpha}_2,\cdots,\boldsymbol{\alpha}_m$等价.

其次，把正交向量组$\boldsymbol{\beta}_1,\boldsymbol{\beta}_2,\cdots,\boldsymbol{\beta}_m$单位化，对任意$s=1,2,\cdots,m$，有

$$\boldsymbol{\gamma}_s=\frac{1}{|\boldsymbol{\beta}_s|}\boldsymbol{\beta}_s. \tag{4.9}$$

显然$\boldsymbol{\beta}_1,\boldsymbol{\beta}_2,\cdots,\boldsymbol{\beta}_m$与$\boldsymbol{\gamma}_1,\boldsymbol{\gamma}_2,\cdots,\boldsymbol{\gamma}_m$等价，因而$\boldsymbol{\alpha}_1,\boldsymbol{\alpha}_2,\cdots,\boldsymbol{\alpha}_m$与$\boldsymbol{\gamma}_1,\boldsymbol{\gamma}_2,\cdots,\boldsymbol{\gamma}_m$等价.证毕.

在欧氏空间V中，如果$\boldsymbol{\alpha}_1,\boldsymbol{\alpha}_2,\cdots,\boldsymbol{\alpha}_m$是$V$的基，则可以利用上述施密特正交化求得$V$

的标准正交基.

例 1 已知欧氏空间 $\mathbf{R}^3$ 的基 A:$\boldsymbol{\alpha}_1=\begin{bmatrix}1\\1\\1\end{bmatrix}$,$\boldsymbol{\alpha}_2=\begin{bmatrix}0\\1\\2\end{bmatrix}$,$\boldsymbol{\alpha}_3=\begin{bmatrix}2\\0\\3\end{bmatrix}$,利用施密特正交化方法,由基 A 构造 $\mathbf{R}^3$ 的标准正交基.

解 先正交化:$\boldsymbol{\beta}_1=\boldsymbol{\alpha}_1=\begin{bmatrix}1\\1\\1\end{bmatrix}$,$\boldsymbol{\beta}_2=\boldsymbol{\alpha}_2-\dfrac{(\boldsymbol{\beta}_1,\boldsymbol{\alpha}_2)}{(\boldsymbol{\beta}_1,\boldsymbol{\beta}_1)}\boldsymbol{\beta}_1=\begin{bmatrix}0\\1\\2\end{bmatrix}-\dfrac{3}{3}\begin{bmatrix}1\\1\\1\end{bmatrix}=\begin{bmatrix}-1\\0\\1\end{bmatrix}$,

$$\boldsymbol{\beta}_3=\boldsymbol{\alpha}_3-\frac{(\boldsymbol{\beta}_1,\boldsymbol{\alpha}_3)}{(\boldsymbol{\beta}_1,\boldsymbol{\beta}_1)}\boldsymbol{\beta}_1-\frac{(\boldsymbol{\beta}_2,\boldsymbol{\alpha}_3)}{(\boldsymbol{\beta}_2,\boldsymbol{\beta}_2)}\boldsymbol{\beta}_2=\begin{bmatrix}2\\0\\3\end{bmatrix}-\frac{5}{3}\begin{bmatrix}1\\1\\1\end{bmatrix}-\frac{1}{2}\begin{bmatrix}-1\\0\\1\end{bmatrix}=\begin{bmatrix}\frac{5}{6}\\-\frac{5}{3}\\\frac{5}{6}\end{bmatrix}=\frac{5}{6}\begin{bmatrix}1\\-2\\1\end{bmatrix}.$$

再单位化:$\boldsymbol{\gamma}_1=\dfrac{\boldsymbol{\beta}_1}{|\boldsymbol{\beta}_1|}=\begin{bmatrix}\frac{\sqrt{3}}{3}\\\frac{\sqrt{3}}{3}\\\frac{\sqrt{3}}{3}\end{bmatrix}$,$\boldsymbol{\gamma}_2=\dfrac{\boldsymbol{\beta}_2}{|\boldsymbol{\beta}_2|}=\begin{bmatrix}-\frac{\sqrt{2}}{2}\\0\\\frac{\sqrt{2}}{2}\end{bmatrix}$,$\boldsymbol{\gamma}_3=\dfrac{\boldsymbol{\beta}_3}{|\boldsymbol{\beta}_3|}=\begin{bmatrix}\frac{\sqrt{6}}{6}\\-\frac{\sqrt{6}}{3}\\\frac{\sqrt{6}}{6}\end{bmatrix}$.

故 $\boldsymbol{\gamma}_1,\boldsymbol{\gamma}_2,\boldsymbol{\gamma}_3$ 即为所求标准正交基.

4.6.3 正交矩阵

定义 4.6.4 对 n 阶方阵 $\boldsymbol{A}$,若 $\boldsymbol{A}^{\mathrm{T}}\boldsymbol{A}=\boldsymbol{E}$,则称 $\boldsymbol{A}$ 为**正交矩阵**.

对正交矩阵 $\boldsymbol{A}$,由 $\boldsymbol{A}^{\mathrm{T}}\boldsymbol{A}=\boldsymbol{E}$,得 $1=|\boldsymbol{E}|=|\boldsymbol{A}^{\mathrm{T}}||\boldsymbol{A}|=|\boldsymbol{A}|^2$. 因此 $|\boldsymbol{A}|=\pm1\neq0$,即 $\boldsymbol{A}$ 可逆且 $\boldsymbol{A}^{-1}=\boldsymbol{A}^{\mathrm{T}}$. 又因为 $(\boldsymbol{A}^{\mathrm{T}})^{\mathrm{T}}\boldsymbol{A}^{\mathrm{T}}=\boldsymbol{A}\boldsymbol{A}^{\mathrm{T}}=\boldsymbol{A}^{\mathrm{T}}\boldsymbol{A}=\boldsymbol{E}$,从而 $\boldsymbol{A}^{\mathrm{T}}$ 也是正交矩阵. 这就得到关于正交矩阵的几个简单性质:

性质 4.6.3 设 $\boldsymbol{A}$ 是 n 阶正交矩阵,则有

(1) $\boldsymbol{A}$ 的行列式 $|\boldsymbol{A}|=1$ 或 $|\boldsymbol{A}|=-1$;

(2) $\boldsymbol{A}$ 的转置就是 $\boldsymbol{A}$ 的逆矩阵,即 $\boldsymbol{A}^{-1}=\boldsymbol{A}^{\mathrm{T}}$;

(3) $\boldsymbol{A}^{\mathrm{T}}$ 也是 n 阶正交矩阵.

欧氏空间 $\mathbf{R}^n$ 中任意标准正交基 $\boldsymbol{\gamma}_1=\begin{bmatrix}a_{11}\\a_{21}\\\vdots\\a_{n1}\end{bmatrix}$,$\boldsymbol{\gamma}_2=\begin{bmatrix}a_{12}\\a_{22}\\\vdots\\a_{n2}\end{bmatrix}$,$\cdots$,$\boldsymbol{\gamma}_n=\begin{bmatrix}a_{1n}\\a_{2n}\\\vdots\\a_{nn}\end{bmatrix}$ 构成一矩阵 $\boldsymbol{A}=(\boldsymbol{\gamma}_1,\boldsymbol{\gamma}_2,\cdots,\boldsymbol{\gamma}_n)=\begin{bmatrix}a_{11}&a_{12}&\cdots&a_{1n}\\a_{21}&a_{22}&\cdots&a_{2n}\\\vdots&\vdots&&\vdots\\a_{n1}&a_{n2}&\cdots&a_{nn}\end{bmatrix}$. 由于 $\boldsymbol{\gamma}_i^{\mathrm{T}}\boldsymbol{\gamma}_j=(\boldsymbol{\gamma}_i,\boldsymbol{\gamma}_j)=\begin{cases}0,i\neq j\\1,i=j\end{cases}$,因此有 $\boldsymbol{A}^{\mathrm{T}}\boldsymbol{A}=$

$$\begin{bmatrix}\boldsymbol{\gamma}_1^{\mathrm{T}}\\ \boldsymbol{\gamma}_2^{\mathrm{T}}\\ \vdots\\ \boldsymbol{\gamma}_n^{\mathrm{T}}\end{bmatrix}(\boldsymbol{\gamma}_1,\boldsymbol{\gamma}_2,\cdots,\boldsymbol{\gamma}_n)=\begin{bmatrix}\boldsymbol{\gamma}_1^{\mathrm{T}}\boldsymbol{\gamma}_1 & \boldsymbol{\gamma}_1^{\mathrm{T}}\boldsymbol{\gamma}_2 & \cdots & \boldsymbol{\gamma}_1^{\mathrm{T}}\boldsymbol{\gamma}_n\\ \boldsymbol{\gamma}_2^{\mathrm{T}}\boldsymbol{\gamma}_1 & \boldsymbol{\gamma}_2^{\mathrm{T}}\boldsymbol{\gamma}_2 & \cdots & \boldsymbol{\gamma}_2^{\mathrm{T}}\boldsymbol{\gamma}_n\\ \vdots & \vdots & & \vdots\\ \boldsymbol{\gamma}_n^{\mathrm{T}}\boldsymbol{\gamma}_1 & \boldsymbol{\gamma}_n^{\mathrm{T}}\boldsymbol{\gamma}_2 & \cdots & \boldsymbol{\gamma}_n^{\mathrm{T}}\boldsymbol{\gamma}_n\end{bmatrix}=\boldsymbol{E}_n$$

，即 $\boldsymbol{A}$ 是正交矩阵. 反之，若 n 阶方阵 $\boldsymbol{A}$ 是正交矩阵，即 $\boldsymbol{A}^{\mathrm{T}}\boldsymbol{A}=\boldsymbol{E}_n$，可知其列向量组是 $\mathbf{R}^n$ 的标准正交基. 由此可得：

定理 4.6.3　n 阶方阵 $\boldsymbol{A}$ 是正交矩阵当且仅当 $\boldsymbol{A}$ 的 n 个列向量（或 n 个行向量）是 $\mathbf{R}^n$ 的标准正交基.

设 $\boldsymbol{A}=\begin{bmatrix}\frac{\sqrt{3}}{3} & -\frac{\sqrt{2}}{2} & \frac{\sqrt{6}}{6}\\ \frac{\sqrt{3}}{3} & 0 & -\frac{\sqrt{6}}{3}\\ \frac{\sqrt{3}}{3} & \frac{\sqrt{2}}{2} & \frac{\sqrt{6}}{6}\end{bmatrix}$，则有

$$\boldsymbol{A}^{\mathrm{T}}\boldsymbol{A}=\begin{bmatrix}\frac{\sqrt{3}}{3} & \frac{\sqrt{3}}{3} & \frac{\sqrt{3}}{3}\\ -\frac{\sqrt{2}}{2} & 0 & \frac{\sqrt{2}}{2}\\ \frac{\sqrt{6}}{6} & -\frac{\sqrt{6}}{3} & \frac{\sqrt{6}}{6}\end{bmatrix}\begin{bmatrix}\frac{\sqrt{3}}{3} & -\frac{\sqrt{2}}{2} & \frac{\sqrt{6}}{6}\\ \frac{\sqrt{3}}{3} & 0 & -\frac{\sqrt{6}}{3}\\ \frac{\sqrt{3}}{3} & \frac{\sqrt{2}}{2} & \frac{\sqrt{6}}{6}\end{bmatrix}=\begin{bmatrix}1 & 0 & 0\\ 0 & 1 & 0\\ 0 & 0 & 1\end{bmatrix},$$

这就验证了本节例 1 中所求 $\mathbf{R}^3$ 的基：$\boldsymbol{\gamma}_1=\begin{bmatrix}\frac{\sqrt{3}}{3}\\ \frac{\sqrt{3}}{3}\\ \frac{\sqrt{3}}{3}\end{bmatrix}$，$\boldsymbol{\gamma}_2=\begin{bmatrix}-\frac{\sqrt{2}}{2}\\ 0\\ \frac{\sqrt{2}}{2}\end{bmatrix}$，$\boldsymbol{\gamma}_3=\begin{bmatrix}\frac{\sqrt{6}}{6}\\ -\frac{\sqrt{6}}{3}\\ \frac{\sqrt{6}}{6}\end{bmatrix}$ 是标准正交基.

*4.7　应用举例

借助于向量空间的任意向量可以表示为它的基的线性组合，而导数、微分、积分等计算都满足线性性质，因此可以考虑从特殊（基向量）到一般（空间的任意向量）的计算思路，如下例：

例 1　求不定积分 $I=\int\frac{c\cos x+d\sin x}{a\cos x+b\sin x}\mathrm{d}x$，其中 a,b,c,d 是常数，且 $a^2+b^2\neq 0$.

解　记 $c\cos x+d\sin x=(\cos x,\sin x)\begin{bmatrix}c\\ d\end{bmatrix}$，当取 $\begin{bmatrix}c\\ d\end{bmatrix}=\begin{bmatrix}a\\ b\end{bmatrix}$，$\begin{bmatrix}b\\ -a\end{bmatrix}$时，依此分别计算可得

$$I_1=x+C_1;$$

$$I_2=\int\frac{b\cos x-a\sin x}{a\cos x+b\sin x}\mathrm{d}x=\int\frac{\mathrm{d}(a\cos x+b\sin x)}{a\cos x+b\sin x}=\ln|a\cos x+b\sin x|+C_2.$$

由于 $a^2+b^2\neq 0$，所以 $\begin{bmatrix}a\\b\end{bmatrix}$，$\begin{bmatrix}b\\-a\end{bmatrix}$ 是线性无关的，因此对任意 $\begin{bmatrix}c\\d\end{bmatrix}\in \mathbf{R}^2$，都可由 $\begin{bmatrix}a\\b\end{bmatrix}$，$\begin{bmatrix}b\\-a\end{bmatrix}$ 线性表出，即 $\begin{bmatrix}c\\d\end{bmatrix}=k_1\begin{bmatrix}a\\b\end{bmatrix}+k_2\begin{bmatrix}b\\-a\end{bmatrix}$，解之，得 $\begin{cases}k_1=\dfrac{ac+bd}{a^2+b^2},\\ k_2=\dfrac{bc-ad}{a^2+b^2}.\end{cases}$

即

$$\begin{aligned}I&=\int\frac{1}{a\cos x+b\sin x}(\cos x,\sin x)\begin{bmatrix}c\\d\end{bmatrix}\mathrm{d}x\\&=\int\frac{k_1}{a\cos x+b\sin x}(\cos x,\sin x)\begin{bmatrix}a\\b\end{bmatrix}\mathrm{d}x+\int\frac{k_2}{a\cos x+b\sin x}(\cos x,\sin x)\begin{bmatrix}b\\-a\end{bmatrix}\mathrm{d}x\\&=k_1I_1+k_2I_2=\frac{ac+bd}{a^2+b^2}x+\frac{bc-ad}{a^2+b^2}\ln|a\cos x+b\sin x|+C,\text{其中 }C=k_1C_1+k_2C_2.\end{aligned}$$

欧氏空间 V 中向量有长度与夹角等度量概念，由此可以考虑一些几何应用.

例 2　欧氏空间 $\mathbf{R}^n(n\geqslant 2)$ 中的**勾股定理**（如图 4－1 所示）：设 $\boldsymbol{\alpha}$，$\boldsymbol{\beta}\in\mathbf{R}^n$，且 $\boldsymbol{\alpha}$ 与 $\boldsymbol{\beta}$ 正交，令 $\boldsymbol{\gamma}=\boldsymbol{\alpha}+\boldsymbol{\beta}$，则 $|\boldsymbol{\gamma}|^2=|\boldsymbol{\alpha}+\boldsymbol{\beta}|^2=(\boldsymbol{\alpha}+\boldsymbol{\beta},\boldsymbol{\alpha}+\boldsymbol{\beta})=|\boldsymbol{\alpha}|^2+2(\boldsymbol{\alpha},\boldsymbol{\beta})+|\boldsymbol{\beta}|^2=|\boldsymbol{\alpha}|^2+|\boldsymbol{\beta}|^2$，因为 $(\boldsymbol{\alpha},\boldsymbol{\beta})=0$.

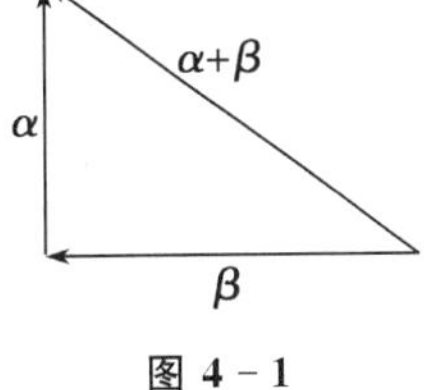

图 4－1

例 3　统计数据的相关度与相关矩阵

假设我们要计算一个班级学生的期末考试成绩和平时作业成绩的相关程度. 我们考虑某大学一个教学班一学期两门数学课的作业成绩与考试成绩，下表 4－1 所示之作业、平时测验、期末考试成绩都是两门数学课成绩之和，每门按照百分制，满分 200 分.

表 4－1　第二学期数学成绩

学生	作业成绩	测验成绩	期末考试成绩
S1	198	200	196
S2	160	165	165
S3	158	158	133
S4	150	165	91
S5	175	182	151
S6	134	135	101
S7	152	136	80
平均成绩	161	163	131

作业、测验、期末成绩各自看做一集合，来研究它们之间的相关关系. 为了看到两个成绩集合的相关程度，并考虑到不同成绩由于难度的不同而形成了成绩高低的差异，因此需要将每一类成绩的均值调整为 0，各类成绩都减去它相应的平均成绩后用如下一矩阵表示（也就是表 4－1 中最后一行平均成绩乘－1 依此按列对应加到 1～7 行的成绩上去）：

$$X=\begin{bmatrix} 37 & 37 & 65 \\ -1 & 2 & 34 \\ -3 & -5 & 2 \\ -11 & 2 & -40 \\ 14 & 19 & 20 \\ -27 & -28 & -30 \\ -9 & -27 & -51 \end{bmatrix}$$

$\boldsymbol{X}$ 的列向量 $\boldsymbol{\alpha}_1,\boldsymbol{\alpha}_2,\boldsymbol{\alpha}_3$ 表示三个成绩集合中每一个学生的成绩相对于均值的偏差，此三个列向量它们分量之和全为 0. 因此，为了比较两个成绩集合，我们计算 $\boldsymbol{X}$ 中两个列向量 $\boldsymbol{\alpha}_i$，$\boldsymbol{\alpha}_j$ 之间的夹角余弦 $\cos\theta=\dfrac{(\boldsymbol{\alpha}_i,\boldsymbol{\alpha}_j)}{|\boldsymbol{\alpha}_i||\boldsymbol{\alpha}_j|}$ 作为相关度，若余弦值接近 ±1，就说明此二向量接近于"平行"，因而这两个成绩高度相关的，反之，若余弦值接近 0，就说明此二向量接近于"垂直"，因而这两个成绩是不相关的. 例如，作业成绩和测验成绩的相关度为

$$\cos\theta=\frac{(\boldsymbol{\alpha}_1,\boldsymbol{\alpha}_2)}{|\boldsymbol{\alpha}_1||\boldsymbol{\alpha}_2|}\approx0.92 \tag{4.10}$$

最好的相关度 1 对应的两向量分量对应成比例，即这两个向量线性相关：

$$\boldsymbol{\alpha}_2=k\boldsymbol{\alpha}_1 \quad (k>0) \tag{4.11}$$

因而，当把作业成绩用变量 x 表示，测验成绩用变量 y 表示，相关度 1 就意味着每名学生的作业成绩与测验成绩对应的数对，位于直线 $y=kx$ 上（如图 4-2 所示）. 该直线的斜率 k 计算如下，由(4.11)式有：$(\boldsymbol{\alpha}_2,\boldsymbol{\alpha}_1)=(k\boldsymbol{\alpha}_1,\boldsymbol{\alpha}_1)=k(\boldsymbol{\alpha}_1,\boldsymbol{\alpha}_1)$，因此得

$$k=\frac{(\boldsymbol{\alpha}_2,\boldsymbol{\alpha}_1)}{(\boldsymbol{\alpha}_1,\boldsymbol{\alpha}_1)}=\frac{\boldsymbol{\alpha}_2^{\mathrm{T}}\boldsymbol{\alpha}_1}{\boldsymbol{\alpha}_1^{\mathrm{T}}\boldsymbol{\alpha}_1}=\frac{2\,625}{2\,506}\approx1.05. \tag{4.12}$$

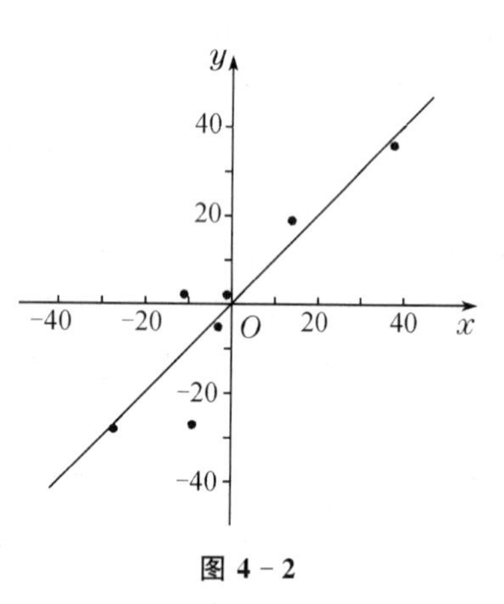

图 4-2

综合上述，相关度由(4.10)式计算，拟合线性关系

$$\tilde{y}=kx \tag{4.13}$$

的系数 k 由(4.12)式计算.

如果考虑单位向量 $\boldsymbol{u}_1=\dfrac{1}{|\boldsymbol{\alpha}_1|}\boldsymbol{\alpha}_1$，$\boldsymbol{u}_2=\dfrac{1}{|\boldsymbol{\alpha}_2|}\boldsymbol{\alpha}_2$，两个列向量 $\boldsymbol{\alpha}_1,\boldsymbol{\alpha}_2$ 之间的夹角余弦为 $\cos\theta=(\boldsymbol{u}_1,\boldsymbol{u}_2)=\boldsymbol{u}_1^{\mathrm{T}}\boldsymbol{u}_2$. 因此将矩阵 $\boldsymbol{X}$ 的 3 个列向量单位化后得如下矩阵：

$$U=\begin{bmatrix} 0.74 & 0.65 & 0.62 \\ -0.02 & 0.03 & 0.33 \\ -0.06 & -0.09 & 0.02 \\ -0.22 & 0.03 & -0.38 \\ 0.28 & 0.33 & 0.19 \\ -0.54 & -0.49 & -0.29 \\ -0.18 & -0.47 & -0.49 \end{bmatrix}.$$

令 $\boldsymbol{C}=\boldsymbol{U}^{\mathrm{T}}\boldsymbol{U}$，则

$$\boldsymbol{C}=\begin{bmatrix}1 & 0.92 & 0.83\\ 0.92 & 1 & 0.83\\ 0.83 & 0.83 & 1\end{bmatrix},\tag{4.14}$$

易知，$\boldsymbol{C}$ 中第 i 行第 j 列数就是第 i 列与第 j 列的相关度，矩阵 $\boldsymbol{C}$ 称为**相关矩阵**.

由于(4.14)中相关度都是正的，所以该例子中的三个成绩是**正相关的**；负相关度表示两组数据的集合是**负相关的**；0 相关度表示两组数据的集合是**不相关的**.

习题 4

1. 设 $\boldsymbol{\alpha}=\begin{bmatrix}1\\2\\-3\\0\end{bmatrix}$，$\boldsymbol{\beta}=\begin{bmatrix}5\\0\\4\\-3\end{bmatrix}$.(1) 计算 $4\boldsymbol{\alpha}-3\boldsymbol{\beta}$；(2) 求向量 $\boldsymbol{\gamma}$，使 $\boldsymbol{\beta}=2\boldsymbol{\alpha}-3\boldsymbol{\gamma}$.

2. 已知 $\boldsymbol{\alpha}-\boldsymbol{\beta}=\begin{bmatrix}-1\\2\\0\\-2\end{bmatrix}$，$3\boldsymbol{\alpha}+2\boldsymbol{\beta}=\begin{bmatrix}7\\6\\15\\-1\end{bmatrix}$，求向量 $\boldsymbol{\alpha},\boldsymbol{\beta}$.

3. 判定下列向量组的线性相关性：

(1) $\boldsymbol{\alpha}=\begin{bmatrix}1\\0\\0\end{bmatrix}$，$\boldsymbol{\beta}=\begin{bmatrix}1\\-2\\0\end{bmatrix}$，$\boldsymbol{\gamma}=\begin{bmatrix}1\\-2\\3\end{bmatrix}$；

(2) $\boldsymbol{\alpha}_1=\begin{bmatrix}4\\1\\6\\-1\end{bmatrix}$，$\boldsymbol{\alpha}_2=\begin{bmatrix}-1\\2\\3\\1\end{bmatrix}$，$\boldsymbol{\alpha}_3=\begin{bmatrix}-2\\1\\0\\1\end{bmatrix}$；

(3) $\boldsymbol{\alpha}_1=\begin{bmatrix}1\\1\\1\\1\end{bmatrix}$ $\boldsymbol{\alpha}_2=\begin{bmatrix}-1\\-1\\1\\1\end{bmatrix}$ $\boldsymbol{\alpha}_3=\begin{bmatrix}1\\-1\\1\\-1\end{bmatrix}$ $\boldsymbol{\alpha}_4=\begin{bmatrix}1\\-1\\-1\\1\end{bmatrix}$；

(4) $\boldsymbol{\alpha}_1=\begin{bmatrix}1\\-2\\1\\0\end{bmatrix}$，$\boldsymbol{\alpha}_2=\begin{bmatrix}5\\-6\\9\\1\end{bmatrix}$，$\boldsymbol{\alpha}_3=\begin{bmatrix}0\\8\\-7\\-1\end{bmatrix}$，$\boldsymbol{\alpha}_4=\begin{bmatrix}-3\\10\\-14\\-2\end{bmatrix}$.

4. 下列 3 个向量：$\boldsymbol{\beta}_1=\begin{bmatrix}9\\-3\\11\end{bmatrix}$，$\boldsymbol{\beta}_2=\begin{bmatrix}2\\0\\-7\\0\\-8\end{bmatrix}$ 和 $\boldsymbol{\beta}_3=\begin{bmatrix}2\\1\\-1\\0\end{bmatrix}$，单个看能否由向量组 $\boldsymbol{\alpha}_1=\begin{bmatrix}1\\0\\0\\0\end{bmatrix}$，

$\boldsymbol{\alpha}_2=\begin{bmatrix}1\\1\\0\\0\end{bmatrix},\boldsymbol{\alpha}_3=\begin{bmatrix}1\\1\\1\\0\end{bmatrix},\boldsymbol{\alpha}_4=\begin{bmatrix}1\\1\\1\\1\end{bmatrix}$线性表出？若能，求其表达式；若不能，为什么？

5. 下列关于 n 维向量的一些说法是否正确？如不正确，举反例说明.

(1) 如果向量组 $\boldsymbol{\alpha}_1,\boldsymbol{\alpha}_2,\cdots,\boldsymbol{\alpha}_m(m\geqslant 2)$线性相关，则向量 $\boldsymbol{\alpha}_1$ 一定可以由 $\boldsymbol{\alpha}_2,\boldsymbol{\alpha}_3,\cdots,\boldsymbol{\alpha}_m$ 线性表出；

(2) 如果向量组 $\boldsymbol{\alpha}_1,\boldsymbol{\alpha}_2,\cdots,\boldsymbol{\alpha}_m$ 线性无关，则对任意一组不全为零的数 $k_1,k_2,\cdots,k_m$，都有 $k_1\boldsymbol{\alpha}_2+k_2\boldsymbol{\alpha}_2+\cdots+k_m\boldsymbol{\alpha}_m\neq\mathbf{0}$；

(3) 因为 $0\boldsymbol{\alpha}_1+0\boldsymbol{\alpha}_2+\cdots+0\boldsymbol{\alpha}_m=\mathbf{0}$，所以向量组 $\boldsymbol{\alpha}_1,\boldsymbol{\alpha}_2,\cdots,\boldsymbol{\alpha}_m$ 线性无关；

(4) 如果向量组 $\boldsymbol{\alpha}_1,\boldsymbol{\alpha}_2,\cdots,\boldsymbol{\alpha}_m$ 线性无关，且 $\boldsymbol{\beta}$ 不能由 $\boldsymbol{\alpha}_1,\boldsymbol{\alpha}_2,\cdots,\boldsymbol{\alpha}_m$ 线性表出，则 $\boldsymbol{\alpha}_1,\boldsymbol{\alpha}_2,\cdots,\boldsymbol{\alpha}_m,\boldsymbol{\beta}$ 一定线性无关；

(5) 如果向量组 $\boldsymbol{\alpha}_1,\boldsymbol{\alpha}_2,\boldsymbol{\alpha}_3$ 线性无关，且非零向量 $\boldsymbol{\beta}=k_1\boldsymbol{\alpha}_1+k_2\boldsymbol{\alpha}_2+k_3\boldsymbol{\alpha}_3$，则其系数 k_1,k_2,k_3 唯一确定且不全为零.

6. 已知向量组 $\boldsymbol{\alpha}_1,\boldsymbol{\alpha}_2$ 线性无关，证明向量组 $\boldsymbol{\alpha}_1+2\boldsymbol{\alpha}_2,\boldsymbol{\alpha}_1-\boldsymbol{\alpha}_2$ 是线性无关的.

7. 已知向量组 $\boldsymbol{\alpha}_1,\boldsymbol{\alpha}_2,\boldsymbol{\alpha}_3$ 线性无关，证明向量组 $\boldsymbol{\alpha}_1+\boldsymbol{\alpha}_2,\boldsymbol{\alpha}_2+\boldsymbol{\alpha}_3,\boldsymbol{\alpha}_1+\boldsymbol{\alpha}_3$ 是线性无关的.

8. 已知向量组 $\boldsymbol{\alpha}_1,\boldsymbol{\alpha}_2,\boldsymbol{\alpha}_3,\boldsymbol{\alpha}_4$，证明向量组 $\boldsymbol{\alpha}_1+\boldsymbol{\alpha}_2,\boldsymbol{\alpha}_2+\boldsymbol{\alpha}_3,\boldsymbol{\alpha}_3+\boldsymbol{\alpha}_4,\boldsymbol{\alpha}_1+\boldsymbol{\alpha}_4$ 是线性相关的.

9. 已知向量组 A：$\boldsymbol{\alpha}_1,\boldsymbol{\alpha}_2,\boldsymbol{\alpha}_3,\boldsymbol{\alpha}_4$ 线性相关，但向量组 A 中任意 3 个向量都线性无关，证明一定存在全不为零的数 k_1,k_2,k_3,k_4，使得 $k_1\boldsymbol{\alpha}_1+k_2\boldsymbol{\alpha}_2+k_3\boldsymbol{\alpha}_3+k_4\boldsymbol{\alpha}_4=\mathbf{0}$.

10. 已知向量组 $\boldsymbol{\alpha}_1,\boldsymbol{\alpha}_2,\cdots,\boldsymbol{\alpha}_m(m\geqslant 2)$中 $\boldsymbol{\alpha}_1\neq\mathbf{0}$ 且每一个 $\boldsymbol{\alpha}_i(i=2,3,\cdots,m)$都不能由前面 $i-1$ 个向量 $\boldsymbol{\alpha}_1,\boldsymbol{\alpha}_2,\cdots,\boldsymbol{\alpha}_{i-1}$ 线性表出，证明向量组 $\boldsymbol{\alpha}_1,\boldsymbol{\alpha}_2,\cdots,\boldsymbol{\alpha}_m$ 线性无关.

11. 求下列向量组的秩及其一个极大线性无关组.

(1) $\boldsymbol{\alpha}_1=\begin{bmatrix}0\\1\\1\end{bmatrix},\boldsymbol{\alpha}_2=\begin{bmatrix}1\\0\\1\end{bmatrix},\boldsymbol{\alpha}_3=\begin{bmatrix}2\\1\\0\end{bmatrix},\boldsymbol{\alpha}_4=\begin{bmatrix}1\\1\\1\end{bmatrix}$；

(2) $\boldsymbol{\alpha}_1=\begin{bmatrix}1\\1\\1\\-1\end{bmatrix},\boldsymbol{\alpha}_2=\begin{bmatrix}1\\-2\\3\\-4\end{bmatrix},\boldsymbol{\alpha}_3=\begin{bmatrix}1\\4\\-1\\2\end{bmatrix},\boldsymbol{\alpha}_4=\begin{bmatrix}1\\7\\-3\\5\end{bmatrix}$；

(3) $\boldsymbol{\beta}_1^{\mathrm{T}}=(1,2,1,3),\boldsymbol{\beta}_2^{\mathrm{T}}=(4,-1,-5,-6),\boldsymbol{\beta}_3^{\mathrm{T}}=(1,-3,-4,-7)$.

12. 求下列向量组的一个极大线性无关组，并且把其余向量用这个极大线性无关组线性表出.

(1) $\boldsymbol{\alpha}_1=\begin{bmatrix}1\\-1\\2\\3\end{bmatrix},\boldsymbol{\alpha}_2=\begin{bmatrix}0\\2\\5\\8\end{bmatrix},\boldsymbol{\alpha}_3=\begin{bmatrix}2\\2\\0\\-1\end{bmatrix},\boldsymbol{\alpha}_4=\begin{bmatrix}-1\\7\\-1\\-2\end{bmatrix}$；

(2) $\boldsymbol{\beta}_1^{\mathrm{T}}=(1,2,2),\boldsymbol{\beta}_2^{\mathrm{T}}=(2,4,4),\boldsymbol{\beta}_3^{\mathrm{T}}=(1,0,3),\boldsymbol{\beta}_4^{\mathrm{T}}=(0,4,-2),\boldsymbol{\beta}_5^{\mathrm{T}}=(0,3,0)$；

(3) $\boldsymbol{\alpha}_1=\begin{bmatrix}1\\0\\2\\1\end{bmatrix},\boldsymbol{\alpha}_2=\begin{bmatrix}1\\2\\0\\1\end{bmatrix},\boldsymbol{\alpha}_3=\begin{bmatrix}2\\1\\3\\0\end{bmatrix},\boldsymbol{\alpha}_4=\begin{bmatrix}2\\5\\-1\\4\end{bmatrix},\boldsymbol{\alpha}_5=\begin{bmatrix}1\\-1\\3\\-1\end{bmatrix}$.

13. 证明：对 n 维向量组 $A:\boldsymbol{\alpha}_1,\boldsymbol{\alpha}_2,\cdots,\boldsymbol{\alpha}_m$ 及其子向量组 $B:\boldsymbol{\alpha}_1,\boldsymbol{\alpha}_2,\cdots,\boldsymbol{\alpha}_s(s<m)$，如果 $r(A)=r(B)$，则向量组 A 与 B 向量组等价.

14. 证明：$\mathbf{R}^n$ 中 n 维向量组 $\boldsymbol{\alpha}_1,\boldsymbol{\alpha}_2,\cdots,\boldsymbol{\alpha}_n$ 线性无关的充分必要条件是 n 维基本向量组

$\boldsymbol{\varepsilon}_1=\begin{bmatrix}1\\0\\\vdots\\0\end{bmatrix},\boldsymbol{\varepsilon}_2=\begin{bmatrix}0\\1\\\vdots\\0\end{bmatrix},\cdots,\boldsymbol{\varepsilon}_n=\begin{bmatrix}0\\0\\\vdots\\1\end{bmatrix}$可由向量组 $\boldsymbol{\alpha}_1,\boldsymbol{\alpha}_2,\cdots,\boldsymbol{\alpha}_n$ 线性表出.

15. 设向量组 $A:\boldsymbol{\alpha}_1,\boldsymbol{\alpha}_2,\cdots,\boldsymbol{\alpha}_m$ 与向量组 $B:\boldsymbol{\beta}_1,\boldsymbol{\beta}_2,\cdots,\boldsymbol{\beta}_s$ 合并得向量组 $C:\boldsymbol{\alpha}_1,\boldsymbol{\alpha}_2,\cdots,\boldsymbol{\alpha}_m,\boldsymbol{\beta}_1,\boldsymbol{\beta}_2,\cdots,\boldsymbol{\beta}_s$，秩分别为 $r(A)=r_1,r(B)=r_2,r(C)=r_3$，证明

$$\max\{r_1,r_2\}\leqslant r_3\leqslant r_1+r_2.$$

16. 下面考虑行向量(x_1,x_2,x_3,x_4)，且其分量 $x_1,x_2,x_3,x_4\in\mathbf{R}$. 验证下列 $\mathbf{R}^4$ 的子集 V 是否为 $\mathbf{R}^4$ 的子空间，为什么？

(1) $V=\{(x_1,x_2,x_3,x_4)\mid x_1+x_3=x_2+x_4\}$;

(2) $V=\{(x_1,x_2,x_3,x_4)\mid x_1+x_2+x_3+x_4=1\}$;

(3) $V=\{(x_1,x_2,x_3,x_4)\mid x_1+x_2+x_3+x_4=0\}$;

(4) $V=\{(x_1,x_2,x_3,x_4)\mid x_1^2=x_2^2\}$.

17. 证明：若 V_1 与 V_2 都是向量空间 $\mathbf{R}^n$ 的子空间，则它们的交集

$$V_1\cap V_2=\{\boldsymbol{\alpha}\mid\boldsymbol{\alpha}\in V_1\text{ 且 }\boldsymbol{\alpha}\in V_2\}$$

也是 $\mathbf{R}^n$ 的子空间.

18. 求由下列向量组生成的向量空间的维数与基.

(1) $\boldsymbol{\alpha}_1=\begin{bmatrix}1\\-2\\3\end{bmatrix},\boldsymbol{\alpha}_2=\begin{bmatrix}2\\1\\0\end{bmatrix},\boldsymbol{\alpha}_3=\begin{bmatrix}1\\-7\\9\end{bmatrix}$;

(2) $\boldsymbol{\alpha}_1=\begin{bmatrix}1\\2\\1\\3\end{bmatrix},\boldsymbol{\alpha}_2=\begin{bmatrix}1\\-1\\2\\4\end{bmatrix},\boldsymbol{\alpha}_3=\begin{bmatrix}0\\3\\-1\\-1\end{bmatrix},\boldsymbol{\alpha}_4=\begin{bmatrix}1\\2\\3\\2\end{bmatrix}$;

(3) $\boldsymbol{\alpha}_1=\begin{bmatrix}2\\1\\0\\3\end{bmatrix},\boldsymbol{\alpha}_2=\begin{bmatrix}1\\-3\\2\\4\end{bmatrix},\boldsymbol{\alpha}_3=\begin{bmatrix}3\\0\\2\\-1\end{bmatrix},\boldsymbol{\alpha}_4=\begin{bmatrix}2\\-2\\4\\6\end{bmatrix}$.

19. 证明：由 $\boldsymbol{\alpha}_1=\begin{bmatrix}3\\1\\0\end{bmatrix},\boldsymbol{\alpha}_2=\begin{bmatrix}1\\0\\2\end{bmatrix},\boldsymbol{\alpha}_3=\begin{bmatrix}0\\1\\1\end{bmatrix}$生成的向量空间 $L(\boldsymbol{\alpha}_1,\boldsymbol{\alpha}_2,\boldsymbol{\alpha}_3)=\mathbf{R}^3$，并求 $\boldsymbol{\beta}=$

$\begin{bmatrix}1\\4\\-1\end{bmatrix}$在基 $\boldsymbol{\alpha}_1,\boldsymbol{\alpha}_2,\boldsymbol{\alpha}_3$ 下的坐标.

20. 求下列矩阵的秩：

(1) $\begin{bmatrix}1&-1&1&1&1\\3&-2&1&0&-3\\0&-1&2&3&6\\5&-4&3&2&-1\end{bmatrix}$；　　(2) $\begin{bmatrix}3&-2&-5&-5&2\\2&1&-7&0&0\\2&3&-6&3&0\\1&4&-7&6&8\end{bmatrix}$；

(3) $\begin{bmatrix}1&3&2&a\\2&-4&-1&b\\3&-2&0&c\end{bmatrix}$，其中 a,b,c 为任意实数；

(4) $\begin{bmatrix}1&1&1&1&1\\0&1&-1&2&1\\2&3&a+2&4&b+3\\3&5&1&a+8&5\end{bmatrix}$，对于 a,b 的不同取值，讨论其秩.

21. 设 $\boldsymbol{A}$ 为 $m\times n$ 矩阵，$\boldsymbol{B}$ 为 $n\times s$ 矩阵，若 $\boldsymbol{AB}=\boldsymbol{O}$，证明 $\mathrm{r}(\boldsymbol{A})+\mathrm{r}(\boldsymbol{B})\leqslant n$.

22. 设 $\boldsymbol{A}$ 为 n 阶方阵，如果 $\boldsymbol{A}^2=\boldsymbol{A}$，$\boldsymbol{E}$ 为 n 阶单位阵，证明 $\mathrm{r}(\boldsymbol{A})+\mathrm{r}(\boldsymbol{A}-\boldsymbol{E})=n$.

23. 设 $\boldsymbol{A}^*$ 是 n 阶方阵 $\boldsymbol{A}$ 的伴随矩阵，证明：

$$\mathrm{r}(\boldsymbol{A}^*)=\begin{cases}n,\text{当 } \mathrm{r}(\boldsymbol{A})=n \text{ 时},\\1,\text{当 } \mathrm{r}(\boldsymbol{A})=n-1 \text{ 时},\\0,\text{当 } \mathrm{r}(\boldsymbol{A})<n-1 \text{ 时}.\end{cases}$$

24. 当 λ 取何实数时，下列向量正交：

(1) $\boldsymbol{\alpha}=\begin{bmatrix}\frac{1}{\lambda}\\2\\1\\2\end{bmatrix}$，$\boldsymbol{\beta}=\begin{bmatrix}5\\\frac{\lambda}{2}\\-4\\-1\end{bmatrix}$；　　(2) $\boldsymbol{\alpha}=\begin{bmatrix}0\\1\\\lambda\\9\end{bmatrix}$，$\boldsymbol{\beta}=\begin{bmatrix}7\\\frac{1}{\lambda}\\-1\\0\end{bmatrix}$.

25. 把下列线性无关向量组化为单位正交向量组：

(1) $\boldsymbol{\alpha}_1=\begin{bmatrix}1\\-1\\0\end{bmatrix}$，$\boldsymbol{\alpha}_2=\begin{bmatrix}1\\0\\1\end{bmatrix}$，$\boldsymbol{\alpha}_2=\begin{bmatrix}1\\-1\\1\end{bmatrix}$；

(2) $\boldsymbol{\alpha}_1=\begin{bmatrix}1\\1\\-1\\-1\end{bmatrix}$，$\boldsymbol{\alpha}_2=\begin{bmatrix}1\\2\\3\\4\end{bmatrix}$，$\boldsymbol{\alpha}_3=\begin{bmatrix}1\\3\\1\\0\end{bmatrix}$.

26. 设 $\boldsymbol{\alpha}_1=\begin{bmatrix}1\\1\\1\end{bmatrix}$，$\boldsymbol{\alpha}_2=\begin{bmatrix}1\\-2\\1\end{bmatrix}$，求一个单位向量 $\boldsymbol{\beta}$，使得 $\boldsymbol{\beta}$ 与 $\boldsymbol{\alpha}_1,\boldsymbol{\alpha}_2$ 都正交.

27. 判断下列矩阵是否为正交矩阵，说明理由.

(1) $\begin{bmatrix} \cos\theta & \sin\theta \\ -\sin\theta & \cos\theta \end{bmatrix}$，其中 $\theta \in \mathbf{R}$；　(2) $\begin{bmatrix} 1 & 1 & 0 \\ 0 & 1 & 1 \\ 0 & 0 & 1 \end{bmatrix}$；

(3) $\begin{bmatrix} \frac{\sqrt{2}}{2} & \frac{\sqrt{2}}{6} & \frac{2}{3} \\ 0 & -\frac{2\sqrt{2}}{3} & \frac{1}{3} \\ -\frac{\sqrt{2}}{2} & \frac{\sqrt{2}}{6} & \frac{2}{3} \end{bmatrix}$；　(4) $\begin{bmatrix} 0 & 0 & 0 & 1 \\ 0 & 0 & -1 & 0 \\ 0 & -1 & 0 & 0 \\ 1 & 0 & 0 & 0 \end{bmatrix}$.

28. 设 $\boldsymbol{A},\boldsymbol{B}$ 都是正交矩阵，证明：(1) $\boldsymbol{AB}$ 也是正交矩阵；(2) $\boldsymbol{AB}^{\mathrm{T}}$ 也是正交矩阵.

29. 设 $\boldsymbol{A}$ 是正交矩阵，证明：(1) $\boldsymbol{A}$ 的逆矩阵 $\boldsymbol{A}^{-1}$ 也是正交矩阵. (2) $\boldsymbol{A}$ 的伴随矩阵 $\boldsymbol{A}^*$ 也是正交矩阵.

30. 设 $\boldsymbol{A}$ 是 n 阶正交矩阵. 证明对任意 n 维列向量 $\boldsymbol{\alpha},\boldsymbol{\beta}$，都有 $(\boldsymbol{A\alpha},\boldsymbol{A\beta})=(\boldsymbol{\alpha},\boldsymbol{\beta})$.

第5章　线性方程组

求解线性方程组是线性代数的核心问题. 许多工程计算中都涉及求解线性方程组. 线性方程组已广泛应用于经济学、遗传学、电子学、工程学及物理学等领域. 第一章中, 对方程个数与未知元个数相等且系数行列式不为零这一类型特殊的线性方程组, 可用克莱姆法则求解, 但对一般形式的线性方程组求解方法没有提及. 本章将以向量和矩阵为工具, 探讨一般形式的线性方程组的存在性、解的结构和求解等问题.

5.1　齐次线性方程组

对于以 $m\times n$ 矩阵为系数矩阵的齐次线性方程组

$$\begin{cases} a_{11}x_1+a_{12}x_2+\cdots+a_{1n}x_n=0, \\ a_{21}x_1+a_{22}x_2+\cdots+a_{2n}x_n=0, \\ \qquad\qquad\vdots \\ a_{m1}x_1+a_{m2}x_2+\cdots+a_{mn}x_n=0. \end{cases} \tag{5.1}$$

即

$$\boldsymbol{AX}=\boldsymbol{0}. \tag{5.2}$$

求它的解是我们的重要工作. 齐次线性方程组(5.2)的解有多种可能性. 首先, 容易知道齐次线性方程组总有解, $(0,0,\cdots,0)^{\mathrm{T}}$ 就是它的一个零解; 其次, 它也可能有非零解. 我们关心的是: 它在什么情况下有非零解以及如何求出所有的非零解. 这就需要弄清齐次线性方程组解的结构以帮助我们解决这些问题.

5.1.1　齐次线性方程组有非零解的判定定理

利用向量组的线性相关性, 我们可以得出齐次线性方程组(5.2)有非零解的一个充要条件.

定理 5.1.1　设 $\boldsymbol{A}=(a_{ij})_{m\times n}$, 则 n 个未知量 $x_1,x_2,\cdots,x_n$ 的齐次线性方程组 $\boldsymbol{AX}=\boldsymbol{0}$ 有非零解的充要条件是 $\mathrm{r}(\boldsymbol{A})<n$.

证　由上一章可知, 用 $\boldsymbol{\alpha}_1,\boldsymbol{\alpha}_2,\cdots,\boldsymbol{\alpha}_n$ 表示矩阵 $\boldsymbol{A}$ 的 n 个 m 维列向量. 齐次线性方程组(5.2)的向量形式为 $x_1\boldsymbol{\alpha}_1+x_2\boldsymbol{\alpha}_2+\cdots+x_n\boldsymbol{\alpha}_n=\boldsymbol{0}$. 因此, 方程组(5.2)有非零解的充要条件是 $\boldsymbol{\alpha}_1,\boldsymbol{\alpha}_2,\cdots,\boldsymbol{\alpha}_n$ 线性相关, 即 $\mathrm{r}(\boldsymbol{A})=\mathrm{r}(\boldsymbol{\alpha}_1,\boldsymbol{\alpha}_2,\cdots,\boldsymbol{\alpha}_n)<n$. 证毕.

推论 1　设 $\boldsymbol{A}=(a_{ij})_{m\times n}$, 则 n 个未知量 $x_1,x_2,\cdots,x_n$ 的齐次线性方程组 $\boldsymbol{AX}=\boldsymbol{0}$ 只有零解的充要条件是 $\mathrm{r}(\boldsymbol{A})=n$.

推论 2　若 $\boldsymbol{A}$ 为 n 阶方阵, 则齐次线性方程组 $\boldsymbol{AX}=\boldsymbol{0}$ 有非零解的充要条件是 $|\boldsymbol{A}|=0$.

5.1.2　齐次线性方程组解的结构

为了研究齐次线性方程组解的结构, 下面先讨论解的性质, 并给出基础解系的概念.

性质 5.1.1　若 $\boldsymbol{\eta}_1,\boldsymbol{\eta}_2$ 是齐次线性方程组 $\boldsymbol{AX}=\boldsymbol{0}$ 的两个解, 则 $k_1\boldsymbol{\eta}_1+k_2\boldsymbol{\eta}_2$ (k_1,k_2 为任

意常数)也是它的解.

证　因为 $\boldsymbol{\eta}_1,\boldsymbol{\eta}_2$ 是齐次线性方程组 $\boldsymbol{AX}=\boldsymbol{0}$ 的两个解,因此 $\boldsymbol{A\eta}_1=\boldsymbol{0},\boldsymbol{A\eta}_2=\boldsymbol{0}$,

$\boldsymbol{A}(k_1\boldsymbol{\eta}_1+k_2\boldsymbol{\eta}_2)=k_1(\boldsymbol{A\eta}_1)+k_2(\boldsymbol{A\eta}_2)=\boldsymbol{0}+\boldsymbol{0}=\boldsymbol{0}$,即 $k_1\boldsymbol{\eta}_1+k_2\boldsymbol{\eta}_2$ 也是方程组 $\boldsymbol{AX}=\boldsymbol{0}$ 的解. 证毕.

这个性质告诉我们,齐次线性方程组的两个解的和以及解的倍数仍为其解. 由此可知,齐次线性方程组的解具有线性性. 因此,齐次线性方程组如果有非零解,那么必有无穷多个解. 所以,齐次线性方程组的所有解组成的集合是一个向量空间,这里称之为**解空间**. 容易知道,当方程组 $\boldsymbol{AX}=\boldsymbol{0}$ 有非零解时,每个解都可以由解空间的一个基线性表示. 解空间的基又称为齐次线性方程组的基础解系. 也就是

定义 5.1.1　设 $\boldsymbol{\eta}_1,\boldsymbol{\eta}_2,\cdots,\boldsymbol{\eta}_s$ 是齐次线性方程组 $\boldsymbol{AX}=\boldsymbol{0}$ 的解,如果满足下面两个条件:

(1) $\boldsymbol{\eta}_1,\boldsymbol{\eta}_2,\cdots,\boldsymbol{\eta}_s$ 线性无关;

(2) $\boldsymbol{AX}=\boldsymbol{0}$ 的任一个解均可由 $\boldsymbol{\eta}_1,\boldsymbol{\eta}_2,\cdots,\boldsymbol{\eta}_s$ 线性表示.

则称 $\boldsymbol{\eta}_1,\boldsymbol{\eta}_2,\cdots,\boldsymbol{\eta}_s$ 是齐次线性方程组 $\boldsymbol{AX}=\boldsymbol{0}$ 的一个**基础解系**.

事实上,齐次线性方程组 $\boldsymbol{AX}=\boldsymbol{0}$ 的一个基础解系 $\boldsymbol{\eta}_1,\boldsymbol{\eta}_2,\cdots,\boldsymbol{\eta}_s$ 就是其解空间的一个基,集合 $\{\boldsymbol{X}\,|\,\boldsymbol{X}=k_1\boldsymbol{\eta}_1+k_2\boldsymbol{\eta}_2+\cdots+k_s\boldsymbol{\eta}_s;k_1,k_2,\cdots,k_s$ 为任意实数$\}$构成 $\boldsymbol{AX}=\boldsymbol{0}$ 的维数是 s 的解空间,也是 $\boldsymbol{AX}=\boldsymbol{0}$ 的所有解的集合. 因此齐次线性方程组 $\boldsymbol{AX}=\boldsymbol{0}$ 的结构形式的**通解**(也即全部解)可表示为

$$\boldsymbol{X}=k_1\boldsymbol{\eta}_1+k_2\boldsymbol{\eta}_2+\cdots+k_s\boldsymbol{\eta}_s\ ,k_1,k_2,\cdots,k_s \text{ 为任意实数.}$$

由此可知要求有非零解的齐次线性方程组的通解只要找出它的一个基础解系即可. 下面给出的定理不仅证明了有非零解的齐次线性方程组必存在基础解系,而且给出了一个具体求基础解系的方法.

定理 5.1.2　设 $\boldsymbol{A}$ 是 $m\times n$ 矩阵. 若 $\mathrm{r}(\boldsymbol{A})=r<n$,则齐次线性方程组 $\boldsymbol{AX}=\boldsymbol{0}$ 存在基础解系,且基础解系所含向量的个数为 $n-r$.

证　系数矩阵 $\boldsymbol{A}$ 的秩为 r,不妨设 $\boldsymbol{A}$ 的前 r 个列向量线性无关,对 $\boldsymbol{A}$ 施行一系列初等行变换可得 $\boldsymbol{A}$ 的行最简形:

$$\begin{bmatrix} 1 & \cdots & 0 & b_{11} & \cdots & b_{1,n-r} \\ \vdots & & \vdots & \vdots & & \vdots \\ 0 & \cdots & 1 & b_{r1} & \cdots & b_{r,n-r} \\ 0 & \cdots & \cdots & \cdots & \cdots & 0 \\ \vdots & & \vdots & \cdots & & \vdots \\ 0 & \cdots & \cdots & \cdots & \cdots & 0 \end{bmatrix},$$

于是与齐次线性方程组 $\boldsymbol{AX}=\boldsymbol{0}$ 同解的齐次线性方程组可表示为:

$$\begin{cases} x_1=-b_{11}x_{r+1}-\cdots-b_{1,n-r}x_n, \\ \qquad\qquad\vdots \\ x_r=-b_{r1}x_{r+1}-\cdots-b_{r,n-r}x_n. \end{cases} \tag{5.3}$$

在方程组(5.3)中,任给 $x_{r+1},\cdots,x_n$ 一组值,就可确定 $x_1,\cdots,x_r$ 的值,由此得(5.3)的一个解,也就是(5.2) 的解. 分别令

$$\begin{bmatrix} x_{r+1} \\ x_{r+2} \\ \vdots \\ x_n \end{bmatrix} = \begin{bmatrix} 1 \\ 0 \\ \vdots \\ 0 \end{bmatrix}, \begin{bmatrix} 0 \\ 1 \\ \vdots \\ 0 \end{bmatrix}, \cdots, \begin{bmatrix} 0 \\ 0 \\ \vdots \\ 1 \end{bmatrix}.$$

代入(5.3)依次可得：

$\begin{bmatrix} x_1 \\ x_2 \\ \vdots \\ x_r \end{bmatrix} = \begin{bmatrix} -b_{11} \\ -b_{21} \\ \vdots \\ -b_{r1} \end{bmatrix}, \begin{bmatrix} -b_{12} \\ -b_{22} \\ \vdots \\ -b_{r2} \end{bmatrix}, \cdots, \begin{bmatrix} -b_{1,n-r} \\ -b_{2,n-r} \\ \vdots \\ -b_{r,n-r} \end{bmatrix}$. 从而求得(5.3)，也就是(5.2)的 $n-r$ 个解：

$$\boldsymbol{\eta}_1 = \begin{bmatrix} -b_{11} \\ -b_{21} \\ \vdots \\ -b_{r1} \\ 1 \\ 0 \\ \vdots \\ 0 \end{bmatrix}, \boldsymbol{\eta}_2 = \begin{bmatrix} -b_{12} \\ -b_{22} \\ \vdots \\ -b_{r2} \\ 0 \\ 1 \\ \vdots \\ 0 \end{bmatrix}, \cdots, \boldsymbol{\eta}_{n-r} = \begin{bmatrix} -b_{1,n-r} \\ -b_{2,n-r} \\ \vdots \\ -b_{r,n-r} \\ 0 \\ 0 \\ \vdots \\ 1 \end{bmatrix}.$$

下面证明 $\boldsymbol{\eta}_1, \boldsymbol{\eta}_2, \cdots, \boldsymbol{\eta}_{n-r}$ 即为齐次线性方程组 $\boldsymbol{AX}=\boldsymbol{0}$ 的一个基础解系.

首先，由于 $n-r$ 个 $n-r$ 维向量 $\begin{bmatrix} 1 \\ 0 \\ \vdots \\ 0 \end{bmatrix}, \begin{bmatrix} 0 \\ 1 \\ \vdots \\ 0 \end{bmatrix}, \cdots, \begin{bmatrix} 0 \\ 0 \\ \vdots \\ 1 \end{bmatrix}$ 所构成的向量组线性无关，所以 $\boldsymbol{\eta}_1, \boldsymbol{\eta}_2, \cdots, \boldsymbol{\eta}_{n-r}$ 线性无关.

其次，证明(5.2)的任一解

$$\boldsymbol{\xi} = \begin{bmatrix} \lambda_1 \\ \vdots \\ \lambda_r \\ \lambda_{r+1} \\ \vdots \\ \lambda_n \end{bmatrix}$$

均可由 $\boldsymbol{\eta}_1, \boldsymbol{\eta}_2, \cdots, \boldsymbol{\eta}_{n-r}$ 线性表示. 为此作向量 $\boldsymbol{\eta} = \lambda_{r+1}\boldsymbol{\eta}_1 + \lambda_{r+2}\boldsymbol{\eta}_2 + \cdots + \lambda_n\boldsymbol{\eta}_{n-r}$，$\boldsymbol{\eta}_1, \boldsymbol{\eta}_2, \cdots, \boldsymbol{\eta}_{n-r}$ 是 $\boldsymbol{AX}=\boldsymbol{0}$ 的解，因此 $\boldsymbol{\eta}$ 也是它的解. 比较 $\boldsymbol{\xi}$ 与 $\boldsymbol{\eta}$，知它们的后面 $n-r$ 个分量对应相等，由于它们都满足方程组(5.3)，从而知它们前面 r 个分量也对应相等，因此 $\boldsymbol{\eta}=\boldsymbol{\xi}$，即

$$\boldsymbol{\xi} = \lambda_{r+1}\boldsymbol{\eta}_1 + \lambda_{r+2}\boldsymbol{\eta}_2 + \cdots + \lambda_n\boldsymbol{\eta}_{n-r},$$

故 $\boldsymbol{\eta}_1, \boldsymbol{\eta}_2, \cdots, \boldsymbol{\eta}_{n-r}$ 即为齐次线性方程组 $\boldsymbol{AX}=\boldsymbol{0}$ 的一个基础解系，且所含向量的个数为 $n-r$. 证毕.

例 1 求齐次线性方程组

$$\begin{cases} x_1+x_2-x_3-x_4+x_5=0, \\ 2x_1+x_2+x_3+x_4+4x_5=0, \\ 4x_1+3x_2-x_3-x_4+6x_5=0, \\ x_1+2x_2-4x_3-4x_4-x_5=0 \end{cases}$$

的一个基础解系与通解.

解 对系数矩阵 $\boldsymbol{A}$ 作初等行变换,变为行最简形矩阵

$$\boldsymbol{A}=\begin{bmatrix} 1 & 1 & -1 & -1 & 1 \\ 2 & 1 & 1 & 1 & 4 \\ 4 & 3 & -1 & -1 & 6 \\ 1 & 2 & -4 & -4 & -1 \end{bmatrix} \xrightarrow[r_4-r_1]{\substack{r_2-2r_1 \\ r_3-4r_1}} \begin{bmatrix} 1 & 1 & -1 & -1 & 1 \\ 0 & -1 & 3 & 3 & 2 \\ 0 & -1 & 3 & 3 & 2 \\ 0 & 1 & -3 & -3 & -2 \end{bmatrix}$$

$$\xrightarrow[r_4+r_2]{r_3-r_2} \begin{bmatrix} 1 & 1 & -1 & -1 & 1 \\ 0 & -1 & 3 & 3 & 2 \\ 0 & 0 & 0 & 0 & 0 \\ 0 & 0 & 0 & 0 & 0 \end{bmatrix} \xrightarrow[r_1+r_2]{(-1)r_2} \begin{bmatrix} 1 & 0 & 2 & 2 & 3 \\ 0 & 1 & -3 & -3 & -2 \\ 0 & 0 & 0 & 0 & 0 \\ 0 & 0 & 0 & 0 & 0 \end{bmatrix}.$$

可知,系数矩阵的秩 $\mathrm{r}(\boldsymbol{A})=2$,所以基础解系含有 $5-2=3$ 个解向量.
即得与原方程组同解的方程组:

$$\begin{cases} x_1=-2x_3-2x_4-3x_5, \\ x_2=3x_3+3x_4+2x_5. \end{cases} \tag{5.4}$$

令 $\begin{bmatrix} x_3 \\ x_4 \\ x_5 \end{bmatrix}=\begin{bmatrix} 1 \\ 0 \\ 0 \end{bmatrix},\begin{bmatrix} 0 \\ 1 \\ 0 \end{bmatrix},\begin{bmatrix} 0 \\ 0 \\ 1 \end{bmatrix}$,即得一个基础解系 $\boldsymbol{\eta}_1=\begin{bmatrix} -2 \\ 3 \\ 1 \\ 0 \\ 0 \end{bmatrix},\boldsymbol{\eta}_2=\begin{bmatrix} -2 \\ 3 \\ 0 \\ 1 \\ 0 \end{bmatrix},\boldsymbol{\eta}_3=\begin{bmatrix} -3 \\ 2 \\ 0 \\ 0 \\ 1 \end{bmatrix}$,

所以原方程组的通解是

$$\boldsymbol{X}=k_1\boldsymbol{\eta}_1+k_2\boldsymbol{\eta}_2+k_3\boldsymbol{\eta}_3 \quad (k_1,k_2,k_3 \text{ 为任意实数}). \tag{5.5}$$

例 2 λ 为何值时,齐次线性方程组

$$\begin{cases} x_1+x_2-2x_3=0, \\ -x_1+\lambda x_2+5x_3=0, \\ x_1+3x_2=0, \\ x_1+6x_2+(\lambda+1)x_3=0 \end{cases}$$

有非零解?并在有非零解时求它的一个基础解系.

解 对系数矩阵 $\boldsymbol{A}$ 施行初等变换,得

$$\boldsymbol{A}=\begin{bmatrix} 1 & 1 & -2 \\ -1 & \lambda & 5 \\ 1 & 3 & 0 \\ 1 & 6 & \lambda+1 \end{bmatrix} \xrightarrow[r_4-r_1]{\substack{r_2+r_1 \\ r_3-r_1}} \begin{bmatrix} 1 & 1 & -2 \\ 0 & \lambda+1 & 3 \\ 0 & 2 & 2 \\ 0 & 5 & \lambda+3 \end{bmatrix}$$

$$\xrightarrow[\substack{r_3-(\lambda+1)r_2\\ r_4-5r_2}]{\substack{\frac{1}{2}r_3\\ r_2\leftrightarrow r_3}}\begin{bmatrix}1&1&-2\\0&1&1\\0&0&2-\lambda\\0&0&\lambda-2\end{bmatrix}\xrightarrow{r_4+r_2}\begin{bmatrix}1&1&-2\\0&1&1\\0&0&2-\lambda\\0&0&0\end{bmatrix}\xrightarrow{r_1-r_2}\begin{bmatrix}1&0&-3\\0&1&1\\0&0&2-\lambda\\0&0&0\end{bmatrix}$$

可知当 $\lambda=2$ 时，$\mathrm{r}(\boldsymbol{A})=2<3$，所以方程组有非零解. 此时，原方程组的同解方程组为

$$\begin{cases}x_1=3x_3,\\ x_2=-x_3.\end{cases}$$

令 $x_3=1$，可得它的一个基础解系为 $\begin{bmatrix}3\\-1\\1\end{bmatrix}$.

例 3 已知齐次线性方程组

$$\begin{cases}a_{11}x_1+a_{12}x_2+\cdots+a_{1n}x_n=0,\\ a_{21}x_1+a_{22}x_2+\cdots+a_{2n}x_n=0,\\ \qquad\vdots\\ a_{n1}x_1+a_{n2}x_2+\cdots+a_{nn}x_n=0\end{cases}$$

的系数行列式 $|\boldsymbol{A}|=0$，而系数矩阵 $\boldsymbol{A}$ 中某元素 a_{ij} 的代数余子式 $\boldsymbol{A}_{ij}\neq 0$，试证：$(\boldsymbol{A}_{i1},\boldsymbol{A}_{i2},\cdots,\boldsymbol{A}_{in})^{\mathrm{T}}$ 是该方程组的一个基础解系.

证 因为 $|\boldsymbol{A}|=0$，所以 $\boldsymbol{A}\boldsymbol{A}^*=|\boldsymbol{A}|\boldsymbol{E}=\boldsymbol{0}$，将 $\boldsymbol{A}^*$ 按列分块得：

$$\boldsymbol{A}^*=(\boldsymbol{\alpha}_1,\boldsymbol{\alpha}_2,\cdots,\boldsymbol{\alpha}_n),$$

其中 $\boldsymbol{\alpha}_k=(\boldsymbol{A}_{k1},\boldsymbol{A}_{k2},\cdots,\boldsymbol{A}_{kn})^{\mathrm{T}},(k=1,2,\cdots,n)$，则有

$$\boldsymbol{A}\boldsymbol{A}^*=\boldsymbol{A}(\boldsymbol{\alpha}_1,\boldsymbol{\alpha}_2,\cdots,\boldsymbol{\alpha}_n)=(\boldsymbol{A}\boldsymbol{\alpha}_1,\boldsymbol{A}\boldsymbol{\alpha}_2,\cdots,\boldsymbol{A}\boldsymbol{\alpha}_n)=(\boldsymbol{0},\boldsymbol{0},\cdots,\boldsymbol{0}).$$

因此

$$\boldsymbol{A}\boldsymbol{\alpha}_k=\boldsymbol{0}(k=1,2,\cdots,n),$$

故 $\boldsymbol{\alpha}_1,\boldsymbol{\alpha}_2,\cdots,\boldsymbol{\alpha}_n$ 均是齐次线性方程组 $\boldsymbol{A}\boldsymbol{X}=\boldsymbol{0}$ 的解.

特别地，$\boldsymbol{\alpha}_i=(\boldsymbol{A}_{i1},\boldsymbol{A}_{i2},\cdots,\boldsymbol{A}_{in})^{\mathrm{T}}$ 为该方程组的一个解.

又因 $|\boldsymbol{A}|=0,\boldsymbol{A}_{ij}\neq 0,\boldsymbol{A}\boldsymbol{X}=\boldsymbol{0}$，即 $\boldsymbol{A}$ 有一个 $n-1$ 阶子式不为 0，故 $\mathrm{r}(\boldsymbol{A})=n-1$. 因此知齐次线性方程组 $\boldsymbol{A}\boldsymbol{X}=\boldsymbol{0}$ 的基础解系含且只含有一个解向量.

由 $\boldsymbol{A}_{ij}\neq 0$，有 $\boldsymbol{\alpha}_i\neq 0$，因此 $\boldsymbol{\alpha}_i=(\boldsymbol{A}_{i1},\boldsymbol{A}_{i2},\cdots,\boldsymbol{A}_{in})^{\mathrm{T}}$ 是该方程组的一个基础解系. 证毕.

5.2 非齐次线性方程组

由上一节知，齐次线性方程组一定有解(至少有一零解)，但对于矩阵形式为 $\boldsymbol{A}\boldsymbol{X}=\boldsymbol{b}$ 的非齐次线性方程组

$$\begin{cases}a_{11}x_1+a_{12}x_2+\cdots+a_{1n}x_n=b_1,\\ a_{21}x_1+a_{22}x_2+\cdots+a_{2n}x_n=b_2,\\ \qquad\vdots\\ a_{m1}x_1+a_{m2}x_2+\cdots+a_{mn}x_n=b_m,\end{cases}\tag{5.6}$$

其中 $b_1,b_2,\cdots,b_m$ 不全为零，未必有解. 而由此也导致了其解的结构发生了变化. 下面逐一

进行讨论.

5.2.1 非齐次线性方程组有解的判定定理

定理 5.2.1 设 $\boldsymbol{A}=(a_{ij})_{m\times n}$，则非齐次线性方程组 $\boldsymbol{AX}=\boldsymbol{b}$ 有解的充分必要条件是系数矩阵 $\boldsymbol{A}$ 的秩等于增广矩阵 $\overline{\boldsymbol{A}}$ 的秩，即 $\mathrm{r}(\boldsymbol{A})=\mathrm{r}(\overline{\boldsymbol{A}})$.

证 非齐次线性方程组 $\boldsymbol{AX}=\boldsymbol{b}$ 的向量形式为

$$x_1\boldsymbol{\alpha}_1+x_2\boldsymbol{\alpha}_2+\cdots+x_n\boldsymbol{\alpha}_n=\boldsymbol{b}.$$

其中，$\boldsymbol{\alpha}_i(i=1,2,\cdots,n)$是系数矩阵 $\boldsymbol{A}$ 的第 i 列向量，因此方程组 $\boldsymbol{AX}=\boldsymbol{b}$ 有解的充要条件是 $\boldsymbol{b}$ 可以由 $\boldsymbol{\alpha}_1,\boldsymbol{\alpha}_2,\cdots,\boldsymbol{\alpha}_n$ 线性表示.

若 $\boldsymbol{b}$ 可以由 $\boldsymbol{\alpha}_1,\boldsymbol{\alpha}_2,\cdots,\boldsymbol{\alpha}_n$ 线性表示，则 $\mathrm{r}(\boldsymbol{\alpha}_1,\boldsymbol{\alpha}_2,\cdots,\boldsymbol{\alpha}_n)=\mathrm{r}(\boldsymbol{\alpha}_1,\boldsymbol{\alpha}_2,\cdots,\boldsymbol{\alpha}_n,\boldsymbol{b})$，即

$$\mathrm{r}(\boldsymbol{A})=\mathrm{r}(\overline{\boldsymbol{A}}).$$

反之，若 $\mathrm{r}(\boldsymbol{A})=\mathrm{r}(\overline{\boldsymbol{A}})$，即 $\mathrm{r}(\boldsymbol{\alpha}_1,\boldsymbol{\alpha}_2,\cdots,\boldsymbol{\alpha}_n)=\mathrm{r}(\boldsymbol{\alpha}_1,\boldsymbol{\alpha}_2,\cdots,\boldsymbol{\alpha}_n,\boldsymbol{b})$. 令 $\mathrm{r}(\boldsymbol{\alpha}_1,\boldsymbol{\alpha}_2,\cdots,\boldsymbol{\alpha}_n)=r$，不妨设$(\boldsymbol{\alpha}_1,\boldsymbol{\alpha}_2,\cdots,\boldsymbol{\alpha}_n)$的极大无关组为 $\boldsymbol{\alpha}_1,\boldsymbol{\alpha}_2,\cdots,\boldsymbol{\alpha}_r$. 由于 $\mathrm{r}(\boldsymbol{\alpha}_1,\boldsymbol{\alpha}_2,\cdots,\boldsymbol{\alpha}_n,\boldsymbol{b})=r$，所以 $\boldsymbol{\alpha}_1,\boldsymbol{\alpha}_2,\cdots,\boldsymbol{\alpha}_r$ 也是 $\boldsymbol{\alpha}_1,\boldsymbol{\alpha}_2,\cdots,\boldsymbol{\alpha}_n,\boldsymbol{b}$ 的一个极大无关组，故 $\boldsymbol{b}$ 可以由 $\boldsymbol{\alpha}_1,\boldsymbol{\alpha}_2,\cdots,\boldsymbol{\alpha}_r$ 线性表示，从而 $\boldsymbol{b}$ 也可以由 $\boldsymbol{\alpha}_1,\boldsymbol{\alpha}_2,\cdots,\boldsymbol{\alpha}_n$ 线性表示，即非齐次线性方程组 $\boldsymbol{AX}=\boldsymbol{b}$ 有解. 证毕.

推论 若 $\mathrm{r}(\boldsymbol{A})\neq\mathrm{r}(\overline{\boldsymbol{A}})$，则非齐次线性方程组 $\boldsymbol{AX}=\boldsymbol{b}$ 无解.

5.2.2 非齐次线性方程组解的结构

齐次线性方程组 $\boldsymbol{AX}=\boldsymbol{0}$ 称为非齐次线性方程组 $\boldsymbol{AX}=\boldsymbol{b}$ 的**导出组**. 非齐次线性方程组 $\boldsymbol{AX}=\boldsymbol{b}$ 的解与它的导出组的解之间有如下性质：

性质 5.2.1 设 $\boldsymbol{\eta}_1,\boldsymbol{\eta}_2$ 是非齐次线性方程组 $\boldsymbol{AX}=\boldsymbol{b}$ 的两个解，则 $\boldsymbol{\eta}_1-\boldsymbol{\eta}_2$ 是其导出组的解.

证 因为 $\boldsymbol{\eta}_1,\boldsymbol{\eta}_2$ 是 $\boldsymbol{AX}=\boldsymbol{b}$ 的两个解，

即 $$\boldsymbol{A\eta}_1=\boldsymbol{b},\boldsymbol{A\eta}_2=\boldsymbol{b},$$

故 $$\boldsymbol{A}(\boldsymbol{\eta}_1-\boldsymbol{\eta}_2)=\boldsymbol{A\eta}_1-\boldsymbol{A\eta}_2=\boldsymbol{b}-\boldsymbol{b}=\boldsymbol{0}.$$

所以 $\boldsymbol{\eta}_1-\boldsymbol{\eta}_2$ 是其导出组的解. 证毕.

性质 5.2.2 设 $\boldsymbol{\eta}$ 是非齐次线性方程组 $\boldsymbol{AX}=\boldsymbol{b}$ 的一个解，$\boldsymbol{\xi}$ 是其导出组 $\boldsymbol{AX}=\boldsymbol{0}$ 的一个解，则 $\boldsymbol{\eta}+\boldsymbol{\xi}$ 也是 $\boldsymbol{AX}=\boldsymbol{b}$ 的一个解.

证 由已知，$\boldsymbol{A}(\boldsymbol{\eta}+\boldsymbol{\xi})=\boldsymbol{A\eta}+\boldsymbol{A\xi}=\boldsymbol{b}+\boldsymbol{0}=\boldsymbol{b}$. 故 $\boldsymbol{\eta}+\boldsymbol{\xi}$ 也是 $\boldsymbol{AX}=\boldsymbol{b}$ 的一个解. 证毕.

定理 5.2.2(解的结构定理) 如果 $\boldsymbol{\eta}^*$ 是非齐次线性方程组 $\boldsymbol{AX}=\boldsymbol{b}$ 的一个特解，$\boldsymbol{Y}$ 是其导出组的通解，则 $\boldsymbol{X}=\boldsymbol{\eta}^*+\boldsymbol{Y}$ 是 $\boldsymbol{AX}=\boldsymbol{b}$ 的通解.

证 由性质 5.2.2，$\boldsymbol{X}=\boldsymbol{\eta}^*+\boldsymbol{Y}$ 是 $\boldsymbol{AX}=\boldsymbol{b}$ 的解. 设 $\boldsymbol{\eta}_1$ 是 $\boldsymbol{AX}=\boldsymbol{b}$ 的任一个解，由性质 5.2.1，$\boldsymbol{\eta}_1-\boldsymbol{\eta}^*$ 是导出组 $\boldsymbol{AX}=\boldsymbol{0}$ 的解，而 $\boldsymbol{\eta}_1=\boldsymbol{\eta}^*+(\boldsymbol{\eta}_1-\boldsymbol{\eta}^*)$. 因此 $\boldsymbol{AX}=\boldsymbol{b}$ 的任一个解都可表示其特解 $\boldsymbol{\eta}^*$ 与其导出组的某一个解的和，即 $\boldsymbol{X}=\boldsymbol{\eta}^*+\boldsymbol{Y}$ 是 $\boldsymbol{AX}=\boldsymbol{b}$ 的通解. 证毕.

由此定理可知，如果 n 个未知量 $x_1,x_2,\cdots,x_n$ 的非齐次线性方程组 $\boldsymbol{AX}=\boldsymbol{b}$ 有解，只需求出它的一个特解 $\boldsymbol{\eta}^*$，并求出其导出组 $\boldsymbol{AX}=\boldsymbol{0}$ 的基础解系 $\boldsymbol{\eta}_1,\boldsymbol{\eta}_2,\cdots,\boldsymbol{\eta}_{n-r}$，则其通解可表示为

$$\boldsymbol{X}=\boldsymbol{\eta}^*+\boldsymbol{Y}=\boldsymbol{\eta}^*+k_1\boldsymbol{\eta}_1+k_2\boldsymbol{\eta}_2+\cdots+k_{n-r}\boldsymbol{\eta}_{n-r}(k_1,k_2,\cdots,k_{n-r}\text{为任意常数}).$$

另外，当非齐次线性方程组 $\boldsymbol{AX}=\boldsymbol{b}$ 有解时，由此定理、定理 5.2.1 和定理 5.1.1 可得到下面结论：

定理 5.2.3 对 n 个未知量 $x_1,x_2,\cdots,x_n$ 的非齐次线性方程组 $\boldsymbol{AX}=\boldsymbol{b}$，若 $\mathrm{r}(\boldsymbol{A})=\mathrm{r}(\overline{\boldsymbol{A}})<n$，则它有无穷多解；若 $\mathrm{r}(\boldsymbol{A})=\mathrm{r}(\overline{\boldsymbol{A}})=n$，则它有唯一解.

例 1 求非齐次线性方程组

$$\begin{cases}x_1-x_2-x_3+x_4=0,\\x_1-x_2+x_3-3x_4=1,\\2x_1-2x_2-4x_3+6x_4=-1\end{cases}$$

的通解.

解 对增广矩阵 $\overline{\boldsymbol{A}}$ 施行初等行变换，

$$\overline{\boldsymbol{A}}=\begin{bmatrix}1&-1&-1&1&0\\1&-1&1&-3&1\\2&-2&-4&6&-1\end{bmatrix}\xrightarrow[r_3-2r_1]{r_2-r_1}\begin{bmatrix}1&-1&-1&1&0\\0&0&2&-4&1\\0&0&-2&4&-1\end{bmatrix}$$

$$\xrightarrow[\frac{1}{2}r_2]{r_3+r_2}\begin{bmatrix}1&-1&-1&1&0\\0&0&1&-2&\frac{1}{2}\\0&0&0&0&0\end{bmatrix}\xrightarrow{r_1+r_2}\begin{bmatrix}1&-1&0&-1&\frac{1}{2}\\0&0&1&-2&\frac{1}{2}\\0&0&0&0&0\end{bmatrix}$$

得 $\mathrm{r}(\boldsymbol{A})=\mathrm{r}(\overline{\boldsymbol{A}})=2<4$，故原方程组有无穷多解，同解方程组为

$$\begin{cases}x_1=x_2+x_4+\dfrac{1}{2},\\x_3=2x_4+\dfrac{1}{2}.\end{cases}\tag{5.7}$$

令 $\begin{bmatrix}x_2\\x_4\end{bmatrix}=\begin{bmatrix}0\\0\end{bmatrix}$，得方程组的一个特解 $\boldsymbol{\eta}^*=\begin{bmatrix}\frac{1}{2}\\0\\\frac{1}{2}\\0\end{bmatrix}$，

又与其导出组对应的同解方程组为

$$\begin{cases}x_1=x_2+x_4,\\x_3=2x_4.\end{cases}$$

令 $\begin{bmatrix}x_2\\x_4\end{bmatrix}=\begin{bmatrix}1\\0\end{bmatrix},\begin{bmatrix}0\\1\end{bmatrix}$，即得导出组的一个基础解系 $\boldsymbol{\eta}_1=\begin{bmatrix}1\\1\\0\\0\end{bmatrix}$，$\boldsymbol{\eta}_2=\begin{bmatrix}1\\0\\2\\1\end{bmatrix}$，

因此原方程组的通解为

$$X=\boldsymbol{\eta}^*+k_1\boldsymbol{\eta}_1+k_2\boldsymbol{\eta}_2$$

$$=\begin{bmatrix}\frac{1}{2}\\0\\\frac{1}{2}\\0\end{bmatrix}+k_1\begin{bmatrix}1\\1\\0\\0\end{bmatrix}+k_2\begin{bmatrix}1\\0\\2\\1\end{bmatrix},\tag{5.8}$$

其中 k_1,k_2 为任意常数.

例 2　讨论 a,b 为何值时,方程组

$$\begin{cases}x+ay+a^2z=1,\\x+ay+abz=a,\\bx+a^2y+a^2bz=a^2b.\end{cases}$$

有唯一解？无穷多解？无解？当方程组有解时求出其解.

解法 1　对增广矩阵作初等行变换：

$$\overline{\mathbf{A}}=\begin{bmatrix}1&a&a^2&1\\1&a&ab&a\\b&a^2&a^2b&a^2b\end{bmatrix}\rightarrow\begin{bmatrix}1&a&a^2&1\\0&a(a-b)&0&b(a^2-1)\\0&0&a(b-a)&a-1\end{bmatrix}.$$

(1) 当 $a\neq b$ 且 $a\neq 0$ 时,$\mathrm{r}(\mathbf{A})=\mathrm{r}(\overline{\mathbf{A}})=3$,

方程组有唯一解：$x=\dfrac{a^2(b-1)}{b-a},y=\dfrac{b(a^2-1)}{a(a-b)},z=\dfrac{a-1}{a(b-a)}$.

(2) 当 $a=b$ 或 $a=0$ 时,$\overline{\mathbf{A}}\rightarrow\begin{bmatrix}1&a&a^2&1\\0&0&0&b(a^2-1)\\0&0&0&a-1\end{bmatrix}$,

① 若 $a=b=1$,则 $\mathrm{r}(\mathbf{A})=\mathrm{r}(\overline{\mathbf{A}})=1$,方程组有无穷多解,此时同解方程组为 $x+y+z=1$,通解为 $\begin{bmatrix}x\\y\\z\end{bmatrix}=\begin{bmatrix}1\\0\\0\end{bmatrix}+k_1\begin{bmatrix}-1\\1\\0\end{bmatrix}+k_2\begin{bmatrix}-1\\0\\1\end{bmatrix}$（其中 k_1,k_2 为任意常数）；

② 若 $a=b\neq 1$ 或 $a=0$,则 $\mathrm{r}(\mathbf{A})=1,\mathrm{r}(\overline{\mathbf{A}})=2,\mathrm{r}(\mathbf{A})\neq\mathrm{r}(\overline{\mathbf{A}})$,此时方程组无解.

解法 2　因为方程组的系数行列式为

$$\begin{vmatrix}1&a&a^2\\1&a&ab\\b&a^2&a^2b\end{vmatrix}=a^2(a-b)^2.$$

(1) 当 $a(b-a)\neq 0$,即 $a\neq b$ 且 $a\neq 0$ 时,由克莱姆法则知方程组有唯一解：

$$x=\frac{a^2(b-1)}{b-a},y=\frac{b(a^2-1)}{a(a-b)},z=\frac{a-1}{a(b-a)}.$$

(2) ① 当 $a=0$ 时,方程组为 $\begin{cases}x=1,\\x=0,\\bx=0\end{cases}$ 显然是矛盾的,无解；

② 当 $a=b$ 时,方程组变为 $\begin{cases}x+by+b^2z=1,\\x+by+b^2z=b,\\bx+b^2y+b^3z=b^3,\end{cases}$ 对增广矩阵作初等行变换：

$$\overline{\mathbf{A}}=\begin{bmatrix}1&b&b^2&1\\1&b&b^2&b\\b&b^2&b^3&b^3\end{bmatrix}\rightarrow\begin{bmatrix}1&b&b^2&1\\0&0&0&b-1\\0&0&0&b(b^2-1)\end{bmatrix},$$

此时若 $a=b=1$,则方程组等价于 $x+y+z=1$,方程组有无穷多解：$\begin{bmatrix}x\\y\\z\end{bmatrix}=\begin{bmatrix}1\\0\\0\end{bmatrix}+k_1\begin{bmatrix}-1\\1\\0\end{bmatrix}+$

$k_2\begin{bmatrix}-1\\0\\1\end{bmatrix}$（其中 k_1,k_2 为任意常数）；此时若 $a=b\neq 1$，则出现矛盾方程，方程组无解.

*5.3 应用举例

应用 1：投入产出模型

投入产出模型是由哈佛大学教授列昂惕夫于本世纪 30 年代首次提出的，它是研究一个经济系统各部门之间投入与产出关系的线性模型.

设一个经济系统分为 n 个生产部门，各部门分别用 $1,2,\cdots,n$ 表示，这些部门生产各自不同的商品和服务. 一方面，每个生产部门在生产过程中要消耗彼此的产品，也即生产者本身创造了**中间需求**. 另一方面，每个生产部门的产品用来满足社会的非生产性需要，并提供积累，也即生产者创造了**最终需求**. 如表 5-1 所示，$x_{ij}(i,j=1,2,\cdots,n)$ 表示部门 j 消耗部门 i 的产品量；$y_i(i=1,2,\cdots,n)$ 表示部门 i 的最终需求；$x_i(i=1,2,\cdots,n)$ 表示部门 i 的总产出.

表 5-1

消耗部门 / 生产部门	中间需求				最终需求	总产出
	1	2	$\cdots$	n		
1	x_{11}	x_{12}	$\cdots$	x_{1n}	y_1	x_1
2	x_{21}	x_{22}	$\cdots$	x_{2n}	y_2	x_2
$\vdots$	$\vdots$	$\vdots$	$\cdots$	$\vdots$	$\vdots$	$\vdots$
n	x_{n1}	x_{n2}	$\cdots$	x_{nn}	y_n	x_n

从表 5-1 每一行来看，如果要求各部门产品分配平衡，那么每个部门创造的中间需求加上最终需求，应等于它的总产出，即得线性方程组

$$\begin{cases}x_1=x_{11}+x_{12}+\cdots+x_{1n}+y_1,\\ x_2=x_{21}+x_{22}+\cdots+x_{2n}+y_2,\\ \qquad\vdots\\ x_n=x_{n1}+x_{n2}+\cdots+x_{nn}+y_n,\end{cases}\tag{5.9}$$

列昂惕夫投入产出模型的基本假设是，对每一部门都有一个单位的消费向量，它反映了该部门的单位产出所需其他部门的产品量，常称为该部门对所需部门的**直接消耗系数**. 因此，对部门 j，考虑单位产出所要消耗部门 i 的产品量，也即考虑部门 j 对部门 i 的直接消耗系数. 设部门 j 对部门 i 的直接消耗系数为 c_{ij}，则

$$c_{ij}=\frac{x_{ij}}{x_j}\quad(i,j=1,2,\cdots,n),\tag{5.10}$$

$$x_{ij}=c_{ij}x_j.\tag{5.11}$$

将(5.10)代入(5.9)，得

$$\begin{cases} x_1 = c_{11}x_1 + c_{12}x_2 + \cdots + c_{1n}x_n + y_1, \\ x_2 = c_{21}x_1 + c_{22}x_2 + \cdots + c_{2n}x_n + y_2, \\ \quad\vdots \\ x_n = c_{n1}x_1 + c_{n2}x_2 + \cdots + c_{nn}x_n + y_n. \end{cases} \tag{5.12}$$

记
$$C = \begin{bmatrix} c_{11} & c_{12} & \cdots & c_{1n} \\ c_{21} & c_{22} & \cdots & c_{2n} \\ \vdots & \vdots & & \vdots \\ c_{n1} & c_{n2} & \cdots & c_{nn} \end{bmatrix}$$ 称为**消耗矩阵**.

$$X = \begin{bmatrix} x_1 \\ x_2 \\ \vdots \\ x_n \end{bmatrix}$$ 称为**产出向量**.

$$Y = \begin{bmatrix} y_1 \\ y_2 \\ \vdots \\ y_n \end{bmatrix}$$ 称为**最终需求向量**.

则方程组(5.12)可以写成矩阵形式

$$X = CX + Y \text{ 或 } (E - C)X = Y, \tag{5.13}$$

此即列昂惕夫投入产出模型.

例 1　设有一个经济体系由 A, B 和 C 三个部门构成. 部门 A 每单位的产出需消耗 0.1 单位自己的产品, 0.3 单位部门 B 产品和 0.3 单位部门 C 产品. 部门 B 每单位的产出需消耗 0.2 单位自己的产品, 0.6 单位部门 A 产品和 0.1 单位部门 C 产品. 部门 C 每单位的产出需消耗 0.6 单位部门 A 产品, 0.1 单位部门 C 产品, 但不消耗部门 B 产品.

(1) 构造此经济体系的消耗矩阵;

(2) 为了满足最终需求为 36 单位部门 A 产品, 36 单位部门 B 产品, 0 单位部门 C 产品, 各部门的总产出应为多少?

解　(1) 由题意得, 消耗矩阵为

$$C = \begin{bmatrix} 0.1 & 0.6 & 0.6 \\ 0.3 & 0.2 & 0.0 \\ 0.3 & 0.1 & 0.1 \end{bmatrix};$$

(2)
$$E - C = \begin{bmatrix} 0.9 & -0.6 & -0.6 \\ -0.3 & 0.8 & 0.0 \\ -0.3 & -0.1 & 0.9 \end{bmatrix}, Y = \begin{bmatrix} 36 \\ 36 \\ 0 \end{bmatrix}.$$

对方程组(5.13)的增广矩阵作初等行变换, 变为行最简形矩阵, 有

$$[E - C \mid Y] = \begin{bmatrix} 0.9 & -0.6 & -0.6 & 36 \\ -0.3 & 0.8 & 0.0 & 36 \\ -0.3 & -0.1 & 0.9 & 0 \end{bmatrix} \to \begin{bmatrix} 1 & 0 & 0 & \frac{440}{3} \\ 0 & 1 & 0 & 100 \\ 0 & 0 & 1 & 60 \end{bmatrix}.$$

所以部门 A 总产出 $\frac{440}{3}\approx 147$ 个单位，部门 B 总产出 100 个单位，部门 C 总产出 60 个单位.

若矩阵 $\boldsymbol{E}-\boldsymbol{C}$ 可逆，则也可用 $\boldsymbol{X}=(\boldsymbol{E}-\boldsymbol{C})^{-1}\boldsymbol{Y}$ 求得各部门的总产出.

例 2 设有一个经济体系由两个部门构成，已知消耗矩阵为 $\boldsymbol{C}=\begin{bmatrix}0.1 & 0.6\\0.5 & 0.2\end{bmatrix}$，最终需求向量为 $\boldsymbol{Y}=\begin{bmatrix}50\\30\end{bmatrix}$，应用逆矩阵求各部门的总产出.

解 $\boldsymbol{E}-\boldsymbol{C}=\begin{bmatrix}1 & 0\\0 & 1\end{bmatrix}-\begin{bmatrix}0.1 & 0.6\\0.5 & 0.2\end{bmatrix}=\begin{bmatrix}0.9 & -0.6\\-0.5 & 0.8\end{bmatrix}$，$(\boldsymbol{E}-\boldsymbol{C})^{-1}=\frac{50}{21}\begin{bmatrix}0.8 & 0.6\\0.5 & 0.9\end{bmatrix}$.

则产出向量 $\boldsymbol{X}=(\boldsymbol{E}-\boldsymbol{C})^{-1}\boldsymbol{Y}=\frac{50}{21}\begin{bmatrix}0.8 & 0.6\\0.5 & 0.9\end{bmatrix}\begin{bmatrix}50\\30\end{bmatrix}\approx\begin{bmatrix}138.1\\123.8\end{bmatrix}$，

故两个部门总产出分别约 138.1 个单位和 123.8 个单位.

应用 2：交通流

例 3 如图 5-1 所示，某城市市区的交叉路口由两条单向车道组成. 图中给出了在交通高峰时段每小时进入和离开路口的车辆数. 计算在四个交叉路口间车辆的数量.

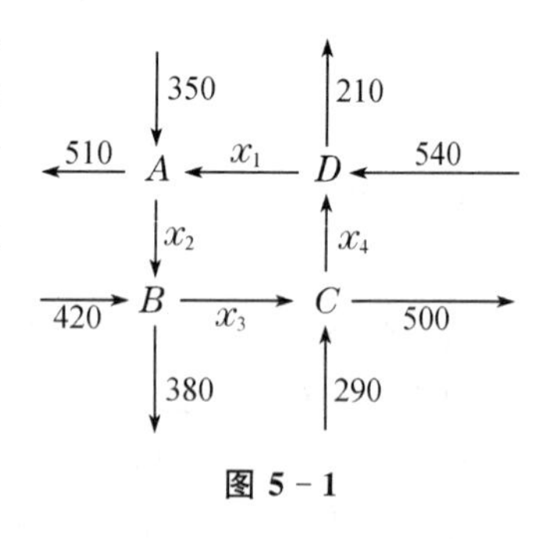

图 5-1

解 在每一个路口必有进入的车辆数与离开的车辆数相等，因此有

$x_1+350=510+x_2$（路口 A），

$x_2+420=380+x_3$（路口 B），

$x_3+290=500+x_4$（路口 C），

$x_4+540=210+x_1$（路口 D），

整理得方程组 $\begin{cases}x_1-x_2=160,\\x_2-x_3=-40,\\x_3-x_4=210,\\x_1-x_4=330.\end{cases}$

对增广矩阵作初等行变换，变为行最简形矩阵，有

$$\overline{\boldsymbol{A}}=\begin{bmatrix}1 & -1 & 0 & 0 & 160\\0 & 1 & -1 & 0 & -40\\0 & 0 & 1 & -1 & 210\\0 & 0 & 0 & -1 & 330\end{bmatrix}\to\begin{bmatrix}1 & 0 & 0 & -1 & 330\\0 & 1 & 0 & -1 & 170\\0 & 0 & 1 & -1 & 210\\0 & 0 & 0 & 0 & 0\end{bmatrix},$$

$$\mathrm{r}(\boldsymbol{A})=\mathrm{r}(\overline{\boldsymbol{A}})=3<4,$$

因此该方程组有无穷多组解：$\begin{cases}x_1=330+x_4,\\x_2=170+x_4,（x_4 \text{ 为自由量}）\\x_3=210+x_4.\end{cases}$

假设在路口 C 和 D 之间的平均车辆数 $x_4=100$，则相应的 x_1,x_2,x_3 为 $x_1=430$，$x_2=270$，$x_3=310$.

应用 3:化学方程式

例 4　配平化学方程式

$$x_1C_3H_8+x_2O_2\longrightarrow x_3CO_2+x_4H_2O.$$

解　为了配平该化学方程式,需选择适当的 $x_i(i=1,2,3,4)$使得方程两边的碳、氢和氧原子的数量分别相等,因此有 $3x_1=x_3$(碳原子),$8x_1=2x_4$(氢原子),$2x_2=2x_3+x_4$(氧原子),

整理得方程组
$$\begin{cases}3x_1-x_3=0,\\4x_1-x_4=0,\\2x_2-2x_3-x_4=0.\end{cases}$$

对系数矩阵作初等行变换,变为行最简形矩阵,有

$$\begin{bmatrix}3&0&-1&0\\4&0&0&-1\\0&2&-2&-1\end{bmatrix}\to\begin{bmatrix}1&0&0&-\frac{1}{4}\\0&1&0&-\frac{5}{4}\\0&0&1&-\frac{3}{4}\end{bmatrix},$$

因此该齐次线性方程组有无穷多解:$\begin{cases}x_1=\frac{1}{4}x_4,\\x_2=\frac{5}{4}x_4,(x_4\text{ 为自由量})\\x_3=\frac{3}{4}x_4.\end{cases}$

因为化学方程式的系数应为正整数,所以取 $x_4=4$,得 $x_1=1,x_2=5,x_3=3$.
配平的方程式为

$$C_3H_8+5O_2\longrightarrow 3CO_2+4H_2O.$$

习题 5

1. 选择题.

(1) 设 $\boldsymbol{A}$ 是 $m\times n$ 矩阵,$\boldsymbol{AX}=\boldsymbol{0}$ 是非齐次线性方程组 $\boldsymbol{AX}=\boldsymbol{b}$ 所对应的齐次方程组,下列结论正确的是(　　).

A. 若 $\boldsymbol{AX}=\boldsymbol{0}$ 仅有零解,则 $\boldsymbol{AX}=\boldsymbol{b}$ 有唯一解

B. 若 $\boldsymbol{AX}=\boldsymbol{0}$ 有非零解,则 $\boldsymbol{AX}=\boldsymbol{b}$ 有无穷多解

C. 若 $\boldsymbol{AX}=\boldsymbol{b}$ 有无穷多解,则 $\boldsymbol{AX}=\boldsymbol{0}$ 仅有零解

D. 若 $\boldsymbol{AX}=\boldsymbol{b}$ 有无穷多解,则 $\boldsymbol{AX}=\boldsymbol{0}$ 有非零解

(2) 设矩阵 $\boldsymbol{A}_{m\times n}$ 的秩为 $\mathrm{r}(\boldsymbol{A})=m<n$,$\boldsymbol{E}_m$ 为 m 阶单位矩阵,下述结论中正确的是(　　).

A. $\boldsymbol{A}$ 的任意 m 个列向量必须线性无关

B. $\boldsymbol{A}$ 的任意一个 m 阶子式不等于 0

C. $\boldsymbol{A}$ 通过初等行变换,必可化为$(\boldsymbol{E}_m,\boldsymbol{0})$的形式

D. 非齐次线性方程组 $\boldsymbol{AX}=\boldsymbol{b}$ 一定有无穷多解

(3) 齐次线性方程组 $\boldsymbol{AX}=\boldsymbol{0}$ 仅有零解的充要条件是(　　).

A. 系数矩阵 $\boldsymbol{A}$ 的行向量组线性无关

B. 系数矩阵 $\boldsymbol{A}$ 的列向量组线性无关

C. 系数矩阵 $\boldsymbol{A}$ 的行向量组线性相关

D. 系数矩阵 $\boldsymbol{A}$ 的列向量组线性相关

(4) 齐次线性方程组 $\boldsymbol{AX}=\boldsymbol{0}$ 有非零解的充要条件是(　　).

A. 系数矩阵 $\boldsymbol{A}$ 的任意两个列向量线性相关

B. 系数矩阵 $\boldsymbol{A}$ 的任意两个列向量线性无关

C. 必有一列向量是其余列向量的线性组合

D. 任一列向量都是其余列向量的线性组合

(5) 设 $\boldsymbol{A}$ 为 n 阶方阵,$\mathrm{r}(\boldsymbol{A})=n-3$ 且 $\boldsymbol{\alpha}_1,\boldsymbol{\alpha}_2,\boldsymbol{\alpha}_3$ 是 $\boldsymbol{AX}=\boldsymbol{0}$ 的三个线性无关的解向量,则(　　)为 $\boldsymbol{AX}=\boldsymbol{0}$ 的基础解系.

A. $\boldsymbol{\alpha}_1+\boldsymbol{\alpha}_2,\boldsymbol{\alpha}_2+\boldsymbol{\alpha}_3,\boldsymbol{\alpha}_1+\boldsymbol{\alpha}_3$

B. $\boldsymbol{\alpha}_2-\boldsymbol{\alpha}_1,\boldsymbol{\alpha}_3-\boldsymbol{\alpha}_2,\boldsymbol{\alpha}_1-\boldsymbol{\alpha}_3$

C. $2\boldsymbol{\alpha}_2-\boldsymbol{\alpha}_1,\dfrac{1}{2}\boldsymbol{\alpha}_3-\boldsymbol{\alpha}_2,\boldsymbol{\alpha}_1-\boldsymbol{\alpha}_3$

D. $\boldsymbol{\alpha}_1+\boldsymbol{\alpha}_2+\boldsymbol{\alpha}_3,\boldsymbol{\alpha}_3-\boldsymbol{\alpha}_2,-\boldsymbol{\alpha}_1-2\boldsymbol{\alpha}_3$

(6) 已知 $\boldsymbol{\beta}_1,\boldsymbol{\beta}_2$ 是非齐次方程组 $\boldsymbol{AX}=\boldsymbol{b}$ 的两个不同解,$\boldsymbol{\alpha}_1,\boldsymbol{\alpha}_2$ 是 $\boldsymbol{AX}=\boldsymbol{0}$ 的基础解系,则 $\boldsymbol{AX}=\boldsymbol{b}$ 的通解为(　　).

A. $k_1\boldsymbol{\alpha}_1+k_2(\boldsymbol{\alpha}_2+\boldsymbol{\alpha}_1)+\dfrac{\boldsymbol{\beta}_1-\boldsymbol{\beta}_2}{2}$

B. $k_1\boldsymbol{\alpha}_1+k_2(\boldsymbol{\alpha}_1-\boldsymbol{\alpha}_2)+\dfrac{\boldsymbol{\beta}_1+\boldsymbol{\beta}_2}{2}$

C. $k_1\boldsymbol{\alpha}_1+k_2(\boldsymbol{\beta}_1+\boldsymbol{\beta}_2)+\dfrac{\boldsymbol{\beta}_1-\boldsymbol{\beta}_2}{2}$

D. $k_1\boldsymbol{\alpha}_1+k_2(\boldsymbol{\beta}_1-\boldsymbol{\beta}_2)+\dfrac{\boldsymbol{\beta}_1+\boldsymbol{\beta}_2}{2}$

2. 求下列齐次线性方程组的基础解系及通解.

(1) $\begin{cases}x_1+x_2+4x_3=0,\\-x_1+4x_2+x_3=0,\\x_1-x_2+2x_3=0;\end{cases}$

(2) $\begin{cases}2x_1-4x_2+5x_3+3x_4=0,\\3x_1-6x_2+4x_3+2x_4=0,\\4x_1-8x_2+17x_3+11x_4=0;\end{cases}$

(3) $\begin{cases}x_1+3x_2-x_3-2x_4=0,\\2x_1-x_2+8x_3+7x_4=0,\\4x_1+5x_2+6x_3+11x_4=0;\end{cases}$

(4) $\begin{cases}x_1+2x_2-x_3+3x_4-6x_5=0,\\2x_1+4x_2-2x_3-x_4+5x_5=0,\\2x_1+4x_2-2x_3+4x_4-2x_5=0.\end{cases}$

3. 求下列非齐次线性方程组的通解.

(1) $\begin{cases}2x_1-x_2+3x_3=3,\\3x_1+x_2-5x_3=0,\\4x_1-x_2+x_3=3;\end{cases}$

(2) $\begin{cases}x_1+x_3=1,\\4x_1+x_2+2x_3=3,\\6x_1+x_2+4x_3=5;\end{cases}$

(3) $\begin{cases}x_1+5x_2-x_3-x_4=-1,\\x_1-2x_2+x_3+3x_4=3,\\3x_1+8x_2-x_3+x_4=1,\\x_1-9x_2+3x_3+7x_4=7;\end{cases}$

(4) $\begin{cases}x_1+3x_2+3x_3-2x_4+x_5=3,\\2x_1+6x_2+x_3-3x_4=2,\\x_1+3x_2-2x_3-x_4-x_5=-1,\\3x_1+9x_2+x_3-5x_4+x_5=5.\end{cases}$

4. λ,a,b 取何值时，下列非齐次线性方程组有唯一解、无解或有无穷多个解？有无穷解时，求出其全部解.

(1) $\begin{cases}-x_1-4x_2+x_3+x_4=3,\\x_1+5x_2-3x_3-x_4=-4,\\-2x_1-7x_2+2x_4=\lambda;\end{cases}$

(2) $\begin{cases}\lambda x_1+x_2+x_3=1,\\x_1+\lambda x_2+x_3=\lambda,\\x_1+x_2+\lambda x_3=\lambda^2;\end{cases}$

(3) $\begin{cases}x_1+x_2-x_3=1,\\2x_1+(a+2)x_2+(-b-2)x_3=3,\\-3ax_2+(a+2b)x_3=-3.\end{cases}$

5. 设矩阵 $\boldsymbol{A}$ 为 $m\times n$ 矩阵，$\boldsymbol{B}$ 为 n 阶矩阵，已知 $\mathrm{r}(\boldsymbol{A})=n$，试证：

(1) 若 $\boldsymbol{AB}=\boldsymbol{0}$ 则 $\boldsymbol{B}=\boldsymbol{0}$；(2) 若 $\boldsymbol{AB}=\boldsymbol{A}$ 则 $\boldsymbol{B}=\boldsymbol{E}$.

6. 将下列各题中向量 $\boldsymbol{\beta}$ 表示为其他向量的线性组合.

(1) $\boldsymbol{\beta}=(3,5,-6)$，$\boldsymbol{\alpha}_1=(1,0,1)$，$\boldsymbol{\alpha}_2=(1,1,1)$，$\boldsymbol{\alpha}_3=(0,-1,-1)$；

(2) $\boldsymbol{\beta}=(2,-1,5,1)$，$\boldsymbol{\varepsilon}_1=(1,0,0,0)$，$\boldsymbol{\varepsilon}_2=(0,1,0,0)$，$\boldsymbol{\varepsilon}_3=(0,0,1,0)$，$\boldsymbol{\varepsilon}_4=(0,0,0,1)$.

7. 判定下列向量组是线性相关还是线性无关.

(1) $\boldsymbol{\alpha}_1=(1,0,-1)$，$\boldsymbol{\alpha}_2=(-2,2,0)$，$\boldsymbol{\alpha}_3=(3,-5,2)$；

(2) $\boldsymbol{\alpha}_1=(1,1,3,1)$，$\boldsymbol{\alpha}_2=(3,-1,2,4)$，$\boldsymbol{\alpha}_3=(2,2,7,-1)$.

8. 已知 $\boldsymbol{\alpha}_1=(1,2,0)$，$\boldsymbol{\alpha}_2=(1,a+2,-3a)$，$\boldsymbol{\alpha}_3=(-1,b+2,a+2b)$，$\boldsymbol{\beta}=(1,3,-3)$.

(1) a,b 为何值时，$\boldsymbol{\beta}$ 不能表示成 $\boldsymbol{\alpha}_1,\boldsymbol{\alpha}_2,\boldsymbol{\alpha}_3$ 的线性组合；

(2) a,b 为何值时，$\boldsymbol{\beta}$ 能由 $\boldsymbol{\alpha}_1,\boldsymbol{\alpha}_2,\boldsymbol{\alpha}_3$ 唯一的线性表示，并写出该表达式.

9. 设矩阵 $\boldsymbol{A}=(a_{ij})_{m\times n}$，$\boldsymbol{B}=(b_{ij})_{n\times s}$，证明：$\boldsymbol{AB}=0$ 的充要条件是矩阵 $\boldsymbol{B}$ 的每一列向量都

是齐次方程组 $\boldsymbol{AX}=\boldsymbol{0}$ 的解.

10. 已知方程组 $\begin{cases}-2x_1+x_2+ax_3-5x_4=1,\\ x_1+x_2-x_3+bx_4=4,\\ 3x_1+x_2+x_3+2x_4=c,\end{cases}$ ①

$\begin{cases}x_1+x_4=1,\\ x_2-2x_4=2,\\ x_3+x_4=-1,\end{cases}$ ②

并且方程组①与方程组②同解,求待定系数 a,b,c.

11. 证明非齐次线性方程组 $\boldsymbol{AX}=\boldsymbol{b}$ 的 s 个解向量 $\boldsymbol{\eta}_1,\boldsymbol{\eta}_2,\cdots,\boldsymbol{\eta}_s$ 的线性组合 $k_1\boldsymbol{\eta}_1+k_2\boldsymbol{\eta}_2+\cdots+k_s\boldsymbol{\eta}_s$ 仍是它的解的充要条件是 $k_1+k_2+\cdots+k_s=1$.

*12. 设有一个经济体系由制造业、农业和服务业三个部门构成.制造业每单位的产出需消耗 0.50 单位自己的产品,0.20 单位农业产品和 0.10 单位服务业产品.农业每单位的产出需消耗 0.30 单位自己的产品,0.40 单位制造业产品和 0.10 单位服务业产品.服务业每单位的产出需消耗 0.20 单位制造业产品,0.10 单位农业产品和 0.30 单位服务业产品.

(1) 构造此经济体系的消耗矩阵;

(2) 为了满足最终需求为 50 单位制造业产品,30 单位农业产品,20 单位服务业产品,各部门的总产出应为多少?

*13. 本章 5.4 节例 1 中取 $\boldsymbol{C}=\begin{bmatrix}0.0 & 0.5\\ 0.6 & 0.2\end{bmatrix}$,$\boldsymbol{Y}=\begin{bmatrix}50\\ 30\end{bmatrix}$,应用逆矩阵求各部门的总产出.

*14. 如图 5-2 所示,某城市市区的交叉路口由两条单向车道组成.图中给出了在交通高峰时段每小时进入和离开路口的车辆数.计算在四个交叉路口间车辆的数量 x_1,x_2,x_3,x_4.

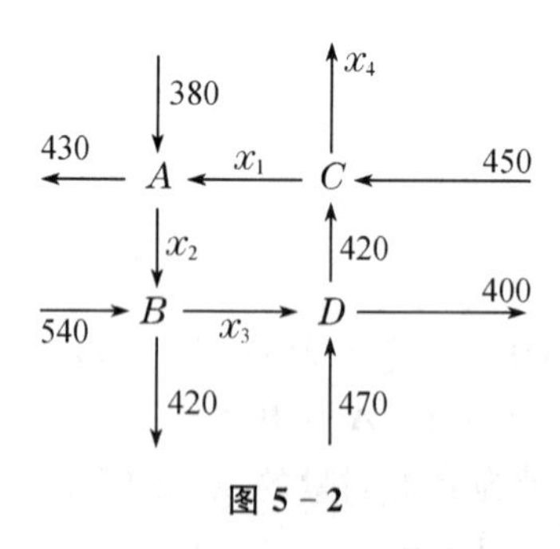

图 5-2

*15. 求下图 5-3 中网络流量的通解.假设流量都是非负的,x_4 可能的最大值是什么?

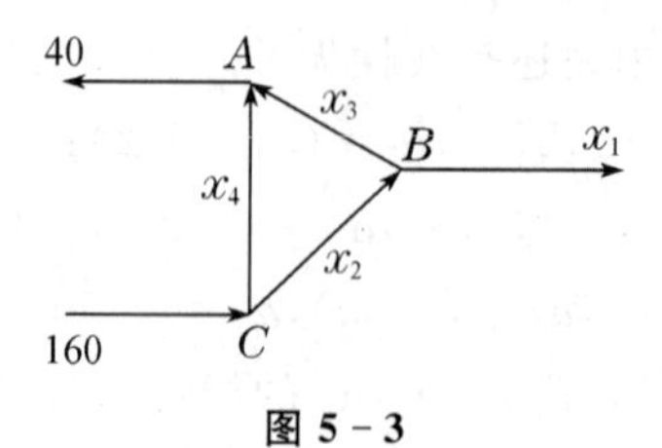

图 5-3

*16. 在光合作用中,植物利用太阳提供的辐射能,将二氧化碳 CO_2 和水 H_2O 转化为葡

萄糖 $C_6H_{12}O_6$ 和氧气 O_2. 试配平该化学方程式

$$CO_2 + H_2O \longrightarrow C_6H_{12}O_6 + O_2.$$

*17. 硫化硼与水剧烈反应生成硼酸和硫化氢气体. 试配平该化学方程式

$$B_2S_3 + H_2O \longrightarrow H_3BO_3 + H_2S.$$

*18. 求图 5 - 4 中各电流强度.

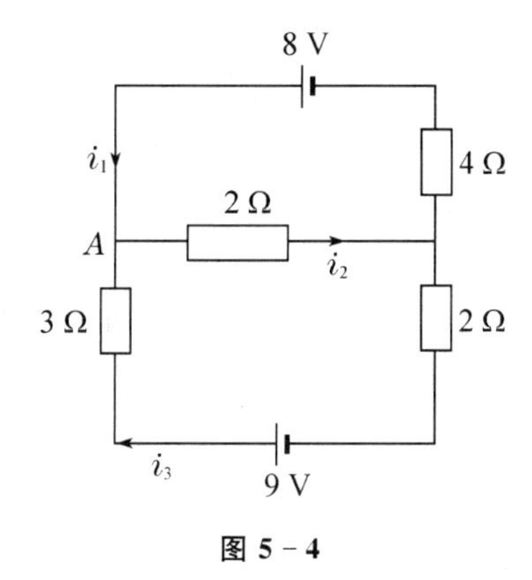

图 5 - 4

第 6 章　特征值与特征向量　矩阵的对角化

在工程技术中经常要研究震动和稳定问题，在数学中的对角化与微分方程组的求解问题，还有其他一些实际问题，都可以归结为求矩阵的特征值和特征向量. 本章介绍的特征值与特征向量、矩阵的相似对角化等概念，在系统理论、控制理论以及经济规划理论等方面都有重要的应用.

我们知道，矩阵 $\boldsymbol{A}$ 与向量 $\boldsymbol{\xi}$ 的乘积 $\boldsymbol{A\xi}$ 仍为一个向量，这里矩阵 $\boldsymbol{A}$ 的作用几何上可以看成将向量 $\boldsymbol{\xi}$ 作了移动，显然这种移动可以是各种方向的. 但有一些特殊向量，$\boldsymbol{A}$ 对它的作用十分简单，仅表现为伸长或缩短.

例 1　设 $\boldsymbol{A}=\begin{bmatrix}1 & 3\\ 2 & 2\end{bmatrix}$，$\boldsymbol{\xi}=\begin{bmatrix}1\\ 1\end{bmatrix}$，$\boldsymbol{\eta}=\begin{bmatrix}-3\\ 2\end{bmatrix}$，易知 $\boldsymbol{A\xi}=4\boldsymbol{\xi}$，$\boldsymbol{A\eta}=-\boldsymbol{\eta}$，从图 6-1 清楚看出，$\boldsymbol{A\xi}$ 正是将向量 $\boldsymbol{\xi}$ 伸长了 4 倍，而 $\boldsymbol{A\eta}$ 则是将向量 $\boldsymbol{\eta}$ 向反方向延长一倍.

这种简单的作用在解决实际问题中有着十分重要的作用. 特别在定量分析经济生活以及各种工程技术中（如：机械振动，电磁振荡等）某种状态的发展趋势尤为有用. 本章将引入矩阵的特征值，特征向量概念，并对这一类问题进行深入讨论.

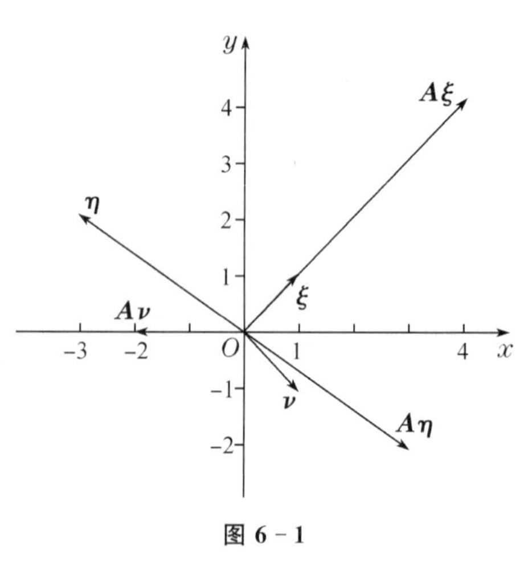

图 6-1

6.1　矩阵的特征值与特征向量

6.1.1　特征值与特征向量的概念

定义 6.1.1　设 $\boldsymbol{A}$ 是 n 阶方阵，若存在数 λ 和 n 维非零向量 $\boldsymbol{\alpha}$，使

$$\boldsymbol{A\alpha}=\lambda\boldsymbol{\alpha} \tag{6.1}$$

成立，则称数 λ 为方阵 $\boldsymbol{A}$ 的一个**特征值**，非零向量 $\boldsymbol{\alpha}$ 称为方阵 $\boldsymbol{A}$ **对应于 λ 的一个特征向量**.

显然，由定义知例 1 中的 4 和 -1 均为矩阵 $\boldsymbol{A}$ 的特征值，而 $\boldsymbol{\xi}$ 是对应于特征值 4 的特征向量，$\boldsymbol{\eta}$ 是对应于特征值 -1 的特征向量. 若取向量 $\boldsymbol{v}=\begin{bmatrix}1\\ -1\end{bmatrix}$，则 $\boldsymbol{Av}=\begin{bmatrix}1 & 3\\ 2 & 2\end{bmatrix}\begin{bmatrix}1\\ -1\end{bmatrix}=\begin{bmatrix}-2\\ 0\end{bmatrix}\neq\lambda\begin{bmatrix}1\\ -1\end{bmatrix}$，$\boldsymbol{Av}$ 不是 $\boldsymbol{v}$ 的倍数（如图 6-1），故 $\boldsymbol{v}$ 不是 $\boldsymbol{A}$ 的特征向量.

应该强调的是，特征向量 $\boldsymbol{\xi}$ 一定要求是非零向量. 实际上，对任意 n 阶矩阵 $\boldsymbol{A}$ 和任意数 λ_0，总有 $\boldsymbol{A0}=\lambda_0\boldsymbol{0}$.

如果 $\boldsymbol{A}$ 是奇异方阵，那么齐次线性方程组 $\boldsymbol{AX}=\boldsymbol{0}$ 的非零解 $\boldsymbol{\xi}$，满足 $\boldsymbol{A\xi}=0\boldsymbol{\xi}$. 因此，数 0

是奇异方阵 $\boldsymbol{A}$ 的特征值，方程组 $\boldsymbol{AX}=\boldsymbol{0}$ 的非零解都是属于特征值 0 的特征向量.

值得指出的是特征值是由特征向量唯一确定的，即一个特征向量对应于一个特征值. 事实上，若 $\boldsymbol{A\alpha}=\lambda_1\boldsymbol{\alpha}$，$\boldsymbol{A\alpha}=\lambda_2\boldsymbol{\alpha}$，那么有 $(\lambda_1-\lambda_2)\boldsymbol{\alpha}=\boldsymbol{0}$. 因为 $\boldsymbol{\alpha}\neq\boldsymbol{0}$，故 $\lambda_1=\lambda_2$. 反之，特征向量不是被特征值唯一确定，即一个特征值可以有许多对应于它的特征向量. 这是因为当 $\boldsymbol{\alpha}$ 为方阵 $\boldsymbol{A}$ 对应于特征值 λ 的特征向量时，总有 $\boldsymbol{A}(k\boldsymbol{\alpha})=k\boldsymbol{A\alpha}=k(\lambda\boldsymbol{\alpha})=\lambda(k\boldsymbol{\alpha})$（$k$ 为非零常数），所以 $k\boldsymbol{\alpha}$（$k\neq 0$）都为 $\boldsymbol{A}$ 对应于 λ 的特征向量.

一般地，当给定 n 阶矩阵 $\boldsymbol{A}$ 时，如何求它的特征值与特征向量呢？首先，我们将式(6.1)等价地写成 $(\boldsymbol{A}-\lambda\boldsymbol{E})\boldsymbol{X}=\boldsymbol{0}$，这是一个 n 个未知量 n 个方程的齐次线性方程组，它有非零解的充分必要条件是系数行列式 $|\boldsymbol{A}-\lambda\boldsymbol{E}|=0$. 由行列式的性质，$n$ 阶行列式 $|\boldsymbol{A}-\lambda\boldsymbol{E}|$ 展开式是一个关于 λ 的 n 次多项式

$$f(\lambda)=|\boldsymbol{A}-\lambda\boldsymbol{E}|=\begin{vmatrix} a_{11}-\lambda & a_{12} & \cdots & a_{1n} \\ a_{21} & a_{22}-\lambda & \cdots & a_{2n} \\ \vdots & \vdots & & \vdots \\ a_{n1} & a_{n2} & \cdots & a_{nn}-\lambda \end{vmatrix}$$
$$=(-1)^n\lambda^n+a_1\lambda^{n-1}+\cdots+a_{n-1}\lambda+a_n,$$

称 $f(\lambda)$ 为方阵 $\boldsymbol{A}$ 关于 λ 的**特征多项式**. 称 $|\boldsymbol{A}-\lambda\boldsymbol{E}|=0$ 为方阵 $\boldsymbol{A}$ 的**特征方程**；特征方程的根就是方阵 $\boldsymbol{A}$ 的**特征值**，也称为方阵 $\boldsymbol{A}$ 的特征根；特征方程的 k 重根，称为方阵 $\boldsymbol{A}$ 的 k **重特征值(根)**.

6.1.2　特征值与特征向量的求法

n 阶方阵 $\boldsymbol{A}$ 的特征值是 $\boldsymbol{A}$ 的特征方程 $f(\lambda)=0$ 的根，其对应的特征向量则是其相应的齐次线性方程组 $(\boldsymbol{A}-\lambda\boldsymbol{E})\boldsymbol{X}=\boldsymbol{0}$ 的解向量. 因此得到计算 n 阶方阵 $\boldsymbol{A}$ 的特征值和特征向量的具体步骤如下：

(1) 写出 $\boldsymbol{A}$ 的特征多项式 $f(\lambda)=|\boldsymbol{A}-\lambda\boldsymbol{E}|$，求出特征方程 $f(\lambda)=0$ 的全部根，即 $\boldsymbol{A}$ 的全部特征值.

(2) 对求得的每一特征值 λ_i，代入齐次线性方程组 $(\boldsymbol{A}-\lambda_i\boldsymbol{E})\boldsymbol{X}=\boldsymbol{0}$，求出一个基础解系：$\boldsymbol{\xi}_1,\boldsymbol{\xi}_2,\cdots\boldsymbol{\xi}_r$，则对应于 λ_i 的全部特征向量为

$$\boldsymbol{X}=k_1\boldsymbol{\xi}_1+k_2\boldsymbol{\xi}_2+\cdots+k_r\boldsymbol{\xi}_r\ (k_1,k_2,\cdots,k_r\text{ 不全为 }0).$$

例 2　求方阵 $\boldsymbol{A}=\begin{bmatrix} 2 & 6 & -4 \\ 0 & 0 & 2 \\ 0 & 0 & 1 \end{bmatrix}$ 的特征值和特征向量.

解　方阵 $\boldsymbol{A}$ 的特征多项式为

$$f(\lambda)=|\boldsymbol{A}-\lambda\boldsymbol{E}|=\begin{vmatrix} 2-\lambda & 6 & -4 \\ 0 & -\lambda & 2 \\ 0 & 0 & 1-\lambda \end{vmatrix}=-\lambda(1-\lambda)(2-\lambda).$$

所以 $\boldsymbol{A}$ 的特征方程为 $-\lambda(1-\lambda)(2-\lambda)=0$，解得 $\boldsymbol{A}$ 的三个特征值为 $\lambda_1=0,\lambda_2=1,\lambda_3=2$.

对于 $\lambda_1=0$，解方程组 $\boldsymbol{AX}=\boldsymbol{0}$，由

$$\boldsymbol{A}=\begin{bmatrix} 2 & 6 & -4 \\ 0 & 0 & 2 \\ 0 & 0 & 1 \end{bmatrix}\rightarrow\begin{bmatrix} 1 & 3 & 0 \\ 0 & 0 & 1 \\ 0 & 0 & 0 \end{bmatrix},$$

得基础解系 $\boldsymbol{\xi}_1=\begin{bmatrix}-3\\1\\0\end{bmatrix}$,所以对应于 $\lambda_1=0$ 的全部特征向量是 $k_1\boldsymbol{\xi}_1=k_1\begin{bmatrix}-3\\1\\0\end{bmatrix}(k_1\neq0)$.

对于 $\lambda_2=1$,解方程组 $(\boldsymbol{A}-\boldsymbol{E})\boldsymbol{X}=\boldsymbol{0}$,由

$$\boldsymbol{A}-\boldsymbol{E}=\begin{bmatrix}1&6&-4\\0&-1&2\\0&0&0\end{bmatrix}\rightarrow\begin{bmatrix}1&0&8\\0&1&-2\\0&0&0\end{bmatrix},$$

得基础解系 $\boldsymbol{\xi}_2=\begin{bmatrix}-8\\2\\1\end{bmatrix}$,所以对应于 $\lambda_2=1$ 的全部特征向量是 $k_2\boldsymbol{\xi}_2=k_2\begin{bmatrix}-8\\2\\1\end{bmatrix}(k_2\neq0)$.

对于 $\lambda_3=2$,解方程组 $(\boldsymbol{A}-2\boldsymbol{E})\boldsymbol{X}=\boldsymbol{0}$,由

$$\boldsymbol{A}-2\boldsymbol{E}=\begin{bmatrix}0&6&-4\\0&-2&2\\0&0&-1\end{bmatrix}\rightarrow\begin{bmatrix}0&1&0\\0&0&1\\0&0&0\end{bmatrix},$$

得基础解系 $\boldsymbol{\xi}_3=\begin{bmatrix}1\\0\\0\end{bmatrix}$,所以对应于 $\lambda_3=2$ 的全部特征向量是 $k_3\boldsymbol{\xi}_3=k_3\begin{bmatrix}1\\0\\0\end{bmatrix}(k_3\neq0)$.

由本例做法可以看出,上三角矩阵的特征值即为在主对角线上的 n 个元素,容易看出,对下三角矩阵以及对角矩阵,均有同样结论.

例 3 求方阵 $\boldsymbol{A}=\begin{bmatrix}3&7&6\\-1&-5&-6\\1&1&2\end{bmatrix}$ 的特征值和特征向量.

解 方阵 $\boldsymbol{A}$ 的特征多项式为

$$f(\lambda)=|\boldsymbol{A}-\lambda\boldsymbol{E}|=\begin{vmatrix}3-\lambda&7&6\\-1&-5-\lambda&-6\\1&1&2-\lambda\end{vmatrix}=\begin{vmatrix}2-\lambda&2-\lambda&0\\-1&-5-\lambda&-6\\1&1&2-\lambda\end{vmatrix}$$

$$=-(2-\lambda)\begin{vmatrix}1&1&0\\1&5+\lambda&6\\1&1&2-\lambda\end{vmatrix}=-(4+\lambda)(2-\lambda)^2.$$

所以 $\boldsymbol{A}$ 的特征方程为 $-(4+\lambda)(2-\lambda)^2=0$,解得 $\boldsymbol{A}$ 的三个特征值为 $\lambda_1=-4,\lambda_2=\lambda_3=2$.

对于 $\lambda_1=-4$,解方程组 $(\boldsymbol{A}+4\boldsymbol{E})\boldsymbol{X}=\boldsymbol{0}$,由

$$\boldsymbol{A}+4\boldsymbol{E}=\begin{bmatrix}7&7&6\\-1&-1&-6\\1&1&6\end{bmatrix}\rightarrow\begin{bmatrix}7&7&6\\1&1&6\\0&0&0\end{bmatrix}\rightarrow\begin{bmatrix}0&0&1\\1&1&0\\0&0&0\end{bmatrix},$$

得基础解系 $\boldsymbol{\xi}_1=\begin{bmatrix}-1\\1\\0\end{bmatrix}$,所以对应于 $\lambda_1=-4$ 的全部特征向量是 $k_1\boldsymbol{\xi}_1=k_1\begin{bmatrix}-1\\1\\0\end{bmatrix}(k_1\neq0)$.

对于 $\lambda_2=\lambda_3=2$,解方程组 $(\boldsymbol{A}-2\boldsymbol{E})\boldsymbol{X}=\boldsymbol{0}$,由

$$A-2E=\begin{bmatrix}1&7&6\\-1&-7&-6\\1&1&0\end{bmatrix}\to\begin{bmatrix}1&7&6\\0&1&1\\0&0&0\end{bmatrix}\to\begin{bmatrix}1&0&-1\\0&1&1\\0&0&0\end{bmatrix},$$

得基础解系 $\boldsymbol{\xi}_2=\begin{bmatrix}1\\-1\\1\end{bmatrix}$，所以对应于 $\lambda_2=\lambda_3=2$ 的全部特征向量是 $k_2\boldsymbol{\xi}_2=\begin{bmatrix}1\\-1\\1\end{bmatrix}(k_2\neq0)$.

例4　设 $\boldsymbol{A}$ 是幂等矩阵，即 $\boldsymbol{A}^2=\boldsymbol{A}$，证明 $\boldsymbol{A}$ 的特征值是1或0.

证　设 λ 是 $\boldsymbol{A}$ 的特征值，$\boldsymbol{\xi}$ 是属于 λ 的特征向量，即

$$\boldsymbol{A\xi}=\lambda\boldsymbol{\xi}，且\ \boldsymbol{\xi}\neq0.$$

于是

$$\boldsymbol{A}^2\boldsymbol{\xi}=\lambda\boldsymbol{A\xi}=\lambda^2\boldsymbol{\xi}$$

因为 $\boldsymbol{A}^2=\boldsymbol{A}$，所以 $\lambda^2\boldsymbol{\xi}=\lambda\boldsymbol{\xi}$，即 $(\lambda^2-\lambda)\boldsymbol{\xi}=0$. 由 $\boldsymbol{\xi}\neq0$，可知 $\lambda^2-\lambda=0$，因此 $\lambda=1$ 或 $\lambda=0$. 证毕.

6.1.3　特征值与特征向量的性质

性质6.1.1　设 n 阶方阵 $\boldsymbol{A}=(a_{ij})$ 有 n 个特征值 $\lambda_1,\lambda_2,\cdots,\lambda_n$（$k$ 重特征值算作 k 个特征值），则必有：

(1) $\sum\limits_{i=1}^{n}\lambda_i=\sum\limits_{i=1}^{n}a_{ii}$；　　(6.2)

(2) $\prod\limits_{i=1}^{n}\lambda_i=|\boldsymbol{A}|$.　　(6.3)

其中 $\sum\limits_{i=1}^{n}a_{ii}$ 是 $\boldsymbol{A}$ 的主对角线元素之和，称为方阵 $\boldsymbol{A}$ 的**迹**，记作 $\mathrm{tr}(\boldsymbol{A})$.

证　(1) 由于 $|\boldsymbol{A}-\lambda\boldsymbol{E}|=(-1)^n\lambda^n+(-1)^{n-1}(a_{11}+a_{22}+\cdots+a_{nn})\lambda^{n-1}+\cdots+c_1\lambda+c_0$ 又因为 $\boldsymbol{A}$ 有 n 个特征值 $\lambda_1,\lambda_2,\cdots\lambda_n$，故有

$$\begin{aligned}|\boldsymbol{A}-\lambda\boldsymbol{E}|&=(\lambda_1-\lambda)(\lambda_2-\lambda)\cdots(\lambda_n-\lambda)\\&=(-1)^n\lambda^n+(-1)^{n-1}(\lambda_1+\lambda_2+\cdots+\lambda_n)\lambda^{n-1}+\cdots+\lambda_1\lambda_2\cdots\lambda_n.\end{aligned}$$

比较上面两式右边，注意 λ^{n-1} 的系数，可有 $\sum\limits_{i=1}^{n}\lambda_i=\sum\limits_{i=1}^{n}a_{ii}=\mathrm{tr}(\boldsymbol{A})$.

(2) 在 $|\boldsymbol{A}-\lambda\boldsymbol{E}|=(\lambda_1-\lambda)(\lambda_2-\lambda)\cdots(\lambda_n-\lambda)$ 中，取 $\lambda=0$ 代入，便有

$$|\boldsymbol{A}|=\lambda_1\cdots\lambda_n=\prod_{i=1}^{n}\lambda_i.\ 证毕.$$

推论　对 n 阶方阵 $\boldsymbol{A}$，$\boldsymbol{A}$ 可逆 $\Leftrightarrow|\boldsymbol{A}|\neq0\Leftrightarrow\boldsymbol{A}$ 没有零特征值.

性质6.1.2　若 $\boldsymbol{A}$ 为可逆矩阵，λ 为 $\boldsymbol{A}$ 的特征值，$\boldsymbol{\alpha}$ 是对应于 λ 的特征向量，则有

(1) $\boldsymbol{A}^{-1}$ 有特征值 $\frac{1}{\lambda}$，对应的特征向量为 $\boldsymbol{\alpha}$；

(2) $\boldsymbol{A}^*$ 有特征值 $\frac{1}{\lambda}|\boldsymbol{A}|$，对应的特征向量为 $\boldsymbol{\alpha}$.

证　(1) 因为 $\boldsymbol{A\alpha}=\lambda\boldsymbol{\alpha}$，且 $\boldsymbol{A}$ 可逆，故 $\boldsymbol{\alpha}=\boldsymbol{A}^{-1}(\boldsymbol{A\alpha})=\boldsymbol{A}^{-1}(\lambda\boldsymbol{\alpha})$. 又由前面的推论知，$\lambda\neq0$，因而 $\boldsymbol{A}^{-1}\boldsymbol{\alpha}=\frac{1}{\lambda}\boldsymbol{\alpha}$，所以 $\frac{1}{\lambda}$ 为 $\boldsymbol{A}^{-1}$ 的特征值，对应的特征向量为 $\boldsymbol{\alpha}$.

(2) 因为 $\boldsymbol{A\alpha}=\lambda\boldsymbol{\alpha}$，故 $\boldsymbol{A}^*(\boldsymbol{A\alpha})=\boldsymbol{A}^*(\lambda\boldsymbol{\alpha})$. 因 $\boldsymbol{A}^*\boldsymbol{A}=|\boldsymbol{A}|\boldsymbol{E}$ 及 $\lambda\neq0$，$\boldsymbol{A}^*\boldsymbol{\alpha}=\dfrac{1}{\lambda}|\boldsymbol{A}|\boldsymbol{\alpha}$，所以 $\dfrac{1}{\lambda}|\boldsymbol{A}|$ 为 $\boldsymbol{A}^*$ 的特征值，对应的特征向量为 $\boldsymbol{\alpha}$. 证毕.

例 5 设有 4 阶方阵 $\boldsymbol{A}$ 满足条件 $|3\boldsymbol{E}+\boldsymbol{A}|=0$，$\boldsymbol{AA}^{\mathrm{T}}=2\boldsymbol{E}$，$|\boldsymbol{A}|<0$，其中 $\boldsymbol{E}$ 为 4 阶单位阵，求方阵 $\boldsymbol{A}$ 的伴随阵 $\boldsymbol{A}^*$ 的一个特征值.

解 由 $|3\boldsymbol{E}+\boldsymbol{A}|=|\boldsymbol{A}-(-3)\boldsymbol{E}|=0$ 知，$\boldsymbol{A}$ 的一个特征值为 -3. 又因 $\boldsymbol{AA}^{\mathrm{T}}=2\boldsymbol{E}$，$|\boldsymbol{A}|<0$，两边取行列式

$$|\boldsymbol{AA}^{\mathrm{T}}|=|\boldsymbol{A}||\boldsymbol{A}^{\mathrm{T}}|=|\boldsymbol{A}|^2=|2\boldsymbol{E}|=16,$$

所以 $|\boldsymbol{A}|=-4$，由性质 6.1.2(2)知，$\boldsymbol{A}^*$ 的一个特征值为 $\dfrac{1}{\lambda}|\boldsymbol{A}|=\dfrac{-4}{-3}=\dfrac{4}{3}$.

性质 6.1.3 设 $f(x)=a_0+a_1x+\cdots+a_mx^m$ 为 x 的 m 次多项式，记 $f(\boldsymbol{A})=a_0\boldsymbol{E}+a_1\boldsymbol{A}+\cdots+a_m\boldsymbol{A}^m$ 为方阵 $\boldsymbol{A}$ 的多项式. 若 λ 为 $\boldsymbol{A}$ 的一个特征值，$\boldsymbol{\alpha}$ 为 λ 对应的特征向量，则 $f(\lambda)$ 是 $f(\boldsymbol{A})$ 的特征值，且 $\boldsymbol{\alpha}$ 为 $f(\lambda)$ 对应的特征向量.

证 因为 $\boldsymbol{A\alpha}=\lambda\boldsymbol{\alpha}$，有 $\boldsymbol{A}^k\boldsymbol{\alpha}=\boldsymbol{A}^{k-1}(\boldsymbol{A\alpha})=\lambda\boldsymbol{A}^{k-1}\boldsymbol{\alpha}=\cdots=\lambda^k\boldsymbol{\alpha}\ (k\in\mathbf{Z}^+)$，故

$$\begin{aligned}f(\boldsymbol{A})\boldsymbol{\alpha}&=(a_0\boldsymbol{E}+a_1\boldsymbol{A}+\cdots+a_m\boldsymbol{A}^m)\boldsymbol{\alpha}\\&=a_0\boldsymbol{E\alpha}+a_1\boldsymbol{A\alpha}+\cdots+a_m\boldsymbol{A}^m\boldsymbol{\alpha}\\&=(a_0+a_1\lambda+\cdots+a_m\lambda^m)\boldsymbol{\alpha}=f(\lambda)\boldsymbol{\alpha},\end{aligned}$$

所以 $f(\lambda)$ 是 $f(\boldsymbol{A})$ 的特征值，且 $\boldsymbol{\alpha}$ 为 $f(\lambda)$ 对应的特征向量. 证毕.

例 6 3 阶方阵 $\boldsymbol{A}$ 有特征值：1，-1，2，若 $\boldsymbol{B}=3\boldsymbol{A}^4-2\boldsymbol{A}^3+\boldsymbol{E}$，求 $|\boldsymbol{A}|$，$|\boldsymbol{B}|$.

解 由性质 6.1.1 知，$|\boldsymbol{A}|=1\times(-1)\times2=-2$，设 $f(x)=3x^4-2x^3+1$，则 $\boldsymbol{B}=f(\boldsymbol{A})$，仍为 3 阶方阵，由性质 6.1.3 知，$f(1)=2$，$f(-1)=6$，$f(2)=33$ 为 $\boldsymbol{B}$ 所有的三个特征值，故 $|\boldsymbol{B}|=396$.

性质 6.1.4 方阵 $\boldsymbol{A}$ 的不同特征值所对应的特征向量是线性无关的.

证(反证法) 设 $\lambda_1,\lambda_2,\cdots\lambda_m$ 是 $\boldsymbol{A}$ 的 m 个不同的特征值，$\boldsymbol{\alpha}_1,\boldsymbol{\alpha}_2,\cdots,\boldsymbol{\alpha}_m$ 依次是与之对应的特征向量. 假定 $\boldsymbol{\alpha}_1,\boldsymbol{\alpha}_2,\cdots,\boldsymbol{\alpha}_m$ 线性相关，从 $\boldsymbol{\alpha}_1$ 出发，一定可以找到自然数 $r(r<m)$，使 $\boldsymbol{\alpha}_1,\boldsymbol{\alpha}_2,\cdots,\boldsymbol{\alpha}_r$ 线性无关，但 $\boldsymbol{\alpha}_1,\boldsymbol{\alpha}_2,\cdots,\boldsymbol{\alpha}_r,\boldsymbol{\alpha}_{r+1}$ 线性相关，于是存在数 $k_1,k_2,\cdots k_r$，使

$$\boldsymbol{\alpha}_{r+1}=k_1\boldsymbol{\alpha}_1+k_2\boldsymbol{\alpha}_2+\cdots+k_r\boldsymbol{\alpha}_r. \tag{6.4}$$

式(6.4)两端左乘 $\boldsymbol{A}$，并将 $\boldsymbol{A\alpha}_i=\lambda_i\boldsymbol{\alpha}_i(i=1,2,\cdots r,r+1)$ 代入，得

$$\boldsymbol{A\alpha}_{r+1}=k_1\boldsymbol{A\alpha}_1+k_2\boldsymbol{A\alpha}_2+\cdots+k_r\boldsymbol{A\alpha}_r$$

及

$$\lambda_{r+1}\boldsymbol{\alpha}_{r+1}=k_1\lambda_1\boldsymbol{\alpha}_1+k_2\lambda_2\boldsymbol{\alpha}_2+\cdots+k_r\lambda_r\boldsymbol{\alpha}_r. \tag{6.5}$$

式(6.4)两端乘以 λ_{r+1}，又得 $\lambda_{r+1}\boldsymbol{\alpha}_{r+1}=k_1\lambda_{r+1}\boldsymbol{\alpha}_1+k_2\lambda_{r+1}\boldsymbol{\alpha}_2+\cdots+k_r\lambda_{r+1}\boldsymbol{\alpha}_r$. (6.6)

式(6.5)与式(6.6)相减，得

$$k_1(\lambda_1-\lambda_{r+1})\boldsymbol{\alpha}_1+k_2(\lambda_2-\lambda_{r+1})\boldsymbol{\alpha}_2+\cdots+k_r(\lambda_r-\lambda_{r+1})\boldsymbol{\alpha}_r=\mathbf{0}.$$

因为 $\boldsymbol{\alpha}_1,\boldsymbol{\alpha}_2,\cdots,\boldsymbol{\alpha}_r$ 线性无关，且 $\lambda_i-\lambda_{r+1}\neq0(i=1,2,\cdots r)$，故 $k_i=0(i=1,2,\cdots r)$，由式(6.4)得 $\boldsymbol{\alpha}_{r+1}=\mathbf{0}$，矛盾.

所以 $\boldsymbol{\alpha}_1,\boldsymbol{\alpha}_2,\cdots,\boldsymbol{\alpha}_m$ 线性无关. 证毕.

推论 设 $\lambda_1,\lambda_2,\cdots,\lambda_s$ 是 n 阶方阵 $\boldsymbol{A}$ 的 s 个互不相同的特征值，对应于 λ_i 的线性无关的特征向量为 $\boldsymbol{\alpha}_{i1},\boldsymbol{\alpha}_{i2},\cdots,\boldsymbol{\alpha}_{ir_i}(i=1,2,\cdots,s)$，则由所有的这些特征向量构成的向量组 $\boldsymbol{\alpha}_{11}$，

$\boldsymbol{\alpha}_{12},\cdots,\boldsymbol{\alpha}_{1r_1},\boldsymbol{\alpha}_{21},\boldsymbol{\alpha}_{22},\cdots,\boldsymbol{\alpha}_{2r_2},\cdots,\boldsymbol{\alpha}_{s1},\boldsymbol{\alpha}_{s2},\cdots,\boldsymbol{\alpha}_{sr_s}$线性无关.

证　当 $k_{11}\boldsymbol{\alpha}_{11}+\cdots+k_{1r_1}\boldsymbol{\alpha}_{1r_1}+k_{21}\boldsymbol{\alpha}_{21}+\cdots+k_{2r_2}\boldsymbol{\alpha}_{2r_2}+\cdots+k_{s1}\boldsymbol{\alpha}_{s1}+\cdots+k_{sr_s}\boldsymbol{\alpha}_{sr_s}=\boldsymbol{0}$ 时,若等式中有非零系数,则由于每一组向量 $\boldsymbol{\alpha}_{i1},\boldsymbol{\alpha}_{i2},\cdots,\boldsymbol{\alpha}_{ir_i}(i=1,2,\cdots,s)$线性无关.因而非零系数不能仅出现在同一组向量中.当非零系数出现在不同向量组中时,由特征向量的性质知,每一个这样的向量组由此形成的线性组合仍为对应于原特征值的特征向量,这就有不同特征值所对应的特征向量线性相关,与性质6.1.4矛盾.故等式中的系数均为零,所以向量组 $\boldsymbol{\alpha}_{11},\boldsymbol{\alpha}_{12},\cdots,\boldsymbol{\alpha}_{1r_1},\boldsymbol{\alpha}_{21},\boldsymbol{\alpha}_{22},\cdots,\boldsymbol{\alpha}_{2r_2},\cdots,\boldsymbol{\alpha}_{s1},\boldsymbol{\alpha}_{s2},\cdots,\boldsymbol{\alpha}_{sr_s}$线性无关.

*6.1.4　应用举例

下面的实例将告诉我们矩阵的特征值与特征向量的实际含义,它们在解决动态线性系统变化趋势的讨论中有着十分重要的作用.

例7　假定某省人口总数 m 保持不变,每年有20%的农村人口流入城镇,有10%的城镇人口流入农村.试讨论 n 年后,该省城镇人口与农村人口的分布状态,最终是否会趋于一个"稳定状态"?

解　设第 n 年该省城镇人口数与农村人口数分别为 x_n,y_n.

由题意,得
$$\begin{cases}x_n=0.9x_{n-1}+0.2y_{n-1},\\ y_n=0.1x_{n-1}+0.8y_{n-1},\end{cases}\tag{6.7}$$

记 $\boldsymbol{\alpha}_n=\begin{bmatrix}x_n\\ y_n\end{bmatrix},\boldsymbol{A}=\begin{bmatrix}0.9&0.2\\0.1&0.8\end{bmatrix}$,式(6.7)等价于 $\boldsymbol{\alpha}_n=\boldsymbol{A}\boldsymbol{\alpha}_{n-1}$.

因此可得第 n 年的人口数向量 $\boldsymbol{\alpha}_n$ 与第一年(初始年)的人口数向量 $\boldsymbol{\alpha}_1$ 的关系:$\boldsymbol{\alpha}_n=\boldsymbol{A}^{n-1}\boldsymbol{\alpha}_1$.

容易算出 $\boldsymbol{A}$ 的特征值为 $\lambda_1=1$,对应的特征向量 $\boldsymbol{\xi}_1=\begin{bmatrix}2\\1\end{bmatrix}$;$\lambda_2=0.7$,对应的特征向量 $\boldsymbol{\xi}_2=\begin{bmatrix}1\\-1\end{bmatrix}$,$\boldsymbol{\xi}_1,\boldsymbol{\xi}_2$ 线性无关,因而 $\boldsymbol{\alpha}_1$ 可由 $\boldsymbol{\xi}_1,\boldsymbol{\xi}_2$ 线性表示,不妨设为

$$\boldsymbol{\alpha}_1=k_1\boldsymbol{\xi}_1+k_2\boldsymbol{\xi}_2.$$

下面仅就非负的情况下,讨论第 n 年该省城镇人口数与农村人口数的分布状态.

(1) 若 $k_2=0$,即 $\boldsymbol{\alpha}_1=k_1\boldsymbol{\xi}_1$,这表明城镇人口数与农村人口数保持2∶1的比例,则第 n 年 $\boldsymbol{\alpha}_n=\boldsymbol{A}^{n-1}\boldsymbol{\alpha}_1=\boldsymbol{A}^{n-1}(k_1\boldsymbol{\xi}_1)=k_1\lambda_1^{n-1}\boldsymbol{\xi}_1=\lambda_1^{n-1}(k_1\boldsymbol{\xi}_1)$,仍保持2∶1的比例不变,这个比例关系是由特征向量确定,而这里 $\lambda_1=1$ 表明城镇人口数与农村人口数没有改变(即无增减),此时处于一种平衡稳定的比例状态.

(2) 由于人口数不为负数,故 $k_1\neq 0$.

(3) 若 $\boldsymbol{\alpha}_1=k_1\boldsymbol{\xi}_1+k_2\boldsymbol{\xi}_2$($k_1,k_2$ 均不为零),则 $\begin{cases}x_1=2k_1+k_2,\\ y_1=k_1-k_2,\end{cases}$

解之,得
$$\begin{cases}k_1=\dfrac{1}{3}(x_1+y_1)=\dfrac{1}{3}m,\\[2mm] k_2=\dfrac{1}{3}(x_1-2y_1).\end{cases}$$

故第 n 年
$$\begin{aligned}\boldsymbol{\alpha}_n&=\boldsymbol{A}^{n-1}\boldsymbol{\alpha}_1=\boldsymbol{A}^{n-1}(k_1\boldsymbol{\xi}_1+k_2\boldsymbol{\xi}_2)=k_1\lambda_1^{n-1}\boldsymbol{\xi}_1+k_2\lambda_2^{n-1}\boldsymbol{\xi}_2\\&=\frac{1}{3}m\boldsymbol{\xi}_1+\frac{1}{3}(x_1-2y_1)(0.7)^{n-1}\boldsymbol{\xi}_2,\end{aligned}$$

即第 n 年的城镇人口数与农村人口数分布状态为

$$\begin{bmatrix} x_n \\ y_n \end{bmatrix}=\begin{bmatrix} \frac{2}{3}m+\frac{1}{3}(x_1-2y_1)(0.7)^{n-1} \\ \frac{1}{3}m-\frac{1}{3}(x_1-2y_1)(0.7)^{n-1} \end{bmatrix}. \tag{6.8}$$

若在式(6.8)中,令 $n\to\infty$,有 $\lim\limits_{n\to\infty}x_n=\frac{2}{3}m$,$\lim\limits_{n\to\infty}y_n=\frac{1}{3}m$.

这表明,该省的城镇人口与农村人口最终会趋于一个“稳定状态”,即最终该省人口趋于平均每 3 人中有 2 人城镇人口,1 人为农村人口.同时可以看出,人口数比例将主要由最大的正特征值 λ_1 所对应的特征向量决定.随着年度的增加,这一特征愈加明显.

以上实例不仅在人们的社会生活、经济生活中广泛遇到,其分析方法还适用于工程技术等其他领域中动态系统的研究上,这类系统具有相同形式的数学模型,即 $\boldsymbol{\alpha}_{n+1}=\boldsymbol{A}\boldsymbol{\alpha}_n$ 或 $\boldsymbol{\alpha}_{n+1}=\boldsymbol{A}^n\boldsymbol{\alpha}_1$($\boldsymbol{\alpha}_1$ 为初始状态向量). 注意到上面采用的计算方法是向量运算的方法,下面将引进相似矩阵和矩阵对角化,介绍另一种矩阵运算方法来快速计算 $\boldsymbol{A}^n$. 这也是常用且使用范围更为广泛的重要方法.

6.2 相似矩阵与矩阵对角化

6.2.1 相似矩阵

定义 6.2.1 设 $\boldsymbol{A},\boldsymbol{B}$ 都是 n 阶矩阵,若存在 n 阶可逆矩阵 $\boldsymbol{P}$,使得 $\boldsymbol{B}=\boldsymbol{P}^{-1}\boldsymbol{A}\boldsymbol{P}$,则称矩阵 $\boldsymbol{A}$ 与 $\boldsymbol{B}$ **相似**,或称 $\boldsymbol{A}$ 相似于 $\boldsymbol{B}$,记为 $\boldsymbol{A}\sim\boldsymbol{B}$,可逆矩阵 $\boldsymbol{P}$ 称为将 $\boldsymbol{A}$ 变换成 $\boldsymbol{B}$ 的**相似变换矩阵**.

由定义不难验证,矩阵的相似关系具有

(1) 反身性 $\boldsymbol{A}\sim\boldsymbol{A}$;

(2) 对称性 若 $\boldsymbol{A}\sim\boldsymbol{B}$,则 $\boldsymbol{B}\sim\boldsymbol{A}$;

(3) 传递性 若 $\boldsymbol{A}\sim\boldsymbol{B},\boldsymbol{B}\sim\boldsymbol{C}$,则 $\boldsymbol{A}\sim\boldsymbol{C}$.

定理 6.2.1 若 $\boldsymbol{A}\sim\boldsymbol{B}$,则有

(1) $\boldsymbol{A}^{\mathrm{T}}\sim\boldsymbol{B}^{\mathrm{T}}$;$k\boldsymbol{A}\sim k\boldsymbol{B}$($k$ 为任意数);$\boldsymbol{A}^m\sim\boldsymbol{B}^m$($m$ 为正整数);

(2) 若 $\boldsymbol{A}$ 可逆,则 $\boldsymbol{B}$ 可逆且 $\boldsymbol{A}^{-1}\sim\boldsymbol{B}^{-1}$;$\boldsymbol{A}^*\sim\boldsymbol{B}^*$.

证 仅证 $\boldsymbol{A}^{-1}\sim\boldsymbol{B}^{-1}$. 其余留给读者完成.

因为 $\boldsymbol{A}\sim\boldsymbol{B}$,故存在可逆矩阵 $\boldsymbol{P}$,使 $\boldsymbol{B}=\boldsymbol{P}^{-1}\boldsymbol{A}\boldsymbol{P}$,由 $\boldsymbol{A}$ 可逆知,$|\boldsymbol{B}|=|\boldsymbol{P}^{-1}||\boldsymbol{A}||\boldsymbol{P}|=|\boldsymbol{A}|\neq\boldsymbol{0}$,因此 $\boldsymbol{B}$ 也可逆. 因而有 $\boldsymbol{B}^{-1}=\boldsymbol{P}^{-1}\boldsymbol{A}^{-1}(\boldsymbol{P}^{-1})^{-1}=\boldsymbol{P}^{-1}\boldsymbol{A}^{-1}\boldsymbol{P}$,所以 $\boldsymbol{A}^{-1}\sim\boldsymbol{B}^{-1}$. 证毕.

定理 6.2.2 若 $\boldsymbol{A}\sim\boldsymbol{B}$,则 $\boldsymbol{A},\boldsymbol{B}$ 具有

(1) 相同的秩,即 $\mathrm{r}(\boldsymbol{A})=\mathrm{r}(\boldsymbol{B})$;

(2) 相同的行列式,即 $|\boldsymbol{A}|=|\boldsymbol{B}|$;

(3) 相同的特征多项式,即 $|\boldsymbol{A}-\lambda\boldsymbol{E}|=|\boldsymbol{B}-\lambda\boldsymbol{E}|$;

(4) 相同的特征值;

(5) 相同的迹,即 $\mathrm{tr}(\boldsymbol{A})=\mathrm{tr}(\boldsymbol{B})$.

证 仅证(3). 其余留给读者完成.

因为 $\boldsymbol{A}\sim\boldsymbol{B}$,故存在可逆矩阵 $\boldsymbol{P}$,使 $\boldsymbol{B}=\boldsymbol{P}^{-1}\boldsymbol{A}\boldsymbol{P}$,所以

$$|\boldsymbol{B}-\lambda\boldsymbol{E}|=|\boldsymbol{P}^{-1}\boldsymbol{A}\boldsymbol{P}-\lambda\boldsymbol{E}|=|\boldsymbol{P}^{-1}(\boldsymbol{A}-\lambda\boldsymbol{E})\boldsymbol{P}|=|\boldsymbol{P}^{-1}||\boldsymbol{A}-\lambda\boldsymbol{E}||\boldsymbol{P}|$$

$$=|P^{-1}P|\,|A-\lambda E|=|A-\lambda E|.$$

即 $$|A-\lambda E|=|B-\lambda E|.$$ 证毕.

必须指出:本定理中诸结论仅为 $A\sim B$ 的必要非充分条件.

例 1　设 $A\sim B$,其中 $A=\begin{bmatrix}1&-1&1\\2&4&-2\\-3&-3&x\end{bmatrix}$,$B=\begin{bmatrix}2&0&0\\0&2&0\\0&0&y\end{bmatrix}$,求 x,y.

解　因为 $A\sim B$,由定理 6.2.2 中 (2)(5) 知: $|A|=|B|$ 及 $\mathrm{tr}(A)=\mathrm{tr}(B)$.

即有 $\begin{cases}6(x-1)=4y,\\5+x=4+y,\end{cases}$ 解之得 $\begin{cases}x=5,\\y=6.\end{cases}$

例 2　(1) 试指出矩阵 $A=\begin{bmatrix}1&1&0\\0&2&1\\0&0&0\end{bmatrix}$ 分别与矩阵 $B=\begin{bmatrix}2&1&0\\0&2&1\\0&0&0\end{bmatrix}$,$C=\begin{bmatrix}3&0&0\\1&-1&0\\0&2&1\end{bmatrix}$,

$D=\begin{bmatrix}3&0&1\\0&0&1\\0&0&0\end{bmatrix}$ 相似否? 为什么?

(2) 讨论矩阵 $M=\begin{bmatrix}3&1&0\\0&3&1\\0&0&3\end{bmatrix}$ 与 $N=\begin{bmatrix}3&0&0\\0&3&0\\0&0&3\end{bmatrix}$ 的相似性.

解　(1) 因为 $\mathrm{tr}(A)\neq\mathrm{tr}(B)$,故 A,B 不相似;又 $|A|\neq|C|$,故 A,C 不相似;而 A 的特征值为 1,2,0,D 的特征值为 3,0,不完全相同,故 A,D 不相似.

(2) 尽管 $\mathrm{tr}(M)=\mathrm{tr}(N)$,$|M|=|N|$,且矩阵 M,N 具有相同的特征值,但因为对任意可逆矩阵 P,$P^{-1}NP=3E\neq M$,故 M,N 不相似.

6.2.2　矩阵的对角化

定义 6.2.2　如果方阵 A 相似于一个对角矩阵,则称矩阵 A **可对角化**.

因为对角矩阵的幂是很容易计算的,那么对于可对角化矩阵 A 的幂的计算也可用如下方法大大简化.

例 3　设 $A=\begin{bmatrix}2&1\\2&3\end{bmatrix}$,给定 $A=P\Lambda P^{-1}$,其中 $\Lambda=\begin{bmatrix}1&0\\0&4\end{bmatrix}$,$P=\begin{bmatrix}1&1\\-1&2\end{bmatrix}$,求 A^n.

解

$$\begin{aligned}A^n&=\underbrace{(P\Lambda P^{-1})(P\Lambda P^{-1})\cdots(P\Lambda P^{-1})}_{n}=P\Lambda^nP^{-1}\\&=\begin{bmatrix}1&1\\-1&2\end{bmatrix}\begin{bmatrix}1&0\\0&4\end{bmatrix}^n\begin{bmatrix}1&1\\-1&2\end{bmatrix}^{-1}\\&=\frac{1}{3}\begin{bmatrix}1&1\\-1&2\end{bmatrix}\begin{bmatrix}1^n&0\\0&4^n\end{bmatrix}\begin{bmatrix}2&-1\\1&1\end{bmatrix}\\&=\begin{bmatrix}\frac{2}{3}+\frac{4^n}{3}&-\frac{1}{3}+\frac{4^n}{3}\\-\frac{2}{3}+\frac{2\times4^n}{3}&\frac{1}{3}+\frac{2\times4^n}{3}\end{bmatrix}.\end{aligned}$$

本例矩阵 A 可对角化是给定的,问题是对任意一个方阵 A,是否一定可以对角化? 回答是否定的. 那么,什么样的矩阵一定可以对角化呢?

定理 6.2.3(对角化定理) n 阶方阵 $\boldsymbol{A}$ 可对角化的充分必要条件是 $\boldsymbol{A}$ 有 n 个线性无关的特征向量.

证 必要性 设 $\boldsymbol{A}$ 可对角化,则存在可逆矩阵 $\boldsymbol{P}$ 及对角矩阵 $\boldsymbol{\Lambda}$,使 $\boldsymbol{P}^{-1}\boldsymbol{AP}=\boldsymbol{\Lambda}$,即

$$\boldsymbol{AP}=\boldsymbol{P\Lambda},$$

令 $\boldsymbol{P}=(\boldsymbol{\alpha}_1,\boldsymbol{\alpha}_2,\cdots,\boldsymbol{\alpha}_n)$,$\boldsymbol{\Lambda}=\begin{bmatrix}\lambda_1 & 0 & \cdots & 0\\ 0 & \lambda_2 & \cdots & 0\\ \vdots & \vdots & & \vdots\\ 0 & 0 & \cdots & \lambda_n\end{bmatrix}$,则有

$$\boldsymbol{A}(\boldsymbol{\alpha}_1,\boldsymbol{\alpha}_2,\cdots,\boldsymbol{\alpha}_n)=(\boldsymbol{\alpha}_1,\boldsymbol{\alpha}_2,\cdots,\boldsymbol{\alpha}_n)\begin{bmatrix}\lambda_1 & 0 & \cdots & 0\\ 0 & \lambda_2 & \cdots & 0\\ \vdots & \vdots & & \vdots\\ 0 & 0 & \cdots & \lambda_n\end{bmatrix}=(\lambda_1\boldsymbol{\alpha}_1,\lambda_2\boldsymbol{\alpha}_2,\cdots,\lambda_n\boldsymbol{\alpha}_n).$$

因而 $\boldsymbol{A\alpha}_i=\lambda_i\boldsymbol{\alpha}_i(i=1,2,\cdots,n)$. 由于 $\boldsymbol{P}$ 为可逆矩阵,必有 $\boldsymbol{\alpha}_1,\boldsymbol{\alpha}_2,\cdots,\boldsymbol{\alpha}_n$ 线性无关. 那么,上式表明 $\lambda_1,\lambda_2,\cdots,\lambda_n$ 为 $\boldsymbol{A}$ 的特征值,且 $\boldsymbol{\alpha}_1,\boldsymbol{\alpha}_2,\cdots,\boldsymbol{\alpha}_n$ 是 $\boldsymbol{A}$ 的分别对应于 $\lambda_1,\lambda_2,\cdots,\lambda_n$ 的特征向量. 所以 $\boldsymbol{A}$ 有 n 个线性无关的特征向量.

充分性 设 $\boldsymbol{A}$ 有 n 个线性无关的特征向量 $\boldsymbol{\alpha}_1,\boldsymbol{\alpha}_2,\cdots,\boldsymbol{\alpha}_n$,分别对应的特征值为 $\lambda_1,\lambda_2,\cdots,\lambda_n$,即 $\boldsymbol{A\alpha}_i=\lambda_i\boldsymbol{\alpha}_i(i=1,2,\cdots,n)$. 令 $\boldsymbol{P}=(\boldsymbol{\alpha}_1,\boldsymbol{\alpha}_2,\cdots,\boldsymbol{\alpha}_n)$,则 $\boldsymbol{P}$ 可逆且

$$\begin{aligned}\boldsymbol{AP}&=\boldsymbol{A}(\boldsymbol{\alpha}_1,\boldsymbol{\alpha}_2,\cdots,\boldsymbol{\alpha}_n)=(\lambda_1\boldsymbol{\alpha}_1,\lambda_2\boldsymbol{\alpha}_2,\cdots,\lambda_n\boldsymbol{\alpha}_n)\\&=(\boldsymbol{\alpha}_1,\boldsymbol{\alpha}_2,\cdots,\boldsymbol{\alpha}_n)\begin{bmatrix}\lambda_1 & 0 & \cdots & 0\\ 0 & \lambda_2 & \cdots & 0\\ \vdots & \vdots & & \vdots\\ 0 & 0 & \cdots & \lambda_n\end{bmatrix}=\boldsymbol{P\Lambda},\end{aligned}$$

其中 $\boldsymbol{\Lambda}=\begin{bmatrix}\lambda_1 & 0 & \cdots & 0\\ 0 & \lambda_2 & \cdots & 0\\ \vdots & \vdots & & \vdots\\ 0 & 0 & \cdots & \lambda_n\end{bmatrix}$ 为对角矩阵,因而 $\boldsymbol{P}^{-1}\boldsymbol{AP}=\boldsymbol{\Lambda}$,故 $\boldsymbol{A}$ 可对角化. 证毕.

在定理 6.2.3 证明的过程中可以看出,如果矩阵 $\boldsymbol{A}$ 相似于对角矩阵 $\boldsymbol{\Lambda}$,那么,$\boldsymbol{\Lambda}$ 的对角线元素都是特征值(重根重复出现),而相似变换矩阵 $\boldsymbol{P}$ 的各列就是 $\boldsymbol{A}$ 的 n 个线性无关的特征向量,其排列次序与对应的特征值在对角矩阵 $\boldsymbol{\Lambda}$ 中的排列次序相一致.

由上节的性质 6.1.4 及其推论可得以下推论:

推论 1 如果 n 阶矩阵 $\boldsymbol{A}$ 有 n 个互异的特征值,则 $\boldsymbol{A}$ 必可对角化.

这是一个方阵 $\boldsymbol{A}$ 可对角化的充分非必要的常用判别方法. 若 $\boldsymbol{A}$ 的特征值有重根时,下面推论 2 是判定 $\boldsymbol{A}$ 可对角化的又一个充分必要条件.

推论 2 n 阶矩阵 $\boldsymbol{A}$ 可对角化的充分必要条件是 $\boldsymbol{A}$ 的每一个 r_i 重特征值对应有 $r_i(i=1,2,\cdots,s)$ 个线性无关的特征向量.

在 6.1 节,例 2 中的矩阵 $\boldsymbol{A}$ 是可对角化的,其中,$\boldsymbol{\Lambda}=\begin{bmatrix}0 & 0 & 0\\ 0 & 1 & 0\\ 0 & 0 & 2\end{bmatrix}$,$\boldsymbol{P}=\begin{bmatrix}-3 & -8 & 1\\ 1 & 2 & 0\\ 0 & 1 & 0\end{bmatrix}$,

而例3中的矩阵 $\boldsymbol{A}$ 是不可对角化的，因为 $\boldsymbol{A}$ 的二重特征值2对应的线性无关的特征向量只有一个.

例 4　设矩阵 $\boldsymbol{A}=\begin{bmatrix}1 & -1 & 1\\ 2 & 4 & -2\\ -3 & -3 & 5\end{bmatrix}$.

(1) A 是否可以对角化？若可以，求出对角阵 $\boldsymbol{\Lambda}$ 及相似变换矩阵 $\boldsymbol{P}$；

(2) 求 $\boldsymbol{A}^{10}$.

解　(1) $\boldsymbol{A}$ 的特征多项式为

$$f(\lambda)=|\boldsymbol{A}-\lambda\boldsymbol{E}|=\begin{vmatrix}1-\lambda & -1 & 1\\ 2 & 4-\lambda & -2\\ -3 & -3 & 5-\lambda\end{vmatrix}=(\lambda-2)^2(6-\lambda),$$

解特征方程 $f(\lambda)=0$，得 $\boldsymbol{A}$ 的特征值为 $\lambda_1=\lambda_2=2,\lambda_3=6$，又由

$$\boldsymbol{A}-2\boldsymbol{E}=\begin{bmatrix}-1 & -1 & 1\\ 2 & 2 & -2\\ -3 & -3 & 3\end{bmatrix}\to\begin{bmatrix}1 & 1 & -1\\ 0 & 0 & 0\\ 0 & 0 & 0\end{bmatrix},$$

得 $(\boldsymbol{A}-2\boldsymbol{E})\boldsymbol{X}=\boldsymbol{0}$ 的基础解系：$\boldsymbol{\xi}_1=\begin{bmatrix}1\\0\\1\end{bmatrix},\boldsymbol{\xi}_2=\begin{bmatrix}-1\\1\\0\end{bmatrix}$；

$$\boldsymbol{A}-6\boldsymbol{E}=\begin{bmatrix}-5 & -1 & 1\\ 2 & -2 & -2\\ -3 & -3 & -1\end{bmatrix}\to\begin{bmatrix}1 & 0 & -\frac{1}{3}\\ 0 & 1 & \frac{2}{3}\\ 0 & 0 & 0\end{bmatrix},$$

得 $(\boldsymbol{A}-6\boldsymbol{E})\boldsymbol{X}=\boldsymbol{0}$ 的基础解系：$\boldsymbol{\xi}_3=\begin{bmatrix}1\\-2\\3\end{bmatrix}$,

由推论2知，$\boldsymbol{A}$ 可以对角化，其中对角阵 $\boldsymbol{\Lambda}=\begin{bmatrix}2 & 0 & 0\\ 0 & 2 & 0\\ 0 & 0 & 6\end{bmatrix}$，相似变换矩阵 $\boldsymbol{P}=\begin{bmatrix}1 & -1 & 1\\ 0 & 1 & -2\\ 1 & 0 & 3\end{bmatrix}$,

即 $\boldsymbol{P}^{-1}\boldsymbol{A}\boldsymbol{P}=\boldsymbol{\Lambda}$.(在此也验证了6.2节例1中，$A\sim\begin{bmatrix}2 & 0 & 0\\ 0 & 2 & 0\\ 0 & 0 & 6\end{bmatrix}$)

(2) 因为 $\boldsymbol{A}=\boldsymbol{P}\boldsymbol{\Lambda}\boldsymbol{P}^{-1}$，通过初等变换法，可算出 $\boldsymbol{P}^{-1}=\frac{1}{4}\begin{bmatrix}3 & 3 & 1\\ -2 & 2 & 2\\ -1 & -1 & 1\end{bmatrix}$，故 $\boldsymbol{A}^{10}=$

$$\boldsymbol{P}\boldsymbol{\Lambda}^{10}\boldsymbol{P}^{-1}=\frac{1}{4}\begin{bmatrix}1 & -1 & 1\\ 0 & 1 & -2\\ 1 & 0 & 3\end{bmatrix}\begin{bmatrix}2^{10} & 0 & 0\\ 0 & 2^{10} & 0\\ 0 & 0 & 6^{10}\end{bmatrix}\begin{bmatrix}3 & 3 & 1\\ -2 & 2 & 2\\ -1 & -1 & 1\end{bmatrix}$$

$$=\frac{1}{4}\begin{bmatrix}5\times2^{10}-6^{10} & 2^{10}-6^{10} & 6^{10}-2^{10}\\ -2\times2^{10}+2\times6^{10} & 2\times2^{10}+2\times6^{10} & -2\times6^{10}+2\times2^{10}\\ 3\times2^{10}-3\times6^{10} & 3\times2^{10}-3\times6^{10} & 2^{10}+3\times6^{10}\end{bmatrix}.$$

需要指出,定理 6.2.2 指明了若 $\boldsymbol{A}\sim\boldsymbol{B}$,则矩阵 $\boldsymbol{A}$ 与 $\boldsymbol{B}$ 具有相同的特征值,但反之未必成立. 而有了矩阵的对角化以及相似性的传递性,却可以很容易得到下面在判别矩阵相似性时经常用到的一种方法:

若 n 阶矩阵 $\boldsymbol{A}$ 与 $\boldsymbol{B}$ 有相同的特征值(重根时重数一致),且均可对角化,则必有 $\boldsymbol{A}\sim\boldsymbol{B}$.

*6.2.3 应用举例

例 5 (汽车出租问题)汽车出租公司有三种车型汽车:轿车,运动车,货车可供出租,在若干年内,长期有租用顾客 600 人,租期为两年,两年后续签租约时他们常常改租车型,根据记录表明:

(1) 目前租用轿车 300 名顾客,有 20%在一个租期后改租运动车,10%改租货车.

(2) 目前租用运动车 150 名顾客,有 20%在一个租期后改租轿车,10%改租货车.

(3) 目前租用货车 150 名顾客,有 10%在一个租期后改租轿车,10%改租运动车.

现预测两年后租用这些车型的顾客各有多少人,以及经过多年后公司在出租的三种车型中分配如何?

解 这是一个动态系统. 600 名顾客在三种车型中不断地转移租用,用向量 $(x_n,y_n,z_n)^{\mathrm{T}}$ 表示第 n 次续签租约后租用这三种车型的顾客人数(亦为公司在三种车型中的分配数),则问题为:已知 $(x_0,y_0,z_0)^{\mathrm{T}}=(300,150,150)^{\mathrm{T}}$,而欲求 $(x_1,y_1,z_1)^{\mathrm{T}}$ 以及考察当 $n\to\infty$ 时,$(x_n,y_n,z_n)^{\mathrm{T}}$ 的发展趋势.

由题意,得两年后,三种车型的租用人数应为

$$\begin{cases}x_1=0.7x_0+0.2y_0+0.1z_0,\\ y_1=0.2x_0+0.7y_0+0.1z_0,\\ z_1=0.1x_0+0.1y_0+0.8z_0.\end{cases}$$

即 $\begin{pmatrix}x_1\\y_1\\z_1\end{pmatrix}=\begin{pmatrix}0.7&0.2&0.1\\0.2&0.7&0.1\\0.1&0.1&0.8\end{pmatrix}\begin{pmatrix}x_0\\y_0\\z_0\end{pmatrix}=\boldsymbol{A}\begin{pmatrix}x_0\\y_0\\z_0\end{pmatrix}$,其中 $\boldsymbol{A}=\begin{bmatrix}0.7&0.2&0.1\\0.2&0.7&0.1\\0.1&0.1&0.8\end{bmatrix}$ 称为转移矩阵,其元素是由顾客在续约时转租车型的概率组成.

将 $(x_0,y_0,z_0)^{\mathrm{T}}=(300,150,150)^{\mathrm{T}}$ 代入上式,即得

$$\begin{pmatrix}x_1\\y_1\\z_1\end{pmatrix}=\begin{pmatrix}255\\180\\165\end{pmatrix}$$

故两年后租用这三种车型的顾客分别有:255 人,180 人,165 人.

注意到,第二次续签租约后,三种车型的租用人数为 $\begin{pmatrix}x_2\\y_2\\z_2\end{pmatrix}=\boldsymbol{A}\begin{pmatrix}x_1\\y_1\\z_1\end{pmatrix}=\boldsymbol{A}^2\begin{pmatrix}x_0\\y_0\\z_0\end{pmatrix}$,可得到第 n 次续签租约后,三种车型的租用人数为 $\begin{pmatrix}x_n\\y_n\\z_n\end{pmatrix}=\boldsymbol{A}^n\begin{pmatrix}x_0\\y_0\\z_0\end{pmatrix}$,这就需要计算 $\boldsymbol{A}$ 的 n 次幂 $\boldsymbol{A}^n$,以分析

此动态系统的发展态势，下面用对角化的方法求 $\boldsymbol{A}^n$.

由 $|\boldsymbol{A}-\lambda\boldsymbol{E}|=\begin{vmatrix}0.7-\lambda & 0.2 & 0.1\\ 0.2 & 0.7-\lambda & 0.1\\ 0.1 & 0.1 & 0.8-\lambda\end{vmatrix}=(1-\lambda)(0.7-\lambda)(0.5-\lambda)$，得到 $\boldsymbol{A}$ 的特征值 $\lambda_1=1,\lambda_2=0.7,\lambda_3=0.5$，并分别可求得对应的特征向量，$\boldsymbol{\xi}_1=\begin{pmatrix}1\\1\\1\end{pmatrix}$，$\boldsymbol{\xi}_2=\begin{pmatrix}1\\1\\-2\end{pmatrix}$，$\boldsymbol{\xi}_3=\begin{pmatrix}-1\\1\\0\end{pmatrix}$，

令 $\boldsymbol{P}=(\boldsymbol{\xi}_1,\boldsymbol{\xi}_2,\boldsymbol{\xi}_3)$，$\boldsymbol{\Lambda}=\begin{bmatrix}1 & 0 & 0\\ 0 & 0.7 & 0\\ 0 & 0 & 0.5\end{bmatrix}$，则有 $\boldsymbol{A}=\boldsymbol{P\Lambda P}^{-1}$，$\boldsymbol{A}^n=\boldsymbol{P\Lambda}^n\boldsymbol{P}^{-1}$，其中 $\boldsymbol{P}^{-1}=\frac{1}{6}\times\begin{bmatrix}2 & 2 & 2\\ 1 & 1 & -2\\ -3 & 3 & 0\end{bmatrix}$，从而有

$$\boldsymbol{A}^n=\boldsymbol{P\Lambda}^n\boldsymbol{P}^{-1}=\frac{1}{6}\begin{bmatrix}1 & 1 & -1\\ 1 & 1 & 1\\ 1 & -2 & 0\end{bmatrix}\begin{bmatrix}1 & 0 & 0\\ 0 & 0.7^n & 0\\ 0 & 0 & 0.5^n\end{bmatrix}\begin{bmatrix}2 & 2 & 2\\ 1 & 1 & -2\\ -3 & 3 & 0\end{bmatrix}$$

$$=\frac{1}{6}\begin{bmatrix}2+0.7^n+3\times0.5^n & 2+0.7^n-3\times0.5^n & 2-2\times0.7^n\\ 2+0.7^n-3\times0.5^n & 2+0.7^n+3\times0.5^n & 2-2\times0.7^n\\ 2-2\times0.7^n & 2-2\times0.7^n & 2+4\times0.7^n\end{bmatrix}.$$

令 $n\to\infty$，由于 $0.7^n\to0$，$0.5^n\to0$，可得

$$\lim_{n\to\infty}\boldsymbol{A}^n=\begin{bmatrix}\frac{1}{3} & \frac{1}{3} & \frac{1}{3}\\ \frac{1}{3} & \frac{1}{3} & \frac{1}{3}\\ \frac{1}{3} & \frac{1}{3} & \frac{1}{3}\end{bmatrix}，故\lim_{n\to\infty}\begin{bmatrix}x_n\\ y_n\\ z_n\end{bmatrix}=\begin{bmatrix}\frac{1}{3} & \frac{1}{3} & \frac{1}{3}\\ \frac{1}{3} & \frac{1}{3} & \frac{1}{3}\\ \frac{1}{3} & \frac{1}{3} & \frac{1}{3}\end{bmatrix}\begin{bmatrix}300\\ 150\\ 150\end{bmatrix}=\begin{bmatrix}200\\ 200\\ 200\end{bmatrix}.$$

这表明，当 n 增加时，三种车型的租用向量趋向于一个稳定向量．可以预测，多年以后，公司在出租这三种车型的分配上趋于相等，即各 200 辆.

例 6　自然界中各物种的生存是互相依赖，互相制约的（如人与森林等），假设有三个物种它们的生存满足如下制约关系：

$$\begin{cases}x_n^{(1)}=3.2x_{n-1}^{(1)}-2x_{n-1}^{(2)}+1.1x_{n-1}^{(3)},\\ x_n^{(2)}=6x_{n-1}^{(1)}-3x_{n-1}^{(2)}+1.5x_{n-1}^{(3)}, \quad (n=1,2,\cdots),\\ x_n^{(3)}=6x_{n-1}^{(1)}-3.7x_{n-1}^{(2)}+2.2x_{n-1}^{(3)},\end{cases}$$

其中，$x_0^{(1)}$，$x_0^{(2)}$，$x_0^{(3)}$ 分别为三物种在某年的存活数（单位：百万），$x_n^{(1)}$，$x_n^{(2)}$，$x_n^{(3)}$ 分别为从该年后第 n 年的三种物种的存活数.

记存活数向量 $\boldsymbol{x}_n=\begin{bmatrix}x_n^{(1)}\\ x_n^{(2)}\\ x_n^{(3)}\end{bmatrix}$，$\boldsymbol{A}=\begin{bmatrix}3.2 & -2 & 1.1\\ 6 & -3 & 1.5\\ 6 & -3.7 & 2.2\end{bmatrix}$，则上面的制约关系方程组可表示

为 $\boldsymbol{x}_n=\boldsymbol{A}\boldsymbol{x}_{n-1}$. 若已知某年存活数向量 $\boldsymbol{x}_0=\begin{bmatrix}1\\1\\2\end{bmatrix}$,在这种制约关系下,试讨论这三种物种若干年后的变化趋势.

解 由题意,得 $\boldsymbol{x}_n=\boldsymbol{A}^n\boldsymbol{x}_0$,为分析若干年后这三个物种存活数量的发展趋势,需计算 $\boldsymbol{A}^n$.

由 $$|\boldsymbol{A}-\lambda\boldsymbol{E}|=\begin{vmatrix}3.2-\lambda & -2 & 1.1\\ 6 & -3-\lambda & 1.5\\ 6 & -3.7 & 2.2-\lambda\end{vmatrix}=(1.2-\lambda)(0.7-\lambda)(0.5-\lambda),$$
得到特征值 $\lambda_1=1.2,\lambda_2=0.7,\lambda_3=0.5$.

由 $(\boldsymbol{A}-0.5\boldsymbol{E})\boldsymbol{X}=\boldsymbol{0}$ 可得对应于 $\lambda_3=0.5$ 的特征向量 $\boldsymbol{\xi}_1=\begin{bmatrix}1\\3\\3\end{bmatrix}$;

由 $(\boldsymbol{A}-0.7\boldsymbol{E})\boldsymbol{X}=\boldsymbol{0}$ 可得对应于 $\lambda_2=0.7$ 的特征向量 $\boldsymbol{\xi}_2=\begin{bmatrix}107\\285\\275\end{bmatrix}$;

由 $(\boldsymbol{A}-1.2\boldsymbol{E})\boldsymbol{X}=\boldsymbol{0}$ 可得对应于 $\lambda_1=1.2$ 的特征向量 $\boldsymbol{\xi}_3=\begin{bmatrix}9\\20\\20\end{bmatrix}$.

因而 $\boldsymbol{A}=\boldsymbol{P\Lambda P}^{-1}$,其中 $\boldsymbol{P}=\begin{bmatrix}1 & 107 & 9\\ 3 & 285 & 20\\ 3 & 275 & 20\end{bmatrix}$,$\boldsymbol{\Lambda}=\begin{bmatrix}0.5 & 0 & 0\\ 0 & 0.7 & 0\\ 0 & 0 & 1.2\end{bmatrix}$,且由 $\boldsymbol{P}$ 可得

$$\boldsymbol{P}^{-1}=\frac{1}{70}\begin{bmatrix}-200 & -335 & 425\\ 0 & 7 & -7\\ 30 & -46 & 36\end{bmatrix},$$

故 $$\boldsymbol{A}^n=\boldsymbol{P\Lambda}^n\boldsymbol{P}^{-1}=\frac{1}{70}(\boldsymbol{\xi}_1\quad\boldsymbol{\xi}_2\quad\boldsymbol{\xi}_3)\begin{bmatrix}0.5^n & 0 & 0\\ 0 & 0.7^n & 0\\ 0 & 0 & 1.2^n\end{bmatrix}\begin{bmatrix}-200 & -335 & 425\\ 0 & 7 & -7\\ 30 & -46 & 36\end{bmatrix}$$
$$=\frac{1}{70}(\boldsymbol{\xi}_1\quad\boldsymbol{\xi}_2\quad\boldsymbol{\xi}_3)\begin{bmatrix}-200\times0.5^n & -335\times0.5^n & 425\times0.5^n\\ 0 & 7\times0.7^n & -7\times0.7^n\\ 30\times1.2^n & -46\times1.2^n & 36\times1.2^n\end{bmatrix}.$$

所以 $$\boldsymbol{x}_n=\boldsymbol{A}^n\boldsymbol{x}_0=\frac{1}{70}(\boldsymbol{\xi}_1,\boldsymbol{\xi}_2,\boldsymbol{\xi}_3)\begin{bmatrix}315\times0.5^n\\ -7\times0.7^n\\ 56\times1.2^n\end{bmatrix}$$
$$=4.5\times0.5^n\times\begin{bmatrix}1\\3\\3\end{bmatrix}-0.1\times0.7^n\times\begin{bmatrix}107\\285\\275\end{bmatrix}+0.8\times1.2^n\times\begin{bmatrix}9\\20\\20\end{bmatrix}.$$

注意到,当 $n\to\infty$ 时,$0.7^n\to0$,$0.5^n\to0$,那么对足够大的 n,$\boldsymbol{x}_n\approx0.8\times1.2^n\times\begin{bmatrix}9\\20\\20\end{bmatrix}=1.2$

$$\times 0.8\times 1.2^{n-1}\times \begin{bmatrix} 9 \\ 20 \\ 20 \end{bmatrix} = 1.2\times \boldsymbol{x}_{n-1}.$$

这表明对足够大的 n，三个物种每年大约以 1.2 的倍数同比例增长. 即年增长率为 20%，且每 9 百万个物种 1，大致对应 2 千万个物种 2 和 2 千万个物种 3. 这里最大的正特征值 1.2 决定了物种增长或减少，对应的特征向量决定了三个物种之间的生存比例关系.

例 5，例 6 和 6.1 节中的例 7 三个实例给出了分析离散动态系统的常用方法，在工程技术，经济分析以及生态环境分析等诸多方面有着广泛使用，具有指导意义. 而特征值和特征向量在分析中起着十分重要的作用，读者需细心体会，以提高应用能力.

6.3　实对称矩阵的对角化

我们已经知道了，并不是任何方阵都能与对角矩阵相似. 在这节里将指出实对称矩阵必能与实对角矩阵相似，而且相似变换矩阵还可以取为正交矩阵. 为此，先讨论实对称矩阵的特征值和特征向量的性质.

6.3.1　实对称矩阵的特征值和特征向量的性质

设矩阵 $\boldsymbol{A}=(a_{ij})$，用 $\overline{a_{ij}}$ 表示 a_{ij} 的共轭复数. 记

$$\overline{\boldsymbol{A}}=(\overline{a_{ij}})$$

称 $\overline{\boldsymbol{A}}$ 为 $\boldsymbol{A}$ 的共轭矩阵，显然，当 $\boldsymbol{A}$ 为实矩阵时，$\overline{\boldsymbol{A}}=\boldsymbol{A}$. 还容易得到

(1) $\overline{\boldsymbol{A}+\boldsymbol{B}}=\overline{\boldsymbol{A}}+\overline{\boldsymbol{B}}$；

(2) $\overline{\lambda\boldsymbol{B}}=\overline{\lambda}\,\overline{\boldsymbol{B}}$；

(3) $\overline{\boldsymbol{A}\boldsymbol{B}}=\overline{\boldsymbol{A}}\,\overline{\boldsymbol{B}}$；

(4) $\overline{\boldsymbol{A}}^{\mathrm{T}}=\overline{\boldsymbol{A}^{\mathrm{T}}}$.

定理 6.3.1　n 阶实对称矩阵 $\boldsymbol{A}$ 的特征值都是实数.

* **证**　设 λ 是实对称矩阵 $\boldsymbol{A}$ 的特征值，$\boldsymbol{\xi}$ 是属于 λ 的特征向量，即

$$\boldsymbol{A\xi}=\lambda\boldsymbol{\xi},$$

以 $\overline{\boldsymbol{\xi}}^{\mathrm{T}}$ 左乘上式，得

$$\overline{\boldsymbol{\xi}}^{\mathrm{T}}\boldsymbol{A\xi}=\lambda\,\overline{\boldsymbol{\xi}}^{\mathrm{T}}\boldsymbol{\xi}.$$

因为 $\boldsymbol{A}^{\mathrm{T}}=\boldsymbol{A}$，$\overline{\boldsymbol{A}}=\boldsymbol{A}$，所以还有

$$\overline{\boldsymbol{\xi}}^{\mathrm{T}}\boldsymbol{A\xi}=(\overline{\boldsymbol{\xi}}^{\mathrm{T}}\,\overline{\boldsymbol{A}}^{\mathrm{T}})\boldsymbol{\xi}=(\overline{\boldsymbol{A\xi}})^{\mathrm{T}}\boldsymbol{\xi}=\overline{\lambda}\,\overline{\boldsymbol{\xi}}^{\mathrm{T}}\boldsymbol{\xi},$$

于是

$$(\lambda-\overline{\lambda})\overline{\boldsymbol{\xi}}^{\mathrm{T}}\boldsymbol{\xi}=0,$$

由于 $\boldsymbol{\xi}\neq\boldsymbol{0}$，所以实数 $\overline{\boldsymbol{\xi}}^{\mathrm{T}}\boldsymbol{\xi}\neq\boldsymbol{0}$，因此 $\lambda=\overline{\lambda}$，即 λ 是实数. 证毕.

因为属于特征值 λ 的特征向量是齐次线性方程组 $(\lambda\boldsymbol{E}-\boldsymbol{A})x=\boldsymbol{0}$ 的非零解，当系数都是实数时，它的解也能是实向量，所以实对称矩阵的特征向量都可以取为实向量.

定理 6.3.2　实对称矩阵 $\boldsymbol{A}$ 的不同特征值对应的特征向量必正交.

证　设 λ_1,λ_2 是 $\boldsymbol{A}$ 的两个不同的特征值，$\boldsymbol{\xi}_1,\boldsymbol{\xi}_2$ 是其对应的特征向量，则有

$$\begin{aligned}\lambda_1\boldsymbol{\xi}_1^{\mathrm{T}}\boldsymbol{\xi}_2 &=(\lambda_1\boldsymbol{\xi}_1)^{\mathrm{T}}\boldsymbol{\xi}_2=(\boldsymbol{A\xi}_1)^{\mathrm{T}}\boldsymbol{\xi}_2=\boldsymbol{\xi}_1^{\mathrm{T}}\boldsymbol{A}^{\mathrm{T}}\boldsymbol{\xi}_2 \quad (\text{因 } \boldsymbol{A}^{\mathrm{T}}=\boldsymbol{A})\\ &=\boldsymbol{\xi}_1^{\mathrm{T}}(\boldsymbol{A\xi}_2)=\boldsymbol{\xi}_1^{\mathrm{T}}(\lambda_2\boldsymbol{\xi}_2)=\lambda_2\boldsymbol{\xi}_1^{\mathrm{T}}\boldsymbol{\xi}_2.\end{aligned}$$

因此 $(\lambda_1-\lambda_2)\boldsymbol{\xi}_1^{\mathrm{T}}\boldsymbol{\xi}_2=\boldsymbol{0}$，由 $\lambda_1\neq\lambda_2$，可知 $\boldsymbol{\xi}_1^{\mathrm{T}}\boldsymbol{\xi}_2=\boldsymbol{0}$，即 $\boldsymbol{\xi}_1$ 与 $\boldsymbol{\xi}_2$ 正交. 证毕.

这样的特征向量构成的向量组不仅正交而且线性无关.

有了上述两个定理及施密特(Schmit)正交化方法,可以证得下面关于实对称矩阵对角化的重要结论.

6.3.2 实对称矩阵正交相似于对角矩阵

定理 6.3.3 实对称矩阵必可对角化,且对任一 n 阶实对称矩阵 $\boldsymbol{A}$,都存在 n 阶正交矩阵 $\boldsymbol{Q}$,使得 $\boldsymbol{Q}^{-1}\boldsymbol{A}\boldsymbol{Q}$ 为对角矩阵.

证明从略.

结合上一节定理 6.2.3 的推论 2 可得:

推论 实对称矩阵每一个 $r_i(i=1,2,\cdots,s)$ 重特征值恰有 r_i 个线性无关的特征向量.

当 n 阶实对称矩阵 $\boldsymbol{A}$ 有 n 个特征值互异时,由定理 6.3.2 知,对应的特征向量必正交,只要将每个向量单位化,即得 n 个彼此正交的单位向量. 由于单位化不会影响正交性以及特征向量的属性,因此由它们拼成的矩阵 $\boldsymbol{Q}$ 为正交矩阵,且仍为相似变换矩阵,称为正交变换矩阵,即满足 $\boldsymbol{Q}^{-1}\boldsymbol{A}\boldsymbol{Q}=\boldsymbol{Q}^{\mathrm{T}}\boldsymbol{A}\boldsymbol{Q}=\boldsymbol{\Lambda}$. 当 n 阶实对称矩阵 $\boldsymbol{A}$ 有 m 个互不相同的特征值 λ_1, $\lambda_2,\cdots,\lambda_m$ 时,其重数分别为 $r_1,r_2,\cdots,r_m$,则有 $r_1+r_2+\cdots+r_m=n$,那么 $\boldsymbol{A}$ 的 r_i 重特征值 λ_i 必有 r_i 个线性无关的特征向量($i=1,2,\cdots,m$). 通过对该重根对应的 r_i 个线性无关的特征向量进行施密特正交单位化后,由 $r_1+r_2+\cdots+r_s=n$,可得 n 个彼此正交的单位向量,由它们拼成的正交矩阵 $\boldsymbol{Q}$,即为正交变换矩阵.

于是得到求解 n 阶实对称矩阵 $\boldsymbol{A}$ 变换成对角矩阵的正交相似变换矩阵的步骤:

(1) 求出 $\boldsymbol{A}$ 的全部特征值,设 $\lambda_1,\lambda_2,\cdots,\lambda_m$ 是 $\boldsymbol{A}$ 的互不相同的特征值,其重数分别为 $r_1,r_2,\cdots,r_m$,且 $r_1+r_2+\cdots+r_m=n$;

(2) 对于 r_i 重特征值 λ_i,求出齐次线性方程组 $(\lambda_i\boldsymbol{E}-\boldsymbol{A})\boldsymbol{X}=\boldsymbol{0}$ 的基础解系 $\boldsymbol{\alpha}_{i1},\boldsymbol{\alpha}_{i2},\cdots,\boldsymbol{\alpha}_{ir_i}$,它们是属于 λ_i 的 r_i 个线性无关的特征向量;

(3) 将向量组 $\boldsymbol{\alpha}_{i1},\boldsymbol{\alpha}_{i2},\cdots,\boldsymbol{\alpha}_{ir_i}$ 正交化且单位化得 $\boldsymbol{\xi}_{i1},\boldsymbol{\xi}_{i2},\cdots,\boldsymbol{\xi}_{ir_i}$;

(4) 向量组 $\boldsymbol{\xi}_{11},\boldsymbol{\xi}_{12},\cdots,\boldsymbol{\xi}_{1r_1},\cdots,\boldsymbol{\xi}_{m1},\boldsymbol{\xi}_{m2},\cdots,\boldsymbol{\xi}_{mr_m}$ 就构成了一组标准正交基,令

$$\boldsymbol{Q}=(\boldsymbol{\xi}_{11},\boldsymbol{\xi}_{12},\cdots,\boldsymbol{\xi}_{1r_1},\cdots,\boldsymbol{\xi}_{m1},\boldsymbol{\xi}_{m2},\cdots,\boldsymbol{\xi}_{mr_m})$$

则 $\boldsymbol{Q}$ 是正交矩阵,且

$$\boldsymbol{Q}^{\mathrm{T}}\boldsymbol{A}\boldsymbol{Q}=\begin{bmatrix}\lambda_1\boldsymbol{E}_{r_1} & & & \\ & \lambda_2\boldsymbol{E}_{r_2} & & \\ & & \ddots & \\ & & & \lambda_m\boldsymbol{E}_{r_m}\end{bmatrix}.$$

这样,实对称矩阵不仅可以对角化并且必可正交对角化,即存在正交矩阵 $\boldsymbol{Q}$ 及对角矩阵 $\boldsymbol{\Lambda}$,使 $\boldsymbol{Q}^{-1}\boldsymbol{A}\boldsymbol{Q}=\boldsymbol{Q}^{\mathrm{T}}\boldsymbol{A}\boldsymbol{Q}=\boldsymbol{\Lambda}$.

例 1 求一个正交矩阵 $\boldsymbol{Q}$,将实对称矩阵 $\boldsymbol{A}=\begin{bmatrix}3 & -2 & 4\\ -2 & 6 & 2\\ 4 & 2 & 3\end{bmatrix}$ 相似变换到对角阵.

解 (1) $\boldsymbol{A}$ 的特征多项式为

$$f(\lambda)=|\boldsymbol{A}-\lambda\boldsymbol{E}|=\begin{vmatrix}3-\lambda & -2 & 4\\ -2 & 6-\lambda & 2\\ 4 & 2 & 3-\lambda\end{vmatrix}=-(\lambda-7)^2(\lambda+2).$$

令 $f(\lambda)=0$，得 $\boldsymbol{A}$ 的特征值 $\lambda_1=\lambda_2=7,\lambda_3=-2$.

(2) 对 $\lambda_1=\lambda_2=7$，解方程组由 $(\boldsymbol{A}-7\boldsymbol{E})\boldsymbol{X}=\boldsymbol{0}$，得

$$\boldsymbol{A}-7\boldsymbol{E}=\begin{bmatrix}-4&-2&4\\-2&-1&2\\4&2&-4\end{bmatrix}\to\begin{bmatrix}2&1&-2\\0&0&0\\0&0&0\end{bmatrix}$$，则基础解系为 $\boldsymbol{\alpha}_1=\begin{bmatrix}1\\-2\\0\end{bmatrix},\boldsymbol{\alpha}_2=\begin{bmatrix}0\\2\\1\end{bmatrix}$，

正交化，得

$$\boldsymbol{\beta}_1=\boldsymbol{\alpha}_1=\begin{bmatrix}1\\-2\\0\end{bmatrix},\boldsymbol{\beta}_2=\boldsymbol{\alpha}_2-\frac{(\boldsymbol{\alpha}_2,\boldsymbol{\beta}_1)}{(\boldsymbol{\beta}_1,\boldsymbol{\beta}_1)}\boldsymbol{\beta}_1=\begin{bmatrix}0\\2\\1\end{bmatrix}-\frac{-4}{5}\begin{bmatrix}1\\-2\\0\end{bmatrix}=\begin{bmatrix}\frac{4}{5}\\\frac{2}{5}\\1\end{bmatrix}.$$

再单位化，得 $\boldsymbol{\gamma}_1=\begin{bmatrix}\frac{1}{\sqrt{5}}\\-\frac{2}{\sqrt{5}}\\0\end{bmatrix},\boldsymbol{\gamma}_2=\begin{bmatrix}\frac{4}{\sqrt{45}}\\\frac{2}{\sqrt{45}}\\\frac{5}{\sqrt{45}}\end{bmatrix}$.

对 $\lambda_3=-2$，解方程组由 $(\boldsymbol{A}+2\boldsymbol{E})\boldsymbol{X}=\boldsymbol{0}$，$\boldsymbol{A}+2\boldsymbol{E}=\begin{bmatrix}5&-2&4\\-2&8&2\\4&2&5\end{bmatrix}\to\begin{bmatrix}1&-2&0\\0&2&1\\0&0&0\end{bmatrix}$，得基础解系 $\boldsymbol{\alpha}_3=\begin{bmatrix}2\\1\\-2\end{bmatrix}$，再单位化，得 $\boldsymbol{\gamma}_3=\begin{bmatrix}\frac{2}{3}\\\frac{1}{3}\\-\frac{2}{3}\end{bmatrix}$，

(3) 令 $\boldsymbol{Q}=(\boldsymbol{\gamma}_1,\boldsymbol{\gamma}_2,\boldsymbol{\gamma}_3)=\begin{bmatrix}\frac{1}{\sqrt{5}}&\frac{4}{\sqrt{45}}&\frac{2}{3}\\-\frac{2}{\sqrt{5}}&\frac{2}{\sqrt{45}}&\frac{1}{3}\\0&\frac{5}{\sqrt{45}}&-\frac{2}{3}\end{bmatrix},\boldsymbol{\Lambda}=\begin{bmatrix}7&0&0\\0&7&0\\0&0&-2\end{bmatrix}$，则 $\boldsymbol{Q}$ 为正交阵，且 $\boldsymbol{Q}^{-1}\boldsymbol{A}\boldsymbol{Q}=\boldsymbol{Q}^{\mathrm{T}}\boldsymbol{A}\boldsymbol{Q}=\boldsymbol{\Lambda}$.

例2　设三阶实对称矩阵 $\boldsymbol{A}$ 的特征值为 $\lambda_1=-1,\lambda_2=\lambda_3=1$，对应于 λ_1 的特征向量为 $\boldsymbol{\alpha}_1=(0,1,1)^{\mathrm{T}}$.

(1) 求 $\boldsymbol{A}$ 的对应于特征值1的特征向量；

(2) 求 $\boldsymbol{A}$.

解　(1) 设对应于特征值1的特征向量为 $\boldsymbol{\beta}=\begin{bmatrix}x_1\\x_2\\x_3\end{bmatrix}$，因为 $\boldsymbol{A}$ 为实对称矩阵，所以 $\boldsymbol{\beta}$ 与 $\boldsymbol{\alpha}_1$

正交，即 $x_2+x_3=0$，解之得基础解系 $\boldsymbol{\alpha}_2=\begin{bmatrix}1\\0\\0\end{bmatrix}$，$\boldsymbol{\alpha}_3=\begin{bmatrix}0\\1\\-1\end{bmatrix}$，故对应于特征值 $\lambda_2=\lambda_3=1$ 的所有特征向量为 $k_1\boldsymbol{\alpha}_2+k_2\boldsymbol{\alpha}_3$（$k_1,k_2$ 不全为 0）.

（2）因为 $\boldsymbol{A}$ 为实对称矩阵，必可对角化.

只要令 $\boldsymbol{P}=\begin{bmatrix}1&0&0\\0&1&1\\0&-1&1\end{bmatrix}$，$\boldsymbol{\Lambda}=\begin{bmatrix}1&0&0\\0&1&0\\0&0&-1\end{bmatrix}$，则 $\boldsymbol{P}^{-1}=\dfrac{1}{2}\begin{bmatrix}2&0&0\\0&1&-1\\0&1&1\end{bmatrix}$，

且 $\boldsymbol{A}=\boldsymbol{P\Lambda P}^{-1}=\dfrac{1}{2}\begin{bmatrix}1&0&0\\0&1&1\\0&-1&1\end{bmatrix}\begin{bmatrix}1&0&0\\0&1&0\\0&0&-1\end{bmatrix}\begin{bmatrix}2&0&0\\0&1&-1\\0&1&1\end{bmatrix}=\begin{bmatrix}1&0&0\\0&0&-1\\0&-1&0\end{bmatrix}$.

习题 6

1. 填空题.

（1）设矩阵 $\boldsymbol{A}=\begin{bmatrix}x&0&2\\0&3&0\\2&0&2\end{bmatrix}$ 的一个特征值 $\lambda_1=0$，则 $\boldsymbol{A}$ 的其他特征值为 $\lambda_2=$________，$\lambda_3=$________，$\boldsymbol{A}^{\mathrm{T}}$ 的特征值为________.

（2）已知三阶矩阵 $\boldsymbol{A}+\boldsymbol{E}$，$\boldsymbol{A}-2\boldsymbol{E}$，$2\boldsymbol{A}+\boldsymbol{E}$ 为奇异矩阵，则 $|\boldsymbol{A}|=$________.

（3）已知三阶矩阵 $\boldsymbol{A}$ 的三个特征值为 $-1,-2,2$，则 $(2\boldsymbol{A})^*$ 的特征值为________，$(\boldsymbol{A}^{-1})^*$ 的特征值为________，$\boldsymbol{A}+\boldsymbol{A}^{-1}+\boldsymbol{A}^*+\boldsymbol{E}$ 的特征值为________.

（4）设矩阵 $\boldsymbol{A}=\begin{bmatrix}2&x&2\\5&y&3\\-1&0&-2\end{bmatrix}$ 可逆，且 $\boldsymbol{\xi}=(1\quad 1\quad -1)^{\mathrm{T}}$ 是 $\boldsymbol{A}^{-1}$ 对应特征值 λ 对应的特征向量，则 $\lambda=$________，$x=$________，$y=$________.

（5）已知 $\boldsymbol{A}^3=\boldsymbol{A}$，则 $\boldsymbol{A}$ 的特征值为________.

（6）已知 $\boldsymbol{A}=\begin{bmatrix}1&2&0\\2&5&-2\\0&-2&a\end{bmatrix}$ 与 $\boldsymbol{B}=\begin{bmatrix}1&0&0\\0&b&0\\0&0&6\end{bmatrix}$ 相似，则 $a=$________，$b=$________.

（7）设 $\boldsymbol{A}$ 是秩为 r 的 n 阶实对称矩阵，且 $\boldsymbol{A}^4-3\boldsymbol{A}^3+3\boldsymbol{A}^2-2\boldsymbol{A}=0$，则矩阵 $\boldsymbol{A}$ 的所有特征值是________.

2. 单项选择题.

（1）矩阵 $\boldsymbol{A}=\begin{bmatrix}0&-2&-2\\2&2&-2\\-2&-2&2\end{bmatrix}$ 的非零特征值是（　　）.

A. -4　　B. -2　　C. 2　　D. 4

（2）设 λ_1,λ_2 是矩阵 $\boldsymbol{A}$ 的两个不同的特征值，对应的特征向量分别为 $\boldsymbol{\alpha}_1,\boldsymbol{\alpha}_2$，则 $\boldsymbol{\alpha}_1$，

$\boldsymbol{A}(\boldsymbol{\alpha}_1+\boldsymbol{\alpha}_2)$线性无关的充要条件是(　　).

A. $\lambda_1=0$　　B. $\lambda_2=0$　　C. $\lambda_1\neq 0$　　D. $\lambda_2\neq 0$

(3) 设$\boldsymbol{A}$为三阶矩阵,$\boldsymbol{A}$的特征值为$-2,-\frac{1}{2},2$,则下列矩阵中可逆的是(　　).

A. $\boldsymbol{E}+2\boldsymbol{A}$　　B. $3\boldsymbol{E}+2\boldsymbol{A}$　　C. $2\boldsymbol{E}+\boldsymbol{A}$　　D. $\boldsymbol{A}-2\boldsymbol{E}$

(4) 设n阶矩阵$\boldsymbol{A}$和$\boldsymbol{B}$具有相同的特征值,则有(　　).

A. $\mathrm{r}(\boldsymbol{A})=\mathrm{r}(\boldsymbol{B})$　　B. $\boldsymbol{A}\sim\boldsymbol{B}$

C. $|\boldsymbol{A}+\boldsymbol{E}|=|\boldsymbol{B}+\boldsymbol{E}|$　　D. n阶矩阵$\boldsymbol{A}$与$\boldsymbol{B}$有相同的特征多项式

(5) 设n阶矩阵$\boldsymbol{A}$可逆,$\boldsymbol{\alpha}$是$\boldsymbol{A}$属于特征值λ的特征向量,则下列结论不正确的是(　　).

A. $\boldsymbol{\alpha}$是矩阵$-2\boldsymbol{A}$属于特征值-2λ的特征向量

B. $\boldsymbol{\alpha}$是矩阵$\left(\frac{1}{2}\boldsymbol{A}^2\right)^{-1}$属于特征值$\frac{2}{\lambda^2}$的特征向量

C. $\boldsymbol{\alpha}$是矩阵$\boldsymbol{P}^{-1}\boldsymbol{A}$属于特征值$\lambda$的特征向量,其中$\boldsymbol{P}$是可逆矩阵

D. $\boldsymbol{\alpha}$是矩阵$\boldsymbol{A}^*$属于特征值$\frac{|\boldsymbol{A}|}{\lambda}$的特征向量

3. 求下列矩阵的特征值及特征向量.

(1) $\begin{bmatrix}2&1\\1&2\end{bmatrix}$;(2) $\begin{bmatrix}5&6&-3\\-1&0&1\\1&2&1\end{bmatrix}$;(3) $\begin{bmatrix}0&0&1\\0&1&0\\1&0&0\end{bmatrix}$;

(4) $\begin{bmatrix}1&1&1&1\\1&1&-1&-1\\1&-1&1&-1\\1&-1&-1&1\end{bmatrix}$;(5) $\begin{bmatrix}1&3&1&2\\0&-1&1&3\\0&0&2&5\\0&0&0&2\end{bmatrix}$.

4. 已知n阶矩阵$\boldsymbol{A}$的特征值为λ_0

(1) 求$k\boldsymbol{A}$的特征值(k为任意实数);

(2) 若$\boldsymbol{A}$可逆,求$\boldsymbol{A}^{-1}$的特征值;

(3) 求$\boldsymbol{E}+\boldsymbol{A}$的特征值.

5. 如果n阶矩阵$\boldsymbol{A}$满足$\boldsymbol{A}^2=\boldsymbol{A}$,则称$\boldsymbol{A}$是幂等矩阵,试证幂等矩阵的特征值只能是0或1.

6. 若$\boldsymbol{A},\boldsymbol{B}$是$n$阶矩阵且$\boldsymbol{A}$非奇异,证明$\boldsymbol{AB}\sim\boldsymbol{BA}$.

7. 已知三阶方阵$\boldsymbol{A}$的特征值为$1,2,-1$,求:

(1) $(2\boldsymbol{A})^{-1}$和$\boldsymbol{A}$的伴随矩阵$\boldsymbol{A}^*$的特征值;

(2) 求$|\boldsymbol{E}+2\boldsymbol{A}^*|$.

8. 设三阶方阵$\boldsymbol{A}$的特征值为$1,0,-1$,它们依次对应特征向量$\boldsymbol{\xi}_1=(1,2,2)^{\mathrm{T}},\boldsymbol{\xi}_2=(2,-2,1)^{\mathrm{T}},\boldsymbol{\xi}_3=(-2,-1,2)^{\mathrm{T}}$,求矩阵$\boldsymbol{A}$.

9. 已知$\boldsymbol{\xi}=\begin{bmatrix}1\\1\\-1\end{bmatrix}$是矩阵$\boldsymbol{A}=\begin{bmatrix}a&-1&2\\5&b&3\\-1&0&-2\end{bmatrix}$的特征向量,求$\boldsymbol{A}$的特征值,并证明$\boldsymbol{A}$的任意一个特征向量均可由$\boldsymbol{\xi}$线性表示.

10. 下列哪些矩阵可以相似对角化？对不能相似对角化的说明理由，对能相似对角化的矩阵，求出变换矩阵 $\boldsymbol{P}$ 和对角阵.

(1) $\begin{bmatrix}1&2\\3&2\end{bmatrix}$；(2) $\begin{bmatrix}2&0&0\\1&2&1\\0&0&2\end{bmatrix}$；(3) $\begin{bmatrix}1&2&4\\2&-2&2\\4&2&1\end{bmatrix}$；(4) $\begin{bmatrix}1&2&3\\2&1&3\\3&3&6\end{bmatrix}$.

11. 设 $\boldsymbol{A}$ 与 $\boldsymbol{B}$ 相似，其中 $\boldsymbol{A}=\begin{bmatrix}2&0&0\\0&0&1\\0&1&a\end{bmatrix}$，$\boldsymbol{B}=\begin{bmatrix}2&0&0\\0&b&0\\0&0&-1\end{bmatrix}$，求 a 与 b 的值，并求变换矩阵 $\boldsymbol{P}$，使 $\boldsymbol{P}^{-1}\boldsymbol{AP}=\boldsymbol{B}$.

12. 设 $\boldsymbol{A},\boldsymbol{B}$ 为 n 阶矩阵，证明若 $\boldsymbol{A}$ 与 $\boldsymbol{B}$ 相似，则 $\boldsymbol{A}^*$ 与 $\boldsymbol{B}^*$ 相似.

13. 试求一个正交相似变换矩阵，将下列对称矩阵化为对角形.

(1) $\begin{bmatrix}2&-2&0\\-2&1&-2\\0&-2&0\end{bmatrix}$；(2) $\begin{bmatrix}1&1&1\\1&1&1\\1&1&1\end{bmatrix}$.

14. 设三阶实对称矩阵 $\boldsymbol{A}$ 的特征值为 1,2,3，$\boldsymbol{A}$ 的属于特征值 1,2 的特征向量分别是 $\boldsymbol{\xi}_1=(-1,-1,1)^{\mathrm{T}}$，$\boldsymbol{\xi}_2=(1,-2,-1)^{\mathrm{T}}$.

(1) 求 $\boldsymbol{A}$ 属于特征值 3 的特征向量；

(2) 求矩阵 $\boldsymbol{A}$.

15. 设 $\boldsymbol{A}=\begin{bmatrix}1&4&2\\0&-3&4\\0&4&3\end{bmatrix}$，(1) 将 $\boldsymbol{A}$ 对角化；(2) 计算 $\boldsymbol{A}^{100}(n\in\mathbf{N})$.

16. 设 $\boldsymbol{A}$ 为非零 n 阶方阵，证明若 $\boldsymbol{A}^m=0$（m 为正整数），则 $\boldsymbol{A}$ 不能与对角矩阵相似.

17. 设 $\boldsymbol{A}=\begin{bmatrix}0&1&0&0\\1&0&0&0\\0&0&y&1\\0&0&1&2\end{bmatrix}$，

(1) 已知 $\boldsymbol{A}$ 的一个特征值为 3，试求 y；

(2) 求矩阵 $\boldsymbol{P}$，使 $(\boldsymbol{AP})^{\mathrm{T}}(\boldsymbol{AP})$ 为对角矩阵.

18. 已知矩阵 $\boldsymbol{A}=\begin{bmatrix}2&0&0\\0&0&1\\0&1&x\end{bmatrix}$ 和 $\boldsymbol{B}=\begin{bmatrix}2&0&0\\0&3&4\\0&-2&y\end{bmatrix}$ 相似，求 x,y 的值.

19. 设矩阵 $\boldsymbol{A}$ 与 $\boldsymbol{B}$ 相似，其中 $\boldsymbol{A}=\begin{bmatrix}1&-1&1\\2&4&-2\\-3&-3&a\end{bmatrix}$，$\boldsymbol{B}=\begin{bmatrix}2&&\\&2&\\&&b\end{bmatrix}$，求 a,b 的值，并求可逆矩阵 $\boldsymbol{P}$，使 $\boldsymbol{P}^{-1}\boldsymbol{AP}=\boldsymbol{B}$.

20. 设 $\boldsymbol{A}=\begin{bmatrix}\frac{1}{4}&-1&2\\0&\frac{1}{5}&0\\0&0&\frac{1}{6}\end{bmatrix}$，试求 $\lim\limits_{n\to\infty}\boldsymbol{A}^n$.

*21. 某一地区有三个加油站，根据油价，顾客从一个加油站换到另一个加油站. 在每个月底，顾客迁移的概率矩阵 $\boldsymbol{A}$ 为

$$\boldsymbol{A}=\begin{bmatrix}0.44 & 0.35 & 0.35\\ 0.14 & 0.35 & 0.10\\ 0.42 & 0.30 & 0.55\end{bmatrix}.$$

这里 $\boldsymbol{A}$ 中元素 $a_{ij}(i,j=1,2,3)$ 表示一个顾客从第 j 个加油站迁移到第 i 个加油站的概率.

(1) 如果4月1日，顾客去加油站Ⅰ，Ⅱ，Ⅲ的市场份额为 $\left(\frac{1}{3},\frac{1}{2},\frac{1}{6}\right)^{\mathrm{T}}$，请指出当年5月1日，12月1日顾客去加油站Ⅰ，Ⅱ，Ⅲ的市场份额；

(2) 预测过若干个月后，顾客去加油站Ⅰ，Ⅱ，Ⅲ的市场份额将会产生怎样的发展趋势.

*22. 工业发展与环境污染是社会发展中的一对互相制约的关系. 某地区经充分调研，在确定每4年为一个发展周期时，找到它们有如下的关系：

$$\begin{cases}x_n=\dfrac{8}{3}x_{n-1}-\dfrac{1}{3}y_{n-1},\\ y_n=-\dfrac{2}{3}x_{n-1}+\dfrac{7}{3}y_{n-1}.\end{cases}\quad(n=1,2,\ \cdots),$$

其中，x_0 是该地区目前的污染损耗(由土壤、河流及大气等污染指标测得)，y_0 是该地区目前的工业产值，x_n，y_n 则表示第 n 个发展周期(即 $4n$ 年)后该地区污染损耗和工业产值，记

$$\boldsymbol{A}=\begin{bmatrix}\dfrac{8}{3} & -\dfrac{1}{3}\\ -\dfrac{2}{3} & \dfrac{7}{3}\end{bmatrix},\boldsymbol{\alpha}_n=\begin{bmatrix}x_n\\ y_n\end{bmatrix}.$$

(1) 写出上述关系式的矩阵表示，如果当前水平 $\boldsymbol{\alpha}_0=\begin{bmatrix}11\\ 19\end{bmatrix}$，求出第一个发展周期后该地区的水平；

(2) 预测若干年后，该地区的经济会产生怎样的结果.

第7章　二次型与二次曲面

二次型即二次齐次多项式. 二次型与解析几何中化二次曲线、二次曲面的方程为标准形的问题研究有关,其理论方法在数学、物理学及网络计算中都有广泛应用. 本章主要介绍二次型的化简、惯性定理、正定二次型、空间曲线与曲面、二次曲面的方程与图形等.

7.1　二次型及其矩阵表示

在平面解析几何中,为了便于研究二次曲线 $ax^2+2bxy+cy^2=1$ 的几何形状,我们选择适当的坐标旋转变换 $\begin{cases} x=x'\cos\theta-y'\sin\theta, \\ y=x'\sin\theta+y'\cos\theta, \end{cases}$ 把它化为标准方程 $a'x'^2+b'y'^2=1$,从而判定其类型. 二次曲线的一般方程为

$$a_1x^2+a_2y^2+2a_3xy+a_4x+a_5y+a_6=0\ (\text{其中 } a_1,a_2,a_3 \text{ 不全为 } 0).$$

它的二次项 $a_1x^2+a_2y^2+2a_3xy$ 是一个二元二次齐次多项式. 而在许多实际问题中,还经常遇到 n 元二次齐次多项式,我们称其为二次型.

定义 7.1.1　n 元二次齐次多项式

$$\begin{aligned} f(x_1,x_2,\cdots,x_n)=\ & a_{11}x_1^2+2a_{12}x_1x_2+\cdots+2a_{1n}x_1x_n+ \\ & a_{22}x_2^2+2a_{23}x_2x_3+\cdots+2a_{2n}x_2x_n+ \\ & \cdots+ \\ & a_{n-1,n-1}x_{n-1}^2+2a_{n-1,n}x_{n-1}x_n+a_{nn}x_n^2, \end{aligned} \tag{7.1}$$

称为**二次型**,简记为 f. 当所有系数 a_{ij} 为复数时,f 称为**复二次型**;当所有系数 a_{ij} 为实数时,f 称为**实二次型**. 本书限于讨论实二次型.

取 $a_{ij}=a_{ji}(i<j;i,j=1,2,\cdots,n)$,则 $2a_{ij}x_ix_j=a_{ij}x_ix_j+a_{ji}x_jx_i$,于是(7.1)可写成

$$\begin{aligned} f=\ & a_{11}x_1^2+a_{12}x_1x_2+\cdots+a_{1n}x_1x_n+ \\ & a_{21}x_2x_1+a_{22}x_2^2+\cdots+a_{2n}x_2x_n+ \\ & \cdots+ \\ & a_{n1}x_nx_1+a_{n2}x_nx_2+\cdots+a_{nn}x_n^2 \\ =\ & \sum_{i,j=1}^{n}a_{ij}x_ix_j. \end{aligned}$$

利用矩阵的乘法,二次型还可表示为

$$\begin{aligned} f=\ & x_1(a_{11}x_1+a_{12}x_2+\cdots+a_{1n}x_n)+ \\ & x_2(a_{21}x_1+a_{22}x_2+\cdots+a_{2n}x_n)+ \\ & \cdots+ \\ & x_n(a_{n1}x_1+a_{n2}x_2+\cdots+a_{nn}x_n) \end{aligned}$$

$$=(x_1,x_2,\cdots,x_n)\begin{bmatrix}a_{11}x_1+a_{12}x_2+\cdots+a_{1n}x_n\\a_{21}x_1+a_{22}x_2+\cdots+a_{2n}x_n\\\vdots\\a_{n1}x_1+a_{n2}x_2+\cdots+a_{nn}x_n\end{bmatrix}$$

$$=(x_1,x_2,\cdots,x_n)\begin{bmatrix}a_{11}&a_{12}&\cdots&a_{1n}\\a_{21}&a_{22}&\cdots&a_{2n}\\\vdots&\vdots&&\vdots\\a_{n1}&a_{n2}&\cdots&a_{nn}\end{bmatrix}\begin{bmatrix}x_1\\x_2\\\vdots\\x_n\end{bmatrix},$$

记
$$\boldsymbol{A}=\begin{bmatrix}a_{11}&a_{12}&\cdots&a_{1n}\\a_{21}&a_{22}&\cdots&a_{2n}\\\vdots&\vdots&&\vdots\\a_{n1}&a_{n2}&\cdots&a_{nn}\end{bmatrix},\quad \boldsymbol{X}=\begin{bmatrix}x_1\\x_2\\\vdots\\x_n\end{bmatrix},$$

则二次型可表示为

$$f=f(\boldsymbol{X})=\boldsymbol{X}^{\mathrm{T}}\boldsymbol{A}\boldsymbol{X},\tag{7.2}$$

其中 $\boldsymbol{A}$ 为对称矩阵.

由上面的讨论可知,任给一个二次型,都有唯一确定的一个对称矩阵与之对应;反之,任给一个对称矩阵,也有唯一确定的一个二次型与之对应.这样,二次型与对称矩阵之间存在一一对应的关系.因此称对称矩阵 $\boldsymbol{A}$ 为**二次型 f 的矩阵**,也称 f 为**对称矩阵 $\boldsymbol{A}$ 的二次型**,且称对称矩阵 $\boldsymbol{A}$ 的秩为**二次型 f 的秩**.

例 1　将二次型 $f=x^2-z^2-6xy+yz$ 表示成矩阵形式,并求 f 的矩阵和 f 的秩.

解　f 的矩阵形式为:

$$f=(x,y,z)\begin{bmatrix}1&-3&0\\-3&0&\frac{1}{2}\\0&\frac{1}{2}&-1\end{bmatrix}\begin{bmatrix}x\\y\\z\end{bmatrix},$$

因此 f 的矩阵为

$$\boldsymbol{A}=\begin{bmatrix}1&-3&0\\-3&0&\frac{1}{2}\\0&\frac{1}{2}&-1\end{bmatrix}.$$

因为 $\boldsymbol{A}$ 的秩为 3,所以 f 的秩为 3.

一般的二次型形式较复杂,研究它的性质较困难.我们希望不改变二次型本身性质将其形式简化.可逆线性变换是这种简化的一个重要工具.

设线性变换

$$\begin{cases}x_1=c_{11}y_1+c_{12}y_2+\cdots+c_{1n}y_n,\\x_2=c_{21}y_1+c_{22}y_2+\cdots+c_{2n}y_n,\\\quad\vdots\\x_n=c_{n1}y_1+c_{n2}y_2+\cdots+c_{nn}y_n,\end{cases}\tag{7.3}$$

其中 $c_{ij}(i,j=1,2,\cdots,n)$ 为常数，其矩阵形式为

$$X=CY,$$

其中

$$C=(c_{ij})_{n\times n},X=\begin{bmatrix}x_1\\x_2\\\vdots\\x_n\end{bmatrix},\quad Y=\begin{bmatrix}y_1\\y_2\\\vdots\\y_n\end{bmatrix},$$

当 $|C|\neq 0$ 时，称

$$X=CY \tag{7.4}$$

为**可逆线性变换**. 将可逆的线性变换(7.4)代入二次型(7.2)后，得

$$\begin{aligned}f&=X^{\mathrm{T}}AX=(CY)^{\mathrm{T}}A(CY)=Y^{\mathrm{T}}C^{\mathrm{T}}ACY\\&=Y^{\mathrm{T}}(C^{\mathrm{T}}AC)Y.\end{aligned}$$

记 $B=C^{\mathrm{T}}AC$，上式为 $f=Y^{\mathrm{T}}BY$，因此 $f=Y^{\mathrm{T}}BY$ 是一个关于变量 $y_1,y_2,\cdots,y_n$ 的二次型. 显然，B 为对称矩阵，变换后的二次型的矩阵 B 与原二次型的矩阵 A 之间的关系，称为矩阵的合同关系.

定义 7.1.2 对 n 阶矩阵 A,B，若存在 n 阶可逆矩阵 C，使得 $B=C^{\mathrm{T}}AC$，则称矩阵 A 与 B **合同**.

合同是矩阵之间的一类特殊的等价关系，与矩阵的相似关系类似，它具有自反性、对称性和传递性. 显然，经过可逆的线性变换，新二次型的矩阵与原来二次型的矩阵是合同的，而且它们具有相同的秩.

例 2 设矩阵 $A=\begin{bmatrix}1&0\\0&-1\end{bmatrix}$，$B=\begin{bmatrix}-2&0\\0&1\end{bmatrix}$，求实可逆矩阵 C，使得 $C^{\mathrm{T}}AC=B$.

解 设矩阵 A,B 对应的二次型分别是 $f=X^{\mathrm{T}}AX=x_1^2-x_2^2$，$g=Y^{\mathrm{T}}BY=-2y_1^2+y_2^2$，其中 $X=\begin{bmatrix}x_1\\x_2\end{bmatrix}$，$Y=\begin{bmatrix}y_1\\y_2\end{bmatrix}$. 作可逆的线性变换 $\begin{cases}x_1=0y_1+y_2,\\x_2=\sqrt{2}y_1+0y_2,\end{cases}$ 因此 $C=\begin{bmatrix}0&1\\\sqrt{2}&0\end{bmatrix}$.

7.2 化二次型为标准形

定义 7.2.1 只包含平方项的二次型

$$f=d_1y_1^2+d_2y_2^2+\cdots+d_ny_n^2,$$

称为二次型的**标准形**.

显然，标准形是最简单的一种二次型，标准形 f 的矩阵为对角矩阵且其矩阵形式为

$$f=(y_1,y_2,\cdots,y_n)\begin{bmatrix}d_1&&&\\&d_2&&\\&&\ddots&\\&&&d_n\end{bmatrix}\begin{bmatrix}y_1\\y_2\\\vdots\\y_n\end{bmatrix}.$$

对于二次型 $f=X^{\mathrm{T}}AX$，我们讨论的**中心问题**是：能否找到可逆线性变换 $X=CY$，使其变换后的二次型 $f(Y)=Y^{\mathrm{T}}BY$ 成为标准形，即能否使 $B=C^{\mathrm{T}}AC$ 成为对角阵. 下面介绍两种常用方法：正交变换法和配方法.

7.2.1　正交变换法

由第6章定理6.3.3知，对于实对称矩阵$\boldsymbol{A}$，总存在正交矩阵$\boldsymbol{P}$，使$\boldsymbol{P}^{-1}\boldsymbol{AP}=\boldsymbol{\Lambda}$，其中$\boldsymbol{\Lambda}$为对角阵. 由于正交矩阵有性质$\boldsymbol{P}^{-1}=\boldsymbol{P}^{\mathrm{T}}$，因而$\boldsymbol{P}^{\mathrm{T}}\boldsymbol{AP}=\boldsymbol{P}^{-1}\boldsymbol{AP}=\boldsymbol{\Lambda}$. 若$\boldsymbol{P}$是正交矩阵，则称线性变换$\boldsymbol{X}=\boldsymbol{PY}$为**正交变换**. 正交变换一定是可逆的. 对正交变换的标准化问题，有如下结论.

定理7.2.1（主轴定理）　任给实二次型$f=\sum\limits_{i,j=1}^{n}a_{ij}x_ix_j\ (a_{ij}=a_{ji})$，总有正交变换$\boldsymbol{X}=\boldsymbol{PY}$使$f$化为标准形：$f=\lambda_1y_1^2+\lambda_2y_2^2+\cdots+\lambda_ny_n^2$，其中$\lambda_1,\lambda_2,\cdots,\lambda_n$是$f$的矩阵$\boldsymbol{A}=(a_{ij})_{n\times n}$的全部特征值.

该结论换为矩阵的描述，即任意一个实对称矩阵合同且相似于一对角矩阵.

平面主轴的**几何意义**：二次曲线$\boldsymbol{X}^{\mathrm{T}}\boldsymbol{AX}=k$（$k$是常数）上的点$\boldsymbol{X}^{\mathrm{T}}=(x_1,x_2)$的集合必对应一个椭圆、双曲线、两条相交直线或单个点，或不含任何点. 如果其二阶对称阵$\boldsymbol{A}$是一个对角阵，该二次曲线的图形是标准位置，如图7-1所示. 此时的坐标轴构成该图形的对称轴（对称轴即主轴）. 如果$\boldsymbol{A}$不是一个对角阵，如图7-2所示，此时通过坐标系的旋转变换，使得新坐标轴正好就是对称轴（由$\boldsymbol{A}$的特征向量决定）. 几何上的坐标系的旋转变换就是一类常见的正交变换.

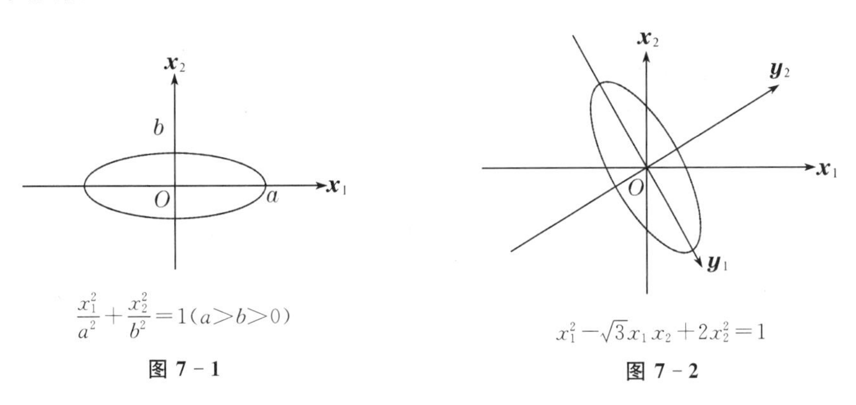

图7-1　　**图7-2**

例1　已知在直角坐标系Ox_1x_2中，二次曲线的方程为$x_1^2-\sqrt{3}x_1x_2+2x_2^2=1$，试确定其形状.

解　先将曲线方程$f=x_1^2-\sqrt{3}x_1x_2+2x_2^2$用正交变换化为标准方程.

二次型f的矩阵为
$$\boldsymbol{A}=\begin{bmatrix}1 & -\dfrac{\sqrt{3}}{2}\\ -\dfrac{\sqrt{3}}{2} & 2\end{bmatrix},$$

由$|\boldsymbol{A}-\lambda\boldsymbol{E}|=0$解得$\boldsymbol{A}$的特征值为$\lambda_1=\dfrac{5}{2},\lambda_2=\dfrac{1}{2}$.

可求得对应的特征向量为$\boldsymbol{\xi}_1=\begin{bmatrix}1\\ -\sqrt{3}\end{bmatrix},\boldsymbol{\xi}_2=\begin{bmatrix}\sqrt{3}\\ 1\end{bmatrix}$. 将它们单位化得

$$\boldsymbol{\eta}_1=\begin{bmatrix}\frac{1}{2}\\-\frac{\sqrt{3}}{2}\end{bmatrix},\boldsymbol{\eta}_2=\begin{bmatrix}\frac{\sqrt{3}}{2}\\\frac{1}{2}\end{bmatrix}.$$

令$\begin{bmatrix}x_1\\x_2\end{bmatrix}=\begin{bmatrix}\frac{1}{2}&\frac{\sqrt{3}}{2}\\-\frac{\sqrt{3}}{2}&\frac{1}{2}\end{bmatrix}\begin{bmatrix}y_1\\y_2\end{bmatrix}$,则二次型的标准形为

$$f=\frac{5}{2}y_1^2+\frac{1}{2}y_2^2.$$

故在新坐标系 Oy_1y_2 中该曲线的方程为$\frac{5}{2}y_1^2+\frac{1}{2}y_2^2=1$. 这是一个椭圆. 其短半轴、长半轴分别为$\frac{1}{\sqrt{\lambda_1}}=\frac{\sqrt{10}}{5},\frac{1}{\sqrt{\lambda_2}}=\sqrt{2}$.

由图 7-2 可以看出,该标准形是在原图形中将坐标系旋转$-\frac{\pi}{3}$角度到主轴后得到的. 平面解析几何中熟知的坐标旋转变换$\begin{cases}x_1=y_1\cos\theta-y_2\sin\theta,\\x_2=y_1\sin\theta+y_2\cos\theta\end{cases}$是正交变换,在例 1 中取 $\theta=-\frac{\pi}{3}$即可.

例 2 用正交变换化二次型

$$f(x_1,x_2,x_3)=x_1^2-2x_2^2-2x_3^2-4x_1x_2+4x_1x_3+8x_2x_3$$

为标准形.

解 二次型的矩阵 $\boldsymbol{A}=\begin{bmatrix}1&-2&2\\-2&-2&4\\2&4&-2\end{bmatrix}$,它的特征多项式是

$$|\boldsymbol{A}-\lambda\boldsymbol{E}|=\begin{vmatrix}1-\lambda&-2&2\\-2&-2-\lambda&4\\2&4&-2-\lambda\end{vmatrix}=-(\lambda-2)^2(\lambda+7),$$

得特征值 $\lambda_1=-7,\lambda_2=\lambda_3=2$.

当 $\lambda_1=-7$ 时,解方程$(\boldsymbol{A}+7\boldsymbol{E})\boldsymbol{X}=0$,由

$$\boldsymbol{A}+7\boldsymbol{E}=\begin{bmatrix}8&-2&2\\-2&5&4\\2&4&5\end{bmatrix}\to\begin{bmatrix}1&0&\frac{1}{2}\\0&1&1\\0&0&0\end{bmatrix},$$

得基础解系 $\boldsymbol{\xi}_1=\begin{bmatrix}-\frac{1}{2}\\-1\\1\end{bmatrix}$,单位化即得 $\boldsymbol{\eta}_1=\frac{1}{3}\begin{bmatrix}-1\\-2\\2\end{bmatrix}$;

当 $\lambda_2=\lambda_3=2$ 时,解方程$(\boldsymbol{A}-2\boldsymbol{E})\boldsymbol{X}=0$,由

$$\boldsymbol{A}-2\boldsymbol{E}=\begin{bmatrix}-1&-2&2\\-2&-4&4\\2&4&4\end{bmatrix}\to\begin{bmatrix}1&2&-2\\0&0&0\\0&0&0\end{bmatrix},$$

得基础解系 $\boldsymbol{\xi}_2=\begin{bmatrix}-2\\1\\0\end{bmatrix}$，$\boldsymbol{\xi}_3=\begin{bmatrix}2\\0\\1\end{bmatrix}$，正交化单位化即得 $\boldsymbol{\eta}_2=\frac{1}{\sqrt{5}}\begin{bmatrix}-2\\1\\0\end{bmatrix}$，$\boldsymbol{\eta}_3=\frac{1}{3\sqrt{5}}\begin{bmatrix}2\\4\\5\end{bmatrix}$.

于是得正交变换矩阵

$$\boldsymbol{P}=(\boldsymbol{\eta}_1,\boldsymbol{\eta}_2,\boldsymbol{\eta}_3)=\begin{bmatrix}-\frac{1}{3} & -\frac{2}{\sqrt{5}} & \frac{2}{3\sqrt{5}}\\ -\frac{2}{3} & \frac{1}{\sqrt{5}} & \frac{4}{3\sqrt{5}}\\ \frac{2}{3} & 0 & \frac{5}{3\sqrt{5}}\end{bmatrix}.$$

二次型经正交变换 $\boldsymbol{X}=\boldsymbol{PY}$ 化为标准形

$$f=-7y_1^2+2y_2^2+2y_3^2.$$

7.2.2 配方法

用正交变换化二次型成标准形,具有保持欧氏空间的夹角与距离不变的优点.如果不要求用正交变换,那么还可用可逆的线性变换,把二次型化成标准形.下面通过举例介绍配方法.

例3　用配方法化二次型 $f=x_1^2-4x_1x_2+2x_1x_3+x_2^2+2x_2x_3-2x_3^2$ 为标准形,并求所用的可逆线性变换矩阵.

解　
$$\begin{aligned}f&=(x_1^2-4x_1x_2+2x_1x_3)+x_2^2+2x_2x_3-2x_3^2\\&=[x_1^2-2x_1(2x_2-x_3)+(2x_2-x_3)^2]-(2x_2-x_3)^2+x_2^2+2x_2x_3-2x_3^2\\&=(x_1-2x_2+x_3)^2-4x_2^2+4x_2x_3-x_3^2+x_2^2+2x_2x_3-2x_3^2\\&=(x_1-2x_2+x_3)^2-3x_2^2+6x_2x_3-3x_3^2\\&=(x_1-2x_2+x_3)^2-3(x_2-x_3)^2.\end{aligned}$$

令$\begin{cases}y_1=x_1-2x_2+x_3\\y_2=x_2-x_3\\y_3=x_3\end{cases}$　即$\begin{cases}x_1=y_1+2y_2+y_3\\x_2=y_2+y_3\\x_3=y_3\end{cases}$，

用矩阵形式表示为

$$\begin{bmatrix}x_1\\x_2\\x_3\end{bmatrix}=\begin{bmatrix}1&2&1\\0&1&1\\0&0&1\end{bmatrix}\begin{bmatrix}y_1\\y_2\\y_3\end{bmatrix},$$

记 $\boldsymbol{T}=\begin{bmatrix}1&2&1\\0&1&1\\0&0&1\end{bmatrix}$，因为 $|\boldsymbol{T}|=1\neq0$，故线性变换 $\boldsymbol{X}=\boldsymbol{TY}$ 是可逆的.二次型 f 化成标准形 $f=y_1^2-3y_2^2$，所用可逆线性变换矩阵为 $\boldsymbol{T}=\begin{bmatrix}1&2&1\\0&1&1\\0&0&1\end{bmatrix}$.

例4　用配方法化二次型 $f=2x_1x_2+2x_1x_3-6x_2x_3$ 为标准形.

解　由于二次型中不含平方项,可令

$$\begin{cases}x_1=y_1+y_2,\\x_2=y_1-y_2,\\x_3=y_3,\end{cases}$$

即作可逆的线性变换 $\boldsymbol{X}=\boldsymbol{P}_1\boldsymbol{Y}$，其中 $\boldsymbol{P}_1=\begin{bmatrix}1&1&0\\1&-1&0\\0&0&1\end{bmatrix}$，$\boldsymbol{X}=\begin{bmatrix}x_1\\x_2\\x_3\end{bmatrix}$，$\boldsymbol{Y}=\begin{bmatrix}y_1\\y_2\\y_3\end{bmatrix}$，

代入 $f=2x_1x_2+2x_1x_3-6x_2x_3$，得 $f=2y_1^2-2y_2^2-4y_1y_3+8y_2y_3$.

配方得
$$f=2\,(y_1-y_3)^2-2\,(y_2-2y_3)^2+6y_3^2.$$

再令 $\begin{cases}z_1=y_1-y_3,\\z_2=y_2-2y_3,\\z_3=y_3,\end{cases}$ 即 $\begin{cases}y_1=z_1+z_3,\\y_2=z_2+2z_3,\\y_3=z_3,\end{cases}$

记
$$\boldsymbol{Z}=\begin{bmatrix}z_1\\z_2\\z_3\end{bmatrix},\boldsymbol{P}_2=\begin{bmatrix}1&0&1\\0&1&2\\0&0&1\end{bmatrix},|\boldsymbol{P}_2|=1\neq0,$$

作可逆线性变换 $\boldsymbol{Y}=\boldsymbol{P}_2\boldsymbol{Z}$，则二次型化为标准形：
$$f=2z_1^2-2z_2^2+6z_3^2.$$

此时所用线性变换为 $\boldsymbol{X}=\boldsymbol{P}_1(\boldsymbol{P}_2\boldsymbol{Z})=(\boldsymbol{P}_1\boldsymbol{P}_2)\boldsymbol{Z}$，由于$\boldsymbol{P}_1$，$\boldsymbol{P}_2$ 均可逆，故
$$\boldsymbol{T}=\boldsymbol{P}_1\boldsymbol{P}_2=\begin{bmatrix}1&1&0\\1&-1&0\\0&0&1\end{bmatrix}\begin{bmatrix}1&0&1\\0&1&2\\0&0&1\end{bmatrix}=\begin{bmatrix}1&1&3\\1&-1&-1\\0&0&1\end{bmatrix}\text{也可逆},$$

即在可逆线性变换 $\begin{cases}x_1=z_1+z_2+3z_3\\x_2=z_1-z_2-z_3\\x_3=z_3\end{cases}$ 下，将二次型化为标准形为
$$f=2z_1^2-2z_2^2+6z_3^2.$$

用配方法化二次型为标准形，如果二次型中含有平方项，则可用例 3 的方法直接配方，如果二次型中不含平方项，则用例 4 的方法，先构造出平方项再用配方法，总可以化为标准形. 利用配方法和对变量个数 n 使用归纳法可证明如下结论.

定理 7.2.2 任何一个二次型都可以经过可逆线性变换化为标准形.

值得注意的是，二次型的标准形不唯一. 由于配方过程的不同，所得可逆线性变换也就不一样. 另外，使用不同的方法所得到的标准形也可能不相同.

7.3 惯性定理

设 $f(x_1,x_2,\cdots,x_n)$是实二次型. 由上一节定理 7.2.2 知，经过可逆线性变换，可使 $f(x_1,x_2,\cdots,x_n)$ 变成标准形，设在标准形中系数不为零的平方项个数是 r，则适当排列文字的次序后，该标准形可记为
$$d_1y_1^2+\cdots+d_py_p^2-d_{p+1}y_{p+1}^2-\cdots-d_ry_r^2,\tag{7.5}$$
其中 $d_i>0,i=1,\cdots,r$. 由本章第一节知二次型 $f(x_1,x_2,\cdots,x_n)$的矩阵与其标准形的矩阵是合同的，而合同的矩阵有相同的秩，因此标准形中系数不为零的平方项的个数是唯一的，它等于该二次型的秩. (7.5)式中不但 r 是唯一的，而且正平方项的个数 p 和负平方项的个数 $r-p$ 也是唯一的，这就是下面的惯性定理.

定理 7.3.1　实二次型的标准形中正平方项的个数和负平方项的个数是唯一确定的.

***证**　设实二次型 $f(x_1,x_2,\cdots,x_n)$ 秩为 r,经过可逆线性变换变成标准形(7.5),再作可逆线性变换

$$\begin{cases} y_1=\dfrac{1}{\sqrt{d_1}}z_1, \\ \quad\vdots \\ y_r=\dfrac{1}{\sqrt{d_r}}z_r, \\ y_{r+1}=z_{r+1}, \\ \quad\vdots \\ y_n=z_n, \end{cases}$$

(7.5)式就变成

$$z_1^2+\cdots+z_p^2-z_{p+1}^2-\cdots-z_r^2. \tag{7.6}$$

显然,(7.6)式也是实二次型 $f(x_1,x_2,\cdots,x_n)$ 的标准型,它与(7.5)式中正平方项的个数和负平方项的个数相同,分别为 p 和 $r-p$.

下面证明(7.6)式中正平方项的个数 p 是唯一确定的.

设实二次型 $f(x_1,x_2,\cdots,x_n)$ 经过可逆线性变换 $\boldsymbol{X}=\boldsymbol{BY}$ 化成规范形

$$f(x_1,x_2,\cdots,x_n)=y_1^2+\cdots+y_p^2-y_{p+1}^2-\cdots-y_r^2, \tag{7.7}$$

又设经过可逆线性变换 $\boldsymbol{X}=\boldsymbol{CZ}$ 化成规范形

$$f(x_1,x_2,\cdots,x_n)=z_1^2+\cdots+z_q^2-z_{q+1}^2-\cdots-z_r^2. \tag{7.8}$$

下证 $p=q$.

用反证法.假设 $p>q$.由(7.7)、(7.8)两式有

$$y_1^2+\cdots+y_p^2-y_{p+1}^2-\cdots-y_r^2=z_1^2+\cdots+z_q^2-z_{q+1}^2-\cdots-z_r^2, \tag{7.9}$$

其中 $\boldsymbol{BY}=\boldsymbol{CZ}$,即 $\boldsymbol{Z}=\boldsymbol{C}^{-1}\boldsymbol{BY}$.令 $\boldsymbol{C}^{-1}\boldsymbol{B}=\boldsymbol{G}=(g_{ij})_{n\times n}$,则有

$$\begin{cases} z_1=g_{11}y_1+g_{12}y_2+\cdots+g_{1n}y_n, \\ z_2=g_{21}y_1+g_{22}y_2+\cdots+g_{2n}y_n, \\ \quad\vdots \\ z_n=g_{n1}y_1+g_{n2}y_2+\cdots+g_{nn}y_n. \end{cases} \tag{7.10}$$

令　$$z_1=z_2=\cdots=z_q=0,\ y_{p+1}=y_{p+2}=\cdots=y_n=0,$$

得齐次线性方程组

$$\begin{cases} g_{11}y_1+g_{12}y_2+\cdots+g_{1n}y_n=0, \\ \quad\vdots \\ g_{q1}y_1+g_{q2}y_2+\cdots+g_{qn}y_n=0, \\ y_{p+1}=0, \\ \quad\vdots \\ y_n=0. \end{cases} \tag{7.11}$$

方程组(7.11)含有 n 个未知量,但其方程个数 $q+(n-p)=n-(p-q)<n$.于是,(7.11)有非零解.令

$$(y_1,\cdots,y_p,y_{p+1},\cdots,y_n)=(k_1,\cdots,k_p,k_{p+1},\cdots,k_n)$$

是(7.11)的一非零解.显然 $k_{p+1}=\cdots=k_n=0$.因此,把它代入(7.9)的左端,得到的值为

$$k_1^2+\cdots+k_p^2>0.$$

把它代入(7.9)的右端,因为它是(7.11)的解,则有 $z_1=\cdots=z_q=0$,所以有

$$-z_{q+1}^2-\cdots-z_r^2\leqslant 0.$$

显然矛盾,故假设 $p>q$ 不成立.因此 $p\leqslant q$.

同理可证 $q\leqslant p$,从而 $p=q$.这就证明了(7.6)式中正平方项的个数 p 是唯一确定的.因此实二次型 $f(x_1,x_2,\cdots,x_n)$ 标准形中正平方项的个数 p 与负平方项的个数 $r-p$ 都是唯一确定的.证毕.

定义 7.3.1 在实二次型 $f(x_1,x_2,\cdots,x_n)$ 的标准形中,正平方项的个数 p 称为 $f(x_1,x_2,\cdots,x_n)$ 的**正惯性指数**;负平方项的个数 $r-p$ 称为 $f(x_1,x_2,\cdots,x_n)$ 的**负惯性指数**;它们的差 $p-(r-p)=2p-r$ 称为 $f(x_1,x_2,\cdots,x_n)$ 的**符号差**.

例如,二次型 $f(x_1,x_2,x_3)=x_1^2-2x_2^2-2x_3^2-4x_1x_2+4x_1x_3+8x_2x_3$ 的标准形为 $f=-7y_1^2+2y_2^2+2y_3^2$,所以该二次型的正惯性指数为 2,负惯性指数为 1,符号差为 $2-1=1$.

在定理 7.3.1 中,(7.6)式是一种形式非常简单的标准形,称为实二次型 $f(x_1,x_2,\cdots,x_n)$ 的**规范形**.因此,惯性定理也可以叙述为:实二次型的规范形是唯一的,即规范形中平方项个数和正平方项的个数是唯一确定的.

值得指出的是,正交变换保持图形的大小不变、夹角不变,而一般的可逆线性变换可能使图形的大小、夹角发生变化,而惯性定理告诉我们,它不会使图形的类型发生变化,如 $\mathbf{R}^2$ 中的二次曲线的椭圆、双曲线、抛物线等类型在可逆线性变换下不变.这正是惯性定理的几何意义.

7.4 正定二次型

二次型 $f(x_1,x_2,\cdots,x_n)=x_1^2+x_2^2+\cdots+x_n^2$ 有如下特性:对任意不全为零的实数 $a_1,a_2,\cdots,a_n$,都有 $f(a_1,a_2,\cdots,a_n)>0$.而二次型 $f(x_1,x_2,x_3)=x_1^2+2x_2^2-x_3^2$,因为 $f(0,0,1)=-1<0$,$f(1,0,0)=1>0$,则不具备这样的性质.

定义 7.4.1 实二次型 $f(\boldsymbol{X})=\boldsymbol{X}^{\mathrm{T}}\boldsymbol{A}\boldsymbol{X}$ 称为**正定(或负定)二次型**,如果对任何非零向量 $\boldsymbol{X}=(x_1,x_2,\cdots,x_n)^{\mathrm{T}}$,都有 $\boldsymbol{X}^{\mathrm{T}}\boldsymbol{A}\boldsymbol{X}>0$ (或 $\boldsymbol{X}^{\mathrm{T}}\boldsymbol{A}\boldsymbol{X}<0$).正定(或负定)二次型的矩阵称为**正定(或负定)矩阵**.

定理 7.4.1 可逆线性变换保持二次型的正定性不变.

证 设 $f(\boldsymbol{X})=\boldsymbol{X}^{\mathrm{T}}\boldsymbol{A}\boldsymbol{X}$ 为正定二次型,经过可逆线性变换 $\boldsymbol{X}=\boldsymbol{C}\boldsymbol{Y}$ 变成二次型 $g(\boldsymbol{Y})=\boldsymbol{Y}^{\mathrm{T}}\boldsymbol{B}\boldsymbol{Y}$,其中 $\boldsymbol{B}=\boldsymbol{C}^{\mathrm{T}}\boldsymbol{A}\boldsymbol{C}$.

对任何的非零向量 $\boldsymbol{Y}$,因为 $\boldsymbol{C}$ 可逆,所以对应的 $\boldsymbol{X}=\boldsymbol{C}\boldsymbol{Y}$ 是非零向量.由于 f 是正定二次型,从而 $g(\boldsymbol{Y})=\boldsymbol{Y}^{\mathrm{T}}\boldsymbol{B}\boldsymbol{Y}=\boldsymbol{X}^{\mathrm{T}}\boldsymbol{A}\boldsymbol{X}>0$,即 $g(\boldsymbol{Y})=\boldsymbol{Y}^{\mathrm{T}}\boldsymbol{B}\boldsymbol{Y}$ 也是正定二次型.证毕.

由定理 7.4.1 可以得到以下判别二次型是否为正定的几个等价条件.

定理 7.4.2 对实 n 元二次型 $f(\boldsymbol{X})=\boldsymbol{X}^{\mathrm{T}}\boldsymbol{A}\boldsymbol{X}$,以下命题等价:

(1) $f(\boldsymbol{X})$ 为正定二次型(或 $\boldsymbol{A}$ 是正定矩阵);

(2) $f(\boldsymbol{X})$ 的标准形中 n 个系数全大于零;

(3) $\boldsymbol{A}$ 的特征值全大于零;

(4) $\boldsymbol{A}$ 与单位矩阵合同；

(5) $f(\boldsymbol{X})$的正惯性指数为 n.

证　只证(1)⇔(2)，其余由读者自证.

(1)⇒(2)　设可逆变换 $\boldsymbol{X}=\boldsymbol{C}\boldsymbol{Y}$ 使二次型化为标准形

$$f=f(\boldsymbol{X})=f(\boldsymbol{C}\boldsymbol{Y})=k_1y_1^2+k_2y_2^2+\cdots+k_ny_n^2.$$

$\boldsymbol{Y}$ 取单位向量$\boldsymbol{\xi}_s=(0,\cdots,0,1,0,\cdots,0)$(其中第 s 个分量为1)，$s=1,2,\cdots,n$. 由于 $\boldsymbol{X}=\boldsymbol{C}\boldsymbol{Y}$ 为可逆线性变换，故 $\boldsymbol{X}=\boldsymbol{C}\boldsymbol{\xi}_s$ 为非零向量，由 f 的正定性有 $k_s=f(\boldsymbol{C}\boldsymbol{\xi}_s)>0$.

(2)⇒(1)　设 f 的标准形为$k_1y_1^2+k_2y_2^2+\cdots+k_ny_n^2$ 且 $k_i>0,i=1,2,\cdots,n$. 任给非零向量 $\boldsymbol{X}$，因为 $\boldsymbol{C}$ 是可逆矩阵，所以 $\boldsymbol{Y}=\boldsymbol{C}^{-1}\boldsymbol{X}$ 为非零向量，故 $f=\boldsymbol{X}^{\mathrm{T}}\boldsymbol{A}\boldsymbol{X}=k_1y_1^2+k_2y_2^2+\cdots+k_ny_n^2>0$，即二次型 $f(\boldsymbol{X})=\boldsymbol{X}^{\mathrm{T}}\boldsymbol{A}\boldsymbol{X}$ 为正定的. 证毕.

下面首先给出矩阵顺序主子式的概念，然后不加证明地给出用矩阵的顺序主子式去判定对称矩阵正定性的方法.

定义 7.4.2　子式

$$\boldsymbol{P}_i=\begin{vmatrix} a_{11} & a_{12} & \cdots & a_{1i} \\ a_{21} & a_{22} & \cdots & a_{2i} \\ & & \vdots & \\ a_{i1} & a_{i2} & \cdots & a_{ii} \end{vmatrix}\quad (i=1,2,\cdots,n),$$

称为矩阵 $\boldsymbol{A}=(a_{ij})_{n\times n}$的**顺序主子式**.

定理 7.4.3　对称矩阵 $\boldsymbol{A}=(a_{ij})_{n\times n}$为正定矩阵的充要条件是$\boldsymbol{A}=(a_{ij})_{n\times n}$的顺序主子式全大于零，即

$$a_{11}>0,\begin{vmatrix} a_{11} & a_{12} \\ a_{12} & a_{22} \end{vmatrix}>0,\cdots,|\boldsymbol{A}|=\begin{vmatrix} a_{11} & \cdots & a_{1n} \\ \vdots & & \vdots \\ a_{1n} & \cdots & a_{nn} \end{vmatrix}>0.$$

定理 7.4.4　对称矩阵 $\boldsymbol{A}$ 为负定矩阵的充要条件是 $\boldsymbol{A}$ 的奇数阶的顺序主子式全小于零，而偶数阶的顺序主子式全大于零.

例 1　判别二次型 $f=5x_1^2+2x_2^2+5x_3^2+2x_4^2-4x_1x_2-4x_3x_4$ 的正定性.

解　二次型 f 的矩阵为$\boldsymbol{A}=\begin{bmatrix} 5 & -2 & 0 & 0 \\ -2 & 2 & 0 & 0 \\ 0 & 0 & 5 & -2 \\ 0 & 0 & -2 & 2 \end{bmatrix}$,

各阶顺序主子式

$$5>0,\begin{vmatrix} 5 & -2 \\ -2 & 2 \end{vmatrix}=6>0,\quad \begin{vmatrix} 5 & -2 & 0 \\ -2 & 2 & 0 \\ 0 & 0 & 5 \end{vmatrix}=30>0,|\boldsymbol{A}|=36>0,$$

故 f 是正定二次型.

例 2　当 t 取什么值时，二次型 $f(x_1,x_2,x_3)=x_1^2+x_2^2+5x_3^2+2tx_1x_2-2x_1x_3+4x_2x_3$ 是正定的.

解　二次型 f 的矩阵为

$$A=\begin{bmatrix}1 & t & -1\\ t & 1 & 2\\ -1 & 2 & 5\end{bmatrix},$$

因为 A 的各阶顺序主子式为

$$\Delta_1=1>0,$$

$$\Delta_2=\begin{vmatrix}1 & t\\ t & 1\end{vmatrix}=1-t^2>0,$$

$$\Delta_3=|A|=\begin{vmatrix}1 & t & -1\\ t & 1 & 2\\ -1 & 2 & 5\end{vmatrix}=-5t^2-4t>0$$

时原二次型为正定，由此得

$$\begin{cases}1-t^2>0,\\ -5t^2-4t>0,\end{cases}$$

解得 $-\frac{4}{5}<t<0$.

例 3 设 A 是实对称矩阵，证明：当 t 充分大后，$tE+A$ 是正定矩阵.

证 因为 A 是实对称矩阵，所以 $(tE+A)^T=tE+A$，$tE+A$ 也是实对称阵，且 A 的特征值 $\lambda_i(i=1,2,\cdots,n)$ 全是实数. 又 $\lambda_iE-A=(\lambda_i+t)E-(tE+A)$，所以 λ_i+t 是 $tE+A$ 的特征值，故当 t 充分大后，$\lambda_i+t(i=1,2,\cdots,n)$ 必可大于零，即 $tE+A$ 的全部特征值大于零，从而 $tE+A$ 是正定矩阵.

7.5 曲面与空间曲线

7.5.1 曲面

1. 曲面方程的概念

在日常生活中，经常会遇到各种曲面，例如球类的表面以及水桶的表面等.

在平面解析几何中，我们把平面曲线看成是动点的运动轨迹. 同样的，在空间解析几何中，把曲面可看作是动点或动曲线（直线）按一定条件或规律运动而产生的轨迹，因此，曲面上的点 M 必须满足一定的条件或规律，而且只有曲面上的点才满足这个条件或规律. 如果点 M 的坐标为 (x,y,z)，则这个条件或规律就能导出一个含有变量 x,y,z 的方程

$$F(x,y,z)=0. \tag{7.12}$$

设在空间直角坐标系中有一曲面 S（如图 7-3 示）与三元方程(7.12)有下述关系：

(1) 曲面 S 上任一点 M 的坐标 (x,y,z) 都满足方程(7.12)；

(2) 不在曲面 S 上的点的坐标都不满足方程(7.12)，

那么方程(7.12)就叫做**曲面 S 的方程**，曲面 S 叫做方程(7.12)的**图形**.

下面我们来建立几个常见的曲面的方程.

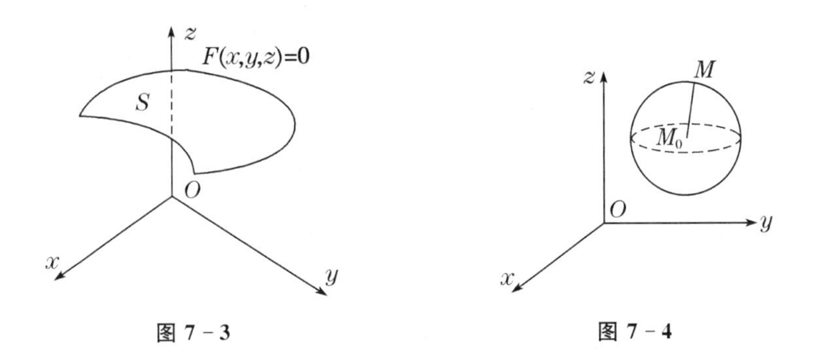

图 7－3　　　图 7－4

例 1　求球心为 $M_0(x_0, y_0, z_0)$、半径为 R 的球面的方程(如图 7－4 所示).

解　设球面上的任一点 $M(x,y,z)$,则有 $|M_0M|=R$.

由于　$|M_0M|=\sqrt{(x-x_0)^2+(y-y_0)^2+(z-z_0)^2}$,所以

$$\sqrt{(x-x_0)^2+(y-y_0)^2+(z-z_0)^2}=R,$$

即

$$(x-x_0)^2+(y-y_0)^2+(z-z_0)^2=R^2, \tag{7.13}$$

这就是球面上任一点 $M(x,y,z)$ 的坐标所满足的方程,而不在球面上的点都不满足方程(7.13),因此方程(7.13)就是以点 $M_0(x_0, y_0, z_0)$ 为球心、R 为半径的球面的方程.

如果球心在原点、半径为 R,则球面方程为 $x^2+y^2+z^2=R^2$. 由上例 1 可知,球面方程(7.13)所描述的动点轨迹的运动规律就是动点到定点距离为定长.

例 2　设一动点与两定点 $M_1(2,1,-6)$ 和 $M_2(3,3,1)$ 等距离,求这个动点的轨迹.

解　所求的就是与定点 M_1 和 M_2 等距离的点的几何轨迹. 设动点 $M(x,y,z)$ 满足条件要求,因此 $|M_1M|=|M_2M|$,即

$$\sqrt{(x-2)^2+(y-1)^2+(z+6)^2}=\sqrt{(x-3)^2+(y-3)^2+(z-1)^2},$$

等式两边平方,然后化简得 $x+2y+7z+11=0$.

这就是动点的坐标所满足的方程,而不在此曲面上的点的坐标都不满足这个方程,所以这个方程就是所求动点轨迹的方程.

由上两例可知,作为点的几何轨迹的曲面可以用它的点的坐标所满足的方程来表示,反之,变量 x,y,z 的方程在几何上通常表示一个曲面,这样便将空间曲面代数化,可以用数量间的关系来描述图形的几何性质. 因此在空间解析几何中关于曲面的研究,有下列两个基本问题:

(1) 已知曲面作为点的几何轨迹,建立此曲面的方程;

(2) 已知点的坐标 x,y,z 之间的方程时,研究此方程所表示曲面的形状.

下面,我们针对问题(1)来研究旋转曲面的方程;作为问题(2)的例子,我们再讨论柱面及一些二次曲面.

例 3　方程 $x^2+y^2+z^2-4x+8y+6z=0$ 表示怎样的曲面?

解　将方程 $x^2+y^2+z^2-4x+8y+6z=0$ 配方,原方程可化为

$$(x-2)^2+(y+4)^2+(z+3)^2=29.$$

与方程(7.13)对照可知,原方程表示球心为 $M_0(2,-4,-3)$、半径为 $\sqrt{29}$ 的球面.

一般地,设有三元二次方程

$$x^2+y^2+z^2+Dx+Ey+Fz+G=0. \tag{7.14}$$

只要系数 $D^2+E^2+F^2-4G>0$，方程(7.14)就表示一个球面，我们可把方程(7.14)改写为

$$\left(x+\frac{D}{2}\right)^2+\left(y+\frac{E}{2}\right)^2+\left(z+\frac{F}{2}\right)^2=\frac{1}{4}(D^2+E^2+F^2-4G).$$

它表示以点 $M_0\left(-\frac{D}{2},-\frac{E}{2},-\frac{F}{2}\right)$为球心，$\frac{1}{2}\sqrt{D^2+E^2+F^2-4G}$为半径的球面.

2. 旋转曲面

一条平面曲线 C 绕其所在平面上的一条定直线 L 旋转一周所生成的曲面叫做**旋转曲面**，曲线 C 称该旋转曲面的**母线**，定直线 L 称该旋转曲面的**旋转轴**，简称**轴**.

设在 yOz 平面上的曲线 C：

$$\begin{cases} f(y,z)=0, \\ x=0. \end{cases}$$

将曲线 C 绕 z 轴旋转一周，得到一个以 z 轴为旋转轴的旋转曲面 S(如图 7-5 所示)，下面建立该曲面 S 的方程.

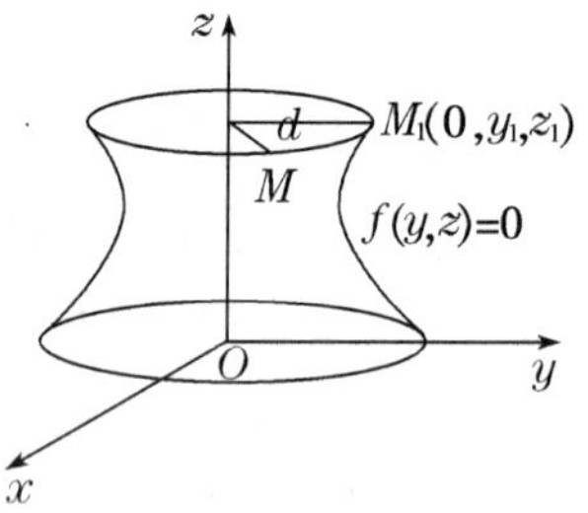

任取旋转曲面 S 上一点 $M(x,y,z)$，则必为曲线 C 上的某一点绕 z 轴旋转所得，设该点为 $M_1(0,y_1,z_1)$. 因 M_1 在 C 上，故 $f(y_1,z_1)=0$. 又 M_1 绕 z 轴旋转得 M，因此 $z=z_1$，且 $d=\sqrt{x^2+y^2}=|y_1|$，即 $y_1=\pm\sqrt{x^2+y^2}$. 将$\begin{cases} z_1=z, \\ y_1=\pm\sqrt{x^2+y^2}, \end{cases}$代入方程 $f(y_1,z_1)=0$ 得

图 7-5

$$f(\pm\sqrt{x^2+y^2},z)=0, \tag{7.15}$$

方程(7.15)就是所求旋转曲面 S 的方程.

旋转曲面方程(7.15)的特点：绕 z 轴旋转，曲线 C 的方程 $f(y,z)=0$ 中变量 z 不变、变量 y 改为$\pm\sqrt{x^2+y^2}$，即可得曲线 C 绕 z 轴旋转所成的旋转曲面的方程.

曲线 C 绕 y 轴旋转所生成的旋转曲面的方程为

$$f(y,\pm\sqrt{x^2+z^2})=0.$$

同理，xOy 坐标面上的曲线 C：$\begin{cases} f(x,y)=0, \\ z=0, \end{cases}$绕 x 轴旋转一周所得的旋转曲面方程为

$$f(x,\pm\sqrt{y^2+z^2})=0.$$

直线 L 绕另一条与 L 相交的直线旋转一周，所得旋转曲面叫做**圆锥面**. 该两直线的交点叫做**圆锥面的顶点**，两直线的夹角 $\alpha\left(0<\alpha<\frac{\pi}{2}\right)$叫做**圆锥面的半顶角**(如图 7-6 所示).

例 4 求顶点为坐标原点 O，旋转轴为 z 轴，半顶角为 α 的圆锥面的方程.

解 在 yOz 坐标面上，直线 L 的方程为$\begin{cases} z=y\cot\alpha, \\ x=0. \end{cases}$因此直线 L 绕 z 轴旋转所得到的圆锥面方程为：

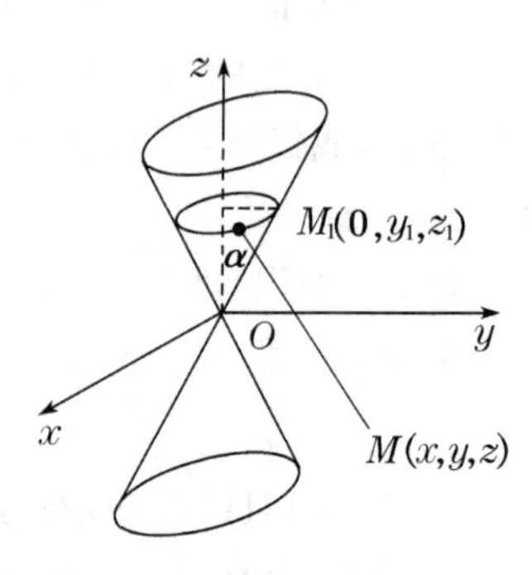

图 7-6

$$z=\pm(\cot\alpha)\sqrt{x^2+y^2},$$

记 $\cot\alpha=a$，则可得 $z^2=a^2(x^2+y^2)$.

显然，圆锥面上任一点 M 的坐标一定满足此方程. 如果点 M 不在圆锥面上，那么直线 OM 与 z 轴的夹角就不等于 α，于是点 M 的坐标就不满足此方程.

例 5　求下列各曲线绕对应的轴旋转所生成的旋转曲面的方程.

(1) xOz 面上的双曲线 $\begin{cases}\dfrac{x^2}{a^2}-\dfrac{z^2}{c^2}=1,\\ y=0,\end{cases}$ 分别绕 x 轴和 z 轴；

(2) yOz 面上的椭圆 $\begin{cases}\dfrac{y^2}{a^2}+\dfrac{z^2}{c^2}=1,\\ x=0,\end{cases}$ 分别绕 y 轴和 z 轴；

(3) 抛物线 $\begin{cases}y^2=2pz,\\ x=0,\end{cases}$ 绕 z 轴.

解　(1) 双曲线 $\begin{cases}\dfrac{x^2}{a^2}-\dfrac{z^2}{c^2}=1,\\ y=0,\end{cases}$ 绕 x 轴旋转得 $\dfrac{x^2}{a^2}-\dfrac{y^2+z^2}{c^2}=1$，称其为**旋转双叶双曲面**(如图 7-7 所示)，绕 z 轴旋转得 $\dfrac{x^2+y^2}{a^2}-\dfrac{z^2}{c^2}=1$，称其为**旋转单叶双曲面**(如图 7-8 所示).

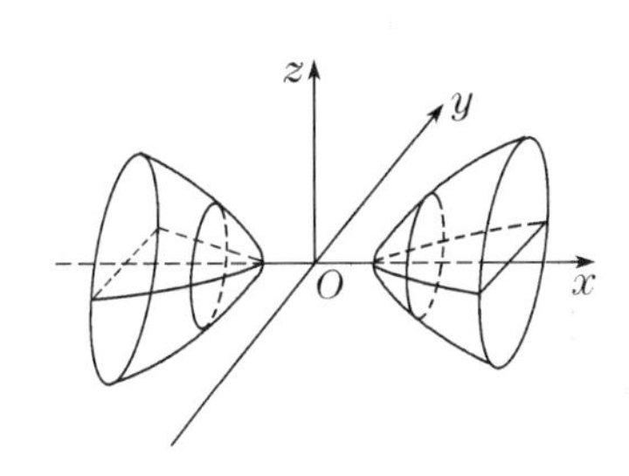

图 7-7

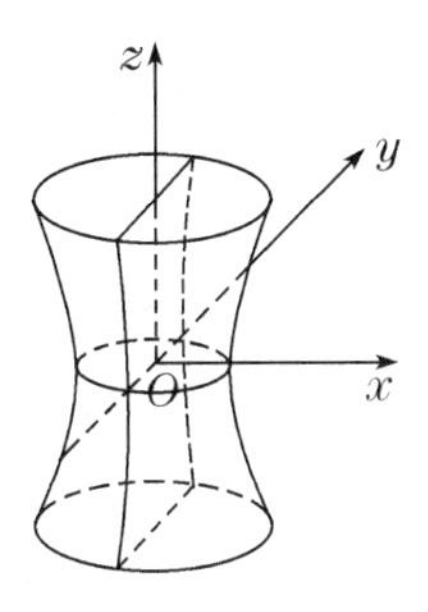

图 7-8

(2) 椭圆 $\begin{cases}\dfrac{y^2}{a^2}+\dfrac{z^2}{c^2}=1,\\ x=0\end{cases}$ 绕 y 轴旋转得 $\dfrac{y^2}{a^2}+\dfrac{x^2+z^2}{c^2}=1$(如图 7-9 所示)，绕 z 轴旋转得 $\dfrac{x^2+y^2}{a^2}+\dfrac{z^2}{c^2}=1$，称这两个旋转曲面为**旋转椭球面**.

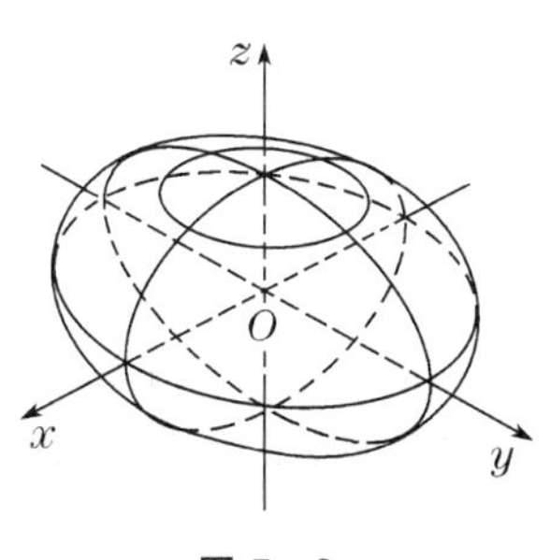

图 7-9

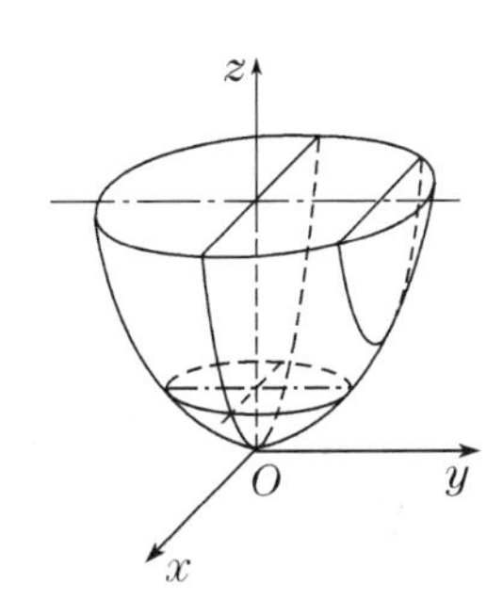

图 7-10

(3) 抛物线$\begin{cases}y^2=2pz,\\x=0\end{cases}$绕 z 轴旋转得 $x^2+y^2=2pz$(如图 7-10 所示),称其为**旋转抛物面**.

3. 柱面

例 6 方程 $x^2+y^2=R^2$ 表示怎样的曲面.

解 在平面直角坐标系 xOy 中,方程 $x^2+y^2=R^2$ 表示圆心在原点、半径为 R 的圆.但在空间直角坐标系 $O-xyz$ 中,该方程不含变量 z,不论 z 取何值,只要 x 和 y 满足该方程,则点 $M(x,y,z)$都在该曲面上,即与圆$\begin{cases}x^2+y^2=R^2,\\z=0\end{cases}$相交且平行于 z 轴的所有直线都在该曲面上.因此,这个曲面是由平行于 z 轴的直线沿圆$\begin{cases}x^2+y^2=R^2,\\z=0\end{cases}$移动而形成的(如图 7-11 所示).这一曲面称作**圆柱面**.圆$\begin{cases}x^2+y^2=R^2,\\z=0\end{cases}$称为该圆柱面的**准线**,那些过准线且平行于 z 轴的直线称为**母线**.

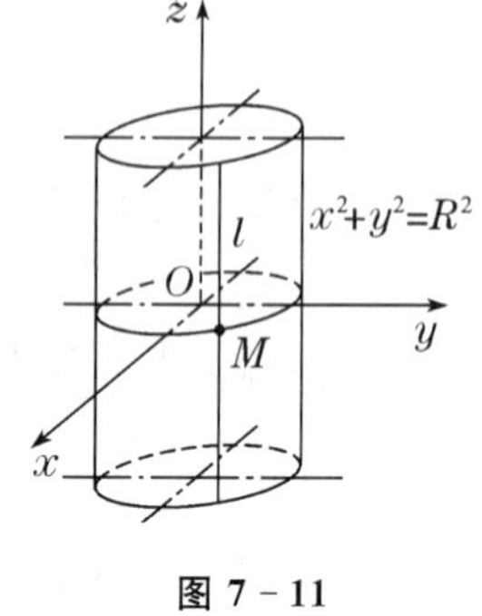

图 7-11

下面我们给出一般柱面定义.

给定曲线 C 和直线 L,动直线平行于定直线 L 并沿着曲线 C 移动所形成的曲面叫做**柱面**,其中,曲线 C 叫做柱面的**准线**,动直线叫做柱面的**母线**(如图 7-12 所示).

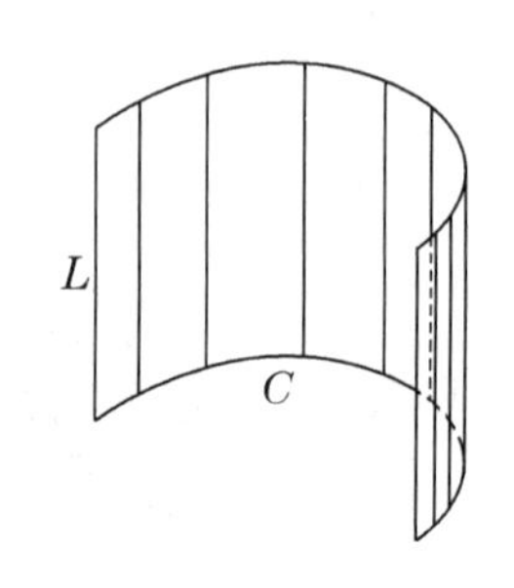

图 7-12

设准线为 xOy 面内曲线 C:$\begin{cases}F(x,y)=0,\\z=0,\end{cases}$沿 C 作母线平行于 z 轴的柱面,在该柱面上任取一点 $M(x,y,z)$,则过 M 点的母线与 z 轴平行.设其与准线的交点为 $Q(x,y,0)$,Q 点的坐标满足方程 $F(x,y)=0$.又不论 z 坐标如何取值,点 M 与 Q 总具有相同的 x 坐标和 y 坐标,所以 M 点的坐标也满足方程 $F(x,y)=0$.但不在该柱面上点的坐标不满足该方程,因此该柱面的方程就是 $F(x,y)=0$.

类似地,可以得到只含 x、z 而缺 y 的方程 $G(x,z)=0$,它表示母线平行于 y 轴的柱面,其准线方程为

$$\begin{cases}G(x,z)=0,\\y=0.\end{cases}$$

只含 y,z 而缺 x 的方程 $H(y,z)=0$,它表示母线平行于 x 轴的柱面,其准线方程为

$$\begin{cases}H(y,z)=0,\\x=0.\end{cases}$$

例如方程 $x^2+y^2=R^2$ 表示母线平行于 z 轴,准线是 xOy 平面上以原点为圆心、以 R 为半径的圆的柱面(如图 7-11 所示),称其为**圆柱面**.类似地,曲面 $x^2+z^2=R^2$,$y^2+z^2=R^2$ 都表示圆柱面.

例 7 下列曲面是否为柱面?如果是柱面,请指出准线及母线.

(1) $y+2z=1$；(2) $x^2=4y$；(3) $\dfrac{x^2}{a^2}-\dfrac{y^2}{b^2}=1$.

解　(1) 方程中缺少变量 x，平面 $y+2z=1$ 可看做以直线 $\begin{cases} y+2z=1, \\ x=0 \end{cases}$ 为准线，以平行于 x 轴的直线为母线的柱面.

(2) 方程中缺少变量 z，曲面 $x^2=4y$ 表示母线平行于 z 轴，以抛物线 $\begin{cases} x^2=4y, \\ z=0 \end{cases}$ 为准线的抛物柱面(如图 7－13 所示).

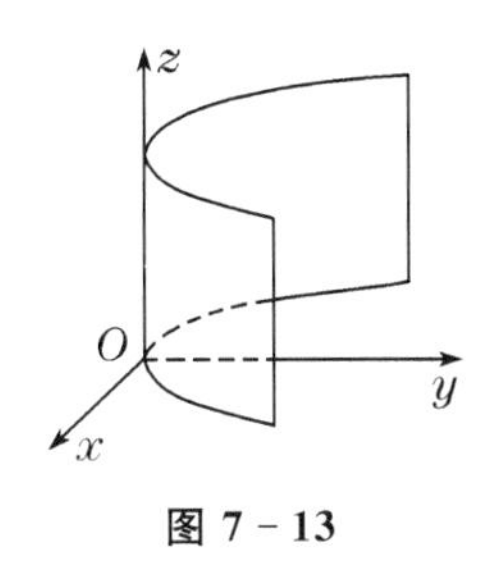

图 7－13

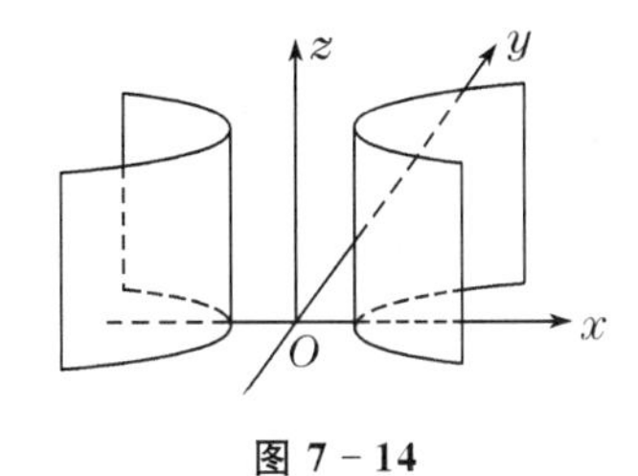

图 7－14

(3) 曲面 $\dfrac{x^2}{a^2}-\dfrac{y^2}{b^2}=1$ 表示母线平行于 z 轴，准线为双曲线 $\begin{cases} \dfrac{x^2}{a^2}-\dfrac{y^2}{b^2}=1, \\ z=0 \end{cases}$ 的双曲柱面(如图 7－14 所示).

7.5.2　空间曲线

1. 空间曲线的一般方程

空间曲线可以看作两个曲面的交线. 设

$$F(x,y,z)=0 \text{ 和 } G(x,y,z)=0$$

是两个曲面 S_1 与 S_2 的方程，它们的交线为 C(如图 7－15 所示). 因为曲线 C 上的任何点的坐标应同时满足这两个曲面的方程，因此满足方程组

$$\begin{cases} F(x,y,z)=0, \\ G(x,y,z)=0. \end{cases} \tag{7.16}$$

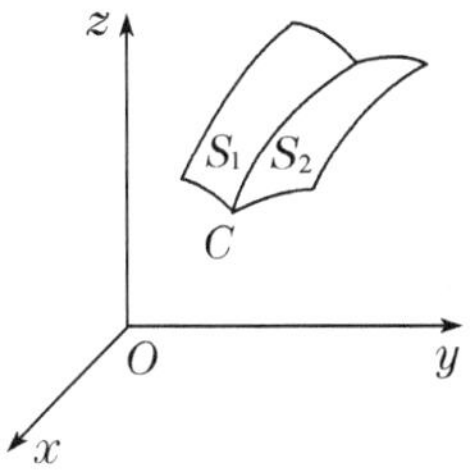

图 7－15

反过来，如果点 M 不在曲线 C 上，那么它不可能同时在两个曲面上，所以它的坐标不满足方程组(7.16). 因此曲线 C 可以用方程组(7.16)来表示. 方程组(7.16)叫做**空间曲线 C 的一般方程**.

例 8　设 $a>0$，方程组

$$\begin{cases} z=\sqrt{a^2-x^2-y^2}, \\ \left(x-\dfrac{a}{2}\right)^2+y^2=\left(\dfrac{a}{2}\right)^2, \end{cases} \tag{7.17}$$

表示怎样的曲线？

解　方程组(7.17)中第一个方程表示球心在原点 $O(0,0,0)$，半径为 a 的上半球面. 第二个方程表示母线平行于 z 轴的圆柱面，它的准线是 xOy 面上的圆，该圆的圆心为

$\left(\frac{a}{2},0,0\right)$，半径为$\frac{a}{2}$. 方程组(7.17)就是表示上述半球面与圆柱面的交线(如图 7 - 16 所示).

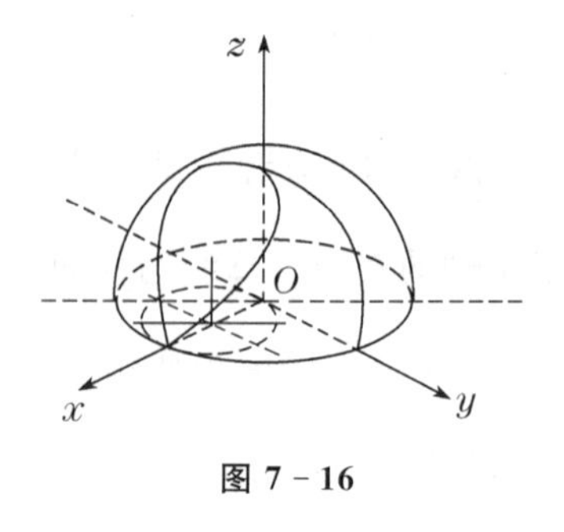

图 7 - 16

2. 空间曲线的参数方程

对于空间曲线 C 可用参数方程的形式表示，只要将 C 上动点 M 的坐标 x,y,z 表示为参数 t 的函数，即

$$\begin{cases} x=x(t), \\ y=y(t), \\ z=z(t). \end{cases} \tag{7.18}$$

当给定 $t=t_1$ 时，就得到 C 上的一个点$(x_1,y_1,z_1)=(x(t_1),y(t_1),z(t_1))$，随着 t 的变化便可得曲线 C 上的全部点. 方程组(7.18)叫做空间曲线 **C** 的参数方程.

例 9 如果空间一点 M 在圆柱面 $x^2+y^2=a^2$ $(a>0)$上以角速度 ω 绕 z 轴旋转，同时又以线速度 v 沿平行于 z 轴正方向上升(其中 ω,v 都是常数)，那么点 M 的轨迹形成的图形叫做螺旋线，求其参数方程.

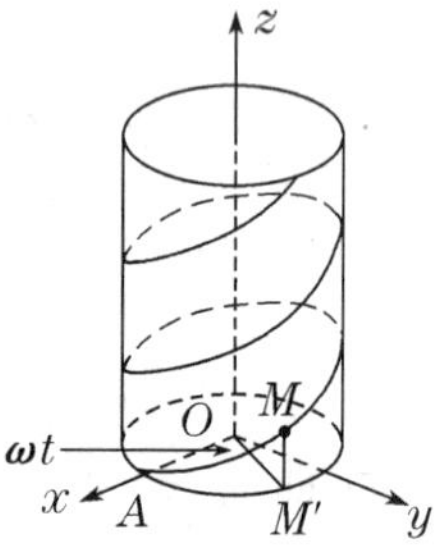

图 7 - 17

解 选取时间 t 为参数，任取动点 $M(x,y,z)$.
当 $t=0$ 时，设动点位于 x 轴上的一点 $A(a,0,0)$处. 经过时间 t，动点由 A 运动到 M(如图 7 - 17 所示). 记 M 在 xOy 面上的投影为 $M'(x,y,0)$. 由于动点在圆柱面上以角速度 ω 绕 z 轴旋转，所以经过时间 t，$\angle AOM'=\omega t$，从而

$$\begin{cases} x=|OM'|\cos\angle AOM'=a\cos\omega t, \\ y=|OM'|\sin\angle AOM'=a\sin\omega t. \end{cases}$$

由于动点同时以线速度 v 沿平行于 z 轴的正方向上升，所以 $z=M'M=vt$，因此螺旋线的参数方程为$\begin{cases} x=a\cos\omega t, \\ y=a\sin\omega t, \\ z=vt. \end{cases}$ 令 $\theta=\omega t$，$v=b\omega$，则螺旋线的参数方程可写成$\begin{cases} x=a\cos\theta, \\ y=a\sin\theta, \\ z=b\theta. \end{cases}$ 这里参数为 θ.

3. 空间曲线的投影

设空间曲线 C 的一般方程为

$$\begin{cases} F(x,y,z)=0, \\ G(x,y,z)=0, \end{cases} \tag{7.19}$$

方程组(7.19)中消去 z 后得方程

$$H(x,y)=0. \tag{7.20}$$

由于方程(7.20)是由方程组(7.19)消去 z 后所得. 因此，曲线 C 上所有的点都在方程(7.20)所表示的曲面上，而方程(7.20)表示一个母线平行于 z 轴的柱面. 由上面的讨论可知，这柱面必定包含曲线 C. 以曲线 C 为准线、母线平行于 z 轴的柱面叫做曲线 C 关于 xOy 面的**投影柱面**，投影柱面与 xOy 面的交线叫做空间曲线 C 在 xOy 面上的**投影曲线**，简称**投影**. 因此，方程 $H(x,y)=0$ 所表示的柱面是曲线 C 关于 xOy 面的投影柱面，而方程组 $\begin{cases} H(x,y)=0, \\ z=0, \end{cases}$ 所表示的曲线是空间曲线 C 在 xOy 面上的投影.

同理，消去方程组(7.19)中的变量 x 或变量 y，再分别和 $x=0$ 或 $y=0$ 联立，我们就可得到包含曲线 C 在 yOz 面或 xOz 面上投影的曲线方程：

$$\begin{cases}R(y,z)=0,\\x=0,\end{cases}\quad \text{或}\quad \begin{cases}T(x,z)=0,\\y=0.\end{cases}$$

例 10　求球面 $x^2+y^2+z^2=9$ 和平面 $x+z=1$ 的交线 C 在 xOy 面上的投影方程.

解　方程组 $\begin{cases}x^2+y^2+z^2=9,\\x+z=1.\end{cases}$ 中消去 z，得 C 在 xOy 面上的投影柱面为 $2x^2+y^2-2x=8$，于是 C 在 xOy 面上的投影是 $\begin{cases}2x^2+y^2-2x=8,\\z=0.\end{cases}$

例 11　由半球面 $z=\sqrt{2-x^2-y^2}$ 和锥面 $z=\sqrt{x^2+y^2}$ 所围成一空间立体 Ω，求 Ω 在 xOy 面上的投影.

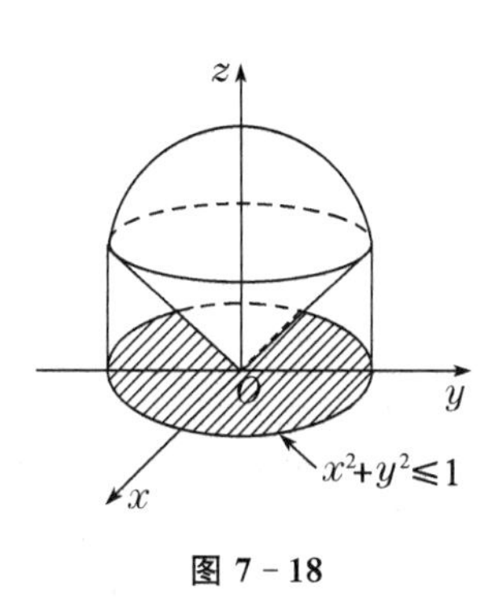

图 7-18

解　半球面和锥面的交线 C：$\begin{cases}z=\sqrt{2-x^2-y^2},\\z=\sqrt{x^2+y^2},\end{cases}$ 由上两方程消去 z，得 $x^2+y^2=1$，这是一个母线平行于 z 轴的圆柱面. 此即交线 C 关于 xOy 面的投影柱面，因此 C 在 xOy 面上投影曲线为 $\begin{cases}x^2+y^2=1,\\z=0,\end{cases}$ 这是 xOy 面上的一个圆. 所以立体 Ω 在 xOy 面上的投影(如图 7-18 所示)，就是 xOy 面上被该圆所围的圆面，即 $\begin{cases}x^2+y^2\leqslant 1,\\z=0.\end{cases}$

7.6　二次曲面

与平面解析几何中二次曲线的定义类似，把三元二次方程

$$a_{11}x^2+a_{22}y^2+a_{33}z^2+2a_{12}xy+2a_{13}xz+2a_{23}yz+b_1x+b_2y+b_3z+c=0,$$

(其中 $a_{ij}(i,j=1,2,3)$ 不全为 0，a_{ij}，$b_k(k=1,2,3)$，c 都是实数)所表示的曲面统称为**二次曲面**，而平面称为**一次曲面**. 为了对二次曲面所表示的曲面的形状有所了解，通常利用**截痕法**，即动态地用一簇平行的平面与曲面相截，考察它们的交线(即截痕)的形状及其变化情况，然后加以综合，从而了解曲面的全貌.

7.6.1　椭球面

方程
$$\frac{x^2}{a^2}+\frac{y^2}{b^2}+\frac{z^2}{c^2}=1(a,b,c>0) \tag{7.21}$$
所确定的曲面称为**椭球面**(如图 7-19 所示).

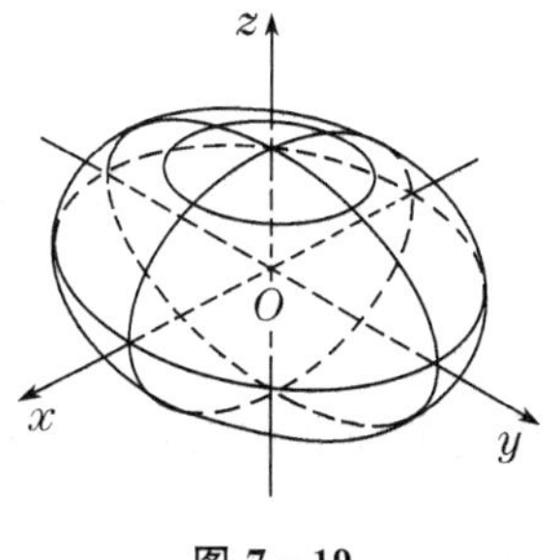

图 7-19

下面用平行截面去截曲面，根据所产生的截痕，去了解椭球面的几何特征.

椭球面(7.21)与三个坐标面的交线分别是三个椭圆：

$$\begin{cases}\dfrac{x^2}{a^2}+\dfrac{y^2}{b^2}=1,\\ z=0,\end{cases}\begin{cases}\dfrac{x^2}{a^2}+\dfrac{z^2}{c^2}=1,\\ y=0,\end{cases}\begin{cases}\dfrac{y^2}{b^2}+\dfrac{z^2}{c^2}=1,\\ x=0.\end{cases}$$

用平面 $z=z_1$ 去截椭球面(7.21)，当 $-c<z_1<c$ 时，截痕为椭圆：

$$\begin{cases}\dfrac{x^2}{\dfrac{a^2}{c^2}(c^2-z_1^2)}+\dfrac{y^2}{\dfrac{b^2}{c^2}(c^2-z_1^2)}=1,\\ z=z_1;\end{cases}$$

当 $z_1=\pm c$ 时，截痕依次仅为两点 $(0,0,\pm c)$；而当 $|z_1|>c$ 时，没有交点. 故椭球面(7.21)夹在两平面 $z=\pm c$ 之间.

同理用平面 $x=x_1(|x_1|<a)$，$y=y_1(|y_1|<b)$ 分别去截椭球面(7.21)，截痕都是椭圆，且椭圆截面的大小随平面平行移动的位置的变化而变化. 如果 (x,y,z) 在椭球面(7.21)上，则显然 $(-x,-y,-z)$、$(-x,-y,z)$ 与 $(-x,y,z)$ 必在该椭球面上. 综上所述，椭球面(7.21)有下面几何特征：

(1) **范围** $|x|\leqslant a$，$|y|\leqslant b$，$|z|\leqslant c$，即椭球面(7.21)夹在六个平面 $x=\pm a$，$y=\pm b$，$z=\pm c$ 所围成的长方体之间.

(2) **对称性** 椭球面(7.21)关于坐标原点、三个坐标轴、三个坐标平面都是对称的.

在椭球面(7.21)中，当 $a=b$ 时，可以看成由椭圆 $\begin{cases}\dfrac{x^2}{a^2}+\dfrac{z^2}{c^2}=1,\\ y=0\end{cases}$ 绕 z 轴旋转而成的旋转椭球面：$\dfrac{x^2+y^2}{a^2}+\dfrac{z^2}{c^2}=1$. 当 $a=b=c$ 时，该曲面变成半径为 a 的球面：$x^2+y^2+z^2=a^2$.

7.6.2 锥面

方程
$$\frac{x^2}{a^2}+\frac{y^2}{b^2}=z^2\ (a>0,b>0) \tag{7.22}$$

所确定的曲面称为**椭圆锥面**(如图 7-20 所示).

用垂直于 z 轴的平面 $z=z_1$ 去截该曲面，当 $z_1=0$ 时仅截得点 $O(0,0,0)$；当 $z_1\neq 0$ 时，截痕为椭圆 $\begin{cases}\dfrac{x^2}{(az_1)^2}+\dfrac{y^2}{(bz_1)^2}=1,\\ z=z_1.\end{cases}$ 当 z_1 变化时，上式表示一族长短轴比例不变的椭圆，当 $|z_1|$ 从大到小取值并最后变为 0 时，这椭圆族从大到小并缩为一点.

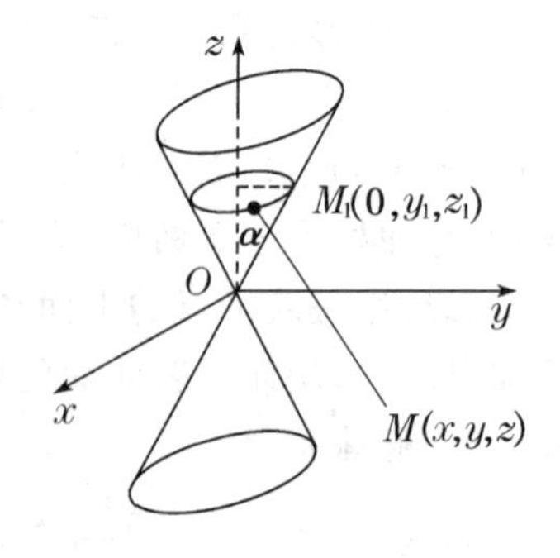

图 7-20

7.6.3 双曲面

方程
$$\frac{x^2}{a^2}+\frac{y^2}{b^2}-\frac{z^2}{c^2}=1(a,b,c>0) \tag{7.23}$$

所确定的曲面称为**单叶双曲面**(如图 7-21 所示).

方程
$$\frac{x^2}{a^2}-\frac{y^2}{b^2}-\frac{z^2}{c^2}=1(a,b,c>0) \tag{7.24}$$

所确定的曲面称为**双叶双曲面**(如图 7-22 所示).

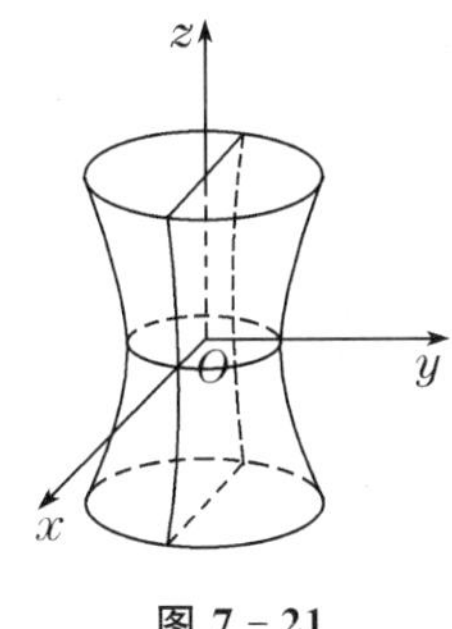

图 7－21

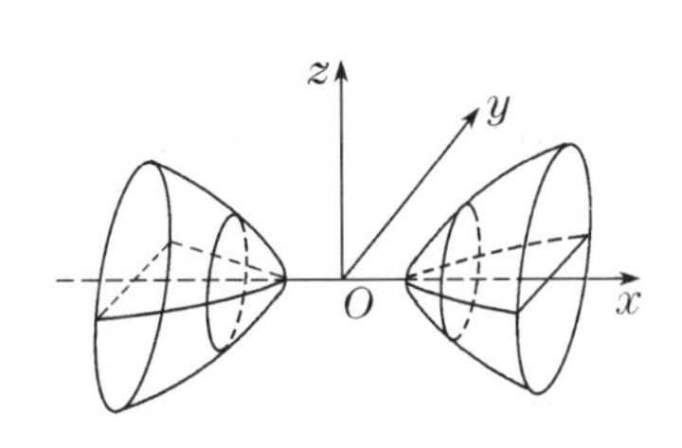

图 7－22

用平面 $z=z_1$ 去截单叶双曲面(7.23)时，其截口曲线为椭圆

$$\begin{cases}\dfrac{x^2}{\left(a\sqrt{1+\dfrac{z_1^2}{c^2}}\right)^2}+\dfrac{y^2}{\left(b\sqrt{1+\dfrac{z_1^2}{c^2}}\right)^2}=1,\\ z=z_1.\end{cases}$$

当 z_1 变动时，这种椭圆的中心都在 z 轴上，且随着 $|z_1|$ 增大时，该椭圆张口越来越大. 特别当 $z_1=0$ 时，截得的长半轴、短半轴为最小且中心在原点 $O(0,0,0)$ 的椭圆 $\begin{cases}\dfrac{x^2}{a^2}+\dfrac{y^2}{b^2}=1,\\ z=0,\end{cases}$ 该椭圆称为单叶双曲面(7.23)的**腰椭圆**.

用坐标面 xOz 与单叶双曲面(7.23)相截，截得中心在原点的双曲线 $\begin{cases}\dfrac{x^2}{a^2}-\dfrac{z^2}{c^2}=1,\\ y=0,\end{cases}$ 实轴与 x 轴相合，虚轴与 z 轴相合. 用平面 $y=y_1(y_1\neq\pm b)$ 去截单叶双曲面(7.23)时，其截口为双曲线 $\begin{cases}\dfrac{x^2}{a^2}-\dfrac{z^2}{c^2}=1-\dfrac{y_1^2}{b^2},\\ y=y_1,\end{cases}$ 该双曲线的中心都在 y 轴上. 当 $|y_1|<b$ 时，实轴与 x 轴平行，虚轴与 z 轴平行；当 $|y_1|>b$ 时，实轴与 z 轴平行，虚轴与 x 轴平行；当 $y_1=b$(或 $y_1=-b$)时，截痕为一对相交于点 $(0,b,0)$(或 $(0,-b,0)$)的直线：$\begin{cases}\dfrac{x}{a}-\dfrac{z}{c}=0,\\ y=b;\end{cases}$ $\begin{cases}\dfrac{x}{a}+\dfrac{z}{c}=0,\\ y=b\end{cases}$ (或者 $\begin{cases}\dfrac{x}{a}-\dfrac{z}{c}=0,\\ y=-b;\end{cases}$ $\begin{cases}\dfrac{x}{a}+\dfrac{z}{c}=0,\\ y=-b\end{cases}$).

用平面 $x=x_1$ 去截双叶双曲面(7.24)，当 $|x_1|>a$ 时，其截口曲线为椭圆

$$\begin{cases}\dfrac{y^2}{\left(b\sqrt{\dfrac{x_1^2}{a^2}-1}\right)^2}+\dfrac{z^2}{\left(c\sqrt{\dfrac{x_1^2}{a^2}-1}\right)^2}=1,\\ x=x_1.\end{cases}$$

当 $|x_1|=a$ 时，其截口仅为两点 $(\pm a,0,0)$；当 $|x_1|<a$ 时，平面 $x=x_1$ 与双叶双曲面(7.24)没有交点.

例 1　判断二次曲面 $x^2-2y^2-2z^2-4xy+4xz+8yz-1=0$ 的类型.

解 由 7.2.1 中例 2 的计算可知，经正交变换 $\begin{bmatrix} x \\ y \\ z \end{bmatrix}=\begin{bmatrix} -\frac{1}{3} & -\frac{2}{\sqrt{5}} & \frac{2}{3\sqrt{5}} \\ -\frac{2}{3} & \frac{1}{\sqrt{5}} & \frac{4}{3\sqrt{5}} \\ \frac{2}{3} & 0 & \frac{5}{3\sqrt{5}} \end{bmatrix}\begin{bmatrix} y_1 \\ y_2 \\ y_3 \end{bmatrix}$，可将二次曲面 $x^2-2y^2-2z^2-4xy+4xz+8yz-1=0$ 化为标准方程：

$$\frac{y_1^2}{\left(\frac{1}{\sqrt{7}}\right)^2}-\frac{y_2^2}{\left(\frac{1}{\sqrt{2}}\right)^2}-\frac{y_3^2}{\left(\frac{1}{\sqrt{2}}\right)^2}=-1,$$

由此标准方程可知该二次曲面表示单叶旋转双曲面.

7.6.4 抛物面

方程

$$\frac{x^2}{a^2}+\frac{y^2}{b^2}=z(a,b>0) \tag{7.25}$$

所确定的曲面称为**椭圆抛物面**(如图 7-23 所示).

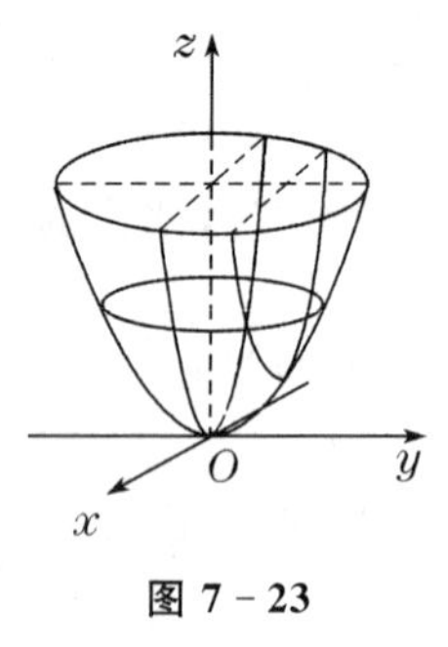

图 7-23

用平面 $z=z_1$ 去截椭圆抛物面(7.25)，当 $z_1>0$ 时，该截口曲线为椭圆 $\begin{cases}\frac{x^2}{(a\sqrt{z_1})^2}+\frac{y^2}{(b\sqrt{z_1})^2}=1, \\ z=z_1,\end{cases}$ 且该椭圆的张口随着 z_1 的增大而变大；当 $z_1<0$，平面 $z=z_1$ 与椭圆抛物面(7.25)无交点. 特别是当 $a=b$ 时，椭圆抛物面(7.25)变为 $\frac{x^2}{a^2}+\frac{y^2}{a^2}=z$，此时可以看做抛物线 $\begin{cases}\frac{x^2}{a^2}=z, \\ y=0\end{cases}$ 绕 z 轴旋转所得的**旋转抛物面**.

方程

$$\frac{x^2}{a^2}-\frac{y^2}{b^2}=z(a,b>0) \tag{7.26}$$

所确定的曲面称为**双曲抛物面**(如图 7-24 示)，又称为**马鞍面**.

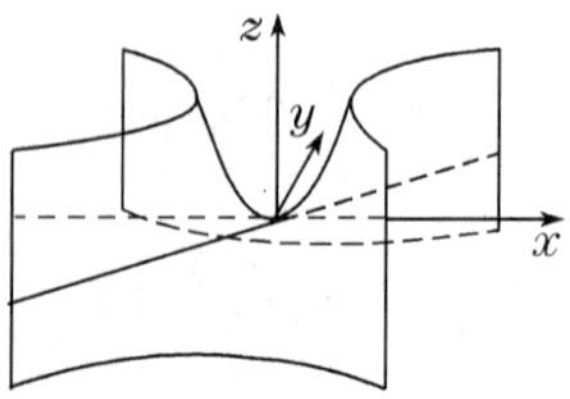

图 7-24

用平面 $z=z_1$ 去截双曲抛物面(7.26)，当 $z_1>0$ 时，该截口曲线为双曲线 $\begin{cases}\frac{x^2}{(a\sqrt{z_1})^2}-\frac{y^2}{(b\sqrt{z_1})^2}=1, \\ z=z_1,\end{cases}$ 实轴平行于 x 轴，虚轴平行于 y 轴；当 $z_1<0$ 时，该截口曲线为双曲线 $\begin{cases}-\frac{x^2}{(a\sqrt{-z_1})^2}+\frac{y^2}{(b\sqrt{-z_1})^2}=1, \\ z=z_1,\end{cases}$ 实轴平行于 y 轴，虚轴平行于 x 轴；当 $z_1=0$ 时，截得两条相交直线 $\begin{cases}\frac{x}{a}-\frac{y}{b}=0, \\ z=0;\end{cases}$ $\begin{cases}\frac{x}{a}+\frac{y}{b}=0, \\ z=0.\end{cases}$ 用平面 $x=x_1$ 与 $y=y_1$

去截双曲抛物面(7.26)所得截痕分别为抛物线$\begin{cases} z-\frac{x_1^2}{a^2}=-\frac{y^2}{b^2}, \\ x=x_1, \end{cases}$与$\begin{cases} z+\frac{y_1^2}{b^2}=\frac{x^2}{a^2}, \\ y=y_1. \end{cases}$

7.6.5　二次柱面

以二次曲线为准线的三种二次柱面依次为：**椭圆柱面**$\frac{x^2}{a^2}+\frac{y^2}{b^2}=1$；**双曲柱面**$\frac{x^2}{a^2}-\frac{y^2}{b^2}=1$；**抛物柱面** $x^2=ay$. 关于柱面的形状在7.5节已讨论过，在此不再赘述.

*7.7　应用举例

例1　求 $f(\boldsymbol{X})=5x_1^2+4x_2^2-3x_3^2$ 在限制条件$\boldsymbol{X}^{\mathrm{T}}\boldsymbol{X}=1$下的最大值和最小值.

解　显然

$$-3x_1^2-3x_2^2-3x_3^2\leqslant 5x_1^2+4x_2^2-3x_3^2\leqslant 5x_1^2+5x_2^2+5x_3^2$$

即

$$-3\ \boldsymbol{X}^{\mathrm{T}}\boldsymbol{X}\leqslant 5x_1^2+4x_2^2-3x_3^2\leqslant 5\ \boldsymbol{X}^{\mathrm{T}}\boldsymbol{X},$$

又$\boldsymbol{X}^{\mathrm{T}}\boldsymbol{X}=1$，故 $f(\boldsymbol{X})=5x_1^2+4x_2^2-3x_3^2$ 在限制条件$\boldsymbol{X}^{\mathrm{T}}\boldsymbol{X}=1$下的最大值和最小值分别为5和$-3$.

不难看出，该例中最大值和最小值分别是该二次型矩阵特征值的最大和最小值. 这个结论并不是偶然的，不难证明对一般的二次型在限制条件$\boldsymbol{X}^{\mathrm{T}}\boldsymbol{X}=1$下也有下面同样的结论.

定理7.7.1　设二次型 $f(\boldsymbol{X})=\boldsymbol{X}^{\mathrm{T}}\boldsymbol{A}\boldsymbol{X}$，$\boldsymbol{A}$ 是对称阵，$\boldsymbol{A}$ 的最小特征值为λ，$\boldsymbol{A}$ 的最大特征值为μ，记 $m=\min\{\boldsymbol{X}^{\mathrm{T}}\boldsymbol{A}\boldsymbol{X}:\boldsymbol{X}^{\mathrm{T}}\boldsymbol{X}=1\}$，$M=\max\{\boldsymbol{X}^{\mathrm{T}}\boldsymbol{A}\boldsymbol{X}:\boldsymbol{X}^{\mathrm{T}}\boldsymbol{X}=1\}$，则 $m=\lambda$，$M=\mu$，且当 $\boldsymbol{X}$ 取λ对应的单位特征向量$\boldsymbol{\xi}_1$(即$|\boldsymbol{\xi}_1|=1$)时，$f(\boldsymbol{\xi}_1)=\boldsymbol{\xi}_1^{\mathrm{T}}\boldsymbol{A}\boldsymbol{\xi}_1=m$；当 $\boldsymbol{X}$ 取μ对应的单位特征向量$\boldsymbol{\xi}_2$时，$f(\boldsymbol{\xi}_2)=\boldsymbol{\xi}_2^{\mathrm{T}}\boldsymbol{A}\boldsymbol{\xi}_2=M$.

例2　求二次型 $f(x_1,x_2,x_3)=2x_1^2+5x_2^2+5x_3^2+4x_1x_2-4x_1x_3-8x_2x_3$ 在限制条件$\boldsymbol{X}^{\mathrm{T}}\boldsymbol{X}=1$下的最大值和最小值，并求一个可以取到该最大值的单位向量.

解　二次型 f 的矩阵为$\boldsymbol{A}=\begin{bmatrix} 2 & 2 & -2 \\ 2 & 5 & -4 \\ -2 & -4 & 5 \end{bmatrix}$,

由$|\boldsymbol{A}-\lambda\boldsymbol{E}|=0$，解得$\boldsymbol{A}$的特征值为$\lambda_1=\lambda_2=1$，$\lambda_3=10$，故在限制条件$\boldsymbol{X}^{\mathrm{T}}\boldsymbol{X}=1$下该二次型的最大值为10，最小值为1.

由$(\boldsymbol{A}-10\boldsymbol{E})\boldsymbol{X}=\boldsymbol{0}$，解得特征向量$\boldsymbol{\xi}=(1,2,-2)^{\mathrm{T}}$，则对应最大值10的单位向量为$\boldsymbol{\eta}=\left(\frac{1}{3},\frac{2}{3},\frac{-2}{3}\right)^{\mathrm{T}}$.

例3　在下一年度，某地方政府计划修 x 千米的公路和桥梁，并且修整 y 千米的隧道，政府部门必须确定在两个项目上如何分配他的资源，为节约成本，需同时开始两个项目，且 x 和 y 必须满足限制条件 $4x^2+9y^2\leqslant 36$，求公共工作计划，使得效用函数 $q(x,y)=xy$ 最大.

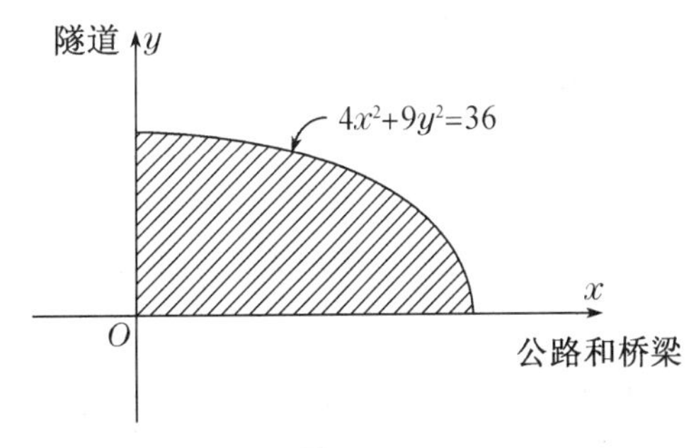

图7-25

解　如图7-25所示，阴影可行集中的每个点(x,y)表示一个可能的该年度公共工作计划，在限制曲线$4x^2+9y^2=36$上的点，使资源利用达到最大可能.

限制条件$4x^2+9y^2=36$，可改写为$\left(\frac{x}{3}\right)^2+\left(\frac{y}{2}\right)^2=1$. 令$x_1=\frac{x}{3}$，$x_2=\frac{y}{2}$，则限制条件变为$x_1^2+x_2^2=1$，效用函数$q(x,y)=xy$变为$q=q(x_1,x_2)=3x_1\cdot 2x_2=6x_1x_2$.

令$\boldsymbol{X}=\begin{bmatrix}x_1\\x_2\end{bmatrix}$，则原问题变为限制条件$\boldsymbol{X}^{\mathrm{T}}\boldsymbol{X}=1$下求二次型$q=6x_1x_2$的最大值.

该二次型的矩阵为$\boldsymbol{A}=\begin{bmatrix}0&3\\3&0\end{bmatrix}$，由$|\boldsymbol{A}-\lambda\boldsymbol{E}|=0$，解得$\boldsymbol{A}$的特征值为$\lambda_1=3$，$\lambda_2=-3$，对应$\lambda_1=3$的单位特征向量为$\begin{bmatrix}\frac{1}{\sqrt{2}}\\\frac{1}{\sqrt{2}}\end{bmatrix}$.

所以$q=6x_1x_2$的最大值为3，且在$x_1=\frac{1}{\sqrt{2}}$和$x_2=\frac{1}{\sqrt{2}}$处取到.

即最优工作计划为修建$x=3x_1=\frac{3}{\sqrt{2}}\approx 2.1$千米公路和桥梁，$y=2x_2=\sqrt{2}\approx 1.4$千米隧道.

例4　几何应用

设$f(x,y,z)$

$$=a_{11}x^2+a_{22}y^2+a_{33}z^2+2a_{12}xy+2a_{13}xz+2a_{23}yz+b_1x+b_2y+b_3z+c, \tag{7.27}$$

其中$a_{ij}(i,j=1,2,3)$不全为0，a_{ij}，$b_k(k=1,2,3)$和c都是实数. 则方程$f(x,y,z)=0$在空间直角坐标系中表示一个一般的二次曲面.

令$\boldsymbol{A}=\begin{bmatrix}a_{11}&a_{12}&a_{13}\\a_{12}&a_{22}&a_{23}\\a_{13}&a_{23}&a_{33}\end{bmatrix}$，$\boldsymbol{X}=\begin{bmatrix}x\\y\\z\end{bmatrix}$，$\boldsymbol{b}=\begin{bmatrix}b_1\\b_2\\b_3\end{bmatrix}$，则(7.27)可表示为

$$f(\boldsymbol{X})=\boldsymbol{X}^{\mathrm{T}}\boldsymbol{A}\boldsymbol{X}+\boldsymbol{b}^{\mathrm{T}}\boldsymbol{X}+c. \tag{7.28}$$

作正交变换$\boldsymbol{X}=\boldsymbol{Q}\boldsymbol{Y}$，其中$\boldsymbol{Q}$是正交矩阵，$\boldsymbol{Y}=(y_1,y_2,y_3)^{\mathrm{T}}$，则

$$f(\boldsymbol{X})=f(\boldsymbol{Q}\boldsymbol{Y})=\lambda_1y_1^2+\lambda_2y_2^2+\lambda_3y_3^2+b_1'y_1+b_2'y_2+b_3'y_3+c. \tag{7.29}$$

其中，λ_1，λ_2，λ_3是矩阵$\boldsymbol{A}$的特征值，$(b_1',b_2',b_3')=(b_1,b_2,b_3)\boldsymbol{Q}$. 然后对(7.29)式配平方，在几何上作坐标平移变换，进一步将(7.29)式化为标准形. 由于以上只作了正交变换与坐标平移变换，因此所得标准形表示的几何图形的形状及其大小与(7.27)式所表示的二次曲面$f(x,y,z)=0$是相同的. 根据特征值λ_1，λ_2，λ_3和常数项的不同关系，一共有17种不同的情况(包括一些退化了的二次曲面类型)，但常见的有如下两大类：

(1) $\lambda_1z_1^2+\lambda_2z_2^2+\lambda_3z_3^2=d\ (\lambda_1\lambda_2\lambda_3\neq 0)$，根据$\lambda_1$，$\lambda_2$，$\lambda_3$和常数$d$的不同，可能是椭球面或双曲面.

(2) $\lambda_1z_1^2+\lambda_2z_2^2=az_3\ (\lambda_1\lambda_2\neq 0, a\neq 0)$，根据$\lambda_1$，$\lambda_2$，$a$的不同正负号，为不同类型的抛物面.

例5　将二次曲面$x^2+4y^2+z^2+2xy+4xz+2yz+\sqrt{3}x-6\sqrt{3}y+\sqrt{3}z+\frac{1}{2}=0$只作正交变换与坐标平移变换化为标准形，并由此判定是何二次曲面？

解　设 $\boldsymbol{A}=\begin{bmatrix}1&1&2\\1&4&1\\2&1&1\end{bmatrix}$，$\boldsymbol{X}=\begin{bmatrix}x\\y\\z\end{bmatrix}$，$\boldsymbol{b}=\begin{bmatrix}\sqrt{3}\\-6\sqrt{3}\\\sqrt{3}\end{bmatrix}$，则该二次曲面的方程可化为

$$f(\boldsymbol{X})=\boldsymbol{X}^{\mathrm{T}}\boldsymbol{A}\boldsymbol{X}+\boldsymbol{b}^{\mathrm{T}}\boldsymbol{X}+\frac{1}{2}=0.$$

$\boldsymbol{A}$ 的特征多项式为

$$f(\lambda)=|\boldsymbol{A}-\lambda\boldsymbol{E}|=\begin{vmatrix}1-\lambda&1&2\\1&4-\lambda&1\\2&1&1-\lambda\end{vmatrix}=-(\lambda+1)(\lambda-2)(\lambda-5),$$

令 $f(\lambda)=0$，得 $\boldsymbol{A}$ 的特征值　$\lambda_1=-1,\lambda_2=2,\lambda_3=5$，求出 $\lambda_1,\lambda_2,\lambda_3$ 的特征向量并将其单位化，可得 $\boldsymbol{\alpha}_1=\frac{1}{\sqrt{2}}\begin{bmatrix}1\\0\\-1\end{bmatrix}$，$\boldsymbol{\alpha}_2=\frac{1}{\sqrt{3}}\begin{bmatrix}1\\-1\\1\end{bmatrix}$，$\boldsymbol{\alpha}_3=\frac{1}{\sqrt{6}}\begin{bmatrix}1\\2\\1\end{bmatrix}$.

因此，经正交变换 $\begin{bmatrix}x\\y\\z\end{bmatrix}=\begin{bmatrix}\frac{1}{\sqrt{2}}&\frac{1}{\sqrt{3}}&\frac{1}{\sqrt{6}}\\0&-\frac{1}{\sqrt{3}}&\frac{2}{\sqrt{6}}\\-\frac{1}{\sqrt{2}}&\frac{1}{\sqrt{3}}&\frac{1}{\sqrt{6}}\end{bmatrix}\begin{bmatrix}y_1\\y_2\\y_3\end{bmatrix}$，可将二次曲面

$$x^2+4y^2+z^2+2xy+4xz+2yz+\sqrt{3}x-6\sqrt{3}y+\sqrt{3}z+\frac{1}{2}=0$$

化为如下形式：

$$-y_1^2+2y_2^2+5y_3^2+8y_2-5\sqrt{2}y_3+\frac{1}{2}=0,$$

将左边配平方得

$$-y_1^2+2(y_2+2)^2+5\left(y_3-\frac{\sqrt{2}}{2}\right)^2-10=0.$$

经坐标平移变换 $\begin{cases}z_1=y_1,\\z_2=y_2+2,\\z_3=y_3-\frac{\sqrt{2}}{2},\end{cases}$ 可化为如下标准形：

$$-z_1^2+2z_2^2+5z_3^2=10,$$

即

$$-\frac{z_1^2}{10}+\frac{z_2^2}{5}+\frac{z_3^2}{2}=1.$$

由此标准方程可知该二次曲面表示单叶双曲面.

习题 7

1. 将下列二次型表示成矩阵形式，并求二次型秩.

(1) $f(x,y)=xy$;

(2) $f(x,y,z)=x^2+y^2+z^2-xy+5xz+yz$；

(3) $f(x_1,x_2,x_3,x_4)=2x_1x_2+2x_2x_3-2x_3x_4$；

(4) $f(x_1,x_2,x_3,x_4)=x_1^2-2x_1x_2+2x_1x_3-2x_1x_4+x_2^2+2x_2x_3-4x_2x_4+x_3^2-2x_4^2$.

2. 求一个正交变换化下列二次型为标准型.

(1) $f=x_1^2-4x_1x_2+4x_1x_3+4x_2^2-8x_2x_3+4x_3^2$；

(2) $f=x_1^2+2x_1x_2-2x_1x_4+x_2^2-2x_2x_3+x_3^2+2x_3x_4+x_4^2$.

3. 证明：

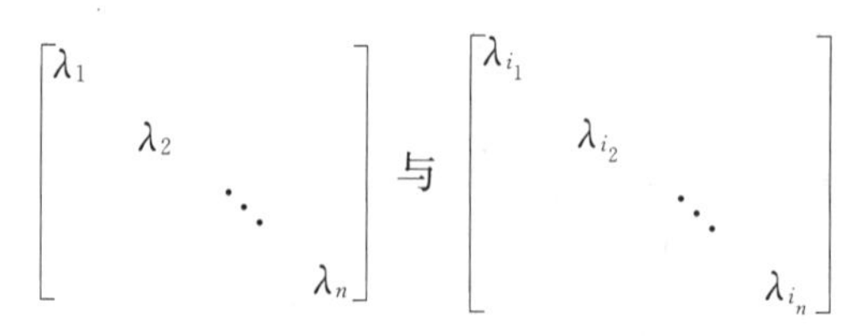

$$\begin{bmatrix}\lambda_1 & & & \\ & \lambda_2 & & \\ & & \ddots & \\ & & & \lambda_n\end{bmatrix} \text{与} \begin{bmatrix}\lambda_{i_1} & & & \\ & \lambda_{i_2} & & \\ & & \ddots & \\ & & & \lambda_{i_n}\end{bmatrix}$$

合同，其中 $i_1i_2\cdots i_n$ 是 $1,2,\cdots,n$ 的一个排列.

4. 如果把 n 阶实对称矩阵按合同分类，即两个实 n 阶对称矩阵属于同一类当且仅当它们合同，问共有几类？

5. 配方法化下列二次型为标准形：

(1) $-x_1x_2+2x_1x_3+2x_2x_3$；

(2) $x_1^2+2x_1x_2+2x_2^2+4x_2x_3+4x_3^2$；

(3) $4x_1x_4-x_3x_4+x_2x_3+x_2x_4$；

(4) $x_1^2-3x_2^2-2x_1x_2+2x_1x_3-6x_2x_3$.

6. 判断下列二次型是否正定，并说明理由.

(1) $x_1^2-5x_1x_2+5x_1x_3+8x_2^2-4x_2x_3+x_3^2$；

(2) $8x_1^2+2x_2^2+2x_3^2-4x_1x_2+2x_1x_3+2x_2x_3$；

(3) $\sum\limits_{i=1}^{n}x_i^2+\sum\limits_{1\leqslant i<j\leqslant n}x_ix_j$；

(4) $\sum\limits_{i=1}^{n}x_i^2+\sum\limits_{i=1}^{n-1}x_ix_{i+1}$.

7. t 取什么值时，二次型 $5x_1^2+x_2^2+tx_3^2+4x_1x_2-2x_1x_3-2x_2x_3$ 是正定的？

8. 设 $\boldsymbol{U}$ 为可逆矩阵，$\boldsymbol{A}=\boldsymbol{U}^{\mathrm{T}}\boldsymbol{U}$，证明 $f=\boldsymbol{X}^{\mathrm{T}}\boldsymbol{AX}$ 为正定二次型.

9. 设 $\boldsymbol{A}$ 为 n 阶实对称矩阵，且 $\boldsymbol{A}^3-3\boldsymbol{A}^2+3\boldsymbol{A}-\boldsymbol{E}=\boldsymbol{O}$.

(1) 求 $\boldsymbol{A}$ 的特征值；

(2) 证明 $\boldsymbol{A}$ 为正定矩阵.

10. 证明：若 $\boldsymbol{A}$ 是正定阵，则 $|\boldsymbol{A}+\boldsymbol{E}|>1$.

11. 证明：二次型 $f=\boldsymbol{X}^{\mathrm{T}}\boldsymbol{AX}$ 在 $\boldsymbol{X}^{\mathrm{T}}\boldsymbol{X}=1$ 时的最大值为实对称矩阵 $\boldsymbol{A}$ 的最大特征值.

12. 建立以 $M(2,3,-2)$ 为球心，且通过原点的球面方程.

13. 一动点与两定点 $M_1(2,-2,1)$ 和 $M_2(-3,1,4)$ 等距离，求这动点的轨迹.

14. 求 xOy 面上曲线 $y^2=2x$ 绕 x 轴旋转一周，求生成的旋转曲面的方程.

15. 将 xOz 面上曲线 $\dfrac{x^2}{4}-\dfrac{z^2}{9}=1$ 绕 z 轴旋转一周，求所生成的曲面方程.

16. 将 xOy 坐标面上的椭圆$\frac{x^2}{4}+\frac{y^2}{9}=1$ 分别绕 x 轴、y 轴旋转一周，求所生成的旋转曲面的方程.

17. 指出下列方程在平面解析几何和空间解析几何中分别表示什么图形：

(1) $x=2$；　(2) $x^2+y^2=1$；

(3) $x=y$；　(4) $y^2=2px(p\neq 0)$.

18. 说明下列旋转曲面是怎样形成的：

(1) $\frac{x^2}{3}+\frac{y^2+z^2}{4}=1$；　(2) $x^2-\frac{y^2}{2}+z^2=1$；

(3) $x^2-\frac{y^2+z^2}{2}=1$；　(4) $(z-4)^2=x^2+y^2$.

19. 求曲线$\begin{cases}2x^2+y^2+z^2=16,\\x^2-y^2+z^2=0,\end{cases}$关于 xOy 面的投影柱面的方程.

20. 求曲线$\begin{cases}x^2+y^2+z^2=9,\\x+z=1,\end{cases}$在 yOz 面上的投影曲线的方程.

21. 求由上半球面 $z=\sqrt{2-x^2-y^2}$ 及旋转抛物面 $z=x^2+y^2$ 围成的空间立体在 xOy 面上的投影.

22. 求曲线$\begin{cases}z=x^2+y^2,\\x+y+z=1,\end{cases}$在各坐标平面上的投影曲线.

23. 求旋转抛物面 $z=x^2+y^2(0\leqslant z\leqslant 4)$在三个坐标平面上的投影.

24. 将下列曲线的一般方程化为参数方程：

(1) $\begin{cases}x^2+y^2+z^2=4,\\y=z.\end{cases}$　(2) $\begin{cases}\frac{(x-1)^2}{2}+\frac{y^2}{4}+\frac{z^2}{4}=1,\\z=0.\end{cases}$

25. 求螺旋线$\begin{cases}x=a\cos\theta,\\y=a\sin\theta,\\z=b\theta\end{cases}$在三个坐标面上的投影曲线的直角坐标方程.

26. 已知二次型 $f(x_1,x_2,x_3)=5x_1^2+5x_2^2+\lambda x_3^2-2x_1x_2+6x_1x_3-6x_2x_3$，其秩为 2.

(1) 求 λ；

(2) 试确定二次曲面 $f(x_1,x_2,x_3)=1$ 的形状.

*27. 设二次型 $f(x_1,x_2,x_3)=x_1^2+2x_2^2+3x_3^2-4x_1x_2-4x_2x_3$，求其在限制条件$\boldsymbol{X}^{\mathrm{T}}\boldsymbol{X}=1$下的最大值和最小值，并求一个可以取到该最大值的单位向量.

*第8章　线性空间与线性变换

第3章中我们讨论了 n 维向量及其性质，引进了 n 维向量空间的概念，这是一种特殊的空间结构，它是实际问题中某些系统的数学抽象. 比如，三维向量空间就是我们生活空间的抽象. 现实生活中不同的领域（工程学、物理学、经济学等）还有许多不同的特定系统，它们与向量空间有着许多本质一致的地方. 本章将构造抽象的线性空间模型，使向量空间的理论更具有一般性，以利于广泛应用. 同时还将介绍线性空间中同样具有广泛应用的一种基本变换——线性变换.

8.1　线性空间的定义与性质

8.1.1　线性空间的概念

首先引入数域的概念.

定义 8.1.1　设 F 是包含 0 和 1 的数集，如果 F 中任意两个数的和、差、积、商（除数不为 0）均在 F 内，则称 F 为一个数域.

显然，有理数集 $\mathbf{Q}$、实数集 $\mathbf{R}$ 和复数集 $\mathbf{C}$ 都是数域.

定义 8.1.2　设 V 是一个非空集合，F 为一个数域，在集合 V 的元素之间定义加法运算：对于任意的 $\boldsymbol{\alpha},\boldsymbol{\beta}\in V$，总有唯一确定的元素 $\boldsymbol{\gamma}\in V$ 与之对应，称为 $\boldsymbol{\alpha}$ 与 $\boldsymbol{\beta}$ 的和，记作 $\boldsymbol{\gamma}=\boldsymbol{\alpha}+\boldsymbol{\beta}$；在集合 V 的元素与数域 F 的数之间定义数乘运算：对于任意的 $k\in F$ 与任意的 $\boldsymbol{\alpha}\in V$，总有唯一确定的元素 $\boldsymbol{\delta}\in V$ 与之对应. 称为 k 与 $\boldsymbol{\alpha}$ 的数乘，记作 $\boldsymbol{\delta}=k\boldsymbol{\alpha}$；并且这两种运算满足以下八条运算规律：对一切 $\boldsymbol{\alpha},\boldsymbol{\beta},\boldsymbol{v}\in V$，$k,l\in F$ 有

(1)（交换律）$\boldsymbol{\alpha}+\boldsymbol{\beta}=\boldsymbol{\beta}+\boldsymbol{\alpha}$；

(2)（结合律）$(\boldsymbol{\alpha}+\boldsymbol{\beta})+\boldsymbol{v}=\boldsymbol{\alpha}+(\boldsymbol{\beta}+\boldsymbol{v})$；

(3)（零元素）存在元素 $\mathbf{0}$，对任何 $\boldsymbol{\alpha}\in V$，都有 $\boldsymbol{\alpha}+\mathbf{0}=\boldsymbol{\alpha}$；

(4)（负元素）对任何 $\boldsymbol{\alpha}\in V$，存在 $\boldsymbol{\alpha}$ 的负元素 $\boldsymbol{\beta}$，使 $\boldsymbol{\alpha}+\boldsymbol{\beta}=\mathbf{0}$；

(5)（向量加法分配律）$k(\boldsymbol{\alpha}+\boldsymbol{\beta})=k\boldsymbol{\alpha}+k\boldsymbol{\beta}$；

(6)（数量加法分配律）$(k+l)\boldsymbol{\alpha}=k\boldsymbol{\alpha}+l\boldsymbol{\alpha}$；

(7)（结合律）$k(l\boldsymbol{\alpha})=(kl)\boldsymbol{\alpha}$；

(8)（单位元）$1\cdot\boldsymbol{\alpha}=\boldsymbol{\alpha}$.

则称 V 为数域 F 上的**线性空间**（或称为**向量空间**）；V 中元素不论其本来的性质如何，统称为**向量**；满足上述规律的加法和数乘运算统称为**线性运算**.

显然，线性空间的结构是：集合＋线性运算. n 维向量空间 R^n 是一类特殊的线性空间.

下面举一些例子.

例 1　实数域 $\mathbf{R}$ 上的全体 $m\times n$ 矩阵组成的集合，记为 $\mathbf{R}^{m\times n}$，对于矩阵的加法及数与矩阵的乘法，构成实数域上的一个线性空间，称为**矩阵空间**.

例 2　实数域 $\mathbf{R}$ 上的全体函数组成的集合，记为 V，对于函数的加法，即对任意的 $x\in\mathbf{R}$，f、$g\in V$，满足 $(f+g)(x)=f(x)+g(x)$；数与函数的乘法，即对任意的 $k,x\in\mathbf{R}$，$f\in V$，$(kf)(x)=kf(x)$，构成实数域上的一个线性空间.

例 3　实数域 $\mathbf{R}$ 上次数不超过 n 的多项式全体，记为 $P[x]_n$，对于多项式的加法及数与多项式的乘法构成实数域上的一个线性空间.

例 4　(1) 由 n 维向量组成的集合 $\boldsymbol{N}(\boldsymbol{A})=\{x\mid \boldsymbol{A}x=\boldsymbol{0},x\in\mathbf{R}^n\}$，其中 $\boldsymbol{A}$ 为给定的 $m\times n$ 实矩阵，对于矩阵的加法及数与矩阵的乘法，构成实数域 $\mathbf{R}$ 上线性空间，称为齐次线性方程组 $\boldsymbol{A}x=\boldsymbol{0}$ 的**解空间**，也称为矩阵 $\boldsymbol{A}$ 的**核或零空间**.

(2) 由 n 维向量组成的集合 $R(\boldsymbol{A})=\{y\mid y=\boldsymbol{A}x,x\in\mathbf{R}^n\}$，其中 $\boldsymbol{A}$ 为给定的 $m\times n$ 实矩阵，对于与(1)同样的两种运算，构成实数域 $\mathbf{R}$ 上的 m 维线性空间，称为矩阵 $\boldsymbol{A}$ 的值域空间.

这里指出，一个集合 V 构成线性空间有两个要点：① 在 V 上定义的两个运算要具有封闭性，即运算的结果仍在 V 中；② 运算必须是线性运算.

例 5　三维向量空间 $\mathbf{R}^3$ 中，集合 $V=\{(x_1,x_2,x_3)^{\mathrm{T}}\mid x_1,x_2,x_3\in\mathbf{R}^3$ 且 (x_1,x_2,x_3) 不平行于 z 轴$\}$，则 V 对于向量加法与数乘向量不构成实数域上的线性空间. 事实上，取 $\boldsymbol{\alpha}_1=(0,1,1)^{\mathrm{T}}$，$\boldsymbol{\alpha}_2=(0,-1,2)^{\mathrm{T}}$，显然，$\boldsymbol{\alpha}_1,\boldsymbol{\alpha}_2\in V$，但 $\boldsymbol{\alpha}_1+\boldsymbol{\alpha}_2=(0,0,3)^{\mathrm{T}}$ 平行于 z 轴，即 $\boldsymbol{\alpha}_1+\boldsymbol{\alpha}_2\notin V$，故 V 对向量加法不封闭，所以不构成线性空间.

例 6　对 $\mathbf{R}^3$ 中全体向量构成的集合 $V=\{(x_1,x_2,x_3)^{\mathrm{T}}\mid x_1,x_2,x_3\in\mathbf{R}\}$，定义加法 $\oplus$ 和数乘 $\circ$ 运算如下：对任意的 $\boldsymbol{\alpha},\boldsymbol{\beta}\in V,k\in\mathbf{R}$

$$\boldsymbol{\alpha}\oplus\boldsymbol{\beta}=\boldsymbol{\alpha}-\boldsymbol{\beta},\ k\circ\boldsymbol{\alpha}=-k\boldsymbol{\alpha}.$$

则 V 对于运算 $\oplus$ 及 $\circ$ 不构成线性空间. 事实上，取 $\boldsymbol{\alpha}=(1,2,1)^{\mathrm{T}}$，$\boldsymbol{\beta}=(0,1,1)^{\mathrm{T}}$，易知 $\boldsymbol{\alpha}-\boldsymbol{\beta}=(1,1,0)^{\mathrm{T}}\neq\boldsymbol{\beta}-\boldsymbol{\alpha}$，故不满足加法交换律，即运算 $\oplus$ 不符合线性运算，故 V 对于运算 $\oplus$ 及 $\circ$ 不构成线性空间.

本例表明，在集合上定义的加法和数乘运算是抽象的，定义成什么样的运算并不重要，重要的是这两个运算必须满足上面的八个运算规律，即为线性运算. 在集合上(即使为同一个集合)赋予不同的线性运算，就会得到不同的线性空间，就会对应不同的代数结构，这就使得线性空间比向量空间 $\mathbf{R}^n$ 更具有抽象性和一般性.

8.1.2　线性空间的性质

性质 8.1.1　线性空间中零元素是唯一的.

证　设 $\boldsymbol{0}_1,\boldsymbol{0}_2$ 是线性空间 V 中的两个零元素，即对任意 $\boldsymbol{\alpha}\in V$，有

$$\boldsymbol{\alpha}+\boldsymbol{0}_1=\boldsymbol{\alpha},\ \boldsymbol{\alpha}+\boldsymbol{0}_2=\boldsymbol{\alpha}.$$

特别地

$$\boldsymbol{0}_2+\boldsymbol{0}_1=\boldsymbol{0}_2,\ \boldsymbol{0}_1+\boldsymbol{0}_2=\boldsymbol{0}_1,$$

于是　$\boldsymbol{0}_1=\boldsymbol{0}_1+\boldsymbol{0}_2=\boldsymbol{0}_2+\boldsymbol{0}_1=\boldsymbol{0}_2$. 证毕.

通常线性空间 V 中的零元素表示为 $\boldsymbol{0}$.

性质 8.1.2　线性空间中任一元素的负元素是唯一的.

证　设线性空间 V 中元素 $\boldsymbol{\alpha}$ 有两个负元素 $\boldsymbol{\beta},\boldsymbol{v}$，即 $\boldsymbol{\alpha}+\boldsymbol{\beta}=\boldsymbol{0}$，$\boldsymbol{\alpha}+\boldsymbol{v}=\boldsymbol{0}$，于是 $\boldsymbol{\beta}=\boldsymbol{\beta}+\boldsymbol{0}=\boldsymbol{\beta}+(\boldsymbol{\alpha}+\boldsymbol{v})=(\boldsymbol{\beta}+\boldsymbol{\alpha})+\boldsymbol{v}=(\boldsymbol{\alpha}+\boldsymbol{\beta})+\boldsymbol{v}=\boldsymbol{0}+\boldsymbol{v}=\boldsymbol{v}$. 证毕.

由负向量的唯一性，可以记 $\boldsymbol{\alpha}$ 的负向量为 $-\boldsymbol{\alpha}$.

推论　对 V 中两元素 $\boldsymbol{\alpha},\boldsymbol{\beta}$，若 $\boldsymbol{\alpha}+\boldsymbol{\beta}=\boldsymbol{\alpha}$，则 $\boldsymbol{\beta}=\boldsymbol{0}$.

性质 8.1.3　$0\boldsymbol{\alpha}=\boldsymbol{0}$；$(-1)\boldsymbol{\alpha}=-\boldsymbol{\alpha}$；$k\boldsymbol{0}=\boldsymbol{0}$.

证 因为$\boldsymbol{\alpha}+0\boldsymbol{\alpha}=1\cdot\boldsymbol{\alpha}+0\cdot\boldsymbol{\alpha}=(1+0)\cdot\boldsymbol{\alpha}=1\cdot\boldsymbol{\alpha}=\boldsymbol{\alpha}$,所以$0\boldsymbol{\alpha}=\mathbf{0}$;而$\boldsymbol{\alpha}+(-1)\boldsymbol{\alpha}=1\cdot\boldsymbol{\alpha}+(-1)\cdot\boldsymbol{\alpha}=[1+(-1)]\boldsymbol{\alpha}=0\boldsymbol{\alpha}=\mathbf{0}$,所以$(-1)\boldsymbol{\alpha}=-\boldsymbol{\alpha}$;又由于$k\mathbf{0}=k(0\boldsymbol{\alpha})=(k\cdot 0)\boldsymbol{\alpha}=0\boldsymbol{\alpha}=\mathbf{0}$,即$k\mathbf{0}=\mathbf{0}$.证毕.

性质 8.1.4 如果$k\boldsymbol{\alpha}=\mathbf{0}$,则有$k=0$或$\boldsymbol{\alpha}=\mathbf{0}$.

证 若$k\neq 0$,因为$k\boldsymbol{\alpha}=\mathbf{0}$,则在两边同乘以$\frac{1}{k}$,有$\frac{1}{k}(k\boldsymbol{\alpha})=\frac{1}{k}\mathbf{0}=\mathbf{0}$,而$\frac{1}{k}(k\boldsymbol{\alpha})=\left(\frac{1}{k}\cdot k\right)\boldsymbol{\alpha}=1\boldsymbol{\alpha}=\boldsymbol{\alpha}$,所以必有$\boldsymbol{\alpha}=\mathbf{0}$.证毕.

8.1.3 子空间

例 4 中两个线性空间都是由$\mathbf{R}^n$的子集及其相应的运算构成的,这种由线性空间中子集在同样的运算下构成的线性空间,在实际问题中常常遇到.为此,我们引入子空间的概念.

定义 8.1.3 设V是数域F上的线性空间,W是V的一个非空子集,如果W对于V上的加法和数乘运算也构成一个线性空间,则称W为V的**子空间**.

显然,由于线性空间的八个运算规律中除(3)和(4)外,其余运算规律对V中任一子集的元素均成立,所以V中的一个子集W对于V中两个运算能否构成其子空间,就要求W对运算封闭且满足运算律(3)和(4),而只要W对运算封闭,则必有零元素和负元素,即满足运算律(3)和(4).因此可有:

定理 8.1.1 线性空间V的非空子集W构成V的子空间的充分必要条件是:W对于V中的线性运算封闭,即

(1) 如果$\boldsymbol{\alpha},\boldsymbol{\beta}\in W$,则$\boldsymbol{\alpha}+\boldsymbol{\beta}\in W$;

(2) 如果$k\in F,\boldsymbol{\alpha}\in W$,则$k\boldsymbol{\alpha}\in W$.

每个非零线性空间V一定包含两个子空间:一个是它自身;另一个是仅包含零元素的子空间,称为**零子空间**.同时称这两个子空间为V的**平凡子空间**,其余的子空间称为**非平凡子空间**.

例 7 若$W=\{(x,y,0)\mid x,y\in\mathbf{R}\}$,则$W$为$\mathbf{R}^3$的一个子空间.

例 8 设$\boldsymbol{\alpha}_1,\boldsymbol{\alpha}_2,\cdots,\boldsymbol{\alpha}_s$是线性空间$V$中一组向量,其所有可能线性组合的集合$S=\text{Span}\{\boldsymbol{\alpha}_1,\boldsymbol{\alpha}_2,\cdots,\boldsymbol{\alpha}_s\}=\{k_1\boldsymbol{\alpha}_1+k_2\boldsymbol{\alpha}_2+\cdots+k_s\boldsymbol{\alpha}_s\mid k_i\in F,i=1,2,\cdots,s\}$非空,且对线性运算封闭,因此构成$V$的线性子空间.子空间$S=\text{Span}\{\boldsymbol{\alpha}_1,\boldsymbol{\alpha}_2,\cdots,\boldsymbol{\alpha}_s\}$又称为由向量组$\boldsymbol{\alpha}_1,\boldsymbol{\alpha}_2,\cdots,\boldsymbol{\alpha}_s$生成的**生成子空间**.

若W_1,W_2为某线性空间的两个子空间,称集合$W_1\cap W_2=\{\boldsymbol{\alpha}\mid\boldsymbol{\alpha}\in W_1且\boldsymbol{\alpha}\in W_2\}$,集合$W_1+W_2=\{\boldsymbol{\alpha}+\boldsymbol{\beta}\mid\boldsymbol{\alpha}\in W_1,\boldsymbol{\beta}\in W_2\}$,集合$W_1\cup W_2=\{\boldsymbol{\alpha}\mid\boldsymbol{\alpha}\in W_1或\boldsymbol{\alpha}\in W_2\}$分别为子空间$W_1$与$W_2$的交、和、并.可以证明,线性空间中两个子空间的交与和均为子空间,但它们的并未必为子空间(本章习题 3).

8.2 维数、基与坐标

我们在第 3 章中讨论n维向量之间关系时,引入了线性组合、线性相关性、极大线性无关组、向量组的秩等重要概念,且只涉及线性运算.那么,如果把线性空间看成一个带线性运算的向量组,这些相应的概念及结论都可以在线性空间中得到推广.

定义 8.2.1　设线性空间 V 中 n 个向量 $\boldsymbol{\alpha}_1,\boldsymbol{\alpha}_2,\cdots,\boldsymbol{\alpha}_n$，满足

(1) $\boldsymbol{\alpha}_1,\boldsymbol{\alpha}_2,\cdots,\boldsymbol{\alpha}_n$ 线性无关；

(2) V 中任一元素 $\boldsymbol{\alpha}$ 总可由 $\boldsymbol{\alpha}_1,\boldsymbol{\alpha}_2,\cdots,\boldsymbol{\alpha}_n$ 线性表示.

那么，向量组 $\boldsymbol{\alpha}_1,\boldsymbol{\alpha}_2,\cdots,\boldsymbol{\alpha}_n$ 称为线性空间 V 的一个基；向量组所含向量个数 n，称为线性空间 V 的维数，记为 $\dim(V)=n$. 只含一个零元素的线性空间没有基，规定它的维数为 0；维数为 n 的线性空间称为 n **维线性空间**，记作 V_n.

线性空间的维数可以是无穷的，但本书不予讨论.

从定义 8.2.1 可见，线性空间中的基、维数，即为线性空间作为向量组的极大线性无关组和秩. 因此有如下结论：

(1) 一个线性空间的基不唯一；

(2) 一个线性空间的维数是唯一确定的；

(3) 在线性空间的一个基下，该空间任一向量均可由这个基线性表示，且表示法唯一.

这表明，若 $\boldsymbol{\alpha}_1,\boldsymbol{\alpha}_2,\cdots,\boldsymbol{\alpha}_n$ 为 V_n 的一个基，则对任意 $\boldsymbol{\alpha}\in V_n$，都有一组有序数 $x_1,x_2,\cdots,x_n$，使 $\boldsymbol{\alpha}=x_1\boldsymbol{\alpha}_1+x_2\boldsymbol{\alpha}_2+\cdots+x_n\boldsymbol{\alpha}_n$，并且这组有序数组是唯一的；反之，对任意一组有序数 $x_1,x_2,\cdots,x_n$，都可确定 V_n 中一元素 $\boldsymbol{\alpha}=x_1\boldsymbol{\alpha}_1+x_2\boldsymbol{\alpha}_2+\cdots+x_n\boldsymbol{\alpha}_n$. 这样，$V_n$ 中元素 $\boldsymbol{\alpha}$ 与一组有序数 $x_1,x_2,\cdots,x_n$ 之间是一一对应的关系. 因此，可以用这组有序数来表示元素 $\boldsymbol{\alpha}$.

定义 8.2.2　设 $\boldsymbol{\alpha}_1,\boldsymbol{\alpha}_2,\cdots,\boldsymbol{\alpha}_n$ 是线性空间 V_n 的一个基，对于任一元素 $\boldsymbol{\alpha}\in V_n$，有且仅有一组有序数 $x_1,x_2,\cdots,x_n$，使

$$\boldsymbol{\alpha}=x_1\boldsymbol{\alpha}_1+x_2\boldsymbol{\alpha}_2+\cdots+x_n\boldsymbol{\alpha}_n. \tag{8.1}$$

这组有序数就称为元素 $\boldsymbol{\alpha}$ 在基 $\boldsymbol{\alpha}_1,\boldsymbol{\alpha}_2,\cdots,\boldsymbol{\alpha}_n$ 下的坐标，并记作 $\boldsymbol{\alpha}=(x_1,x_2,\cdots,x_n)^{\mathrm{T}}$.

容易看出：

(1) $\boldsymbol{\varepsilon}_1=(1,0,\cdots,0)^{\mathrm{T}},\boldsymbol{\varepsilon}_2=(0,1,\cdots,0)^{\mathrm{T}},\cdots,\boldsymbol{\varepsilon}_n=(0,0,\cdots,1)^{\mathrm{T}}$ 是 n 维线性空间 $\mathbf{R}^n$ 的一个基. 对任意的 $\boldsymbol{\alpha}=(a_1,a_2,\cdots,a_n)^{\mathrm{T}}\in\mathbf{R}^n$，有 $\boldsymbol{\alpha}=a_1\boldsymbol{\varepsilon}_1+a_2\boldsymbol{\varepsilon}_2+\cdots+a_n\boldsymbol{\varepsilon}_n$，故 $\boldsymbol{\alpha}$ 在基 $\boldsymbol{\varepsilon}_1,\boldsymbol{\varepsilon}_2,\cdots,\boldsymbol{\varepsilon}_n$ 下的坐标为 $(a_1,a_2,\cdots,a_n)^{\mathrm{T}}$.

(2) $p_1=1,p_2=x,\cdots,p_n=x^n$ 是次数不超过 n 的实多项式构成的线性空间 $P[x]_n$ 的一个基. 对任意不超过 n 次的多项式 $p=a_0+a_1x+\cdots+a_nx^n$，均可表示为

$$p=a_0p_1+a_1p_2+\cdots+a_np_n,$$

故 p 在基 $p_1,p_2,\cdots,p_n$ 下的坐标为 $(a_0,a_1,\cdots,a_n)^{\mathrm{T}}$.

例 1　线性空间中的基不唯一，由第 3 章知，在 n 维线性空间中，任何 n 个线性无关的向量均可构成其一个基. 因此在 $\mathbf{R}^4$ 中

$$\boldsymbol{\alpha}_1=(1,1,1,1)^{\mathrm{T}},\boldsymbol{\alpha}_2=(0,1,1,1)^{\mathrm{T}},\boldsymbol{\alpha}_3=(0,0,1,1)^{\mathrm{T}},\boldsymbol{\alpha}_4=(0,0,0,1)^{\mathrm{T}}$$

亦为其一个基. 若取 $\boldsymbol{\beta}=(1,-2,1,0)^{\mathrm{T}}$，则

$$\boldsymbol{\beta}=\boldsymbol{\alpha}_1-3\boldsymbol{\alpha}_2+3\boldsymbol{\alpha}_3-\boldsymbol{\alpha}_4,$$

因此，$\boldsymbol{\beta}$ 在基 $\boldsymbol{\alpha}_1,\boldsymbol{\alpha}_2,\boldsymbol{\alpha}_3,\boldsymbol{\alpha}_4$ 下的坐标为 $(1,-3,3,-1)^{\mathrm{T}}$.

例 2　证明 $P[x]_2$ 中多项式 $f_1(x)=1+2x^2,f_2(x)=4+x+5x^2,f_3(x)=3+2x$ 是线性相关的.

证　$f_1(x),f_2(x),f_3(x)$ 在 $\boldsymbol{P}[x]_2$ 中基 $p_1=1,p_2=x,p_3=x^2$ 下的坐标分别为：$(1,0,2)^{\mathrm{T}},(4,1,5)^{\mathrm{T}},(3,2,0)^{\mathrm{T}}$.

由
$$\begin{bmatrix}1&4&3\\0&1&2\\2&5&0\end{bmatrix}\xrightarrow{\text{初等行变换}}\begin{bmatrix}1&0&-5\\0&1&2\\0&0&0\end{bmatrix},$$
可得 $f_3(x)=-5f_1(x)+2f_2(x)$，故 $f_1(x),f_2(x),f_3(x)$线性相关. 证毕.

有了坐标以后，不仅把抽象的向量 $\boldsymbol{\alpha}$ 与具体的数组向量$(x_1,x_2,\cdots,x_n)^{\mathrm{T}}$ 联系在一起，也使线性空间 V_n 中抽象的线性运算转为具体的数组向量的线性运算，使运算大为方便.

设 $\boldsymbol{\alpha}_1,\boldsymbol{\alpha}_2,\cdots,\boldsymbol{\alpha}_n$ 为线性空间 V_n 中一个基，且 $\boldsymbol{\alpha},\boldsymbol{\beta}\in V_n$. 在这个基下，$\boldsymbol{\alpha},\boldsymbol{\beta}$ 的坐标分别为$(x_1,x_2,\cdots,x_n)^{\mathrm{T}},(y_1,y_2,\cdots,y_n)^{\mathrm{T}}$，即
$$\boldsymbol{\alpha}=x_1\boldsymbol{\alpha}_1+x_2\boldsymbol{\alpha}_2+\cdots+x_n\boldsymbol{\alpha}_n,\boldsymbol{\beta}=y_1\boldsymbol{\alpha}_1+y_2\boldsymbol{\alpha}_2+\cdots+y_n\boldsymbol{\alpha}_n,$$
于是 $\boldsymbol{\alpha}+\boldsymbol{\beta}=(x_1+y_1)\boldsymbol{\alpha}_1+(x_2+y_2)\boldsymbol{\alpha}_2+\cdots+(x_n+y_n)\boldsymbol{\alpha}_n,$
$$k\boldsymbol{\alpha}=(kx_1)\boldsymbol{\alpha}_1+(kx_2)\boldsymbol{\alpha}_2+\cdots+(kx_n)\boldsymbol{\alpha}_n.$$

这表明，n 维向量空间 V_n 在给定一个基后，向量的线性运算可由相应的坐标运算取代；同时也表明，在 n 维线性空间 V_n 与 n 维向量空间 $\mathbf{R}^n$ 之间，不仅向量之间有一一对应的关系，这种对应关系还保持线性运算的对应. 这就是说从线性空间的角度，V_n 与 $\mathbf{R}^n$ 两个空间具有相同的结构，我们称 V_n 与 $\mathbf{R}^n$ 同构.

一般地，有

定义 8.2.3　如果两个线性空间满足下面的条件：

(1) 它们的元素之间存在一一对应关系；

(2) 这种对应关系保持线性运算的对应，

则称这两个线性空间是**同构**的.

同构是线性空间之间一种重要关系. 显然，任何 n 维线性空间都与 $\mathbf{R}^n$ 同构，即维数相等的线性空间都同构. 这样线性空间的结构就完全由它的维数所决定.

例 3　设 $\boldsymbol{\alpha}_1=(3,6,2)^{\mathrm{T}},\boldsymbol{\alpha}_2=(-1,0,1)^{\mathrm{T}},\boldsymbol{\alpha}_3=(3,12,7)^{\mathrm{T}}$.

(1) 求 $\boldsymbol{H}=\mathrm{Span}\{\boldsymbol{\alpha}_1,\boldsymbol{\alpha}_2,\boldsymbol{\alpha}_3\}$的一个基，并写出在这个基下 $\boldsymbol{\alpha}_1,\boldsymbol{\alpha}_2,\boldsymbol{\alpha}_3$ 的坐标；

(2) 证明 $\boldsymbol{H}$ 与 $\mathbf{R}^2$ 同构.

证　(1) 由初等行变换 $\begin{bmatrix}3&-1&3\\6&0&12\\2&1&7\end{bmatrix}\longrightarrow\begin{bmatrix}1&0&2\\0&1&3\\0&0&0\end{bmatrix}$ 知，$\boldsymbol{\alpha}_1,\boldsymbol{\alpha}_2$ 线性无关，且 $\boldsymbol{\alpha}_3=2\boldsymbol{\alpha}_1+3\boldsymbol{\alpha}_2$. 又由生成子空间的概念知，$\boldsymbol{\alpha}_1,\boldsymbol{\alpha}_2$ 为其一个基，且在这个基下 $\boldsymbol{\alpha}_1$ 的坐标为$(1,0)^{\mathrm{T}}$，$\boldsymbol{\alpha}_2$ 的坐标为$(0,1)^{\mathrm{T}}$，$\boldsymbol{\alpha}_3$ 的坐标为$(2,3)^{\mathrm{T}}$. $\boldsymbol{H}$ 也可表示为：$\boldsymbol{H}=\mathrm{Span}\{\boldsymbol{\alpha}_1,\boldsymbol{\alpha}_2\}$.

(2) 因为 $\boldsymbol{H}$ 为二维线性空间，故 $\boldsymbol{H}$ 与 $\mathbf{R}^2$ 同构.

本例几何上表明，$\boldsymbol{H}$ 是 $\mathbf{R}^3$ 中由向量 $\boldsymbol{\alpha}_1,\boldsymbol{\alpha}_2$ 确定的一张平面，$\boldsymbol{\alpha}_3$ 是此平面上的一个向量.

8.3　基变换与坐标变换

上一节例 1 告诉我们，一个线性空间的基不唯一，同一个向量在不同的基下，有不同的坐标. 比如该例中向量 $\boldsymbol{\beta}$ 在基 $\boldsymbol{\varepsilon}_1,\boldsymbol{\varepsilon}_2,\boldsymbol{\varepsilon}_3,\boldsymbol{\varepsilon}_4$ 下，有 $\boldsymbol{\beta}=\boldsymbol{\varepsilon}_1-2\boldsymbol{\varepsilon}_2+\boldsymbol{\varepsilon}_3$，坐标为$(1,-2,1,0)^{\mathrm{T}}$；在基 $\boldsymbol{\alpha}_1,\boldsymbol{\alpha}_2,\boldsymbol{\alpha}_3,\boldsymbol{\alpha}_4$ 下，有 $\boldsymbol{\beta}=\boldsymbol{\alpha}_1-3\boldsymbol{\alpha}_2+3\boldsymbol{\alpha}_3-\boldsymbol{\alpha}_4$，坐标为$(1,-3,3,-1)^{\mathrm{T}}$. 我们关心地是这两个坐

标之间关系. 下面引进过渡矩阵的概念,找到同一线性空间中不同基下坐标的转换公式.

定义 8.3.1　设 $\boldsymbol{\alpha}_1,\boldsymbol{\alpha}_2,\cdots,\boldsymbol{\alpha}_n$ 和 $\boldsymbol{\beta}_1,\boldsymbol{\beta}_2,\cdots,\boldsymbol{\beta}_n$ 是线性空间 V_n 中两个基,且

$$\begin{cases}\boldsymbol{\beta}_1=p_{11}\boldsymbol{\alpha}_1+p_{21}\boldsymbol{\alpha}_2+\cdots+p_{n1}\boldsymbol{\alpha}_n,\\ \boldsymbol{\beta}_2=p_{12}\boldsymbol{\alpha}_1+p_{22}\boldsymbol{\alpha}_2+\cdots+p_{n2}\boldsymbol{\alpha}_n,\\ \qquad\vdots\\ \boldsymbol{\beta}_n=p_{1n}\boldsymbol{\alpha}_1+p_{2n}\boldsymbol{\alpha}_2+\cdots+p_{nn}\boldsymbol{\alpha}_n,\end{cases}\tag{8.2}$$

或写成

$$(\boldsymbol{\beta}_1,\boldsymbol{\beta}_2,\cdots,\boldsymbol{\beta}_n)=(\boldsymbol{\alpha}_1,\boldsymbol{\alpha}_2,\cdots,\boldsymbol{\alpha}_n)\boldsymbol{P}.\tag{8.3}$$

其中　$\boldsymbol{P}=\begin{bmatrix}p_{11}&p_{12}&\cdots&p_{1n}\\p_{21}&p_{22}&\cdots&p_{2n}\\\vdots&\vdots&&\vdots\\p_{n1}&p_{n2}&\cdots&p_{nn}\end{bmatrix}$(8.4),称(8.2)式或(8.3)式为**基变换公式**,矩阵 $\boldsymbol{P}$ 称为由基 $\boldsymbol{\alpha}_1,\boldsymbol{\alpha}_2,\cdots,\boldsymbol{\alpha}_n$ 到基 $\boldsymbol{\beta}_1,\boldsymbol{\beta}_2,\cdots,\boldsymbol{\beta}_n$ 的**过渡矩阵**.

过渡矩阵 $\boldsymbol{P}$ 是可逆的. 否则齐次线性方程组 $\boldsymbol{PX}=\boldsymbol{0}$ 必有非零解,即存在 $\boldsymbol{X}_0=(k_1,k_2,\cdots,k_n)^{\mathrm{T}}$,$k_1,k_2,\cdots,k_n$ 不全为零,使 $\boldsymbol{PX}_0=\boldsymbol{0}$,因而

$$(\boldsymbol{\beta}_1,\boldsymbol{\beta}_2,\cdots,\boldsymbol{\beta}_n)\boldsymbol{X}_0=[(\boldsymbol{\alpha}_1,\boldsymbol{\alpha}_2,\cdots,\boldsymbol{\alpha}_n)\boldsymbol{P}]\boldsymbol{X}_0=(\boldsymbol{\alpha}_1,\boldsymbol{\alpha}_2,\cdots,\boldsymbol{\alpha}_n)(\boldsymbol{PX}_0)=\boldsymbol{0},$$

即有 $k_1\boldsymbol{\beta}_1+k_2\boldsymbol{\beta}_2+\cdots+k_n\boldsymbol{\beta}_n=\boldsymbol{0}$,与 $\boldsymbol{\beta}_1,\boldsymbol{\beta}_2,\cdots,\boldsymbol{\beta}_n$ 线性无关矛盾.

定理 8.3.1　设 V_n 中元素 $\boldsymbol{\alpha}$ 在基 $\boldsymbol{\alpha}_1,\boldsymbol{\alpha}_2,\cdots,\boldsymbol{\alpha}_n$ 下的坐标为$(x_1,x_2,\cdots,x_n)^{\mathrm{T}}$,在基 $\boldsymbol{\beta}_1,\boldsymbol{\beta}_2,\cdots,\boldsymbol{\beta}_n$ 下的坐标为$(y_1,y_2,\cdots,y_n)^{\mathrm{T}}$,$\boldsymbol{P}$ 是由基 $\boldsymbol{\alpha}_1,\boldsymbol{\alpha}_2,\cdots,\boldsymbol{\alpha}_n$ 到基 $\boldsymbol{\beta}_1,\boldsymbol{\beta}_2,\cdots,\boldsymbol{\beta}_n$ 的过渡矩阵,则有坐标变换公式

$$\begin{bmatrix}x_1\\x_2\\\vdots\\x_n\end{bmatrix}=\boldsymbol{P}\begin{bmatrix}y_1\\y_2\\\vdots\\y_n\end{bmatrix}\quad\text{或}\quad\begin{bmatrix}y_1\\y_2\\\vdots\\y_n\end{bmatrix}=\boldsymbol{P}^{-1}\begin{bmatrix}x_1\\x_2\\\vdots\\x_n\end{bmatrix}.\tag{8.5}$$

证　记 $\boldsymbol{x}=(x_1,x_2,\cdots,x_n)^{\mathrm{T}}$,$\boldsymbol{y}=(y_1,y_2,\cdots,y_n)^{\mathrm{T}}$,则

$$\boldsymbol{\alpha}=(\boldsymbol{\alpha}_1,\boldsymbol{\alpha}_2,\cdots,\boldsymbol{\alpha}_n)\boldsymbol{x}=(\boldsymbol{\beta}_1,\boldsymbol{\beta}_2,\cdots,\boldsymbol{\beta}_n)\boldsymbol{y}=(\boldsymbol{\alpha}_1,\boldsymbol{\alpha}_2,\cdots,\boldsymbol{\alpha}_n)\boldsymbol{Py}.$$

由同一基下坐标的唯一性及 $\boldsymbol{P}$ 的可逆性知,$\boldsymbol{x}=\boldsymbol{Py}$ 或 $\boldsymbol{y}=\boldsymbol{P}^{-1}\boldsymbol{x}$. 证毕.

这个定理的逆命题也成立,即若线性空间中任一元素在两个基下的坐标满足坐标变换公式(8.5),则这两个基一定满足基变换公式(8.3).

容易验证,上一节例 1 中由基 $\boldsymbol{\varepsilon}_1,\boldsymbol{\varepsilon}_2,\boldsymbol{\varepsilon}_3,\boldsymbol{\varepsilon}_4$ 到基 $\boldsymbol{\alpha}_1,\boldsymbol{\alpha}_2,\boldsymbol{\alpha}_3,\boldsymbol{\alpha}_4$ 的过渡矩阵为 $\boldsymbol{P}=\begin{bmatrix}1&0&0&0\\1&1&0&0\\1&1&1&0\\1&1&1&1\end{bmatrix}$,其两个坐标满足变换公式(8.5),即 $\begin{bmatrix}1\\-2\\1\\0\end{bmatrix}=\begin{bmatrix}1&0&0&0\\1&1&0&0\\1&1&1&0\\1&1&1&1\end{bmatrix}\begin{bmatrix}1\\-3\\3\\-1\end{bmatrix}$.

例 1　设 $\boldsymbol{P}=\begin{bmatrix}1&-2&-1\\-1&3&0\\2&2&-7\end{bmatrix}$,$\boldsymbol{\alpha}_1=\begin{bmatrix}-1\\1\\2\end{bmatrix}$,$\boldsymbol{\alpha}_2=\begin{bmatrix}1\\1\\-1\end{bmatrix}$,$\boldsymbol{\alpha}_3=\begin{bmatrix}2\\-2\\1\end{bmatrix}$.

(1) 求 $\mathbf{R}^3$ 中一个基 $\boldsymbol{\beta}_1,\boldsymbol{\beta}_2,\boldsymbol{\beta}_3$,使得 $\boldsymbol{P}$ 是由基 $\boldsymbol{\beta}_1,\boldsymbol{\beta}_2,\boldsymbol{\beta}_3$ 到 $\boldsymbol{\alpha}_1,\boldsymbol{\alpha}_2,\boldsymbol{\alpha}_3$ 的过渡矩阵;

(2) 求 $\mathbf{R}^3$ 中一个基 $\boldsymbol{v}_1,\boldsymbol{v}_2,\boldsymbol{v}_3$,使 $\boldsymbol{P}$ 是由基 $\boldsymbol{\alpha}_1,\boldsymbol{\alpha}_2,\boldsymbol{\alpha}_3$ 到 $\boldsymbol{v}_1,\boldsymbol{v}_2,\boldsymbol{v}_3$ 的过渡矩阵.

解 (1) 由题意,得$(\boldsymbol{\alpha}_1,\boldsymbol{\alpha}_2,\boldsymbol{\alpha}_3)=(\boldsymbol{\beta}_1,\boldsymbol{\beta}_2,\boldsymbol{\beta}_3)\boldsymbol{P}$,则 $(\boldsymbol{\beta}_1,\boldsymbol{\beta}_2,\boldsymbol{\beta}_3)=(\boldsymbol{\alpha}_1,\boldsymbol{\alpha}_2,\boldsymbol{\alpha}_3)\boldsymbol{P}^{-1}=$ $\begin{bmatrix}-1&1&2\\1&1&-2\\2&-1&1\end{bmatrix}\begin{bmatrix}1&-2&-1\\-1&3&0\\2&2&-7\end{bmatrix}^{-1}=\begin{bmatrix}-1&1&2\\1&1&-2\\2&-1&1\end{bmatrix}\begin{bmatrix}-21&-16&3\\-7&-5&1\\-8&-6&1\end{bmatrix}=\begin{bmatrix}-2&-1&0\\-12&-9&2\\-43&-33&6\end{bmatrix}$,

所以所求基为 $\boldsymbol{\beta}_1=\begin{bmatrix}-2\\-12\\-43\end{bmatrix},\boldsymbol{\beta}_2=\begin{bmatrix}-1\\-9\\-33\end{bmatrix},\boldsymbol{\beta}_3=\begin{bmatrix}0\\2\\6\end{bmatrix}$.

(2) 由题意,得

$$(\boldsymbol{v}_1,\boldsymbol{v}_2,\boldsymbol{v}_3)=(\boldsymbol{\alpha}_1,\boldsymbol{\alpha}_2,\boldsymbol{\alpha}_3)\boldsymbol{P}=\begin{bmatrix}-1&1&2\\1&1&-2\\2&-1&1\end{bmatrix}\begin{bmatrix}1&-2&-1\\-1&3&0\\2&2&-7\end{bmatrix}=\begin{bmatrix}2&9&-13\\-4&-3&13\\5&-5&-9\end{bmatrix},$$所

以所求基为 $\boldsymbol{v}_1=\begin{bmatrix}2\\-4\\5\end{bmatrix},\boldsymbol{v}_2=\begin{bmatrix}9\\-3\\-5\end{bmatrix},\boldsymbol{v}_3=\begin{bmatrix}-13\\13\\-9\end{bmatrix}$.

例 2 设 $\mathbf{R}^3$ 中两个基分别为:$\boldsymbol{\alpha}_1=(0,1,1)^{\mathrm{T}},\boldsymbol{\alpha}_2=(1,0,1)^{\mathrm{T}},\boldsymbol{\alpha}_3=(1,1,0)^{\mathrm{T}}$ (Ⅰ), $\boldsymbol{\beta}_1=(-1,0,1)^{\mathrm{T}},\boldsymbol{\beta}_2=(0,1,3)^{\mathrm{T}},\boldsymbol{\beta}_3=(2,2,0)^{\mathrm{T}}$ (Ⅱ).

(1) 求由基(Ⅰ)到基(Ⅱ)的过渡矩阵 $\boldsymbol{P}$;

(2) 若向量 $\boldsymbol{\alpha}$ 在基 $\boldsymbol{\alpha}_1,\boldsymbol{\alpha}_2,\boldsymbol{\alpha}_3$ 下坐标为$(1,1,1)^{\mathrm{T}}$,求 $\boldsymbol{\alpha}$ 在基 $\boldsymbol{\beta}_1,\boldsymbol{\beta}_2,\boldsymbol{\beta}_3$ 下坐标;

(3) 求两个基下有相同坐标的向量.

解 (1) 因为 $(\boldsymbol{\beta}_1,\boldsymbol{\beta}_2,\boldsymbol{\beta}_3)=(\boldsymbol{\alpha}_1,\boldsymbol{\alpha}_2,\boldsymbol{\alpha}_3)\boldsymbol{P}$,所以

$$\boldsymbol{P}=(\boldsymbol{\alpha}_1,\boldsymbol{\alpha}_2,\boldsymbol{\alpha}_3)^{-1}(\boldsymbol{\beta}_1,\boldsymbol{\beta}_2,\boldsymbol{\beta}_3)=\begin{bmatrix}0&1&1\\1&0&1\\1&1&0\end{bmatrix}^{-1}\begin{bmatrix}-1&0&2\\0&1&2\\1&3&0\end{bmatrix}$$

$$=\frac{1}{2}\begin{bmatrix}-1&1&1\\1&-1&1\\1&1&-1\end{bmatrix}\begin{bmatrix}-1&0&2\\0&1&2\\1&3&0\end{bmatrix}=\begin{bmatrix}1&2&0\\0&1&0\\-1&-1&2\end{bmatrix}.$$

(2) 由坐标变换公式(8.5),有

$$(y_1,y_2,y_3)^{\mathrm{T}}=\boldsymbol{P}^{-1}(x_1,x_2,x_3)^{\mathrm{T}}=\frac{1}{2}\begin{bmatrix}2&-4&0\\0&2&0\\1&-1&1\end{bmatrix}\begin{bmatrix}1\\1\\1\end{bmatrix}=\begin{bmatrix}-1\\1\\\frac{1}{2}\end{bmatrix}.$$

(3) 设 $\boldsymbol{x}=(x_1,x_2,x_3)^{\mathrm{T}}$ 是在这两个基下坐标相同的向量. 由坐标变换公式(8.5),有 $\boldsymbol{x}=\boldsymbol{P}\boldsymbol{x}$,移项得到齐次线性方程组$(\boldsymbol{P}-\boldsymbol{E})\boldsymbol{X}=\boldsymbol{0}$,这样问题转换为求其解向量,由

$$\boldsymbol{P}-\boldsymbol{E}=\begin{bmatrix}0&2&0\\0&0&0\\-1&-1&1\end{bmatrix}\rightarrow\begin{bmatrix}1&0&-1\\0&1&0\\0&0&0\end{bmatrix},$$

可得同解方程组$\begin{cases}x_1=x_3,\\x_2=0,\end{cases}$取 $x_3=1$,得基础解系 $\boldsymbol{\xi}=\begin{bmatrix}1\\0\\1\end{bmatrix}$,其通解 $\boldsymbol{X}=k\begin{bmatrix}1\\0\\1\end{bmatrix}$($k$ 为任意常数),

即为在这两个基下有相同坐标的所有向量.

8.4　线性变换

8.4.1　线性变换的概念与性质

线性变换是一种从线性空间到它自身的映射，其特点是保持向量的加法和数乘运算关系不变，具体定义如下：

定义 8.4.1　设 V_n 是数域 F 上的 n 维线性空间，$\boldsymbol{T}$ 是 V_n 上映射到自身的一个映射. 如果对任意的 $\boldsymbol{\alpha},\boldsymbol{\beta}\in V_n$，$k\in F$，映射 $\boldsymbol{T}$ 满足

(1) $\boldsymbol{T}(\boldsymbol{\alpha}+\boldsymbol{\beta})=\boldsymbol{T}(\boldsymbol{\alpha})+\boldsymbol{T}(\boldsymbol{\beta})$；

(2) $\boldsymbol{T}(k\boldsymbol{\alpha})=k\boldsymbol{T}(\alpha)$，

则称映射 $\boldsymbol{T}$ 为线性空间 V_n 上的**线性映射**，也称为**线性变换**.

显然，① V_n 上的线性变换 $\boldsymbol{T}$ 是一个 V_n 上保持线性运算关系的映射；② V_n 上映射 $\boldsymbol{T}$ 为线性变换的充分必要条件是：对任意 $\boldsymbol{\alpha},\boldsymbol{\beta}\in V_n$，$k,l\in F$，有 $\boldsymbol{T}(k\boldsymbol{\alpha}+l\boldsymbol{\beta})=k\boldsymbol{T}(\boldsymbol{\alpha})+l\boldsymbol{T}(\boldsymbol{\beta})$ 成立.

例 1　设 V 是数域 F 上的线性空间，$k\in F$，定义变换 $\boldsymbol{T}$：$\boldsymbol{T}(\boldsymbol{\alpha})=k\boldsymbol{\alpha}$，$\forall\,\boldsymbol{\alpha}\in V$. 可以验证映射 $\boldsymbol{T}$ 是线性变换，通常称为**数乘变换**. 几何上反映的是向量伸缩变化.

特别地，当 $k=1$ 时，该变换称为 V 上的**恒等变换**；$k=0$ 时，该变换称为 V 上的**零变换**.

例 2　平面解析几何中的按逆时针方向将向量旋转 θ 角的公式是

$$\begin{cases}u=x\cos\theta-y\sin\theta,\\ v=x\sin\theta+y\cos\theta,\end{cases}\text{或表示为}\begin{bmatrix}u\\ v\end{bmatrix}=\begin{bmatrix}\cos\theta & -\sin\theta\\ \sin\theta & \cos\theta\end{bmatrix}\begin{bmatrix}x\\ y\end{bmatrix}.$$

可以看成是将坐标为 $(x,y)^{\mathrm{T}}$ 的向量转变为坐标为 $(u,v)^{\mathrm{T}}$ 的向量的一个变换 $\boldsymbol{T}$，即 $\boldsymbol{T}(\boldsymbol{\alpha})=\boldsymbol{A}\boldsymbol{\alpha}$，其中 $\boldsymbol{\alpha}=(x,y)^{\mathrm{T}}$，$\boldsymbol{A}=\begin{bmatrix}\cos\theta & -\sin\theta\\ \sin\theta & \cos\theta\end{bmatrix}$. 容易验证，$\boldsymbol{T}$ 是一个线性变换，称为**旋转变换**.

例 3　某公司生产两种产品，每百元价值的甲产品，公司需耗费 45 元材料、40 元劳动和管理费用；对每百元价值的乙产品，相应耗费分别为 40 元和 50 元，用矩阵 $\boldsymbol{C}=\begin{bmatrix}45 & 40\\ 40 & 50\end{bmatrix}$ 表示“单位成本”矩阵（以百元为一个单位），其各列分别为两种产品的“每百元产出成本”. 设 $\boldsymbol{x}=(x_1,x_2)^{\mathrm{T}}$ 为“产出价值”向量.

定义 $\boldsymbol{T}$：$\mathbf{R}^2\to\mathbf{R}^2$，$\boldsymbol{T}(\boldsymbol{x})=\boldsymbol{C}\boldsymbol{x}=x_1\begin{bmatrix}45\\ 40\end{bmatrix}+x_2\begin{bmatrix}40\\ 50\end{bmatrix}=\begin{bmatrix}\text{材料总成本}\\ \text{劳动和管理总成本}\end{bmatrix}$，显然 $\boldsymbol{T}$ 为 $\mathbf{R}^2$ 上的映射，它将一列产出价值数量（以百元计）变换为一列总成本，且对任意 $k,l\in\mathbf{R}$，$\boldsymbol{x},\boldsymbol{y}\in\mathbf{R}^2$，有

$$\boldsymbol{T}(k\boldsymbol{x}+l\boldsymbol{y})=\boldsymbol{C}(k\boldsymbol{x}+l\boldsymbol{y})=k\boldsymbol{C}\boldsymbol{x}+l\boldsymbol{C}\boldsymbol{y}=k\boldsymbol{T}(\boldsymbol{x})+l\boldsymbol{T}(\boldsymbol{y}),$$

故 $\boldsymbol{T}$ 为线性的，所以 $\boldsymbol{T}$ 为 $\mathbf{R}^2$ 上的线性变换.

线性变换 $\boldsymbol{T}$ 具有如下基本性质：

性质 8.4.1　$\boldsymbol{T}(\boldsymbol{0})=\boldsymbol{0}$，$\boldsymbol{T}(-\boldsymbol{\alpha})=-\boldsymbol{T}(\boldsymbol{\alpha})$.

性质 8.4.2　$\boldsymbol{T}(k_1\boldsymbol{\alpha}_1+k_2\boldsymbol{\alpha}_2+\cdots+k_s\boldsymbol{\alpha}_s)=k_1\boldsymbol{T}(\boldsymbol{\alpha}_1)+k_2\boldsymbol{T}(\boldsymbol{\alpha}_2)+\cdots+k_s\boldsymbol{T}(\boldsymbol{\alpha}_s)$.

性质 8.4.3　如果 $\boldsymbol{\alpha}_1,\boldsymbol{\alpha}_2,\cdots,\boldsymbol{\alpha}_s$ 线性相关，则 $\boldsymbol{T}(\boldsymbol{\alpha}_1),\boldsymbol{T}(\boldsymbol{\alpha}_2),\cdots,\boldsymbol{T}(\boldsymbol{\alpha}_s)$ 线性相关.

由定义即可证明以上性质，读者自证.

必须注意,性质 8.4.3 的逆命题不成立. 比如,在线性空间 $P[x]_2$ 中,易验证求导运算 $\boldsymbol{D}$ 是一个线性变换. 虽然,$1,x,x^2$ 作为 $P[x]_2$ 的一个基是线性无关的,但 $D(1)=0$,$D(x)=1$,$D(x^2)=2x$ 却是线性相关的.

性质 8.4.4 (1) 线性变换 $\boldsymbol{T}$ 的象集 $\boldsymbol{T}(V)=\{\boldsymbol{T}(\boldsymbol{\alpha})\mid\boldsymbol{\alpha}\in V\}$ 是线性空间 V 的一个子空间,称为线性变换 $\boldsymbol{T}$ 的象空间.

(2) 使 $\boldsymbol{T}(\boldsymbol{\alpha})=\boldsymbol{0}$ 的向量 $\boldsymbol{\alpha}$ 的全体 $\boldsymbol{S}_T=\{\boldsymbol{\alpha}\mid\boldsymbol{T}(\boldsymbol{\alpha})=\boldsymbol{0},\forall\boldsymbol{\alpha}\in V\}$ 也是 V 的一个子空间,称为线性变换 $\boldsymbol{T}$ 的核.

证 (1) 显然 $\boldsymbol{T}(V)\subset V$,且 $\boldsymbol{T}(V)$ 非空. 又对任意的 $k_1,k_2\in F$,$\boldsymbol{\beta}_1,\boldsymbol{\beta}_2\in\boldsymbol{T}(V)$,则有 $\boldsymbol{\alpha}_1,\boldsymbol{\alpha}_2\in V$,使 $\boldsymbol{T}(\boldsymbol{\alpha}_1)=\boldsymbol{\beta}_1$,$\boldsymbol{T}(\boldsymbol{\alpha}_2)=\boldsymbol{\beta}_2$,且 $k_1\boldsymbol{\alpha}_1+k_2\boldsymbol{\alpha}_2\in V$.

故
$$k_1\boldsymbol{\beta}_1+k_2\boldsymbol{\beta}_2=k_1\boldsymbol{T}(\boldsymbol{\alpha}_1)+k_2\boldsymbol{T}(\boldsymbol{\alpha}_2)=\boldsymbol{T}(k_1\boldsymbol{\alpha}_1+k_2\boldsymbol{\alpha}_2)\in\boldsymbol{T}(V),$$
所以 $\boldsymbol{T}(V)$ 为 V 的一个子空间.

(2) 类似可证. 证毕.

例 4 设 n 阶矩阵 $\boldsymbol{A}$ 已知,在 $\mathbf{R}^n$ 中定义变换 $\boldsymbol{T}$ 为:$\boldsymbol{T}(\boldsymbol{x})=\boldsymbol{A}x$,$(x\in\mathbf{R}^n)$. 易证,$\boldsymbol{T}$ 为 $\mathbf{R}^n$ 上的线性变换,且 $\boldsymbol{T}(\boldsymbol{x})=\boldsymbol{0}\Leftrightarrow\boldsymbol{A}\boldsymbol{x}=\boldsymbol{0}$,故 $\boldsymbol{T}$ 的核就是 n 元齐次线性方程组 $\boldsymbol{A}\boldsymbol{X}=\boldsymbol{0}$ 的解空间. 又记 $\boldsymbol{A}=(\boldsymbol{\alpha}_1,\boldsymbol{\alpha}_2,\cdots,\boldsymbol{\alpha}_n)$,$\boldsymbol{x}=(x_1,x_2,\cdots,x_n)^{\mathrm{T}}$,则有
$$\begin{aligned}\boldsymbol{T}(x)&=\boldsymbol{A}\boldsymbol{x}=x_1\boldsymbol{\alpha}_1+x_2\boldsymbol{\alpha}_2+\cdots+x_n\boldsymbol{\alpha}_n,\\ \boldsymbol{T}(\mathbf{R}^n)&=\{\boldsymbol{T}(\boldsymbol{x})\mid\boldsymbol{x}\in\mathbf{R}^n\}=\{x_1\boldsymbol{\alpha}_1+x_2\boldsymbol{\alpha}_2+\cdots+x_n\boldsymbol{\alpha}_n\mid x_1,x_2,\cdots,x_n\in\mathbf{R}\}\\ &=\mathrm{Span}\{\boldsymbol{\alpha}_1,\boldsymbol{\alpha}_2,\cdots,\boldsymbol{\alpha}_n\}.\end{aligned}$$

故 $\boldsymbol{T}$ 的值域就是由 $\boldsymbol{\alpha}_1,\boldsymbol{\alpha}_2,\cdots,\boldsymbol{\alpha}_n$ 生成的子空间.

本节的线性变换是在一个线性空间上定义的,可以推广到两个线性空间 V_1,V_2 上. 只要定义在 V_1 到 V_2 的映射能保持运算的线性性,则这个映射就称为 V_1 到 V_2 的线性变换,这里不再作讨论.

8.4.2 线性变换的矩阵表示

定义 8.4.2 设 $\boldsymbol{T}$ 是线性空间 V_n 中的线性变换,$\boldsymbol{\alpha}_1,\boldsymbol{\alpha}_2,\cdots,\boldsymbol{\alpha}_n$ 是 V_n 的一个基,由于 $\boldsymbol{T}(\boldsymbol{\alpha}_i)(i=1,2,\cdots,n)$ 仍是 V_n 中向量,因而均可由基 $\boldsymbol{\alpha}_1,\boldsymbol{\alpha}_2,\cdots,\boldsymbol{\alpha}_n$ 唯一表示,即
$$\begin{cases}\boldsymbol{T}(\boldsymbol{\alpha}_1)=a_{11}\boldsymbol{\alpha}_1+a_{21}\boldsymbol{\alpha}_2+\cdots+a_{n1}\boldsymbol{\alpha}_n,\\ \boldsymbol{T}(\boldsymbol{\alpha}_2)=a_{12}\boldsymbol{\alpha}_1+a_{22}\boldsymbol{\alpha}_2+\cdots+a_{n2}\boldsymbol{\alpha}_n,\\ \qquad\vdots\\ \boldsymbol{T}(\boldsymbol{\alpha}_n)=a_{1n}\boldsymbol{\alpha}_1+a_{2n}\boldsymbol{\alpha}_2+\cdots+a_{nn}\boldsymbol{\alpha}_n.\end{cases}$$

记 $\boldsymbol{T}(\boldsymbol{\alpha}_1,\boldsymbol{\alpha}_2,\cdots,\boldsymbol{\alpha}_n)=(\boldsymbol{T}(\boldsymbol{\alpha}_1),\boldsymbol{T}(\boldsymbol{\alpha}_2),\cdots,\boldsymbol{T}(\boldsymbol{\alpha}_n))$,上式可表示为
$$\boldsymbol{T}(\boldsymbol{\alpha}_1,\boldsymbol{\alpha}_2,\cdots,\boldsymbol{\alpha}_n)=(\boldsymbol{\alpha}_1,\boldsymbol{\alpha}_2,\cdots,\boldsymbol{\alpha}_n)\boldsymbol{A}.\tag{8.6}$$

其中 $\boldsymbol{A}=\begin{bmatrix}a_{11}&a_{12}&\cdots&a_{1n}\\ a_{21}&a_{22}&\cdots&a_{2n}\\ \vdots&\vdots&&\vdots\\ a_{n1}&a_{n2}&\cdots&a_{nn}\end{bmatrix}$,称 $\boldsymbol{A}$ 为线性变换 $\boldsymbol{T}$ 在基 $\boldsymbol{\alpha}_1,\boldsymbol{\alpha}_2,\cdots,\boldsymbol{\alpha}_n$ 下的矩阵.

显然,在基给定的条件下,线性变换 $\boldsymbol{T}$ 与其矩阵 $\boldsymbol{A}$ 一一对应,即相互之间是唯一确定的. 比如,零变换的矩阵一定是零矩阵,恒等变换的矩阵一定为单位矩阵.

注意到,若 $\boldsymbol{\alpha}$ 在基 $\boldsymbol{\alpha}_1,\boldsymbol{\alpha}_2,\cdots,\boldsymbol{\alpha}_n$ 下的坐标为 $x=(x_1,x_2,\cdots,x_n)^{\mathrm{T}}$,则有 $\boldsymbol{\alpha}=x_1\boldsymbol{\alpha}_1+x_2\boldsymbol{\alpha}_2+\cdots+x_n\boldsymbol{\alpha}_n$,因而

$$\begin{aligned}\boldsymbol{T}(\boldsymbol{\alpha})&=x_1\boldsymbol{T}(\boldsymbol{\alpha}_1)+x_2\boldsymbol{T}(\boldsymbol{\alpha}_2)+\cdots+x_n\boldsymbol{T}(\boldsymbol{\alpha}_n)\\&=(\boldsymbol{T}(\boldsymbol{\alpha}_1),\boldsymbol{T}(\boldsymbol{\alpha}_2),\cdots,\boldsymbol{T}(\boldsymbol{\alpha}_n))\begin{bmatrix}x_1\\x_2\\\vdots\\x_n\end{bmatrix}=(\boldsymbol{\alpha}_1,\boldsymbol{\alpha}_2,\cdots,\boldsymbol{\alpha}_n)\boldsymbol{A}\boldsymbol{x}.\end{aligned}$$

由同一基下坐标的唯一性知，$\boldsymbol{\alpha}$ 的像 $\boldsymbol{T}(\boldsymbol{\alpha})$ 的坐标 $y=(y_1,y_2,\cdots,y_n)^{\mathrm{T}}$ 为

$$y=\boldsymbol{A}\boldsymbol{x}.$$

以上讨论综合为下述定理：

定理 8.4.1　设 $\boldsymbol{\alpha}_1,\boldsymbol{\alpha}_2,\cdots,\boldsymbol{\alpha}_n$ 是线性空间 V_n 的一个基，V_n 上线性变换 $\boldsymbol{T}$ 在该基下的矩阵为 $\boldsymbol{A}$，记向量 $\boldsymbol{\alpha}$ 和它的像 $\boldsymbol{T}(\boldsymbol{\alpha})$ 在这个基下的坐标分别为 $x=(x_1,x_2,\cdots,x_n)^{\mathrm{T}}$，$y=(y_1,y_2,\cdots,y_n)^{\mathrm{T}}$，则有

$$y=\boldsymbol{A}\boldsymbol{x}.\tag{8.7}$$

例 5　在 $\mathbf{R}^3$ 中，$\boldsymbol{T}$ 表示将向量投影到 xOy 平面上的线性变换(称为**投影变换**)，即对任意的 $\boldsymbol{\alpha}=(x_1,x_2,x_3)^{\mathrm{T}}$，有 $\boldsymbol{T}(\boldsymbol{\alpha})=(x_1,x_2,0)^{\mathrm{T}}$. 取定 $\mathbf{R}^3$ 中一个基：$\boldsymbol{\alpha}_1=(1,-1,0)^{\mathrm{T}}$，$\boldsymbol{\alpha}_2=(0,2,-1)^{\mathrm{T}}$，$\boldsymbol{\alpha}_3=(0,1,-1)^{\mathrm{T}}$.

(1) 求 $\boldsymbol{T}$ 在基 $\boldsymbol{\alpha}_1,\boldsymbol{\alpha}_2,\boldsymbol{\alpha}_3$ 下的矩阵 $\boldsymbol{A}$；

(2) 求向量 $\boldsymbol{\beta}=(1,-2,1)^{\mathrm{T}}$ 以及 $\boldsymbol{T}(\boldsymbol{\beta})$ 在基 $\boldsymbol{\alpha}_1,\boldsymbol{\alpha}_2,\boldsymbol{\alpha}_3$ 下的坐标.

解　(1) 由公式(8.6)，有 $(\boldsymbol{T}(\boldsymbol{\alpha}_1),\boldsymbol{T}(\boldsymbol{\alpha}_2),\boldsymbol{T}(\boldsymbol{\alpha}_3))=(\boldsymbol{\alpha}_1,\boldsymbol{\alpha}_2,\boldsymbol{\alpha}_3)\boldsymbol{A}$，

即
$$\begin{bmatrix}1&0&0\\-1&2&1\\0&0&0\end{bmatrix}=\begin{bmatrix}1&0&0\\-1&2&1\\0&-1&-1\end{bmatrix}\boldsymbol{A}.$$

故可得
$$\boldsymbol{A}=\begin{bmatrix}1&0&0\\-1&2&1\\0&-1&-1\end{bmatrix}^{-1}\begin{bmatrix}1&0&0\\-1&2&1\\0&0&0\end{bmatrix}=\begin{bmatrix}1&0&0\\0&2&1\\0&-2&-1\end{bmatrix}.$$

(2) 设 $\boldsymbol{\beta}$ 在基 $\boldsymbol{\alpha}_1,\boldsymbol{\alpha}_2,\boldsymbol{\alpha}_3$ 下的坐标为 $\boldsymbol{x}=(x_1,x_2,x_3)^{\mathrm{T}}$，则 $\boldsymbol{\beta}=(\boldsymbol{\alpha}_1,\boldsymbol{\alpha}_2,\boldsymbol{\alpha}_3)\boldsymbol{x}$.

即
$$\begin{bmatrix}1\\-2\\1\end{bmatrix}=\begin{bmatrix}1&0&0\\-1&2&1\\0&-1&-1\end{bmatrix}\begin{bmatrix}x_1\\x_2\\x_3\end{bmatrix},$$

故 $\begin{bmatrix}x_1\\x_2\\x_3\end{bmatrix}=\begin{bmatrix}1&0&0\\-1&2&1\\0&-1&-1\end{bmatrix}^{-1}\begin{bmatrix}1\\-2\\1\end{bmatrix}=\begin{bmatrix}1\\0\\-1\end{bmatrix}$. 由公式(8.7)知，$\boldsymbol{T}(\boldsymbol{\beta})$ 在基 $\boldsymbol{\alpha}_1,\boldsymbol{\alpha}_2,\boldsymbol{\alpha}_3$ 下的坐标为 $\boldsymbol{y}=\boldsymbol{A}x=\begin{bmatrix}1&0&0\\0&2&1\\0&-2&-1\end{bmatrix}\begin{bmatrix}1\\0\\-1\end{bmatrix}=\begin{bmatrix}1\\-1\\1\end{bmatrix}$.

线性变换的矩阵是由给定基确定的，而同一线性变换在不同基下的矩阵可能不同，不过这些矩阵之间有着密切联系.

定理 8.4.2　设 $\boldsymbol{T}$ 为 n 维线性空间 V_n 中线性变换，$\boldsymbol{T}$ 在 V_n 中两个基

$$\boldsymbol{\alpha}_1,\boldsymbol{\alpha}_2,\cdots,\boldsymbol{\alpha}_n\tag{Ⅰ}$$

$$\boldsymbol{\beta}_1,\boldsymbol{\beta}_2,\cdots,\boldsymbol{\beta}_n \qquad (\text{Ⅱ})$$

下的矩阵分别为 $\boldsymbol{A}$ 和 $\boldsymbol{B}$，并且由基（Ⅰ）到基（Ⅱ）的过渡矩阵为 $\boldsymbol{P}$，那么 $\boldsymbol{A}\sim\boldsymbol{B}$，且 $\boldsymbol{B}=\boldsymbol{P}^{-1}\boldsymbol{A}\boldsymbol{P}$.

证　由条件 $T(\boldsymbol{\alpha}_1,\boldsymbol{\alpha}_2,\cdots,\boldsymbol{\alpha}_n)=(\boldsymbol{\alpha}_1,\boldsymbol{\alpha}_2,\cdots,\boldsymbol{\alpha}_n)\boldsymbol{A}$，$T(\boldsymbol{\beta}_1,\boldsymbol{\beta}_2,\cdots,\boldsymbol{\beta}_n)=(\boldsymbol{\beta}_1,\boldsymbol{\beta}_2,\cdots,\boldsymbol{\beta}_n)\boldsymbol{B}$ 及 $(\boldsymbol{\beta}_1,\boldsymbol{\beta}_2,\cdots,\boldsymbol{\beta}_n)=(\boldsymbol{\alpha}_1,\boldsymbol{\alpha}_2,\cdots,\boldsymbol{\alpha}_n)\boldsymbol{P}$，因而

$$\begin{aligned}(\boldsymbol{\beta}_1,\boldsymbol{\beta}_2,\cdots,\boldsymbol{\beta}_n)\boldsymbol{B}&=T(\boldsymbol{\beta}_1,\boldsymbol{\beta}_2,\cdots,\boldsymbol{\beta}_n)=T((\boldsymbol{\alpha}_1,\boldsymbol{\alpha}_2,\cdots,\boldsymbol{\alpha}_n)\boldsymbol{P})=(T(\boldsymbol{\alpha}_1,\boldsymbol{\alpha}_2,\cdots,\boldsymbol{\alpha}_n))\boldsymbol{P}\\&=(\boldsymbol{\alpha}_1,\boldsymbol{\alpha}_2,\cdots,\boldsymbol{\alpha}_n)\boldsymbol{A}\boldsymbol{P}=(\boldsymbol{\beta}_1,\boldsymbol{\beta}_2,\cdots,\boldsymbol{\beta}_n)\boldsymbol{P}^{-1}\boldsymbol{A}\boldsymbol{P},\end{aligned}$$

由线性变换在同一基下矩阵的唯一性知，$\boldsymbol{B}=\boldsymbol{P}^{-1}\boldsymbol{A}\boldsymbol{P}$，且 $\boldsymbol{A}\sim\boldsymbol{B}$. 证毕.

例 6　2 阶对称矩阵集合 $S_3=\left\{\begin{bmatrix}x&y\\y&z\end{bmatrix}\middle|\,x,y,z\in\mathbf{R}\right\}$，对于矩阵的加法与数乘运算构成一个 3 维线性空间，$\boldsymbol{\alpha}_1=\begin{bmatrix}1&0\\0&0\end{bmatrix}$，$\boldsymbol{\alpha}_2=\begin{bmatrix}0&1\\1&0\end{bmatrix}$，$\boldsymbol{\alpha}_3=\begin{bmatrix}0&0\\0&1\end{bmatrix}$及 $\boldsymbol{\beta}_1=\begin{bmatrix}2&1\\1&3\end{bmatrix}$，$\boldsymbol{\beta}_2=\begin{bmatrix}1&1\\1&2\end{bmatrix}$，$\boldsymbol{\beta}_3=\begin{bmatrix}1&1\\1&1\end{bmatrix}$分别为其二个基，定义 S_3 上的线性变换 T 如下：对任意的 $\boldsymbol{A}\in S_3$，$T(\boldsymbol{A})=\begin{bmatrix}1&0\\1&1\end{bmatrix}\boldsymbol{A}\begin{bmatrix}1&1\\0&1\end{bmatrix}$（称为**合同变换**），试分别求出 T 在基 $\boldsymbol{\alpha}_1,\boldsymbol{\alpha}_2,\boldsymbol{\alpha}_3$ 以及基 $\boldsymbol{\beta}_1,\boldsymbol{\beta}_2,\boldsymbol{\beta}_3$ 下的矩阵 $\boldsymbol{A}$ 与 $\boldsymbol{B}$.

解　(1) 由线性变换 T 的定义，有

$$T(\boldsymbol{\alpha}_1)=\begin{bmatrix}1&0\\1&1\end{bmatrix}\begin{bmatrix}1&0\\0&0\end{bmatrix}\begin{bmatrix}1&1\\0&1\end{bmatrix}=\begin{bmatrix}1&1\\1&1\end{bmatrix}=\boldsymbol{\alpha}_1+\boldsymbol{\alpha}_2+\boldsymbol{\alpha}_3,$$

$$T(\boldsymbol{\alpha}_2)=\begin{bmatrix}1&0\\1&1\end{bmatrix}\begin{bmatrix}0&1\\1&0\end{bmatrix}\begin{bmatrix}1&1\\0&1\end{bmatrix}=\begin{bmatrix}0&1\\1&2\end{bmatrix}=\boldsymbol{\alpha}_2+2\boldsymbol{\alpha}_3,$$

$$T(\boldsymbol{\alpha}_3)=\begin{bmatrix}1&0\\1&1\end{bmatrix}\begin{bmatrix}0&0\\0&1\end{bmatrix}\begin{bmatrix}1&1\\0&1\end{bmatrix}=\begin{bmatrix}0&0\\0&1\end{bmatrix}=\boldsymbol{\alpha}_3,$$

故 T 在基 $\boldsymbol{\alpha}_1,\boldsymbol{\alpha}_2,\boldsymbol{\alpha}_3$ 下的矩阵为 $\boldsymbol{A}=\begin{bmatrix}1&0&0\\1&1&0\\1&2&1\end{bmatrix}$.

(2) 由题意，得

$$\boldsymbol{\beta}_1=\begin{bmatrix}2&1\\1&3\end{bmatrix}=2\boldsymbol{\alpha}_1+\boldsymbol{\alpha}_2+3\boldsymbol{\alpha}_3,$$

$$\boldsymbol{\beta}_2=\begin{bmatrix}1&1\\1&2\end{bmatrix}=\boldsymbol{\alpha}_1+\boldsymbol{\alpha}_2+2\boldsymbol{\alpha}_3,$$

$$\boldsymbol{\beta}_3=\begin{bmatrix}1&1\\1&1\end{bmatrix}=\boldsymbol{\alpha}_1+\boldsymbol{\alpha}_2+\boldsymbol{\alpha}_3,$$

故基 $\boldsymbol{\alpha}_1,\boldsymbol{\alpha}_2,\boldsymbol{\alpha}_3$ 到基 $\boldsymbol{\beta}_1,\boldsymbol{\beta}_2,\boldsymbol{\beta}_3$ 的过渡矩阵为 $\boldsymbol{P}=\begin{bmatrix}2&1&1\\1&1&1\\3&2&1\end{bmatrix}$.

其逆矩阵 $P^{-1}=\begin{bmatrix}1&-1&0\\-2&1&1\\1&1&-1\end{bmatrix}$，由定理 8.4.2 知，$T$ 在基 β_1,β_2,β_3 下的矩阵为 $B=$

$$P^{-1}AP=\begin{bmatrix}1&-1&0\\-2&1&1\\1&1&-1\end{bmatrix}\begin{bmatrix}1&0&0\\1&1&0\\1&2&1\end{bmatrix}\begin{bmatrix}2&1&1\\1&1&1\\3&2&1\end{bmatrix}=\begin{bmatrix}-1&-1&-1\\6&5&4\\-2&-2&-1\end{bmatrix}.$$

8.4.3　线性变换的运算

线性变换是一种特殊的映射，我们根据映射的运算来定义线性变换的运算.

定义 8.4.3　V_n 是数域 F 上的 n 维线性空间，T,S 是 V_n 上的线性变换，$k,l\in F$，则对任意的 $\alpha\in V_n$，有

$(T+S)(\alpha)=T(\alpha)+S(\alpha)$，$(kT)(\alpha)=kT(\alpha)$，

$(T-S)(\alpha)=T(\alpha)-S(\alpha)$，$(TS)(\alpha)=T(S(\alpha))$.

定义 8.4.4　V_n 是数域 F 上的 n 维线性空间，T 是 V_n 上任一线性变换，I 为 V_n 上的恒等变换. 若存在 V_n 上线性变换 S，使得 $TS=ST=I$，则称 S 为 T 的**逆变换**，且称 T 为**可逆线性变换**，记 $T^{-1}=S$.

可以验证，线性变换经过加法、数乘、减法、乘法以及逆变换，其运算结果仍为线性变换.

注意到，线性空间中的线性变换在给定一个基下与矩阵是一一对应的以及线性变换矩阵的定义，容易证明以下定理：

定理 8.4.3　设线性空间 V_n 中的线性变换 T,S 在基 $\alpha_1,\alpha_2,\cdots,\alpha_n$ 下的矩阵分别为 A 与 B，则在相同基下，有

(1) $T+S$ 的矩阵为 $A+B$；

(2) kT 的矩阵为 kA；

(3) TS 的矩阵为 AB；

(4) 如果 T 可逆，则其逆变换的矩阵为 A^{-1}.

证　仅证(1). 因为对任意 $\alpha\in V_n$，有 $T(\alpha)=A\alpha$，$S(\alpha)=B\alpha$，

故 $$(T+S)(\alpha)=T(\alpha)+S(\alpha)=A\alpha+B\alpha=(A+B)\alpha,$$

所以，$T+S$ 的矩阵为 $A+B$. 证毕.

这个定理的重要意义在于它把抽象的线性空间中的线性变换运算转化为已经熟悉的矩阵运算，这样矩阵的许多运算性质都可反映到线性变换的运算中，极大地方便了我们对线性变换性质的理解和研究.

* 习题 8

1. 验证以下集合对于所指定的加法和数乘运算是否构成线性空间：

(1) 数域 F 上全体 n 阶对称矩阵(或者反对称矩阵、下三角矩阵、对角矩阵)构成的集合，对于矩阵的加法和数乘运算.

(2) 矩阵集合 $\{A\,|\,A$ 为 n 阶对称矩阵，且 $A^2=A\}$，在实数域 $\mathbf{R}$ 上按矩阵加法和数乘矩阵运算.

(3) 全体实 n 维向量集合 V，在实数域 $\mathbf{R}$ 上按通常的向量加法和如下定义的数乘运算：

$k\boldsymbol{\alpha}=\boldsymbol{\alpha}$ 对任意的 $\forall\boldsymbol{\alpha}\in V, k\in\mathbf{R}$.

(4) 微分方程 $y'''+3y''+3y'+3y=0$ 的全体解,在实数域 $\mathbf{R}$ 上按函数的加法及数与函数的乘法运算.

(5)微分方程 $y'''+3y''+3y'+3y=5$ 的全体解,在实数域 $\mathbf{R}$ 上按函数的加法及数与函数的乘法运算.

(6) n 次多项式的全体,记为

$$Q[x]_n=\{P \mid P=a_nx^n+\cdots+a_1x+a_0 \mid a_n,\cdots,a_1,a_0\in\mathbf{R}, a_n\neq 0\}$$

在实数域 $\mathbf{R}$ 上对于通常的多项式加法及数乘运算.

(7) 次数不超过 $n(n\geq 1)$ 的整系数多项式的全体,在有理数域 $\mathbf{Q}$ 上对于通常的多项式加法及数乘运算.

(8) 设 λ_0 是 n 阶方阵 $\boldsymbol{A}$ 的一个特征值,$\boldsymbol{A}$ 对应于 λ_0 的所有特征向量构成的集合对于向量的加法及数乘运算.

2. 判别下列集合是否可构成所在线性空间的子空间,若是子空间,求它的维数和一个基.

(1) $\mathbf{R}^3$ 中,$W_1=\{(x_1,x_2,x_3) \mid x_1-x_2+x_3=0\}$;

(2) $\mathbf{R}^3$ 中,$W_2=\{(x_1,x_2,x_3) \mid x_1+x_2=1\}$;

(3) $\mathbf{R}^{n\times n}$ 中,$W=\{\boldsymbol{A} \mid |\boldsymbol{A}|\neq 0\}$;

(4) $\mathbf{R}^{2\times 3}$ 中,$W=\left\{\begin{bmatrix} a & b & 0 \\ 0 & 0 & c \end{bmatrix} \middle| a+b+c=0\right\}$.

3. 设 W_1,W_2 是线性空间 V 的两个子空间,

(1) 证明:$W_1\cap W_2$ 仍是 V 的子空间;

(2) 证明:W_1+W_2 仍是 V 的子空间;

(3) 举例说明,$W_1\cup W_2$ 不构成 V 的子空间.

4. n 阶上三角矩阵集合 L_1 和 n 阶下三角矩阵集合 L_2 均在线性空间 $\mathbf{R}^{n\times n}$ 中构成子空间,试求:$L_1\cap L_2$ 及 L_1+L_2.

5. 求下列线性空间的维数和一个基.

(1) $\mathbf{R}^{2\times 2}$;

(2) $\mathbf{R}^3$ 中平面 $x+2y+3z=0$ 上点的集合构成的子空间.

6. 在 $P[x]_3$ 中,求多项式 $1+x+x^2$ 在基 $1,x-1,(x-2)(x-1)$ 下的坐标.

7. 在 $\mathbf{R}^3$ 中取两个基 $\boldsymbol{\alpha}_1=(1,0,1)^{\mathrm{T}}, \boldsymbol{\alpha}_2=(0,1,1)^{\mathrm{T}}, \boldsymbol{\alpha}_3=(1,1,0)^{\mathrm{T}}$,

$$\boldsymbol{\beta}_1=(1,1,1)^{\mathrm{T}}, \boldsymbol{\beta}_2=(1,1,0)^{\mathrm{T}}, \boldsymbol{\beta}_3=(1,0,0)^{\mathrm{T}}.$$

(1) 求从基 $\boldsymbol{\alpha}_1,\boldsymbol{\alpha}_2,\boldsymbol{\alpha}_3$ 到基 $\boldsymbol{\beta}_1,\boldsymbol{\beta}_2,\boldsymbol{\beta}_3$ 的过渡矩阵;

(2) 求在两个基下有相同坐标的向量.

8. 判别下列所定义的变换,哪些是线性变换,哪些不是线性变换.

(1) 在 $\mathbf{R}^2$ 中,对任意的 $\boldsymbol{\alpha}=(x_1,x_2)^{\mathrm{T}}\in\mathbf{R}^2, \boldsymbol{T}(\boldsymbol{\alpha})=(x^2{}_1,x_1-x_2)^{\mathrm{T}}$;

(2) 在 $\mathbf{R}^3$ 中,对任意的 $\boldsymbol{\alpha}=(x_1,x_2,x_3)^{\mathrm{T}}\in\mathbf{R}^3, \boldsymbol{T}(\boldsymbol{\alpha})=(x_1,x_2,-x_3)^{\mathrm{T}}$;

(3) 在 $\mathbf{R}^3$ 中,对任意的 $\boldsymbol{\alpha}=(x_1,x_2,x_3)^{\mathrm{T}}\in\mathbf{R}^3, \boldsymbol{T}(\boldsymbol{\alpha})=(1,1,x_3)^{\mathrm{T}}$.

(4) 在 $\mathbf{R}^{n\times n}$ 中,对任意的 $\boldsymbol{X}\in\mathbf{R}^{n\times n}, \boldsymbol{T}(\boldsymbol{X})=\boldsymbol{AX}-\boldsymbol{XB}$,其中 $\boldsymbol{A},\boldsymbol{B}$ 是 $\mathbf{R}^{n\times n}$ 中两个给定的矩阵.

9. 设 $C[a,b]$ 由闭区间 $[a,b]$ 上的全体连续实函数所组成，按通常的函数加法和数乘运算构成实数域上线性空间. 在 $C[a,b]$ 中，定义变换如下：

对任意的 $f(x)\in C[a,b]$，$\boldsymbol{T}=(f(x))=\int_a^x f(t)\mathrm{d}t=F(x)$.

证明：$\boldsymbol{T}$ 为线性变换.

10. 在 $\mathbf{R}^3$ 中定义线性变换：对任意的 $\boldsymbol{\alpha}=(x_1,x_2,x_3)^{\mathrm{T}}\in\mathbf{R}^3$，$\boldsymbol{T}(\boldsymbol{\alpha})=(2x_2+x_3,x_1-4x_2,3x_1)^{\mathrm{T}}$. 求 $\boldsymbol{T}$ 在基 $\boldsymbol{\alpha}_1=(1,1,1)^{\mathrm{T}}$，$\boldsymbol{\alpha}_2=(1,1,0)^{\mathrm{T}}$，$\boldsymbol{\alpha}_3=(1,0,0)^{\mathrm{T}}$ 下的矩阵.

11. 设 $\boldsymbol{T}$ 是 $\mathbf{R}^3$ 上的线性变换，且 $\boldsymbol{T}(\boldsymbol{\alpha}_1)=(1,0,2)^{\mathrm{T}}$，$\boldsymbol{T}(\boldsymbol{\alpha}_2)=(0,2,3)^{\mathrm{T}}$，$\boldsymbol{T}(\boldsymbol{\alpha}_3)=(0,1,2)^{\mathrm{T}}$，其中 $\boldsymbol{\alpha}_1=(-1,0,-2)^{\mathrm{T}}$，$\boldsymbol{\alpha}_2=(0,1,2)^{\mathrm{T}}$，$\boldsymbol{\alpha}_3=(1,2,5)^{\mathrm{T}}$，求 $\boldsymbol{T}$ 在基 $\boldsymbol{\beta}_1=(-1,1,0)^{\mathrm{T}}$，$\boldsymbol{\beta}_2=(1,1,3)^{\mathrm{T}}$，$\boldsymbol{\beta}_3=(1,1,4)^{\mathrm{T}}$ 下的矩阵.

12. 设 $\mathbf{R}^3$ 中两个基 $\boldsymbol{\alpha}_1,\boldsymbol{\alpha}_2,\boldsymbol{\alpha}_3$ 和 $\boldsymbol{\beta}_1,\boldsymbol{\beta}_2,\boldsymbol{\beta}_3$ 的关系为 $\boldsymbol{\beta}_1=\boldsymbol{\alpha}_1-\boldsymbol{\alpha}_2$，$\boldsymbol{\beta}_2=2\boldsymbol{\alpha}_1+3\boldsymbol{\alpha}_2+3\boldsymbol{\alpha}_3$，$\boldsymbol{\beta}_3=\boldsymbol{\alpha}_1+3\boldsymbol{\alpha}_2+2\boldsymbol{\alpha}_3$，且线性变换 $\boldsymbol{T}$ 在 $\boldsymbol{\alpha}_1,\boldsymbol{\alpha}_2,\boldsymbol{\alpha}_3$ 下的矩阵为 $\begin{bmatrix}1&0&1\\1&1&0\\1&2&1\end{bmatrix}$.

(1) 求向量 $\boldsymbol{\alpha}=3\boldsymbol{\alpha}_1-2\boldsymbol{\alpha}_2+\boldsymbol{\alpha}_3$ 在基 $\boldsymbol{\beta}_1,\boldsymbol{\beta}_2,\boldsymbol{\beta}_3$ 下的坐标；

(2) 求线性变换 $\boldsymbol{T}$ 在基 $\boldsymbol{\beta}_1,\boldsymbol{\beta}_2,\boldsymbol{\beta}_3$ 下的矩阵.

13. 设 f_1,f_2,f_3 是 $\boldsymbol{P}[x]_3$ 的一个基，其中 $f_1=x^2-1$，$f_2=x+2$，$f_3=x-1$.

(1) 求 $g(x)=2x^2-2x+6$ 在基 f_1,f_2,f_3 下的坐标；

(2) 若 $P[x]_3$ 中多项式 $p(x)$ 在基 f_1,f_2,f_3 下的坐标为 $(2,-1,2)$，求 $p(x)$.

14. 在 $P[x]_4$ 中，求导运算 $\boldsymbol{D}$ 是其上一个线性变换，求 $\boldsymbol{D}$ 在基 $1,1+x,1+x+x^2,1+x+x^2+x^3$ 下的矩阵.

15. 计算机程序中常需在一个向量的元素中产生一个零元素，实际上就是将向量作一个旋转变换，即将原来向量旋转到坐标轴上(称为结温斯旋转).

(1) 若处理平面向量的结温斯变换 $\boldsymbol{T}$ 的矩阵为 $\begin{bmatrix}a&-b\\b&a\end{bmatrix}$，其中 $a^2+b^2=1$，求出把向量 $\begin{bmatrix}4\\3\end{bmatrix}$ 旋转到 $\begin{bmatrix}5\\0\end{bmatrix}$ 时的 a,b；

(2) 若处理空间向量的结温斯变换 $\boldsymbol{T}$ 的矩阵为 $\begin{bmatrix}a&0&-b\\0&1&0\\b&0&a\end{bmatrix}$，其中 $a^2+b^2=1$，求出 a,b，使向量 $\begin{bmatrix}2\\3\\4\end{bmatrix}$ 旋转到 $\begin{bmatrix}2\sqrt{5}\\3\\0\end{bmatrix}$.

附录　线性代数实验

MATLAB 是 MATrix LABoratory(矩阵实验室)的缩写，最初是专门用于矩阵计算的软件；目前它是集计算、可视化和编程等功能为一身，是最流行的科学与工程计算软件之一．现在，MATLAB 已经发展成为适合多学科的大型软件．在全世界很多高校，MATLAB 已成为线性代数、数值分析、数理统计、优化方法、自动控制、数字信号处理、动态系统仿真等高级课程的基本教学工具．本章介绍使用 MATLAB 可以完成的线性代数计算的实验，旨在提高读者的线性代数的应用、软件编程和动手能力．

MATLAB 软件具有以下四个方面的特点．

(1) 使用简单　MATLAB 语言灵活、方便，它将编译、连接和执行融为一体，是一种演算式语言；在 MATLAB 中对所使用的变量无需先行定义或规定变量的数据类型；一般也不需要说明向量和矩阵的维数；MATLAB 提供的向量和矩阵运算符可以方便地实现复杂的矩阵计算；此外，MATLAB 软件还具有完善的帮助系统，用户不仅可以查询到需要的帮助信息，还可以通过演示和示例学习如何使用 MATLAB 编程解决问题．

(2) 功能强大　MATLAB 软件具有强大的数值计算功能和优秀的符号计算功能．它可以处理诸如矩阵计算、微积分运算，各种方程(包括微分方程)求解、插值和拟合计算，完成各种统计和优化问题等；它还具有方便的绘图和完善的图形可视化功能；MATLAB 软件提供的各种库函数和数十个各种工具箱为用户应用提供极大的方便．

(3) 编程容易、效率高　MATLAB 既具有结构化的控制语句，又具有面向对象的编程特性；它允许用户以更加数学化的形式语言编写程序，又比 C 语言等更接近书写计算公式的思维方式；MATLAB 程序文件是文本文件，它的编写和修改可以用任何字处理软件进行，程序调试也非常简单方便．

(4) 易于扩充　MATLAB 软件是一个开放的系统，除内部函数外，所有 MATLAB 函数(包括工具箱函数)的源程序都可以修改；用户自行编写的程序或开发的工具箱，可以像库函数一样随意调用；MATLAB 可以方便地与 FORTRAN、C 等语言进行接口，实现不同语言编写的程序之间的相互调用，为充分利用软件资源、提高计算效率提供了有效手段．

一、MATLAB 的命令窗口和编程窗口

MATLAB 既是一种语言，又是一个编程环境．MATLAB 有两个主要的环境窗口，一个是命令窗口(MATLAB Command Window)；另一个是程序编辑窗口(MATLAB Editor/Debug)．

(一) 命令窗口

计算机安装好 MATLAB 之后，双击 MATLAB 图标，就可以进入命令窗口，如图-1：

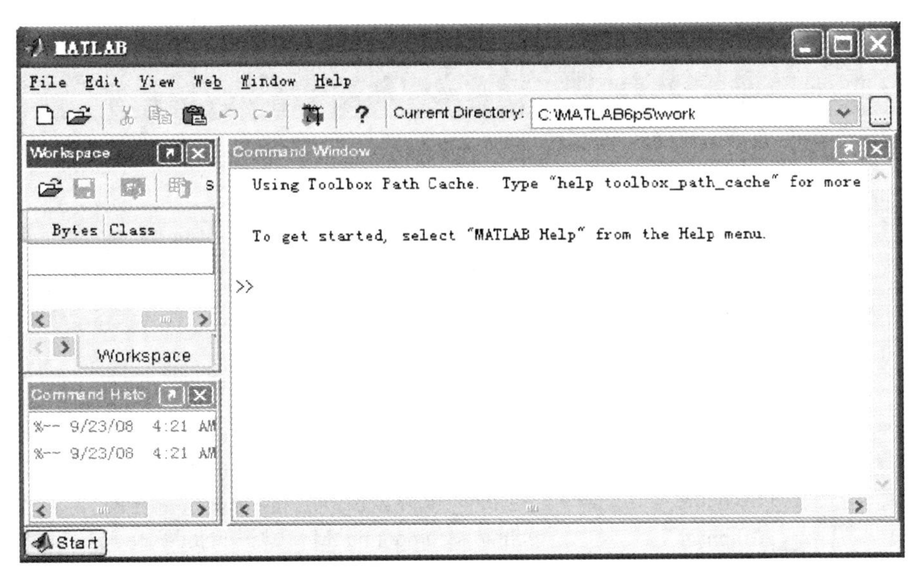

如图-1

命令窗口是用户与MATLAB进行交互的主要场所.该窗口的上端有菜单栏和工具栏,菜单栏包含“File”(文件)、“Edit”(编辑)、“Debug”(调试)、“Desktop”(桌面)、“Window”(窗口)和“Help”(帮助);命令窗口的空白区域称为命令编辑区,在这里可以进行程序编辑、调用、输入和显示计算结果,也可以在该区域键入MATLAB命令进行各种操作,或键入数学表达式进行计算.

例1 在命令窗口(Command Window)中输入5*4,然后按Enter键,则将在命令行下面显示如下结果

```
ans =
    20
```

输入变量赋值语句a=2;b=4;c=(a+b)/2后按回车键,将显示

```
c=
    3
```

程序说明:

1) 在命令行中,“%”后面的为注释行.

2) ans是系统自动给出的运行变量的结果,是英文answer的简写.

3) 当不需显示结果时,可以在语句后面直接加“;”.

4) 若直接指定变量时,系统不再提供ans作为计算结果的变量.

5) 在命令窗口中可以用方向键和控制键来编辑、修改已输入的命令.例如“↑”可以调出上一行的命令;“↓”可以调出下一行的命令等.

在MATLAB的命令窗口可以执行文件管理命令、工作空间操作命令、结果显示保存和寻找帮助等命令,这些命令与DOS系统下的命令基本上相同.请读者借助于MATLAB的帮助系统去熟悉它们的用法.

为了帮助初学者,MATLAB软件提供了大量的入门演示.例如在命令窗口单击demo提示,将进入MATLAB的演示界面,如图-2.用鼠标点击左边的标题就可开始演示,介绍

MATLAB 的各类基本矩阵操作等.

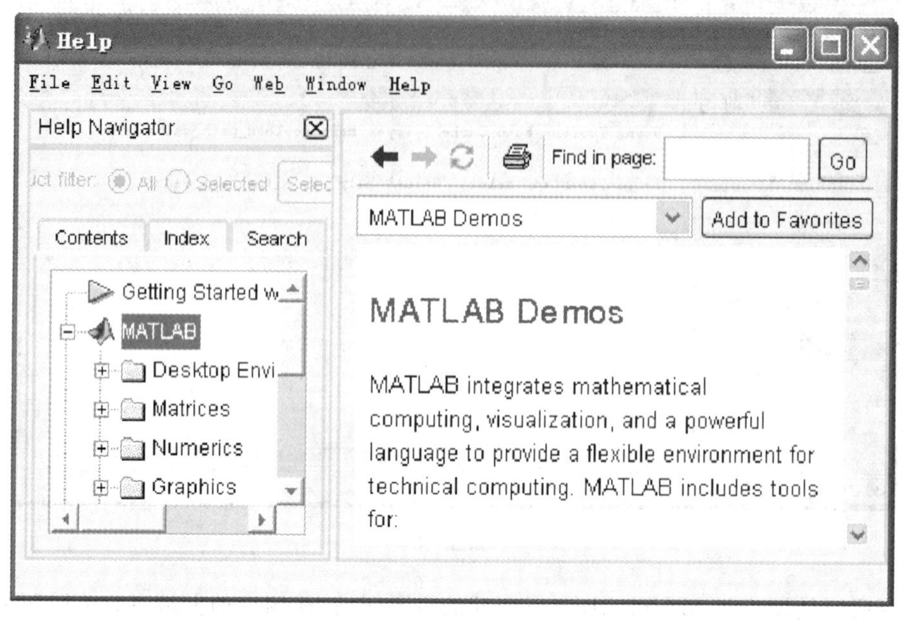

图-2

此外,MATLAB 也提供了在命令窗口中获得帮助的多种办法.

例如在命令窗口中键入≫help inv,回车便得到:

```
INV    Matrix inverse.
    INV(X) is the inverse of the square matrix X.
    A warning message is printed if X is badly scaled or
    nearly singular.

    See also SLASH, PINV, COND, CONDEST, LSQNONNEG, LSCOV.
```

或在命令窗口键入并选中"inv"后单击右键,在弹出的对话框中选中"Help on Selection"会得到范例等更多有用信息.

类似地可通过上面的方式得到所有的感兴趣的函数或运算等的帮助. 建议读者自己试验一下.

(二) 程序编辑窗口

MATLAB 的程序编辑窗口是编写 MATLAB 程序的地方. 进入程序编辑窗口的方法是:单击命令窗口的"New M-file"按钮,或从"File"菜单中选择"New"及"M-file"项,然后在图-3 显示的程序编辑窗口编写 MATLAB 程序,即 M 文件.

M 文件是由 ASCII 码构成的,可以由任何文件编辑程序来编写,MATLAB 的程序编辑窗口提供了方便的程序编辑功能. M 文件分为两类:命令文件和函数文件,它们的扩展名均为". m. ".

M 文件可以相互调用,也可以自己调用自己.

1. 命令文件

MATLAB 的命令文件是由一系列 MATLAB 命令和必要的程序注释构成. 调用命令

图-3

文件时,MATLAB自动按顺序执行文件中的命令.命令文件需要在工作区创建并获得变量值,它没有输入参数,也不返回输出参数,只能对工作区的全局变量进行运算.文件调用是通过文件名进行的.

例2 程序vandermonde.m建立由向量a确定的范德蒙行列式矩阵vand.

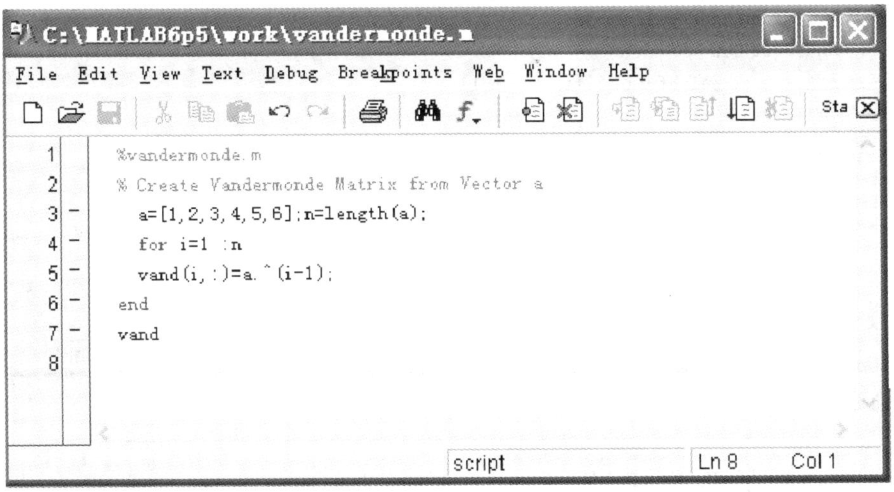

C:\MATLAB6p5\work\vandermonde.m

File Edit View Text Debug Breakpoints Web Window Help

```
1    %vandermonde.m
2    % Create Vandermonde Matrix from Vector a
3 -    a=[1,2,3,4,5,6];n=length(a);
4 -    for i=1 :n
5 -    vand(i,:)=a.^(i-1);
6 -  end
7 -  vand
8
```

script Ln 8 Col 1

图-4

首先,在程序编辑窗口输入以上程序,如并用“vandermonde.m”作为文件名存盘;然后运行程序,得矩阵.

```
vand =
     1      1      1      1      1      1
     1      2      3      4      5      6
     1      4      9     16     25     36
     1      8     27     64    125    216
     1     16     81    256    625   1296
     1     32    243   1024   3125   7776
```

2. 函数文件

MATLAB 绝大多数的功能函数是由函数文件实现的，用户编写函数文件可像库函数一样被调用. MATLAB 的函数文件可实现计算中的参数传递. 函数文件一般有返回值，也可只执行操作而无返回值.

函数文件的第一行以“function”开头的语句，具体形式为：

Function[输出变量列表]＝函数名(输入变量列表)

其中输入变量用圆括号括起来，输出变量超过一个就用方括号括起来；如果没有输入或输出变量，则可用空括号表示.

函数文件从第二行开始才是函数体语句. 注意函数文件的文件名必须与函数名相同，这样才能确保文件被有效调用.

函数文件不能访问工作区中的变量，它所有的变量都是局部变量，只有它的输入和输出变量才被保留在工作区中；将函数文件与 feval 命令联合来使用，得到的函数值还可以作为另一个函数文件的参数，这样可以使函数文件具有更广泛的通用性.

例 3 求 Fibonnaci 数的程序.

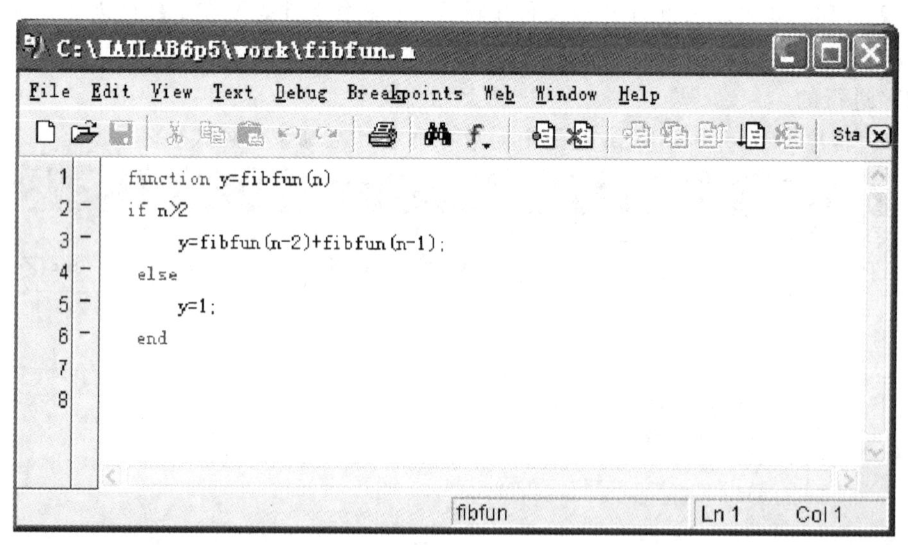

在命令窗口执行命令 fibfun(18)，得到 2584.

二、MATLAB 的程序设计

MATLAB 提供了一个完善的程序设计语言环境，能够方便地编写复杂的程序，完成各种计算.

2.1 关系和逻辑运算

逻辑运算是 MATLAB 中数组运算所特有的一种运算形式，也是几乎所有的高级语言普遍适用的一种运算. 他们具体符号、功能见下表.

符号运算符	功能	函数名
==	等于	eq
~=	不等于	ne
<	小于	lt
>	大于	gt
<=	小于等于	le
>=	大于等于	ge
&	逻辑与	and
|	逻辑或	or
~	逻辑非	not

2.2 程序结构

如其他的程序设计语言一样，MATLAB语言也给出了丰富的流程控制语句，以实现具体的程序设计.一般可分为顺序结构、循环结构和分支结构.

MATLAB语言的流程控制语句主要有for，while，if-else-end，switch-case等4种语句.

(1) for语句

for语句的调用格式为

```
for 循环变量=a:s:b
        循环语句体
end
```

其中a为循环变量的初值，s为循环变量的步长，b为循环变量的终值.如果s省略，则默认步长为1，for语句可以嵌套使用以满足多重循环的需要.

(2) while语句

while语句的调用格式为

```
while    逻辑判断语句
    循环语句体
end
```

while循环一般用于不能事先确定循环次数的情况.只要逻辑变量的值为真，就执行循环语句体，直到逻辑变量的值为假时终止该循环过程.

(3) if-else-end语句

if-else-end 语句的调用格式为

```
if  逻辑判断语句
    逻辑值为"真"时执行语句体
else
    逻辑值为"假"时执行语句体
end
```

当逻辑判断表达式为"真"时，将执行if与else语句间的命令，否则将执行else与end间的命令.

（4）switch-case 语句

if-else-end 语句所对应的是多重判断选择，而有时会遇到多分支判断选择的语句. 此时可考虑用 switch-case 语句.

switch-case　语句的调用格式为

```
switch   选择判断量
    case     选择判断值 1
       选择判断语句 1
    case     选择判断值 2
       选择判断语句 2
    ……
otherwise
       判断执行语句
end
```

（5）break 语句

break 语句可以导致 for 循环、while 循环和 if 条件语句的终止，如果 break 语句出现在一个嵌套的循环里，那么只跳出 break 所在的那个循环，而不跳出整个循环嵌套结构.

三、MATLAB 实验

3.1　矩阵、行列式运算的 MATLAB 实验

MATLAB 语言的基本对象是向量和矩阵，且将数看成一维向量.

1. 矩阵的直接输入法

从键盘上直接输入矩阵是最方便、最常用的创建数值矩阵的方法，特别是较小的简单矩阵. 用此法时，需要注意以下几点：

（1）输入矩阵时要以“[　]”为其标识符号，矩阵的所有元素必须在方括号里.

（2）矩阵同行元素之间由空格或逗号分隔，行与行之间用分号或回车键分隔.

（3）矩阵维数无需事先定义.

（4）矩阵元素可以是运算表达式.

（5）若“[　]”中无元素表示空矩阵.

例 1　生成一个 3 阶矩阵

在提示符≫后面键入：

```
A=[1    2    3
   4    5    6
   7    8    9]
```

按回车便得：

```
A=

   1    2    3
   4    5    6
   7    8    9
```

也可键入：≫A=[1,2,3;4,5,6;7,8,9]

A(i,j)表示矩阵中的元素 a_{ij}，如

```
≫A(2,2)
ans=
      5
```

例 2　生成一个 6 维向量

```
≫a=[1 1 0 1 1 0]
a=
      1     1     0     1     1     0
```

2. 通过冒号表达式生成向量

向量也可以通过冒号表达式生成，格式为：x=x0：step：xn

其中，x0 为向量的第一分量，step 为步长(可正可负，且默认步长为 1)，xn 为向量的最后一个分量

例 3　通过冒号生成一个向量.

```
≫a=1:0.5:3
a=
    1.0000   1.5000   2.0000   2.5000   3.0000
```

例 4　通过冒号表达式生成一个矩阵.

```
A=[1:0.5:2;2:4]
A=
    1.0000     1.5000     2.0000
    2.0000     3.0000     4.0000
```

在 MATLAB 语言中冒号的作用是最为丰富的，通过冒号的使用，可截取矩阵中的指定部分.

例 5　通过冒号表达式截取矩阵.

```
A=[1:0.5:2;2:4]
≫B=A(:,1:2)
  B=
        1.0000     1.5000
        2.0000     3.0000
```

可以看出矩阵 $\boldsymbol{B}$ 是由矩阵 $\boldsymbol{A}$ 的 1 到 2 列和相应的所有行元素构成的一个新矩阵. 在这里，冒号代替了矩阵 $\boldsymbol{A}$ 的所有行. 同理在 $A(1:2,:)$中冒号代表矩阵 $\boldsymbol{A}$ 的所有列.

3. 特殊矩阵的生成

对于一些特殊的矩阵(单位阵、零矩阵等)，由于具有特殊的结构，MATLAB 提供了一些函数用于生成这些矩阵. 常用的有以下几个：

eye(n)	生成 n 阶单位矩阵	ones(n)	生成 n 阶元素全为 1 的矩阵
zeros(n)	生成 n 阶零矩阵	rand(n)	生成 n 阶均匀分布的随机矩阵
randn(n)	生成 n 阶正态分布的随机矩阵	diag(c)	生成以向量 c 为对角的矩阵

eye(n,m)　生成 n×m 阶主对角线元素全为 1，其余元素都为 0 的矩阵

ones(n,m)　生成 n×m 阶元素全为 1 的矩阵

zeros(n,m) 生成 n×m 阶零矩阵

rand(n,m) 生成 n×m 阶均匀分布的随机矩阵

例 6 生成 4 阶单位阵

```
≫eye(4)
  ans=
      1   0   0   0
      0   1   0   0
      0   0   1   0
      0   0   0   1
```

4. 矩阵的基本数学运算

矩阵的基本数学运算包括计算矩阵的行列式值、矩阵的加法、减法、乘法，矩阵与常数的运算、逆运算、秩运算、特征值运算等，现将常用的运算函数列成表格.

det(A)	矩阵的行列式的值
B=A′	**B** 为矩阵 **A** 的转置矩阵
C=A±B	矩阵的加、减
C=A * B	矩阵的乘法
C=A^n	矩阵的 n 次方幂
C=A. * B	矩阵的点乘，即维数相同的矩阵各对应元素相乘
inv(A)	矩阵的逆矩阵
rank(A)	矩阵的秩
eig(A)	矩阵的特征值
[V,D]=eig(A)	矩阵的特征向量和以特征值为元素的对角阵 **D**
p=poly(A)	矩阵的特征多项式
A/B	矩阵的右除　A/B=AB^{-1}=A * inv(B)
A\B	矩阵的左除　A\B=$A^{-1}B$=inv(A) * B

例 7 设 $\boldsymbol{A}=\begin{pmatrix}1&2&3\\2&1&3\\3&1&6\end{pmatrix}$，求 $\boldsymbol{I}=\boldsymbol{A}^{-1}$.

```
≫A=[1,2,3;2,1,3;3,1,6];B=inv(A)
  B=
        -0.5000      1.5000     -0.5000
         0.5000      0.5000     -0.5000
         0.1667     -0.8333      0.5000
≫A * B   %验证一下
ans=
      1   0   0
      0   1   0
      0   0   1
```

```
≫rank(A)　%求矩阵的秩
ans=
     3
```

例 8　求解矩阵方程

$$\begin{pmatrix}1&3&2\\3&-4&1\\-3&6&7\end{pmatrix}\boldsymbol{X}\begin{pmatrix}3&4&-1\\2&-3&6\\3&0&2\end{pmatrix}=\begin{pmatrix}156&-91&281\\-162&44&-228\\324&-100&494\end{pmatrix}.$$

```
≫A=[1 3 2;3 -4 1;-3 6 7];B=[3 4 -1;2 -3 6;3 0 2];C=[156 -91 281;-162
44 -228;324 -100 494]
 X=inv(A)*C*inv(B)
 X=
        -2.0000      3.0000      1.0000
        3.0000       12.0000     4.0000
        2.0000       3.0000      -1.0000
```

例 9　求矩阵 $\boldsymbol{A}=\begin{pmatrix}1&3&5\\2&4&2\\6&3&9\end{pmatrix}$ 的行列式.

```
   ≫A=[1 3 5;2 4 2;6 3 9];det(A)
   ans=
      -78
```

MATLAB 可以进行符号运算,但首先将要用到的符号用语句 syms 定义.

例 10　求行列式 $\begin{vmatrix}1-a&a&0&0&0\\-1&1-a&a&0&0\\0&-1&1-a&a&0\\0&0&-1&1-a&a\\0&0&0&-1&1-a\end{vmatrix}$ 的值.

```
≫syms  a
A=[1-a a 0 0 0;-1 1-a a 0 0;0 -1 1-a a 0;0 0 -1 1-a a;0 0 0 -1 1-a]
A=
   [1-a,a,0,0,0]
   [-1,1-a,a,0,0]
   [0,-1,1-a,a,0]
   [0,0,-1,1-a,a]
   [0,0,0,-1,1-a]
≫det(A)
 ans=
      1-a+a^2-a^3+a^4-a^5
```

3.2　向量组的极大线性无关组和向量内积、正交性的 MATLAB 实验

(1) 在 MATLAB 中使用函数命令 rref 或 rrefmovie 可以把矩阵化为最简形,格式

如下：

R=rref(A)　　给出矩阵 **A** 的行最简形 **R**

[R,ip]=rref(A)　　给出矩阵 **A** 的行最简形 **R**,ip 是一向量,r=length(ip)给出矩阵 **A** 的秩,A(:,ip)给出矩阵 **A** 的一个列向量基,ip 表示列向量基所在的列数

rrefmovie(A)　　给出求矩阵 **A** 的行最简形计算的每一步骤

例 11　求向量组 $\boldsymbol{a}=[1\ -1\ 2\ 4]$,$\boldsymbol{b}=[0\ 3\ 1\ 2]$,$\boldsymbol{c}=[-3\ 3\ 7\ 14]$,$\boldsymbol{d}=[4\ -1\ 9\ 18]$ 的秩以及一个极大线性无关组.

```
>>a=[1 -1 2 4]';b=[0 3 1 2]';c=[-3 3 7 14]';d=[4 -1 9 18]';
  A=[a,b,c,d]  %将向量组拼成一个矩阵
  [R,ip]=rref(A)
R=
    1    0    0    4
    0    1    0    1
    0    0    1    0
    0    0    0    0
ip=
    1    2    3
>>A(:,ip)  %给出向量矩阵A的一个列向量基
  length(ip)  %给出矩阵A的秩,也可用rank(A)求矩阵A的秩
ans=
    1    0    -3
    -1   3    3
    2    1    7
    4    2    14
ans=
    3
```

读者可以用 rrefmovie(A)看一看行最简形计算的每一步骤.

3.3　向量的内积与正交性的 MATLAB 实验

[Q,R]=qr(A)　　此命令将矩阵 **A** 分解为一个正交矩阵 **Q** 和一个上三角矩阵 **R** 的乘积,即 $\boldsymbol{A}=\boldsymbol{Q}*\boldsymbol{R}$.

例 12　求向量 $\boldsymbol{a}=[1\ 2\ -3\ 4]$,$\boldsymbol{b}=[2\ 3\ 4\ 5]$的内积、夹角.

```
>>a=[1 2 -3 4];
b=[2 3 4 5]';  %将向量b写成列向量
p=a*b      %求向量的内积
thita=acos((a*b)/(norm(a)*norm(b)))      %norm用于求出向量的模

p=
    16
```

```
thita=
    1.162 0
```

例 13　将线性无关向量组 $\boldsymbol{a}$=[1 −1 1 1 1]，$\boldsymbol{b}$=[2 1 4 −4 2]，$\boldsymbol{c}$=[5 −4 −3 7 1]，$\boldsymbol{d}$=[3 2 4 6 −1]正交化.

```
>>a=[1 -1 1 1 1]';b=[2 1 4 -4 2]';c=[5 -4 -3 7 1]';d=[3 2 4 6 -1]';
  e=[2 3 4 1 3]' ;%任意添上一个与向量a,b,c,d,e线性无关的向量
  A=[a b c d e];
  [Q,R]=qr(A)   %Q中前4个列向量,相当于施密特正交化方法得到的标准正交向
                量,加上最后一列补充的标准正交向量,构成五维线性空间的标准
                正交基
Q=
    -0.447 2    -0.223 6    0.832 2     -0.200 0    -0.132 3
    0.447 2     -0.255 6    0.102 6     -0.650 4    0.548 7
    -0.447 2    -0.543 0    -0.524 5    -0.400 0    -0.264 6
    -0.447 2    0.734 7     -0.123 5    -0.458 6    0.186 2
    -0.447 2    -0.223 6    -0.081 6    0.408 2     0.759 4
R=
    -2.236 1    -1.341 6    -6.261 0    -4.472 1    -3.130 5
    0           -6.261 0    6.452 7     1.277 8     -3.322 2
    0           0           4.377 6     -0.055 9    -0.494 2
    0           0           0           -6.660 6    -3.185 5
    0           0           0           0           2.787 8

>>Q'*Q      %验证一下
ans=
    1.000 0     -0.000 0    0.000 0     0.000 0     0
    -0.000 0    1.000 0     0.000 0     -0.000 0    -0.000 0
    0.000 0     0.000 0     1.000 0     -0.000 0    0.000 0
    0.000 0     -0.000 0    -0.000 0    1.000 0     0
    0           -0.000 0    0.000 0     0           1.000 0
```

3.4　解线性方程组的 MATLAB 实验

在 MATLAB 中，函数命令 null(A)可以解齐次方程组.

Z=null(A)	给出的是齐次线性方程组 $\boldsymbol{AX}=\boldsymbol{0}$ 的解空间的正交基 $\boldsymbol{Z}$，故 $\boldsymbol{A}*\boldsymbol{Z}=\boldsymbol{0}$
Z1=null(A,'r')	给出的是齐次线性方程组 $\boldsymbol{AX}=\boldsymbol{0}$ 通过行初等变换化简后得到的解空间的有理基，也就是通常说的一组基础解系. 也就是用手工计算的结果.
size(Z1,2)	给出的是 $\boldsymbol{A}$ 的零度，即齐次线性方程组 $\boldsymbol{AX}=\boldsymbol{0}$ 解空间的维数.

例 14 求解齐次线性方程组$\begin{cases}x_1+x_2+x_3+x_4+x_5=0,\\3x_1+2x_2+x_3+x_4-3x_5=0,\\x_2+2x_3+2x_4+6x_5=0,\\5x_1+4x_2+3x_3+3x_4-x_5=0\end{cases}$的基础解系和通解.

```
≫A=[1 1 1 1 1;3 2 1 1 -3;0 1 2 2 6;5 4 3 3 -1];
  Z=null(A)      %给出的是齐次线性方程组AX=0的解空间的正交基Z
  Z=
        0.7530     0.0176    -0.0000
       -0.4167    -0.7464    -0.0000
       -0.3043     0.4533    -0.7071
       -0.3043     0.4533     0.7071
        0.2723    -0.1778    -0.0000
≫Z1=null(A,'r')  %给出的是齐次线性方程组AX=0的一组基础解系.
Z1=
        1          1          5
       -2         -2         -6
        1          0          0
        0          1          0
        0          0          1
≫size(Z1,2)      %给出齐次线性方程组AX=0解空间的维数n-r.
ans=
        3
≫r=rank(A)       %给出系数矩阵A的秩,AX=0解空间的维数n-r=5-2=3.与
                  用size(Z1,2)求出的结果吻合
r=
        2
≫x1=Z1(:,1)      %取出基础解系的第一个向量
x1 =
        1
       -2
        1
        0
        0
≫x2=Z1(:,2)      %取出基础解系的第二个向量
x2=
        1
       -2
        0
        1
        0
```

```
≫x3=Z1(:,3)        %取出基础解系的第三个向量
x3=
        5
       -6
        0
        0
        1
≫syms  k1  k2  k3  %声明自由变量
  X=k1*x1+k2*x2+k3*x3
  X=
        [            k1+k2+5*k3]
        [-2*k1-2*k2-6*k3 ]
        [                    k1]
        [                    k2]
        [                    k3]
```

在 MATLAB 中,使用命令函数 null(A,'r'),结合 r(A)、r(A ¦ b)的关系判断并求解非齐次线性方程组 $\boldsymbol{AX}=\boldsymbol{b}$.

例 15　判断非齐次线性方程组$\begin{cases}x_1-2x_2+3x_3-x_4=1,\\3x_1-x_2+5x_3-3x_4=2,\\2x_1+x_2+2x_3-2x_4=3,\end{cases}$是否有解,若有解,求其通解.

```
≫A=[1 -2 3 -1;3 -1 5 -3;2 1 2 -2] ;b=[1 2 3]'; B=[A b];n=4;
  RA=rank(A); RB=rank(B);
  if (RA==RB&RA==n)   X=A\b
       else if (RA==RB & RA<n)
  x0=A\b
  D=null(A,'r')
else
  fprintf(' 方程组的无解 ')
     end
end
```

运行该程序,结果为:方程组无解.

例 16　判断非齐次线性方程组$\begin{cases}x_1-x_2-x_3+x_4=0,\\x_1-x_2+x_3-3x_4=1,\\x_1-x_2-2x_3+3x_4=-0.5,\end{cases}$是否有解,若有解,求其通解.

```
A=[1 -1 -1 1;1 -1 1 -3;1 -1 -2 3] ;b=[0 1 -0.5]'; B=[A b];n=4;
    RA=rank(A); RB=rank(B);
    if (RA==RB&RA==n)   X=A\b   %唯一解
        else if (RA==RB & RA<n)
```

```
    x0=A\b   %特解
    D=null(A,'r')      %基础解系
else
    fprintf('方程组的无解')
end
end
Warning: Rank deficient, rank = 2   tol =    3.8715e-015.
x0=
      0
   -0.2500
      0
   -0.2500
D=
      1    1
      1    0
      0    2
      0    1
```

由以上显示结果，可得方程组的解为：

$$\boldsymbol{x}=k_1\begin{pmatrix}1\\1\\0\\0\end{pmatrix}+k_2\begin{pmatrix}1\\0\\2\\1\end{pmatrix}+\begin{pmatrix}0\\-0.25\\0\\-0.25\end{pmatrix}.$$

3.5 特征值、特征向量、矩阵对角化及二次型的 MATLAB 实验

在 MATLAB 中，函数命令“eig”可以求矩阵的特征值、特征向量；命令“jordan”可将矩阵对角化等.

eig(A)	给出方阵的所有特征值
[V,D]= eig(A)	给出由方阵 $\boldsymbol{A}$ 的所有特征值组成的对角阵 $\boldsymbol{D}$ 和特征向量矩阵 $\boldsymbol{V}$，满足 $\boldsymbol{A}*\boldsymbol{V}=\boldsymbol{V}*\boldsymbol{D}$，或者 $\boldsymbol{A}=\boldsymbol{V}*\boldsymbol{D}*\boldsymbol{V}^{-1}$，第 k 个特征值对应的特阵向量是 $\boldsymbol{V}$ 的第 k 个列向量
poly(A)	当 $\boldsymbol{A}$ 是 n 阶方阵时，给出的是 $\boldsymbol{A}$ 的特征多项式的 $n+1$ 个按降幂排列的系数. 即特征多项式 $\lvert\lambda\boldsymbol{E}-\boldsymbol{A}\rvert=\det\ (lambda*eye(size(\boldsymbol{A}))-\boldsymbol{A})$ 的系数
trace(A)	给出矩阵 $\boldsymbol{A}$ 的迹

[P,J]=Jordan(A)将矩阵 $\boldsymbol{A}$ 化为 Jordan，其中 $\boldsymbol{P}$ 时可逆阵，$\boldsymbol{J}$ 是 Jordan 矩阵

例 17 求矩阵 $\boldsymbol{A}=\begin{pmatrix}2&0&0\\0&3&2\\0&2&3\end{pmatrix}$ 的特征值、特征向量、特征多项式及迹.

```
>>A=[2 0 0;0 3 2;0 2 3];
  [V ,D]=eig(A)      %给出方阵A的特征值组成的对角阵D和特征向量矩阵V
```

```
V =                  %方阵A的特征向量、列向量
        0         1.0000    0
        -0.7071   0         0.7071
        0.7071    0         0.7071
  D=                 %对角线元素是A的特征值
        1.0000    0         0
        0         2.0000    0
        0         0         5.0000
>>c=poly(A)          %A的特征多项式的n+1个按降幂排列的系数
c=
    1.0000   -8.0000   17.0000   -10.0000
>>f=poly2sym(c)      %将多项式向量c表示为符号形式,f即为特征多项式
                      |λE-A|=λ^3-8λ^2+17λ-10
f=
    x^3-8*x^2+17*x-10
>>trace(A)
    ans=
    8
```

例 18　求矩阵 $\boldsymbol{A}=\begin{bmatrix}1&1&1&1\\1&1&-1&-1\\1&-1&1&-1\\1&-1&-1&1\end{bmatrix}$ 的特征值、特征向量.

```
>>[V,D]=eig(A)
V=
    -0.5000   0.2113    0.2887    0.7887
    0.5000    0.7887    -0.2887   0.2113
    0.5000    -0.5774   -0.2887   0.5774
    0.5000    0         0.8660    0
D=
    -2.0000   0         0         0
    0         2.0000    0         0
    0         0         2.0000    0
    0         0         0         2.0000
```

矩阵 $\boldsymbol{A}$ 可对角化的充要条件是,$\boldsymbol{A}$ 是方阵,且 $\boldsymbol{A}$ 有 n 个线性无关的特征向量. 调用函数"[V,D]= eig(A)",如果 det($\boldsymbol{V}$)≠0,则矩阵可通过相似变换化为对角阵,即 $\boldsymbol{V}^{-1}*\boldsymbol{A}*\boldsymbol{V}=\boldsymbol{D}$. 如果矩阵 det($\boldsymbol{V}$)=0,则矩阵不能对角化,但仍可以通过相似变换化为 Jordan,[P,J]= Jordan(A)将矩阵 $\boldsymbol{A}$ 化为 Jordan,其中 $\boldsymbol{P}$ 时可逆阵,$\boldsymbol{J}$ 是 Jordan 矩阵.

例 19 将矩阵 $A=\begin{pmatrix}0&0&1\\1&1&-1\\1&0&0\end{pmatrix}$ 化为对角阵.

```
≫A=[0 0 1;1 1 -1;1 0 0]
  [V,D]=eig(A)
V=
      0           0.7071      -0.5774
      1.0000      0            0.5774
      0           0.7071       0.5774
D=
      1           0            0
      0           1            0
      0           0           -1
≫det(V)    %计算V的行列式
ans=
      -0.8165
```

由 $\det(V)\neq0$,可见矩阵 A 可对角化,即

$$V^{-1}AV=\begin{pmatrix}1&0&0\\0&1&0\\0&0&-1\end{pmatrix}.$$

例 20 求矩阵 $A=\begin{pmatrix}-1&-2&6\\-1&0&3\\-1&-1&4\end{pmatrix}$ 的 Jordan 标准型.

```
≫A=[-1 -2 6;-1 0 3 ;-1 -1 4];
  [P,J]=jordan(A)
P=
        -2     4     3
        -1     0     0
        -1     1     1
J=
         1     1     0
         0     1     0
         0     0     1
```

如果矩阵 A 可对角化,调用[P,J]=Jordan(A)后所得到的 J 将是对角阵.

如果 A 是对称矩阵,可调用函数“[P,D]=eig(A)”,其中 P 是正交矩阵,D 是对角矩阵,可用正交矩阵 P 将 A 化为对角阵.

对任意的实二次型 $f(x)=X^{T}AX$,其中 $A=(a_{ij})$ 是 n 阶实对称矩阵,一定可以经过正交线性变换 $X=PY$ 变成标准型 $f=\lambda_1y_1^2+\lambda_2y_2^2+\cdots+\lambda_ny_n^2$,其中,系数 $\lambda_1,\lambda_2,\cdots,\lambda_n$ 是实对称矩阵 A 的全部特征值.

实二次型 $f(x)=\boldsymbol{X}^{\mathrm{T}}\boldsymbol{A}\boldsymbol{X}$ 是正定的，如果对任何 $\boldsymbol{X}\neq 0$，都有 $\boldsymbol{X}^{\mathrm{T}}\boldsymbol{A}\boldsymbol{X}>0$，正定二次型的矩阵称为正定矩阵.

判断二次型为正定的充要条件是，它的系数矩阵 $\boldsymbol{A}$ 的全部特征值全部为正，或者的各阶顺序主子式为正.

例 21　化二次型 $f=4x_1^2+4x_2^2+4x_3^2+4x_4^2+4x_1x_2+4x_1x_3+4x_2x_3$ 为标准型.

```
>>A=[4 2 2 0;2 4 2 0;2 2 4 0;0 0 0 4]
  [P,D]=eig(A)
A=
        4      2      2      0
        2      4      2      0
        2      2      4      0
        0      0      0      4
P=
     0.408 2      0.707 1      0          0.577 4
     0.408 2     -0.707 1      0          0.577 4
    -0.816 5      0            0          0.577 4
     0            0            1.000 0    0
D=
     2.000 0      0            0          0
     0            2.000 0      0          0
     0            0            4.000 0    0
     0            0            0          8.000 0
>>P' * A * P
ans=
     2.000 0      0            0          0.000 0
     0.000 0      2.000 0      0          0.000 0
     0            0            4.000 0    0
     0.000 0      0            0          8.000 0
```

由以上结果，用正交线性变换 $\boldsymbol{X}=\boldsymbol{P}\boldsymbol{Y}$，可将二次型化为：$2y_1^2+2y_2^2+4y_3^2+8y_4^2$.

例 22　判定二次型 $f=5x_1^2+x_2^2+6x_3^2+4x_1x_2-8x_1x_3-4x_2x_3$ 的正定性.

方法一

```
  >>A=[5 2 -4 ;2 1 -2 ;-4 -2 6]
    D=eig(A)
    if all(D>0)
          fprintf(' 二次型正定 ')
    else
          fprintf(' 二次型非正定 ')
    end
A=
```

```
    5    2   -4
    2    1   -2
   -4   -2    6
D=
    0.1293
    1.4897
    10.3809
  二次型正定
方法二
A=[5 2 -4 ;2 1 -2 ;-4 -2 6 ];
a=1;
for i=1:3
    fprintf('第%d阶主子式为',i)
        B=A(1:i,1:i)
    fprintf('第%d阶主子式的值为',i)
        det(B)
    if(det(B)<0)
        a=-1;
        break
    end
end
  if(a==-1)
        fprintf('结论:二次型非正定')
else
        fprintf('结论:二次型正定')
end
第1阶主子式为
B=
   5
第1阶主子式的值为
ans=
   5
第2阶主子式为
B=
     5     2
     2     1
第2阶主子式的值为
ans=
     1
```

第 3 阶主子式为

```
B=
     5     2    -4
     2     1    -2
    -4    -2     6
```

第 3 阶主子式的值为

```
ans=
     2
```

结论:二次型正定

3.6　线性变换的 MATLAB 实验

设 $\boldsymbol{\alpha}_1,\boldsymbol{\alpha}_2,\cdots,\boldsymbol{\alpha}_n$ 及 $\boldsymbol{\beta}_1,\boldsymbol{\beta}_2,\cdots,\boldsymbol{\beta}_n$ 是线性空间 $\mathbf{R}^n$ 中的两个基,并满足 $(\boldsymbol{\beta}_1,\boldsymbol{\beta}_2,\cdots,\boldsymbol{\beta}_n)=(\boldsymbol{\alpha}_1,\boldsymbol{\alpha}_2,\cdots,\boldsymbol{\alpha}_n)\boldsymbol{P}$,$\boldsymbol{P}$ 为由基 $\boldsymbol{\alpha}_1,\boldsymbol{\alpha}_2,\cdots,\boldsymbol{\alpha}_n$ 到基 $\boldsymbol{\beta}_1,\boldsymbol{\beta}_2,\cdots,\boldsymbol{\beta}_n$ 的过渡矩阵. 令 $\boldsymbol{A}=(\boldsymbol{\alpha}_1,\boldsymbol{\alpha}_2,\cdots,\boldsymbol{\alpha}_n)$,$\boldsymbol{B}=(\boldsymbol{\beta}_1,\boldsymbol{\beta}_2,\cdots,\boldsymbol{\beta}_n)$,则键入"P=inv(A) * B"便可求得过渡矩阵 $\boldsymbol{P}$.

如果向量 $\boldsymbol{\alpha}$ 在基 $\boldsymbol{\alpha}_1,\boldsymbol{\alpha}_2,\cdots,\boldsymbol{\alpha}_n$ 下的坐标为 $\boldsymbol{X}=(x_1,x_2,\cdots,x_n)$,则求向量 $\boldsymbol{\alpha}$ 在基 $\boldsymbol{\beta}_1,\boldsymbol{\beta}_2,\cdots,\boldsymbol{\beta}_n$ 下的坐标 $\boldsymbol{Y}$ 可键入"Y=inv(P) * X′ ".

如线性变换 $\boldsymbol{\theta}$ 在基 $\boldsymbol{\alpha}_1,\boldsymbol{\alpha}_2,\cdots,\boldsymbol{\alpha}_n$ 下的矩阵为 $\boldsymbol{A}$,求线性变换 $\boldsymbol{\theta}$ 在基 $\boldsymbol{\beta}_1,\boldsymbol{\beta}_2,\cdots,\boldsymbol{\beta}_n$ 下的矩阵 $\boldsymbol{B}$ 则键入"B=inv(P) * A * P".

例 23　设 $\mathbf{R}^3$ 中的两个基分别为 $\boldsymbol{\alpha}_1=(1,0,-1)$,$\boldsymbol{\alpha}_2=(2,1,1)$,$\boldsymbol{\alpha}_3=(1,1,1)$

$$\boldsymbol{\beta}_1=(0,1,1),\boldsymbol{\beta}_2=(-1,1,0),\boldsymbol{\beta}_3=(1,2,1)$$

(1) 求基 $\boldsymbol{\alpha}_1,\boldsymbol{\alpha}_2,\boldsymbol{\alpha}_3$ 到基 $\boldsymbol{\beta}_1,\boldsymbol{\beta}_2,\boldsymbol{\beta}_3$ 的过渡矩阵.

(2) 求向量 $\boldsymbol{a}=3\boldsymbol{\alpha}_1+2\boldsymbol{\alpha}_2+\boldsymbol{\alpha}_3$ 在基 $\boldsymbol{\beta}_1,\boldsymbol{\beta}_2,\cdots,\boldsymbol{\beta}_n$ 下的坐标.

```
>>A=[1 0 -1;2 1 1;1 1 1]'
  B=[0 1 1;-1 1 0;1 2 1]'
  P=inv(A) * B      %P 为基 α1,α2,α3 到基 β1,β2,β3 的过渡矩阵
A=
     1          2          1
     0          1          1
    -1          1          1
B=
     0         -1          1
     1          1          2
     1          0          1
P=
    -0.0000     1.0000     1.0000
    -1.0000    -3.0000    -2.0000
     2.0000     4.0000     4.0000
>>X=[3,2,1]'      %向量 a 在基 α1,α2,α3 下的坐标
Y=inv(P) * X      %Y 为向量 a 在基 β1,β2,…,βn 下的坐标
Y=
```

```
-5.5000
-2.5000
5.5000
```

四、本章小结

本章我们给出了利用 MATLAB 软件计算线性代数中的一些常见问题的命令和范例，但我们需要指出的是 MATLAB 软件还可以进行其他运算，有些超出了线性代数的范围，因此这里没给出，感兴趣的读者可参考其他相关著作.

习 题 答 案

习题 1 答案

1. (1) 26　(2) 1　(3) −58　(4) 0

2. $\lambda\neq0$ 且 $\lambda\neq2$.

3. (1) 1　(2) 2　(3) $(-1)^{n+1}n!$　(4) $x^n+(-1)^{n+1}y^n$

4. (1) $ab(b-a)$　(2) 0　(3) 8　(4) 52　(5) 0　(6) 80　(7) $a^3(4+a)$　(8) 0

5. (1) $-2(n-2)!$　(2) $(a_1a_2\cdots a_{n-1})\left(a_0-\sum_{i=1}^{n-1}\frac{1}{a_i}\right)$　(3) 用数学归纳法:$\cos(n\theta)$

(4) 当 $n=1$ 时,a_1-b_1,当 $n=2$ 时,$(a_1-b_1)(a_2-b_2)-(a_2-b_1)(a_1-b_2)$,当 $n\geqslant3$ 时,0

(5) 提示:用递推关系式 $D_n=(\alpha+\beta)D_{n-1}-\alpha\beta D_{n-2}(n\geq3)$. 当 $\alpha=\beta$ 时,$(n+1)\alpha^n$,当 $\alpha\neq\beta$ 时,$\frac{\beta^{n+1}-\alpha^{n+1}}{\beta-\alpha}$.

6. (2) 提示:从最后一列开始每列乘以 x 加到前一列

(4) 提示:将最后一行乘以(−1)加到其余各行上去,提出因子后再将最后一列乘以(−1)加到其余各列上去,再提出因子,得递推公式.

7. (1) $(b-a)(c-a)(d-a)(c-b)(d-b)(d-c)$

(2) 提示:考虑到 $\cos2\theta_i=2\cos^2\theta_i-1$,$\cos3\theta_i=4\cos^3\theta_i-3\cos\theta_i$,用范德蒙行列式可得:$8(\cos\theta_1-\cos\theta_0)\cdot(\cos\theta_2-\cos\theta_0)\cdot(\cos\theta_3-\cos\theta_0)\cdot(\cos\theta_2-\cos\theta_1)\cdot(\cos\theta_3-\cos\theta_1)\cdot(\cos\theta_3-\cos\theta_2)$

(3) 提示:添加一行一列构造一个 4 次多项式函数 $\begin{vmatrix}1&x&x^2&x^3&x^4\\1&a_1&a_1^{\ 2}&a_1^{\ 3}&a_1^{\ 4}\\1&a_2&a_2^{\ 2}&a_2^{\ 3}&a_2^{\ 4}\\1&a_3&a_3^{\ 2}&a_3^{\ 3}&a_3^{\ 4}\\1&a_4&a_4^{\ 2}&a_4^{\ 3}&a_4^{\ 4}\end{vmatrix}$,然后运用范德蒙行列式的结论考虑 x^3 的系数即可得其答案是:$(a_1+a_2+a_3+a_4)\prod_{1\leqslant i<j\leqslant4}(a_j-a_i)$.

8. 0.

9. (1) $x_1=3,x_2=-4,x_3=-1,x_4=1$

(2) $x=1,y=5,z=-5,w=-2$

10. (1) $k=\pm1$

(2) $\lambda\neq1$ 且 $\lambda\neq-2$,$x_1=\frac{-(\lambda+1)}{\lambda+2}$,$x_2=\frac{1}{\lambda+2}$,$x_3=\frac{(\lambda+1)^2}{\lambda+2}$

11. (1) 提示:用罗尔中值定理

(2) $F'(x)=6x^2$

习题 2 答案

1. $\boldsymbol{B}=\begin{bmatrix}1&3&5\\3&2&-4\\5&-4&3\end{bmatrix}$,$\boldsymbol{C}=\begin{bmatrix}0&1&-2\\-1&0&\frac{1}{2}\\2&-\frac{1}{2}&0\end{bmatrix}$

2. (1) $2\boldsymbol{A}-3\boldsymbol{B}=\begin{bmatrix}-12 & -17 & 13\\ -19 & 18 & 8\end{bmatrix}$ (2) $\boldsymbol{X}=\begin{bmatrix}2 & 3 & -\frac{5}{2}\\ 4 & -\frac{7}{2} & -2\end{bmatrix}$

(3) $\boldsymbol{Y}=\begin{bmatrix}-\frac{8}{3} & -3 & \frac{4}{3}\\ -\frac{1}{3} & \frac{5}{3} & -\frac{4}{3}\end{bmatrix}$

3. (1) $\begin{bmatrix}0 & 0\\ 0 & 0\end{bmatrix}$ (2) $\begin{bmatrix}55 & 510 & 13\\ 90 & 570 & 22\end{bmatrix}$ (3) $\begin{bmatrix}22 & -28\\ -28 & 36\\ 13 & -17\end{bmatrix}$ (4) $\begin{bmatrix}10\\ -8\end{bmatrix}$

(5) $\begin{bmatrix}8 & 10 & 2 & 4\\ 4 & 4 & 2 & 2\\ 2 & 4 & 0 & 2\end{bmatrix}$ (6) $a_1b_1+a_2b_2+a_3b_3$ (7) $\begin{bmatrix}b_1a_1 & b_1a_2 & b_1a_3\\ b_2a_1 & b_2a_2 & b_2a_3\\ b_3a_1 & b_3a_2 & b_3a_3\end{bmatrix}$

(8) $a_{11}x_1^2+a_{22}x_2^2+a_{33}x_3^2+2a_{12}x_1x_2+2a_{13}x_1x_3+2a_{23}x_2x_3$

4. $\begin{cases}x_1=7z_1+12z_2+6z_3,\\ x_2=z_1+6z_2-14z_3,\\ x_3=-3z_1+z_2-20z_3.\end{cases}$

5. 略

6. $\boldsymbol{X}=\begin{bmatrix}a & b\\ a-2 & b-5\\ -2a+1 & -2b+4\end{bmatrix}$,其中 a,b 是任意数

7. (1) $\boldsymbol{B}=\begin{bmatrix}a & a-d\\ 0 & d\end{bmatrix}$,其中 a,d 是任意数

(2) $\boldsymbol{B}=\begin{bmatrix}a & 0 & 0\\ b & a & 0\\ c & b & a\end{bmatrix}$,其中 a,b,c 是任意数

8. 略

9. (1) $\begin{bmatrix}4 & 3\\ -3 & -2\end{bmatrix}$ (2) $\begin{bmatrix}\cos 2\varphi & -\sin 2\varphi\\ \sin 2\varphi & \cos 2\varphi\end{bmatrix}$ (3) $\begin{bmatrix}1 & 1\\ 0 & 0\end{bmatrix}$ (4) $\begin{bmatrix}1 & 0\\ k\lambda & 1\end{bmatrix}$

(5) $\begin{bmatrix}2^{k-1} & 2^{k-1}\\ 2^{k-1} & 2^{k-1}\end{bmatrix}$ (6) $\lambda^{k-2}\begin{bmatrix}\lambda^2 & k\lambda & \frac{k(k-1)}{2}\\ 0 & \lambda^2 & k\lambda\\ 0 & 0 & \lambda^2\end{bmatrix}$

10. 略

11. (1) $\boldsymbol{A}^{\mathrm{T}}\boldsymbol{B}-2\boldsymbol{A}=\begin{bmatrix}-1 & 5 & 2\\ 1 & -3 & 4\\ 0 & 11 & -2\end{bmatrix}$ (2) $(\boldsymbol{AB})^{\mathrm{T}}=\begin{bmatrix}0 & 0 & 2\\ 5 & -5 & 9\\ 8 & -1 & 0\end{bmatrix}$

12.~15. 略

16. $(-1)^n k^{n+1}$

17.~18. 略

19. (1) $|2\boldsymbol{A}^{-1}|=4$ (2) $|(3\boldsymbol{A}^*)^2|=2^4\cdot 3^6$ (3) $\left|(3\boldsymbol{A})^{-1}-\frac{1}{2}\boldsymbol{A}^*\right|=-\frac{4}{27}$

20. (1) $\begin{bmatrix} 2 & -1 \\ -3 & 2 \end{bmatrix}$ (2) $\dfrac{1}{ad-bc}\begin{bmatrix} d & -b \\ -c & a \end{bmatrix}$ (3) $\begin{bmatrix} \frac{7}{6} & \frac{2}{3} & -\frac{3}{2} \\ -1 & -1 & 2 \\ -\frac{1}{2} & 0 & \frac{1}{2} \end{bmatrix}$

(4) $\begin{bmatrix} \frac{5}{6} & \frac{2}{3} & -\frac{1}{6} \\ \frac{3}{2} & 2 & -\frac{1}{2} \\ \frac{1}{6} & \frac{1}{3} & \frac{1}{6} \end{bmatrix}$ (5) $\begin{bmatrix} 1 & 0 & 0 & 0 \\ -\frac{1}{2} & \frac{1}{2} & 0 & 0 \\ -\frac{1}{2} & -\frac{1}{6} & \frac{1}{3} & 0 \\ \frac{1}{8} & -\frac{5}{24} & -\frac{1}{12} & \frac{1}{4} \end{bmatrix}$ (6) $\begin{bmatrix} a_1^{-1} & 0 & \cdots & 0 \\ 0 & a_2^{-1} & \cdots & 0 \\ \vdots & \vdots & & \vdots \\ 0 & 0 & \cdots & a_n^{-1} \end{bmatrix}$

21. $\begin{cases} y_1 = \dfrac{x_2}{3} + \dfrac{x_3}{3}, \\ y_2 = \dfrac{x_2}{3} - \dfrac{2x_3}{3}, \\ y_3 = -x_1 + \dfrac{2x_2}{3} - \dfrac{x_3}{3}. \end{cases}$

22. (1) $\boldsymbol{X}=\begin{bmatrix} 1 & -1 \\ 0 & 2 \end{bmatrix}$ (2) $\boldsymbol{X}=\begin{bmatrix} 1 & -1 & -1 \\ -2 & 13 & 9 \\ 0 & 2 & 1 \end{bmatrix}$ (3) $\boldsymbol{X}=\begin{bmatrix} -6 & \frac{21}{2} & \frac{11}{2} \\ \frac{1}{2} & -\frac{7}{2} & -2 \\ 2 & -6 & -3 \end{bmatrix}$

23. $\boldsymbol{X}=(\boldsymbol{A}-2\boldsymbol{E})^{-1}\boldsymbol{B}=\begin{bmatrix} 3 & 0 \\ 7 & -1 \\ 1 & 1 \end{bmatrix}$

24. $\boldsymbol{X}=\boldsymbol{B}(\boldsymbol{A}+3\boldsymbol{E})^{-1}=\begin{bmatrix} 0 & 1 & -1 \\ 1 & 0 & 2 \end{bmatrix}$

25. $\boldsymbol{X}=\boldsymbol{A}-\boldsymbol{E}=\begin{bmatrix} -1 & 0 & 1 \\ 1 & -3 & 0 \\ 0 & 1 & 0 \end{bmatrix}$

26. $\boldsymbol{X}=(4\boldsymbol{E}-2\boldsymbol{A})^{-1}=\dfrac{1}{2}(2\boldsymbol{E}-\boldsymbol{A})^{-1}=\dfrac{1}{4}\begin{bmatrix} 1 & 1 & 0 \\ 0 & 1 & 1 \\ 1 & 0 & 1 \end{bmatrix}$

27. $\boldsymbol{X}=3\left(\boldsymbol{E}-\dfrac{1}{2}\boldsymbol{A}^*\right)^{-1}=6(2\boldsymbol{E}-\boldsymbol{A}^*)^{-1}=\begin{bmatrix} 6 & 0 & 0 & 0 \\ 0 & 6 & 0 & 0 \\ 6 & 0 & 6 & 0 \\ 0 & 3 & 0 & -1 \end{bmatrix}$

28. 略

29. (1) $\boldsymbol{A}^{-1}=\dfrac{1}{3}(\boldsymbol{A}+2\boldsymbol{E}),(\boldsymbol{A}+2\boldsymbol{E})^{-1}=\dfrac{\boldsymbol{A}}{3}$

(2) $(\boldsymbol{A}+4\boldsymbol{E})^{-1}=-\dfrac{1}{5}(\boldsymbol{A}-2\boldsymbol{E}),(\boldsymbol{A}-2\boldsymbol{E})^{-1}=-\dfrac{1}{5}(\boldsymbol{A}+4\boldsymbol{E})$

30. (1) $\begin{bmatrix} a & 0 & ac & 0 \\ 0 & a & 0 & ac \\ 1 & 0 & c+bd & 0 \\ 0 & 1 & 0 & c+bd \end{bmatrix}$ (2) $\begin{bmatrix} 12 & 16 & 6 & 5 \\ 9 & 12 & 4 & 3 \\ 9 & 12 & 2 & 1 \\ 4 & 8 & 0 & 0 \\ 12 & 16 & 0 & 0 \end{bmatrix}$

31. (1) $|\boldsymbol{A}^5|=32$ (2) $\boldsymbol{A}^{-1}=\begin{bmatrix}1 & \frac{3}{2} & 0 & 0\\ 0 & \frac{1}{2} & 0 & 0\\ 0 & 0 & 3 & -2\\ 0 & 0 & -1 & 1\end{bmatrix}$ (3) $\boldsymbol{A}^3=\begin{bmatrix}1 & -21 & 0 & 0\\ 0 & 8 & 0 & 0\\ 0 & 0 & 11 & 30\\ 0 & 0 & 15 & 41\end{bmatrix}$

32. (1) $\boldsymbol{M}^{-1}=\begin{bmatrix}\boldsymbol{O} & \boldsymbol{B}^{-1}\\ \boldsymbol{A}^{-1} & \boldsymbol{O}\end{bmatrix}$ (2) $\begin{bmatrix}0 & 0 & 2\\ 1 & 2 & 0\\ 3 & 4 & 0\end{bmatrix}^{-1}=\begin{bmatrix}0 & -2 & 1\\ 0 & \frac{3}{2} & -\frac{1}{2}\\ \frac{1}{2} & 0 & 0\end{bmatrix}$,

$$\begin{bmatrix}0 & 0 & 0 & 1 & 3\\ 0 & 0 & 0 & 2 & 8\\ 1 & 0 & 1 & 0 & 0\\ 2 & 3 & 2 & 0 & 0\\ 3 & 1 & 1 & 0 & 0\end{bmatrix}^{-1}=\begin{bmatrix}0 & 0 & -\frac{1}{6} & -\frac{1}{6} & \frac{1}{2}\\ 0 & 0 & -\frac{2}{3} & \frac{1}{3} & 0\\ 0 & 0 & \frac{7}{6} & \frac{1}{6} & -\frac{1}{2}\\ 4 & -\frac{3}{2} & 0 & 0 & 0\\ -1 & \frac{1}{2} & 0 & 0 & 0\end{bmatrix}$$

33. (1) $\boldsymbol{M}^{-1}=\begin{bmatrix}\boldsymbol{A}^{-1} & -\boldsymbol{A}^{-1}\boldsymbol{C}\boldsymbol{B}^{-1}\\ \boldsymbol{O} & \boldsymbol{B}^{-1}\end{bmatrix}$ (2) $\begin{bmatrix}1 & 0 & 3 & -4\\ 0 & 1 & 5 & 6\\ 0 & 0 & 0 & 2\\ 0 & 0 & 2 & 0\end{bmatrix}^{-1}=\begin{bmatrix}1 & 0 & 2 & -\frac{3}{2}\\ 0 & 1 & -3 & -\frac{5}{2}\\ 0 & 0 & 0 & \frac{1}{2}\\ 0 & 0 & \frac{1}{2} & 0\end{bmatrix}$,

$$\begin{bmatrix}1 & 2 & 1 & 0 & 2\\ 3 & 8 & 0 & 1 & 3\\ 0 & 0 & 1 & 2 & 3\\ 0 & 0 & 0 & 3 & 1\\ 0 & 0 & 1 & 2 & 1\end{bmatrix}^{-1}=\begin{bmatrix}4 & -1 & -2 & 3 & -2\\ -\frac{3}{2} & \frac{1}{2} & \frac{7}{12} & -\frac{7}{6} & \frac{11}{12}\\ 0 & 0 & -\frac{1}{6} & -\frac{2}{3} & \frac{7}{6}\\ 0 & 0 & -\frac{1}{6} & \frac{1}{3} & \frac{1}{6}\\ 0 & 0 & \frac{1}{2} & 0 & -\frac{1}{2}\end{bmatrix}$$

34. ～36. 略

习题 3 答案

1. A:Ⅲ B:Ⅷ C:x 轴 D:zOx 面 E:z 轴 F:Ⅴ
2. (3,2,1) (−3,2,−1) (3,−2,−1) (3,−2,1) (−3,2,1) (−3,−2,−1) (−3,−2,1)
3. z 坐标为 0,x 坐标为 0,y 坐标为 0
4. x 轴:$y=z=0$;y 轴:$x=z=0$;z 轴:$x=y=0$
5. (1) $\sqrt{29}$ (2) $5\sqrt{3}$
6. $P(-1.8,0,0)$
7. 略
8. $P(\pm 1,0,0)$

9. $(-a,a,a)$　$(-a,-a,a)$　$(-a,a,a)$　$(a,a,-a)$

10. $\overrightarrow{AB}=\boldsymbol{b}-\frac{1}{2}\boldsymbol{a}$

11. B

12. 略

13. 略

14. $(-2,3,0)$

15. $\left(\frac{5}{2},\frac{1}{2},-1\right)$　$\left(0,\frac{1}{3},0\right)$

16. $P_2(4,2\sqrt{2},7)$或$P_2(4,2\sqrt{2},3)$

17. $(-5,5,26),(7,-18,1)$　$\pm\left(\frac{1}{\sqrt{42}},-\frac{4}{\sqrt{42}},\frac{5}{\sqrt{42}}\right)$

18. $|M_1M_2|=2$　$\cos\alpha=-\frac{1}{2}$　$\cos\beta=-\frac{\sqrt{2}}{2}$　$\cos\gamma=\frac{1}{2}$　$\alpha=\frac{2}{3}\pi$　$\beta=\frac{3}{4}\pi$　$\gamma=\frac{\pi}{3}$

19. $B\left(\frac{38}{3},\frac{1}{3},-\frac{5}{3}\right)$

20. $\frac{1}{\sqrt{34}}(0,3,-5)$

21. $x=\frac{12}{5},y=\frac{4}{5}$

22. $\frac{5}{2}$

23. -3　2　2　$\overrightarrow{AB}=\sqrt{17}$

24. $(0,-5,-2),\frac{1}{\sqrt{29}}(0,-5,-2)$

25. $\alpha=\frac{\pi}{2},\beta=\frac{\pi}{2},\gamma=\pi$或$\alpha=\frac{\pi}{4},\beta=\frac{\pi}{4},\gamma=\frac{\pi}{2}$

26. $k=-\frac{4}{3},k=\frac{13}{3}$

27. $\lambda=40$

28. $-\frac{3}{2}$

29. 略

30. (1)$(-4,-8,4)$　(2) -68　(3) $(-35,47,31)$

31. 2

32. $\sqrt{14}$

33. 1

34. $\frac{\pi}{3}$

35. $\frac{1}{3\sqrt{2}}$　$\frac{4}{21},\frac{9}{7\sqrt{2}}$

36. $\frac{5\sqrt{3}}{2}$

37. $\lambda=2\mu$

38. $3\sqrt{29},\sqrt{23}$

39. $\frac{\pi}{6}$

40. $k=-5$

41. $-\frac{2}{3}(1,2,2)$

42. 5

43. $V=\pm\frac{1}{6}\begin{vmatrix} x_2-x_1 & y_2-y_1 & z_2-z_1 \\ x_3-x_1 & y_3-y_1 & z_3-z_1 \\ x_4-x_1 & y_4-y_1 & z_4-z_1 \end{vmatrix}$．式中正负号的选择必须和行列式的符号一致

44. $2x-y+3z-9=0$

45. $-x+3y+2z=0$

46. $10(x-3)+2(y-4)+11(z-10)=0$

47. $x+y+z=2$

48. $x+\frac{y}{3}+\frac{z}{2}=\pm 7$

49. $2x-y-z=0$

50. $x-2+\sqrt{11}y-2z=0$，$x-2-\sqrt{11}y-2z=0$

51. $\sqrt{3}$

52. 对称式方程$\frac{x-1}{4}=\frac{y}{-1}=\frac{z}{-3}$，参数方程：$\begin{cases} x=1+4t \\ y=-t \\ z=-3t \end{cases}$

53. $\frac{x-2}{2}=\frac{y-0}{3}=\frac{z+3}{-1}$

54. $x-z=2$

55. $\begin{cases} \frac{x-2}{3}=\frac{z+3}{-3} \\ y=0 \end{cases}$

56. $\frac{5}{\sqrt{351}}$

57. $\frac{x}{5}=\frac{y-1}{-7}=\frac{z+4}{1}$

58. $-3x+4y-z+13=0$

59. $\arcsin\frac{\sqrt{7}}{6}$

60. (1) 垂直　(2) 相交　(3) 直线在平面上

61. $x-2+y-1-(z+1)=0$

62. $\left(\frac{5}{3},-\frac{2}{3},\frac{2}{3}\right)$

63. $\frac{\sqrt{6}}{2}$

64. $\begin{cases} 9x+7y-2z-7=0 \\ x-y+z=2 \end{cases}$

65. 4

66. $|\boldsymbol{s}|=\sqrt{14}$；$\theta=\arccos\frac{2}{\sqrt{14}}$

67. $\boldsymbol{b}=(-4,2,-4)$

68. $\frac{\pi}{3}$

69. $\boldsymbol{b}-\frac{\boldsymbol{a}\times\boldsymbol{b}}{|\boldsymbol{a}|^2}\boldsymbol{a}$

70. $\boldsymbol{c}=\left(\pm\frac{3}{\sqrt{318}},\pm\frac{42}{\sqrt{318}},\mp\frac{33}{\sqrt{318}}\right)$

71. $\left(0,0,-\frac{1}{3}\right)$

72. $\frac{x-2}{2}=\frac{y-1}{-1}=\frac{z-3}{4}$

73. $x-y+z=0$

74. $(-5,2,4)$

75. $x+2y+2z-10=0$ 或 $4y+3z-16=0$

76. $\frac{x-2}{2}=\frac{y+3}{\sqrt{6}}=\frac{z+1}{\sqrt{6}}$，$\frac{x-2}{2}=\frac{y+3}{-\sqrt{6}}=\frac{z+1}{-\sqrt{6}}$

77. $\left(0,0,\frac{1}{5}\right)$

习题 4 答案

1. (1) $4\boldsymbol{\alpha}-3\boldsymbol{\beta}=\begin{bmatrix}-11\\8\\-24\\9\end{bmatrix}$；(2) $\boldsymbol{\gamma}=\begin{bmatrix}-1\\\frac{4}{3}\\-\frac{10}{3}\\1\end{bmatrix}$

2. $\boldsymbol{\alpha}=\begin{bmatrix}1\\2\\3\\-1\end{bmatrix}$ $\boldsymbol{\beta}=\begin{bmatrix}2\\0\\3\\1\end{bmatrix}$

3. (1) 线性无关 (2) 线性相关，因为 $\boldsymbol{\alpha}_1=2\boldsymbol{\alpha}_2-3\boldsymbol{\alpha}_3$ (3) 线性无关 (4) 线性相关，因为 $2\boldsymbol{\alpha}_1-\boldsymbol{\alpha}_2+\boldsymbol{\alpha}_3-\boldsymbol{\alpha}_4=\boldsymbol{0}$

4. $\boldsymbol{\beta}_1$ 与 $\boldsymbol{\beta}_2$ 不能. 因为分别是 3 维、5 维向量，不可能由 4 维向量组线性表出. 而 $\boldsymbol{\beta}_3$ 可以，$\boldsymbol{\beta}_3=\boldsymbol{\alpha}_1+2\boldsymbol{\alpha}_2-\boldsymbol{\alpha}_3$

5. (1) 不正确 (2) 正确 (3) 不正确 (4) 正确 (5) 正确

6. 提示：$k_1(\boldsymbol{\alpha}_1+2\boldsymbol{\alpha}_2)+k_2(\boldsymbol{\alpha}_1-\boldsymbol{\alpha}_2)=0\Rightarrow k_1=k_2=0$

7. 提示：$k_1(\boldsymbol{\alpha}_1+\boldsymbol{\alpha}_2)+k_2(\boldsymbol{\alpha}_2+\boldsymbol{\alpha}_3)+k_3(\boldsymbol{\alpha}_1+\boldsymbol{\alpha}_3)=0\Rightarrow k_1=k_2=k_3=0$

8. 提示：$(\boldsymbol{\alpha}_1+\boldsymbol{\alpha}_2)+(\boldsymbol{\alpha}_3+\boldsymbol{\alpha}_4)-(\boldsymbol{\alpha}_2+\boldsymbol{\alpha}_3)-(\boldsymbol{\alpha}_1+\boldsymbol{\alpha}_4)=\boldsymbol{0}$

9. 提示：由线性相关、线性无关的定义，结合反证法.

10. 提示：法 1，由 $k_1\boldsymbol{\alpha}_1+k_2\boldsymbol{\alpha}_2+\cdots+k_m\boldsymbol{\alpha}_m=\boldsymbol{0}$，依此考虑系数 $k_m,k_{m-1},\cdots,k_2,k_1$ 一定为 0；法 2，用反证法；法 3，用数学归纳法

11. (1) 秩为 3，极大线性无关组为 $\boldsymbol{\alpha}_1,\boldsymbol{\alpha}_2,\boldsymbol{\alpha}_3$ 或 $\boldsymbol{\alpha}_1,\boldsymbol{\alpha}_2,\boldsymbol{\alpha}_4$

(2) 秩为 2，极大线性无关组为 $\boldsymbol{\alpha}_1,\boldsymbol{\alpha}_2$ 或 $\boldsymbol{\alpha}_1,\boldsymbol{\alpha}_3$ 或 $\boldsymbol{\alpha}_1,\boldsymbol{\alpha}_4$

(3) 秩为 2，极大线性无关组为 $\boldsymbol{\beta}_1^{\mathrm{T}},\boldsymbol{\beta}_2^{\mathrm{T}}$ 或 $\boldsymbol{\beta}_1^{\mathrm{T}},\boldsymbol{\beta}_3^{\mathrm{T}}$

12. (1) 极大线性无关组为 $\boldsymbol{\alpha}_1,\boldsymbol{\alpha}_2,\boldsymbol{\alpha}_3$，且 $\boldsymbol{\alpha}_4=-3\boldsymbol{\alpha}_1+\boldsymbol{\alpha}_2+\boldsymbol{\alpha}_3$

(2) 极大线性无关组为 $\boldsymbol{\beta}_1^{\mathrm{T}},\boldsymbol{\beta}_3^{\mathrm{T}},\boldsymbol{\beta}_5^{\mathrm{T}}$，且 $\boldsymbol{\beta}_2^{\mathrm{T}}=2\boldsymbol{\beta}_1^{\mathrm{T}},\boldsymbol{\beta}_4^{\mathrm{T}}=2\boldsymbol{\beta}_1^{\mathrm{T}}-2\boldsymbol{\beta}_3^{\mathrm{T}}$

(3)极大线性无关组为 $\boldsymbol{\alpha}_1,\boldsymbol{\alpha}_2,\boldsymbol{\alpha}_3$，且 $\boldsymbol{\alpha}_4=\boldsymbol{\alpha}_1+3\boldsymbol{\alpha}_2-\boldsymbol{\alpha}_3,\boldsymbol{\alpha}_5=\boldsymbol{\alpha}_3-\boldsymbol{\alpha}_2$

13. 提示：考虑子向量组 B 的极大线性无关组一定也是向量组 A 的极大线性无关组.

14. 提示：必要性：若 $\boldsymbol{\alpha}_1,\boldsymbol{\alpha}_2,\cdots,\boldsymbol{\alpha}_n$ 线性无关，则 $\boldsymbol{\alpha}_1,\boldsymbol{\alpha}_2,\cdots,\boldsymbol{\alpha}_n,\boldsymbol{\varepsilon}_i(i=1,2,\cdots,n)$ 线性相关；充分性：若 $\boldsymbol{\varepsilon}_1,\boldsymbol{\varepsilon}_2,\cdots,\boldsymbol{\varepsilon}_n$ 可由 $\boldsymbol{\alpha}_1,\boldsymbol{\alpha}_2,\cdots,\boldsymbol{\alpha}_n$ 线性表出，则 $\boldsymbol{\varepsilon}_1,\boldsymbol{\varepsilon}_2,\cdots,\boldsymbol{\varepsilon}_n$ 与 $\boldsymbol{\alpha}_1,\boldsymbol{\alpha}_2,\cdots,\boldsymbol{\alpha}_n$ 等价，进而 $\mathrm{r}(\boldsymbol{\alpha}_1,\boldsymbol{\alpha}_2,\cdots,\boldsymbol{\alpha}_n)=n$

15. 略

16. 提示：验证对向量加法和数乘运算是否封闭.(1) 是子空间 (2) 不是子空间 (3) 是子空间 (4) 不是子空间

17. 提示：验证对向量加法和数乘运算封闭

18. 提示：向量组所生成向量空间的维数、基，分别是向量组的秩、极大线性无关组

(1) 向量空间 $L(\boldsymbol{\alpha}_1,\boldsymbol{\alpha}_2,\boldsymbol{\alpha}_3)$ 的维数为 2，基是 $\boldsymbol{\alpha}_1,\boldsymbol{\alpha}_2$ 或 $\boldsymbol{\alpha}_1,\boldsymbol{\alpha}_3$

(2) 向量空间 $L(\boldsymbol{\alpha}_1,\boldsymbol{\alpha}_2,\boldsymbol{\alpha}_3,\boldsymbol{\alpha}_4)$ 的维数为 3，基是 $\boldsymbol{\alpha}_1,\boldsymbol{\alpha}_3,\boldsymbol{\alpha}_4$

(3) 向量空间 $L(\boldsymbol{\alpha}_1,\boldsymbol{\alpha}_2,\boldsymbol{\alpha}_3,\boldsymbol{\alpha}_4)$ 的维数为 4，基是 $\boldsymbol{\alpha}_1,\boldsymbol{\alpha}_2,\boldsymbol{\alpha}_3,\boldsymbol{\alpha}_4$

19. 提示：证明 $\boldsymbol{\alpha}_1,\boldsymbol{\alpha}_2,\boldsymbol{\alpha}_3$ 是线性无关的，因而是 $\mathbf{R}^3$ 的基；然后计算得 $\boldsymbol{\beta}=\boldsymbol{\alpha}_1-2\boldsymbol{\alpha}_2+3\boldsymbol{\alpha}_3$，故其坐标为：

$$\begin{bmatrix}x_1\\x_2\\x_3\end{bmatrix}=\begin{bmatrix}1\\-2\\3\end{bmatrix}$$

20. (1) 秩为 2 (2) 秩为 4 (3) 秩为 3 (4) $a=-1,b\neq0$ 时，秩为 3；$a=-1,b=0$ 时，秩为 2；$a\neq-1$时，秩为 4

21. 提示：法 1，用定理 4.4.5，若 $\mathrm{r}(\boldsymbol{A})=r$ 存在可逆方阵 $\boldsymbol{P}_{m\times m},\boldsymbol{Q}_{n\times n}$，使得 $\boldsymbol{PAQ}=\begin{bmatrix}\boldsymbol{E}_r&\boldsymbol{O}\\\boldsymbol{O}&\boldsymbol{O}\end{bmatrix}$. 令 $\boldsymbol{C}=\boldsymbol{Q}^{-1}\boldsymbol{B}=\begin{bmatrix}\boldsymbol{C}_1\\\boldsymbol{C}_2\end{bmatrix}$，其中 $\boldsymbol{C}_1$ 是 $r\times s$ 矩阵，而 $\boldsymbol{C}_2$ 是 $(n-r)\times s$ 矩阵. 由 $\boldsymbol{PAQC}=\boldsymbol{PAB}=\boldsymbol{O}$ 得：$\boldsymbol{C}=\begin{bmatrix}\boldsymbol{O}\\\boldsymbol{C}_2\end{bmatrix}$，因此 $\mathrm{r}(\boldsymbol{B})=\mathrm{r}(\boldsymbol{C})\leqslant n-r$.

法 2，用第 5 章内容：若 $\mathrm{r}(\boldsymbol{A})=r$，由齐次线性方程组 $\boldsymbol{AX}=\boldsymbol{0}$ 的基础解系含有 $n-r$ 个解向量

22. 提示：用习题 21 结果，由 $\boldsymbol{A}(\boldsymbol{A}-\boldsymbol{E})=\boldsymbol{0}$ 和 $\boldsymbol{A}-(\boldsymbol{A}-\boldsymbol{E})=\boldsymbol{E}$，再用性质 4.4.1

23. 提示：当 $\mathrm{r}(\boldsymbol{A})=n,\mathrm{r}(\boldsymbol{A})<n-1$ 时，易证之；当 $\mathrm{r}(\boldsymbol{A})=n-1$ 时，由 $\boldsymbol{AA}^*=|\boldsymbol{A}|\boldsymbol{E}=\boldsymbol{O}$，用习题 21 结果

24. (1) $\lambda=1,5$ (2) $\lambda=\pm1$.

25. (1) $\boldsymbol{\gamma}_1=\begin{bmatrix}\frac{\sqrt{2}}{2}\\-\frac{\sqrt{2}}{2}\\0\end{bmatrix},\boldsymbol{\gamma}_2=\begin{bmatrix}\frac{\sqrt{6}}{6}\\\frac{\sqrt{6}}{6}\\\frac{\sqrt{6}}{3}\end{bmatrix},\boldsymbol{\gamma}_3=\begin{bmatrix}-\frac{\sqrt{3}}{3}\\-\frac{\sqrt{3}}{3}\\\frac{\sqrt{3}}{3}\end{bmatrix}$

(2) $\boldsymbol{\gamma}_1=\frac{1}{2}\begin{bmatrix}1\\1\\-1\\-1\end{bmatrix},\boldsymbol{\gamma}_2=\frac{\sqrt{26}}{26}\begin{bmatrix}2\\3\\2\\3\end{bmatrix},\boldsymbol{\gamma}_3=\frac{1}{2}\begin{bmatrix}-1\\1\\1\\-1\end{bmatrix}$

26. $\boldsymbol{\beta}=\frac{\sqrt{2}}{2}\begin{bmatrix}1\\0\\-1\end{bmatrix}$

27. (1) 是正交矩阵 (2) 不是正交矩阵 (3) 是正交矩阵 (4) 是正交矩阵

28.～30. 略

习题 5 答案

1. (1) D (2) C (3) B (4) C (5) A (6) B

2. (1) 基础解系为 $\boldsymbol{\xi}_1=(-3,\ -1,\ 1)^{\mathrm{T}}$,通解为 $\boldsymbol{X}=k\boldsymbol{\xi}_1$,其中 k 为任意常数

(2) 基础解系为 $\boldsymbol{\xi}_1=(2,1,0,0)^{\mathrm{T}}$,$\boldsymbol{\xi}_2=(2,0,-5,7)^{\mathrm{T}}$,通解为 $\boldsymbol{X}=k_1\boldsymbol{\xi}_1+k_2\boldsymbol{\xi}_2=k_1\begin{bmatrix}2\\1\\0\\0\end{bmatrix}+k_2\begin{bmatrix}2\\0\\-5\\7\end{bmatrix}$,其中 k_1,k_2 为任意常数

(3) 基础解系为 $\boldsymbol{\xi}=(-23,\ 10,\ 7,\ 0)^{\mathrm{T}}$,通解为 $\boldsymbol{X}=k\boldsymbol{\xi}=k\begin{bmatrix}-23\\10\\7\\0\end{bmatrix}$,其中 k 为任意常数

(4) 基础解系为 $\boldsymbol{\xi}_1=(-2,\ 1,\ 0,\ 0,\ 0)^{\mathrm{T}}$,$\boldsymbol{\xi}_2=(1,\ 0,\ 1,\ 0,\ 0)^{\mathrm{T}}$,通解为 $\boldsymbol{X}=k_1\boldsymbol{\xi}_1+k_2\boldsymbol{\xi}_2=k_1\begin{bmatrix}-2\\1\\0\\0\\0\end{bmatrix}+k_2\begin{bmatrix}1\\0\\1\\0\\0\end{bmatrix}$,其中 k_1,k_2 为任意常数

3. (1) $x_1=1.\ x_2=2,x_3=1$

(2) $\boldsymbol{X}=\begin{bmatrix}1\\-1\\0\end{bmatrix}+k\begin{bmatrix}-1\\2\\1\end{bmatrix}$,其中 k 为任意常数

(3) $\boldsymbol{X}=\begin{bmatrix}\frac{13}{7}\\-\frac{4}{7}\\0\\0\end{bmatrix}+k_1\begin{bmatrix}-\frac{3}{7}\\\frac{2}{7}\\1\\0\end{bmatrix}+k_2\begin{bmatrix}-\frac{13}{7}\\\frac{4}{7}\\0\\1\end{bmatrix}$,其中 k_1,k_2 为任意常数

(4) $\boldsymbol{X}=\begin{bmatrix}-5\\0\\0\\-4\\0\end{bmatrix}+k_1\begin{bmatrix}-3\\1\\0\\0\\0\end{bmatrix}+k_2\begin{bmatrix}3\\0\\0\\2\\1\end{bmatrix}$,其中 k_1,k_2 为任意常数

4. (1) $\lambda\neq5$ 时无解;$\lambda=5$ 时有无穷多解,全部解为 $k_1\begin{bmatrix}-7\\2\\1\\0\end{bmatrix}+k_2\begin{bmatrix}1\\0\\0\\1\end{bmatrix}+\begin{bmatrix}1\\-1\\0\\0\end{bmatrix}$,其中 k_1,k_2 为任意常数

(2) $\lambda=-2$ 时无解;$\lambda\neq-2,1$ 时有唯一解;$\lambda=1$ 时有无穷多解,全部解为 $\begin{bmatrix}1\\0\\0\end{bmatrix}+k_1\begin{bmatrix}-1\\1\\0\end{bmatrix}+k_2\begin{bmatrix}-1\\0\\1\end{bmatrix}$,其中 k_1,k_2 为任意常数

(3) $a=0$ 时无解;$a\neq0$ 且 $a\neq b$ 时有唯一解;$a=b\neq0$ 时有无穷多解,全部解为 $k\begin{bmatrix}0\\1\\1\end{bmatrix}+\begin{bmatrix}1-\frac{1}{a}\\\frac{1}{a}\\0\end{bmatrix}$,其中

k 为任意常数

5. 略

6. (1) $\boldsymbol{\beta}=-11\boldsymbol{\alpha}_1+14\boldsymbol{\alpha}_2+9\boldsymbol{\alpha}_3$

(2) $\boldsymbol{\beta}=2\boldsymbol{\varepsilon}_1-\boldsymbol{\varepsilon}_2+5\boldsymbol{\varepsilon}_3+\boldsymbol{\varepsilon}_4$

7. (1) 线性相关 (2) 线性无关

8. (1) $a=0$ 且 $b\neq-4$ 且 $b\neq-\frac{12}{5}$

(2) $a\neq0, a+5b+12\neq0, \boldsymbol{\beta}=\left(1-\frac{1}{a}\right)\boldsymbol{\alpha}_1+\frac{1}{a}\boldsymbol{\alpha}_2+0\boldsymbol{\alpha}_3$

9. 设 $\boldsymbol{B}=(b_1,b_2,\cdots,b_s)$,则

$\boldsymbol{AB}=0 \Leftrightarrow (\boldsymbol{A}b_1,\boldsymbol{A}b_2,\cdots,\boldsymbol{A}b_s)=\boldsymbol{0}$

$\Leftrightarrow \boldsymbol{A}b_i=\boldsymbol{0}, i=1,2,\cdots,s$

$\Leftrightarrow b_i(i=1,2,\cdots,s)$ 是 $\boldsymbol{A}x=0$ 的解.

10. $a=-1, b=-2, c=4$

11. 略

*12. (1) $\boldsymbol{C}=\begin{bmatrix}0.5 & 0.4 & 0.2\\ 0.2 & 0.3 & 0.1\\ 0.1 & 0.1 & 0.3\end{bmatrix}$ (2) 制造业需生产约 226 单位,农业 119 单位,服务业 78 单位

*13. 110 单位,120 单位

*14. $x_1=280, x_2=230, x_3=350, x_4=590$

*15. $\begin{cases}x_1=120,\\ x_2=160-x_4, x_4 \text{ 为自由量}, x_4 \text{ 的最大值为 } 40\\ x_3=40-x_4,\end{cases}$

*16. $6CO_2+6H_2O = C_6H_{12}O_6+6O_2$

*17. $B_2S_3+6H_2O = 2H_3BO_3+3H_2S$

*18. $i_1=1, i_2=1, i_3=1$

习题 6 答案

1. (1) $\lambda_2=3, \lambda_3=4, \boldsymbol{A}^T$ 的特征值为 0,3,4

(2) $|\boldsymbol{A}|=1$

(3) $(2\boldsymbol{A})^*$ 的特征值为 $-16,-8,8$,$(\boldsymbol{A}^{-1})^*$ 的特征值为 $-\frac{1}{4},-\frac{1}{2},\frac{1}{2}$,$\boldsymbol{A}+\boldsymbol{A}^{-1}+\boldsymbol{A}^*+\boldsymbol{E}$ 的特征值为 $-5, 5\frac{1}{2}, -3\frac{1}{2}$

(4) $\lambda=-1, x=-1, y=-3$

(5) 0 或 1 或 -1

(6) $a=0.4, b=-0.6$

(7) $\lambda=2$ 为 r 重特征值,$\lambda=0$ 为 $n-r$ 重特征值.

2. (1) D (2) D (3) B (4) D (5) C

3. (1) $\lambda_1=1, \lambda_2=3, k_1(1,-1)^T(k_1\neq0). k_2(1,1)^T(k_2\neq0)$

(2) $\lambda_1=\lambda_2=\lambda_3=2, k_1(-2,1,0)^T+k_2(1,0,1)^T(k_1,k_2$ 不全为零)

(3) $\lambda_1=\lambda_2=1, \lambda_3=-1, k_1(0,1,0)^T+k_2(1,0,1)^T(k_1,k_2$,不全为零)$k_3(1,0,-1)^T(k_3\neq0)$

(4) $\lambda_1=\lambda_2=\lambda_3=2, \lambda_4=-2, k_1(1,1,0,0)^T+k_2(1,0,1,0)^T+k_3(1,0,0,1)^T(k_1,k_2,k_3$ 不全为零)$k_4(-1,1,1,1)^T(k_4\neq0)$

(5) $\lambda_1=1,\lambda_2=-1,\lambda_3=\lambda_4=2,k_1\ (1,0,0,0)^T(k_1\neq 0)\ k_2\ \left(-\frac{3}{2},1,0,0\right)^T(k_2\neq 0),k_3\ \left(2,\frac{1}{3},1,0\right)^T$ $(k_3\neq 0)$

4. (1) $k\lambda_0$ (2) $\frac{1}{\lambda_0}$ (3) λ_0+1

5. 略

6. 略

7. (1) $\frac{1}{2},\frac{1}{4},-\frac{1}{2}$ $-2,-1,2$ (2) 15

8. $\boldsymbol{A}=\frac{1}{3}\begin{bmatrix}-1&0&2\\0&1&2\\2&2&0\end{bmatrix}$

9. $\lambda=-1$ 为三重特征值,证明略

10. (1) $\boldsymbol{P}=\begin{bmatrix}-1&2\\1&3\end{bmatrix},\boldsymbol{P}^{-1}\boldsymbol{AP}=-\begin{bmatrix}-1&0\\0&4\end{bmatrix}$

(2) 不能对角化, $\lambda=2$ 是三重特征值, 但对应两个线性无关的特征向量 $\boldsymbol{\xi}_1=(-1\quad 0\quad 1)^T,\boldsymbol{\xi}_2=(0\quad 1\quad 0)^T$

(3) $\boldsymbol{P}=\begin{bmatrix}1&1&2\\0&-2&1\\-1&0&2\end{bmatrix},\boldsymbol{P}^{-1}\boldsymbol{AP}=\begin{bmatrix}-3&0&0\\0&-3&0\\0&0&6\end{bmatrix}$

(4) $\boldsymbol{P}=\begin{bmatrix}1&1&1\\-1&1&1\\0&2&-1\end{bmatrix},\boldsymbol{P}^{-1}\boldsymbol{AP}=\begin{bmatrix}-1&0&0\\0&9&0\\0&0&0\end{bmatrix}$

11. $a=0,b=1$ $\boldsymbol{P}=\begin{bmatrix}1&0&0\\0&1&1\\0&1&-1\end{bmatrix}$

12. 略

13. (1) $\boldsymbol{P}=\frac{1}{3}\begin{bmatrix}1&2&2\\2&1&-2\\2&-2&1\end{bmatrix},\boldsymbol{P}^{-1}\boldsymbol{AP}=\begin{bmatrix}-2&0&0\\0&1&0\\0&0&4\end{bmatrix}$

(2) $\boldsymbol{P}=\begin{bmatrix}\frac{1}{\sqrt{2}}&\frac{1}{\sqrt{6}}&\frac{1}{\sqrt{3}}\\-\frac{1}{\sqrt{2}}&\frac{1}{\sqrt{6}}&\frac{1}{\sqrt{3}}\\0&-\frac{2}{\sqrt{6}}&\frac{1}{\sqrt{3}}\end{bmatrix},\boldsymbol{P}^{-1}\boldsymbol{AP}=\begin{bmatrix}0&0&0\\0&0&0\\0&0&3\end{bmatrix}$

14. (1) $\boldsymbol{\xi}_3=(1,0,1)^T$ (2) $\boldsymbol{A}=\frac{1}{6}\begin{bmatrix}13&-2&5\\-2&10&2\\5&2&13\end{bmatrix}$

15. (1) $\boldsymbol{P}=\begin{bmatrix}1&2&1\\0&1&-2\\0&2&1\end{bmatrix},\boldsymbol{P}^{-1}\boldsymbol{AP}=\begin{bmatrix}1&0&0\\0&5&0\\0&0&-5\end{bmatrix}$

(2) $\boldsymbol{A}^{100}=\begin{bmatrix}1&0&5^{100}-1\\0&5^{100}&0\\0&0&5^{100}\end{bmatrix}$

16. 略

17. (1) $y=2$ (2) $\boldsymbol{P}=\begin{bmatrix}1&0&0&0\\0&1&0&0\\0&0&\frac{-1}{\sqrt{2}}&\frac{1}{\sqrt{2}}\\0&0&\frac{1}{\sqrt{2}}&\frac{1}{\sqrt{2}}\end{bmatrix}$

18. $x=0,y=-3$

19. $a=5,b=6$ $\boldsymbol{P}=\begin{bmatrix}-1&1&1\\1&0&-2\\0&1&3\end{bmatrix}$

20. $\lim\limits_{n\to\infty}\boldsymbol{A}^n=\boldsymbol{0}$

*21. (1) 5 月 1 日顾客去加油站Ⅰ,Ⅱ,Ⅲ的市场份额为$\left[\frac{19}{50},\frac{143}{600},\frac{229}{600}\right]^{\mathrm{T}}$,12 月 1 日顾客去加油站Ⅰ,Ⅱ,Ⅲ的市场份额为$\left[\frac{5}{13},\frac{2\,327}{15\,125},\frac{6\,983}{15\,130}\right]^{\mathrm{T}}$

(2) 当 n 增加时,x_n 近似趋向于一个稳定向量$\left(\frac{77}{200},\frac{31}{200},\frac{23}{50}\right)^{\mathrm{T}}$,即可以预测经过较多的月份后,顾客去加油站Ⅰ,Ⅱ,Ⅲ的市场份额大约趋向于$\left(\frac{77}{200},\frac{31}{200},\frac{23}{50}\right)^{\mathrm{T}}$

*22. (1) $\boldsymbol{\alpha}_n=\boldsymbol{A}\boldsymbol{\alpha}_{n-1}$;$\boldsymbol{\alpha}_1=[2,4]^{\mathrm{T}}$

(2) $\boldsymbol{\alpha}_n=2^n\begin{bmatrix}1\\2\end{bmatrix}$表明,经过 n 个发展周期后,工业产值已达到一个相当高的水平(2^{n+1}),但其中一半被污染损耗(2^n)所抵消,造成了资源的严重污染

习题 7 答案

1. (1) $(x,y)\begin{bmatrix}0&\frac{1}{2}\\\frac{1}{2}&0\end{bmatrix}\begin{bmatrix}x\\y\end{bmatrix}$,秩为 2

(2) $(x,y,z)\begin{bmatrix}1&-\frac{1}{2}&\frac{5}{2}\\-\frac{1}{2}&1&\frac{1}{2}\\\frac{5}{2}&\frac{1}{2}&1\end{bmatrix}\begin{bmatrix}x\\y\\z\end{bmatrix}$,秩为 3

(3) $(x_1,x_2,x_3,x_4)\begin{bmatrix}0&1&0&0\\1&0&1&0\\0&1&0&-1\\0&0&-1&0\end{bmatrix}\begin{bmatrix}x_1\\x_2\\x_3\\x_4\end{bmatrix}$,秩为 4

(4) $(x_1,x_2,x_3,x_4)\begin{bmatrix}1&-1&1&-1\\-1&1&1&-2\\1&1&1&0\\-1&-2&0&-2\end{bmatrix}\begin{bmatrix}x_1\\x_2\\x_3\\x_4\end{bmatrix}$,秩为 3

2. (1) $\begin{bmatrix}x_1\\x_2\\x_3\end{bmatrix}=\begin{bmatrix}\frac{2}{\sqrt5} & \frac{-2}{3\sqrt5} & \frac{1}{3}\\ \frac{1}{\sqrt5} & \frac{4}{3\sqrt5} & \frac{-2}{3}\\ 0 & \frac{\sqrt5}{3} & \frac{2}{3}\end{bmatrix}\begin{bmatrix}y_1\\y_2\\y_3\end{bmatrix}$,标准型为 $f=9y_3^2$

(2) $\begin{bmatrix}x_1\\x_2\\x_3\\x_4\end{bmatrix}=\begin{bmatrix}\frac12 & \frac12 & \frac{1}{\sqrt2} & 0\\ -\frac12 & \frac12 & 0 & \frac{1}{\sqrt2}\\ -\frac12 & -\frac12 & \frac{1}{\sqrt2} & 0\\ \frac12 & -\frac12 & 0 & \frac{1}{\sqrt2}\end{bmatrix}\begin{bmatrix}y_1\\y_2\\y_3\\y_4\end{bmatrix}$,标准型为 $f=-y_1^2+3y_2^2+y_3^2+y_4^2$

3. 提示:证明这两个矩阵相应的二次型可通过某个非退化的线性替换相互转化

4. $\frac{(n+1)(n+2)}{2}$个(提示:利用对称矩阵可化为规范形,考虑秩与正惯性指数)

5. (1) $\begin{bmatrix}x_1\\x_2\\x_3\end{bmatrix}=\begin{bmatrix}-1 & 1 & 2\\ -1 & -1 & 2\\ 0 & 0 & 1\end{bmatrix}\begin{bmatrix}z_1\\z_2\\z_3\end{bmatrix}$, $f(x_1,x_2,x_3)=-z_1^2+z_2^2+4z_3^2$

(2) $\begin{bmatrix}x_1\\x_2\\x_3\end{bmatrix}=\begin{bmatrix}1 & -1 & 2\\ 0 & 1 & -2\\ 0 & 0 & 1\end{bmatrix}\begin{bmatrix}y_1\\y_2\\y_3\end{bmatrix}$, $f(x_1,x_2,x_3)=y_1^2+y_2^2$

(3) $\begin{bmatrix}x_1\\x_2\\x_3\\x_4\end{bmatrix}=\begin{bmatrix}1 & 0 & 0 & 0\\ -2 & 1 & 0 & 0\\ -2 & -1 & 1 & 1\\ 2 & -1 & 1 & -1\end{bmatrix}\begin{bmatrix}z_1\\z_2\\z_3\\z_4\end{bmatrix}$, $f(x_1,x_2,x_3,x_4)=4z_1^2-z_2^2+z_3^2-z_4^2$

(4) $\begin{bmatrix}x_1\\x_2\\x_3\end{bmatrix}=\begin{bmatrix}1 & \frac12 & -\frac32\\ 0 & \frac12 & -\frac12\\ 0 & 0 & 1\end{bmatrix}\begin{bmatrix}y_1\\y_2\\y_3\end{bmatrix}$, $f(x_1,x_2,x_3)=y_1^2-y_2^2$

6. (1) 非正定　(2) 正定　(3) 正定　(4) 正定

7. $t>2$

8. 略

9. 提示:由 $\boldsymbol{A}$ 的特征值全大于零得 $\boldsymbol{A}$ 为正定矩阵

10. 略

11. 提示:利用定理 7.2.1 考虑二次型的标准形

12. $(x-2)^2+(y-3)^2+(z+2)^2=17$

13. $10x-6y-6z+17=0$

14. $y^2+z^2=2x$

15. $\frac{x^2+y^2}{4}-\frac{z^2}{9}=1$

16. $\frac{x^2}{4}+\frac{y^2+z^2}{9}=1$; $\frac{x^2+z^2}{4}+\frac{y^2}{9}=1$

17. (1) 直线、平面;(2) 圆、圆柱面;(3) 直线、平面;(4) 抛物线、抛物柱面

18. (1) $\frac{x^2}{3}+\frac{y^2}{4}=1$ 绕 x 轴或$\frac{x^2}{3}+\frac{z^2}{4}=1$ 绕 x 轴

(2) $x^2-\frac{y^2}{2}=1$ 或 $z^2-\frac{y^2}{2}=1$ 绕 y 轴

(3) $x^2-\frac{y^2}{2}=1$ 或 $x^2-\frac{z^2}{2}=1$ 绕 x 轴

(4) $(z-4)^2=x^2$ 或$(z-4)^2=y^2$ 绕 z 轴

19. $x^2+2y^2=16$

20. $\begin{cases}(1-z)^2+y^2+z^2=9\\ x=0\end{cases}$

21. $x^2+y^2\leqslant 1, z=0$(提示:$(x^2+y^2)^2+x^2+y^2-2=(x^2+y^2+2)(x^2+y^2-1)$)

22. xOy 面:$\begin{cases}1-x-y=x^2+y^2\\ z=0\end{cases}$

yOz 面:$\begin{cases}z=(1-y-z)^2+y^2\\ x=0\end{cases}$

zOx 面:$\begin{cases}z=(1-x-z)^2+x^2\\ y=0\end{cases}$

23. $xOy: x^2+y^2\leqslant 4$　$yOz: y^2\leqslant z\leqslant 4$　$zOx: x^2\leqslant z\leqslant 4$

24. (1) $\begin{cases}x=2\cos\theta\\ y=\sqrt{2}\sin\theta\\ z=\sqrt{2}\sin\theta\end{cases}$　(2) $\begin{cases}x=1+\sqrt{2}\cos\theta,\\ y=2\sin\theta,\\ z=0\end{cases}$

25. $\begin{cases}x^2+y^2=a^2\\ z=0\end{cases}$, $\begin{cases}y=a\sin\frac{z}{b}\\ x=0\end{cases}$, $\begin{cases}x=a\cos\frac{z}{b}\\ y=0\end{cases}$

26. $\lambda=3$　椭圆柱面

*27. 最大值为 5,最小值为-1,$\left(\frac{1}{3},\frac{-2}{3},\frac{2}{3}\right)$

*习题 8 答案

1. (1)(4)(8)是线性空间,(2)(3)(5)(6)(7)不是线性空间

2. (1) 是子空间,2 维,基 $\boldsymbol{\alpha}_1=(1,1,0)^{\mathrm{T}}$;$\boldsymbol{\alpha}_2=(-1,0,1)^{\mathrm{T}}$　(2)(3) 不是子空间　(4) 是子空间,2 维,基$\begin{bmatrix}1&-1&0\\0&0&0\end{bmatrix}$,$\begin{bmatrix}1&0&0\\0&0&-1\end{bmatrix}$

3. (3) $\mathbf{R}^3$ 中,$W_1=\{(a,0)|a\in\mathbf{R}\}$,$W_2=\{(0,b)|b\in\mathbf{R}\}$均为子空间,但 $W_1\cup W_2$ 不是 $\mathbf{R}^2$ 的子空间,因为$(1,0)\in W_1\cup W_2$,$(0,1)\in W_1\cup W_2$,但$(1,0)+(0,1)=(1,1)\notin W_1\cup W_2$,对加法不封闭

4. $L_1\cap L_2=\{\boldsymbol{\Lambda}|\boldsymbol{\Lambda}$ 是 n 阶对角矩阵$\}$　$L_1+L_2=\mathbf{R}^{n\times n}$

5. (1) 4 维,基$\begin{bmatrix}1&0\\0&0\end{bmatrix}$,$\begin{bmatrix}0&1\\0&0\end{bmatrix}$,$\begin{bmatrix}0&0\\1&0\end{bmatrix}$,$\begin{bmatrix}0&0\\0&1\end{bmatrix}$

(2) 2 维,基 $\boldsymbol{\alpha}_1=(2,-1,0)^{\mathrm{T}}$,$\boldsymbol{\alpha}_2=(3,0,-1)^{\mathrm{T}}$

6. $[3,4,1]^{\mathrm{T}}$

7. (1) $\begin{bmatrix}\frac{1}{2}&0&\frac{1}{2}\\ \frac{1}{2}&0&-\frac{1}{2}\\ \frac{1}{2}&1&\frac{1}{2}\end{bmatrix}$　(2) $(2,1.1)^{\mathrm{T}}$

8. (1)(3)不是,(2)(4)是

9. 略

10. $\begin{bmatrix} 3 & 3 & 3 \\ -6 & -6 & -4 \\ 6 & 5 & 1 \end{bmatrix}$

11. $\begin{bmatrix} 4 & -1 & 1 \\ 5 & -1 & 1 \\ 3 & -1 & 2 \end{bmatrix}$

12. (1) $(2,1,-1)^{\mathrm{T}}$ (2) $\begin{bmatrix} 3 & -\frac{13}{2} & -7 \\ -3 & 12 & 11 \\ 4 & -\frac{25}{2} & -12 \end{bmatrix}$

13. (1) $(2,2,-4)^{\mathrm{T}}$ (2) $P(x)=2x^2+x-6$

14. $\begin{bmatrix} 0 & 1 & -1 & -1 \\ 0 & 0 & 2 & -1 \\ 0 & 0 & 0 & 3 \\ 0 & 0 & 0 & 0 \end{bmatrix}$

15. (1) $a=\frac{4}{5}, b=-\frac{3}{5}$ (2) $a=\frac{\sqrt{5}}{5}, b=-\frac{2\sqrt{5}}{5}$